Hans Sachsse

Anthropologie
der Technik

Ein Beitrag
zur Stellung des Menschen in der Welt

Mit 15 Abbildungen

Vieweg

CIP-Kurztitelaufnahme der Deutschen Bibliothek

Sachsse, Hans
Anthropologie der Technik: e. Beitr. zur Stellung d.
Menschen in d. Welt. – 1. Aufl. – Braunschweig:
Vieweg, 1978.
ISBN 3-528-08377-8

1978

Alle Rechte der deutschen Ausgabe vorbehalten
© Friedr. Vieweg & Sohn Verlagsgesellschaft mbH, Braunschweig 1978

Satz: Textverarbeitung Steinberger, Mainz
Druck: E. Hunold, Braunschweig
Buchbinder: W. Langelüddecke, Braunschweig
Umschlagfoto: Felszeichnung. Mit freundlicher Genehmigung der Deutschen Verlags-Anstalt,
            Stuttgart
Printed in Germany

ISBN 3 528 08377 8

Vorwort

Bis in die jüngste Zeit hat sich der Mensch ziemlich naiv dem technischen Fortschritt anvertraut, ohne viel danach zu fragen, was dieses Phänomen Technik eigentlich bedeutet und wie es in den Rahmen menschlichen Lebens einzugliedern sei. Die Erkenntnistheorie, die Frage nach dem Wissen-Können, gehört zu den klassischen und vielbearbeiteten Themen der Philosophie. Demgegenüber hat die Frage nach dem Machen-Können, die Techniktheorie in der Geistesgeschichte nur eine geringe Rolle gespielt. Das ist erstaunlich, weil der Mensch mit seiner Technik Veränderungen seiner Lebensverhältnisse schafft, die ihrerseits nachhaltig auf seine biologische wie geistige Entwicklung zurückwirken. Der Einfluß der Technik auf unser Leben, der Ansporn, die formende und bestimmende Kraft des Machen-Könnens im Laufe der Geschichte vom Faustkeil über den Streitwagen und das Schießpulver bis zur Atomkraft, von den Hieroglyphen bis zum Fernsehen und zur Elektronik ist im Vergleich zur bekannten Kriegs-, Wirtschafts- und Geistesgeschichte noch wenig systematisch studiert worden.

Aber die Technik ist seit der Menschwerdung der folgenschwere Griff nach der Wirklichkeit. Welche Mühe gibt sich die Philosophie, die Wirklichkeit zu begreifen, aber wie strittig sind auch heute noch ihre Fragestellungen. Der Technik geht es erst recht um die Wirklichkeit, aber sie greift unmittelbar in ihr Gefüge und bringt Verändertes, Neues hervor. Und es ist überraschend: Verwirklichen ist einfacher als die Wirklichkeit zu verstehen. Ergreifen geht schneller als Begreifen.

Heute spüren wir, daß wir mit dem unbekümmerten technischen Fortschritt, für den das Neue auch schon der Bessere bedeutet, auf eine Grenze stoßen, daß wir dabei sind, uns eine Wirklichkeit zu schaffen mit Sachzwängen und Problemen, in der wir uns immer weniger zurechtfinden. Es genügt nicht mehr zu erkennen, was sich mit Hilfe der Technik alles machen läßt, sondern es bedarf einer Besinnung auf die Funktion, auf den Rang, auf die Bedeutung der Technik für den Menschen, es bedarf einer Techniktheorie in anthropologischer Sicht.

Die Arbeit an diesem Buch steht in engem Zusammenhang mit meinem persönlichen Lebensweg. Als Naturwissenschaftler und Techniker habe ich 25 Jahre in der deutschen chemischen Großindustrie verbracht und mich lebhaft den Freuden und Leiden wissenschaftlicher Forschung und technischer Verwirklichung gewidmet. Gerade dem, der mitten und hautnah im Getriebe steht, kommen die ungewöhnlichen Möglichkeiten wie auch die Probleme des naturwissenschaftlich-technischen Fortschritts unmittelbar zum Bewußtsein. In der Sorge um zukünftige Entwicklungen habe ich mich später der GESELLSCHAFT FÜR VERANTWORTUNG IN DER WISSENSCHAFT angeschlossen. Im Rahmen dieser Gesellschaft haben wir in der Reihe der Uni-Taschenbücher drei Bände zum Thema Technik und Gesellschaft herausgegeben mit dem Ziel, Material über die gesellschaftliche Beziehung der Technik für den Schulunterricht und die Erwachsenbildung bereitzustellen. Es wurden zu diesem Zweck etwa 400 Werke deutschsprachiger Literatur kommentiert und an Hand ausgewählter Textproben dargestellt, die den Einfluß der Technik auf die Geistesgeschichte, die Behandlung der Technik in der schönen Literatur, die Rolle der Technik in Utopien und Science-Fiction-Büchern, die wirtschaftlichen Organisationsformen technischer Zusammenarbeit und anderes mehr zum Gegenstand hatten. Aus dieser gemeinsamen Arbeit mit ihrem umfangreichen Literaturstudium sind zahlreiche Anregungen für das vorliegende Buch hervorgegangen. Es ist mir ein Bedürfnis, auch hier meinen Mitarbeitern bei der Herausgabe dieser Kommentare meinen herzlichen Dank auszusprechen, namentlich den Herren Alois Huning, Reinhard Jung, Manfred Kunzelmann, Hans Werner Müller, Rupert Schmidt, Heinz-Rudi Spiegel und Fritz Winterling. Desgleichen danke ich herzlich dem Karlsruher Gesprächskreis um Simon Moser, insbesondere den Herren Hans Lenk, Ernst Oldemeyer, Friedrich Rapp und Günter Ropohl sowie zahlreichen anderen Kollegen, die ich nicht alle mit Namen aufzählen kann, für anregende Diskussion. Mein Wunsch ist, daß dieses Buch, dem ebenso persönliches Erleben wie wissenschaftliche Arbeit zugrunde liegt, dazu beitragen möge, daß der Mensch mit seiner Technik sich selbst besser versteht.

Hans Sachsse

Wiesbaden, September 1977

IV

Inhaltsverzeichnis

1 Einführung: Was ist Technikphilosophie?

1.1 Die Fragestellung

Die Philosophie der Technik fragt: Was meinen wir, wenn wir von Technik sprechen und welchen Sinn hat dieses Gemeinte für unser Leben als Ganzes? Welches sind die Voraussetzungen, daß es Technik gibt, wie ist Technik im Zusammenhang unseres Lebens zu verstehen und wie verhält sie sich zu anderen Bereichen unseres Lebens, zu Wirtschaft und Wissenschaft, zu Politik, Kunst und Religion? Geht es bei ihr um die individuelle Leistung oder ist Technik als überindividuelles System zu verstehen? Ist sie der Widersacher der Natur oder ihr Vollender? Ist sie etwas Gutes oder etwas Böses oder steht sie jenseits moralischer Werte? Können wir sie beherrschen oder beherrscht sie uns? *Und wohin führt der Weg, wenn wir mit der Technik die Welt verändern, — und mit der Welt auch uns selbst?*

Auf diese vielen Fragen gibt es noch mehr Antworten, denn die Vorstellungen, was Technik ist, gehen weit auseinander. Wir werden uns die Vielfalt der Auffassungen vergegenwärtigen müssen, wenn wir besser verstehen wollen, was es mit der Technik auf sich hat. Schon das Wort Technik hat einen breiten Bedeutungsumfang. Wenn wir von Technik sprechen, denken wir wohl an Autos, Kühlschränke, Fernsehapparate, an Fabriken oder an die technische Einrichtung von Krankenhäusern. Wir denken an den Fortschritt der Naturwissenschaften und an ihre Anwendung in der industriellen Produktion. Aber es gibt auch eine Technik der Diskussionsleitung, der Gesprächsführung und des Vortrags. Es gibt Techniken der Verwaltung und Organisation. Bei einer Vortragsveranstaltung heißt es etwa: Das Mittagessen muß aus technischen Gründen um 12 Uhr stattfinden. Man weiß, es hat sich mit den Speiseräumlichkeiten nicht anders einrichten lassen, aber es hat nichts mit dem Inhalt der Vorträge zu tun. Es gibt eine Technik der Forschung, des Experimentierens und eine Technik des Künstlers, diesen besonderen Pinselstrich eines Malers; der Sänger lernt die Technik des Atmens, und über die Technik der Liebe gibt es in vielen Kultursprachen dicke Bücher. Auch gibt es Techniken der Religion, Übungen, Exerzitien zur Gewinnung religiöser Einsicht, etwa durch Fasten, durch Einsamkeit, durch Steuerung des Vorstellungsvermögens auf bestimmte Sachverhalte. Über die Technik der Meditation gibt es ein umfangreiches Schrifttum in der religiösen Literatur Asiens und des Abendlandes. Buddhas Lehre, so kann man sagen, beschränkt sich praktisch auf einen umfangreichen Katalog technischer Ratschläge, um aus „der Verblendung zu erwachen", sie betreffen die Ernährungsweise, die Atemtechnik, die Körperhaltung und darüber hinaus den „Heiligen achtfachen Pfad" der Lebenspraktiken, bestimmte Steuerungen der Aufmerksamkeit und Versenkungsübungen betrifft.[1]

1 Hermann Oldenberg, Buddha, sein Leben, seine Lehre, seine Gemeinde, München, 1961. Hans Sachsse, Verstrickt in eine fremde Welt, Südasiens Kulturen und die Entwicklungshilfe des Westens, Nomos, Baden-Baden, 1965

– Offenbar muß diesen sehr verschiedenen Verwendungen des Begriffes Technik etwas Gemeinsames zugrunde liegen, denn sonst würden wir nicht das gleiche Wort gebrauchen. *Die Gemeinsamkeit angesichts dieses breiten Verwendungsumfangs erklärt sich dadurch, daß wir mit Technik gar nicht Inhalt und Ziel eines Verhaltens bezeichnen, sondern nur die Weise des Vorgehens,* die Art des Handelns, die ihre eigenen Maßstäbe hat und ganz unabhängig von den Inhalten besser oder schlechter sein kann. Ein Vortrag kann technisch ausgezeichnet sein, obwohl sein Inhalt irreführend oder falsch ist, und ein Gebäude kann technisch bestens erstellt und trotzdem unbrauchbar oder häßlich sein. Die Bedingungen und Möglichkeiten der Verfahrensweisen gilt es also zu analysieren.

Eine eigenartige Schwierigkeit, mit der sich jede Philosophie der Technik auseinandersetzen muß, bereitet *die Frage nach dem Wert dieses Vorgehens, das wir Technik nennen.* Seit den Uranfängen der Menschheit bis zum heutigen Tage hat sich keine übereinstimmende Antwort gefunden, ob die Möglichkeit, technisch zu verfahren, dem Menschen zum Heil oder zum Verderben gereicht. Wir klagen heute zumeist die „moderne Technik" an und machen sie verantwortlich für die Entseelung des Lebens und die Zerstörung der Umwelt, für die Vernichtungskraft der Kriege und die Manipulation der Massen; in unzähligen literarischen Äußerungen wird sie als unnatürliche und naturwidrige gefährliche Macht dargestellt, während die Technik früherer Jahrhunderte, Handwerk, Ackerbau und Viehzucht als natürliche Errungenschaften der Menschheit verstanden werden. Aber wo will man hier *die Grenze zwischen natürlich und unnatürlich ziehen?* Waren etwa der Faustkeil und das Feuer, die Urbarmachung des Landes, das Rad, die Schrift, der Streitwagen, das Schießpulver und der Buchdruck im Guten wie im Bösen weniger umwälzende Ereignisse als das Flugzeug, die Atomenergie und die Computertechnik? Zu leicht neigt man dazu, das Gewohnte als natürlich zu bezeichnen. Ein Blick in die Vergangenheit zeigt, daß das zwiespältige Verhältnis des Menschen zu seiner Technik, daß diese Haß-Liebe nicht erst ein Ergebnis der jüngsten Zeit ist, sondern weit zurückreicht, berichten doch schon die Mythen der Vorzeit darüber. Hephäst, der Gott der Schmiedekunst, war häßlich von Gestalt, was bei den Griechen einem Charakterfehler ähnlich ist. Seine Mutter Hera warf ihn daher vom Olymp, und er fiel in den Okeanos. Die freundlichen Göttinnen Thetis und Eurynome nahmen ihn auf und richteten ihm verborgen in tiefer See eine Grotte als Schmiedewerkstatt ein, und dort fertigte er kunstvolle und unübertreffliche Werke. Als Hera von seiner Kunst erfuhr, nahm sie ihn wieder in den Olymp auf, aber Zeus warf ihn bei späterer Gelegenheit ein zweites Mal herunter, und nun fiel er auf die Insel Lemnos und brach beide Beine. Aber er fertigte sich goldene Krücken, die sich selbst bewegen konnten und die ihn führten wie Mägde. Man beachte die Symbolik: wieviel Krücken brauchen wir heute?! Auch der Gedanke der Automatik ist vorweggenommen. – Von Prometheus heißt es, er habe die Zahl und die Schrift erfunden, er habe den Menschen gezeigt, wie man Tiere zähme und sattle, er habe sie die Astronomie, Navigation, Medizin und Metallurgie gelehrt und ihnen das Feuer vom Himmel gebracht. Auch er gehört in die Reihe der großen, grausam bestraften Frevler. *Die Entwicklung der Technik in der Geschichte ist von Mißtrauen begleitet.* Das griechische Wort téchne bezeichnet nicht nur die Kunstfertigkeit, sondern auch die Schlauheit und den listigen Anschlag. Und ähnlich bedeutet mechané nicht nur Werkzeug und Maschine, sondern auch Kunstgriff und Kriegslist. In seiner Einleitung zur Bewegungslehre schreibt Aristoteles bezüglich der Hebelgesetze bei der Verwendung des Wuchtbaumes, daß in den Fällen, wo ein kleines Gewicht eine große Last bewege, die téchne durch List und Erfindung die Natur besiege.[2] Als man dem König Archidamos von Sparta 370 v. Chr. eines der neuen Katapultgeschütze aus Sizilien zeigte, sagte er. „Beim Herakles, der Heldenmut eines Mannes gilt nichts mehr!"[3] Das Wort technáo, künstlich verfertigen, hat speziell den Sinn von sich-verstellen und heucheln angenommen. Die Zahl der Beispiele läßt sich beliebig vermehren. Die Technik-Philosophie steht hier offenbar vor einer fundamentalen Frage: *Wollen wir nun die Technik oder wollen wir sie nicht? Und wie ist die Gespaltenheit des Urteils gegenüber dieser so wirkungsvollen Verfahrensweise zu verstehen?*

1.2 Das Problem der Technik heute

Die Frage nach der Technik hat sich in unserem Jahrhundert in ungewöhnlicher Weise zugespitzt. Auf der einen Seite ist die Technik zum dominanten Faktor unseres Lebens geworden. Die Bemühungen unserer öffentlichen wie privaten Institutionen, die Sorge der Staatsmänner und Führer des öffentlichen und wirtschaftlichen Lebens gilt der Förderung der Technik. Die Planungswissenschaft, deren Thema die exaktere Organisation technischen Handelns ist, ist eine eigenständige Disziplin geworden, und bessere Planung wird immer nachdrücklicher für alle Formen unseres Verhaltens gefordert. Und während man früher unter Technik nur die Ingenieurtechnik, die Maschinentechnik verstanden hat, wird inzwischen das technische Vorgehen auf alle Bereiche unseres Lebens angewendet, es gibt eine Biotechnik, eine Psychotechnik und eine Soziotechnik. Die Technik ist aber auch in ungeahnter Weise der Träger unseres gesamten materiellen wie geistigen Lebens geworden. Ohne die technische Leistung würde etwa ein Drittel der Menschheit verhungern, die Technik hat uns weitgehend von Kälte, Hunger, körperlichem Schmerz und Krankheit befreit, sie hat die Reichweite unserer Sinnesorgane und unsere körperliche Beweglichkeit um viele Größenordnungen erhöht, sie schafft uns einen Informationsreichtum, der die Beschränkungen von Raum und Zeit überwindet und zu einer ungewöhnlichen Erweiterung unseres Bewußtseins führt. Kennen wir doch heute manche Zeitepoche der Vergangenheit besser als sie sich selbst gekannt hat.

Angesichts dieser außerordentlichen und nicht ungefährlichen Steigerung der Lebensmöglichkeiten, verbunden mit einer durch die Technik bewirkten sprunghaften Vermehrung des vitalen Wachstums ist das Echo in Wort und Schrift auf dieses Phänomen Technik, das unsere Neuzeit prägt, *überraschend gering und überwiegend negativ*. In der erzählenden Literatur und der Dichtung, die ein feiner Seismograph für die öffentliche Meinung ist, wird die Technik — wie einem geheimen Einverständnis

2 Aristoteles, Kleine Schriften zur Physik und Metaphysik, 847 a
3 Johannes Volkmann, Die Waffentechnik in ihrem Einfluß auf das soziale Leben der Antike, in: Die Entwicklung der Kriegswaffe und ihr Zusammenhang mit der Sozialordnung, Leopold von Wiese, Hrsg. Kölner Universitätsverlag, 1953, S. 94

folgend — entweder gar nicht beachtet oder abgewertet oder hart verurteilt. Thomas Mann schildert im Zauberberg, wie der junge Hans Castorp seinen Vetter im Lungensanatorium in Davos besucht. Dort wird er dem Arzt Dr. Krokowski vorgestellt und erwähnt sein Examen, mit dem er sein Studium gerade abgeschlossen hat. Der Doktor fragt ihn:

> „Was für ein Examen haben Sie abgelegt, wenn die Frage erlaubt ist?"
> „Ich bin Ingenieur, Herr Doktor", antwortete Hans Castorp mit bescheidener Würde.
> „Ah, Ingenieur!" Und Dr. Krokowskis Lächeln zog sich gleichsam zurück,
> büßte an Kraft und Herzlichkeit für den Augenblick etwas ein. „Das ist wacker."[4]

Neben dieser leicht dahingetupften, ironisch abwertenden Bemerkung enthält das große Romanwerk Thomas Manns, in dem sich fast das ganze Spektrum unserer Zeit spiegelt, keinen Gedanken zur Technik. Noch einmal kommt zwar die Darstellung in nahe Berührung zur Technik. Thomas Mann erzählt mit subtiler Einfühlung und Genauigkeit, wie sich Hans Castorp gefangen und verzaubert der Musik eines Grammophons hingibt, das der Hofrat zur Unterhaltung der Gäste des Sanatoriums angeschafft hat. An Hand von ausführlichen, ergreifenden und auch wieder leicht ironischen Musikinterpretationen erfahren wir, wie Hans Castorp von der „Fülle des Wohllauts" hingerissen ist. Hier hat Thomas Mann in der Tat die unwahrscheinliche, Zeit und Raum überbrückende Leistung des technischen Gerätes minutiös dargestellt. Aber trotzdem wird sein hochentwickeltes Reflexionsvermögen von dem speziell Technischen dieser Situation nicht angeregt. Er legt sich nicht die Frage vor, wieso so etwas überhaupt möglich ist und was es zu bedeuten hat, daß es möglich ist, sondern er bleibt dem Technischen der Angelegenheit gegenüber auf der Stufe naiver Bewunderung stehen und verwendet seine ganze Gedankenschärfe, um darzustellen, wie sich die Inhalte der Opernmusik in der Seele seines Romanhelden spiegeln.

Entschiedener nimmt Robert Musil in seinem, für unsere Zeit so signifikanten, großen, gesellschaftskritischen Romantorso „Der Mann ohne Eigenschaften" zu Naturwissenschaft und Technik Stellung: Musil ist die Technik nicht unbekannt, er war von Haus aus Mathematiker und Ingenieur. In dem Kapitel „Begegnung mit dem Bösen" lesen wir:

> Der große Galileo Galilei, der dabei immer als erster genannt wird, räumte zum Beispiel mit der Frage auf, aus welchem in ihrem Wesen liegenden Grund die Natur eine Scheu vor leeren Räumen verloren habe, so daß sie einen fallenden Körper so lange Raum um Raum durchdringen lasse, bis er endlich auf festem Boden anlange, und begnügte sich mit der viel gemeineren Feststellung: er ergründete einfach, wie schnell ein solcher Körper fällt, welche Wege er zurücklegt, Zeiten verbraucht und welche Geschwindigkeitszuwächse er erfährt. Die katholische Kirche hat einen schweren Fehler begangen, indem sie diesen Mann mit dem Tode bedrohte und zum Widerruf zwang, statt ihn ohne viel Federlesens umzubringen; denn aus seiner und seiner Geistesverwandten Art, die Dinge anzusehen, sind danach — binnen kürzester Zeit, wenn man historische Zeitmaße anlegt — die Eisenbahnfahrpläne, die Arbeits-

4 Thomas Mann, Der Zauberberg, Gesammelte Werke, Bd. 2, Aufbau-Verlag, Berlin, 1956, erstes Kapitel, S. 26

maschinen, die physiologische Psychologie und die moralische Verderbnis der Gegenwart entstanden, gegen die sie nicht mehr aufkommen konnte. Sie hat diesen Fehler wahrscheinlich aus zu großer Klugheit begangen, denn Galilei war ja nicht nur der Entdecker des Fallgesetzes und der Erdbewegung, sondern auch ein Erfinder, für den sich, wie man heute sagen würde, das Großkapital interessierte, und außerdem war er nicht der einzige, der damals von dem neuen Geist ergriffen wurde.[5]

Man kann gleich mit der eigenartigen Vorliebe beginnen, die das wissenschaftliche Denken für mechanische, statistische, materielle Erklärungen hat, denen gleichsam das Herz ausgestochen ist. Die Güte nur für eine besondere Form des Egoismus anzusehen; Gemütsbewegungen in Zusammenhang mit inneren Ausscheidungen zu bringen; festzustellen, daß der Mensch zu acht oder neun Zehnteln aus Wasser besteht; die berühmte sittliche Freiheit des Charakters als automatisch entstandenes Gedankenanhängsel des Freihandels zu erklären; Schönheit auf gute Verdauung und ordentliche Fettgewebe zurückzuführen; Zeugung und Selbstmord auf Jahreskurven zu bringen, die das, was freiste Entscheidung zu sein scheint, als zwangsmäßig zeigen; Rausch und Geisteskrankheit als verwandt zu empfinden; After und Mund als das rektale und orale Ende derselben Sache einander gleichzustellen −: derartigen Vorstellungen, die im Zauberkunststück der menschlichen Illusionen gewissermaßen den Trick bloßlegen, finden immer eine Art günstiger Vormeinung, für besonders wissenschaftlich zu gelten.[6]

Diese Beispiele, in denen so feinfühlige Beobachter und differenzierte Sprecher wie Thomas Mann und Robert Musil zu Wort kommen, mögen für viele andere stehen. Totschweigen oder heftige Ablehnung ist bislang die Grundhaltung der literarischen Welt gegenüber der Technik. Handwerk und Landwirtschaft haben noch eine liebevolle Schilderung gefunden, aber zur Darstellung der Technik von heute, die unser Leben trägt, scheinen *noch die adäquaten Begriffe und Worte zu fehlen.* Es ist „der Literatur nicht gelungen (oder es lag ihr nicht daran), die Technik durch Darstellung erlebbar zu machen, als Mittler zu dienen, der bisher Sprachlosen zu einer Sprache, der Unbekannten zu einem Bild zu verhelfen, wie es ihr mit anderen Lebensbereichen durchaus möglich war (Künstlertum, Abenteuer, Wissenschaft)".[7] Hier zeigt sich sehr deutlich, daß wir das Fundament unseres heutigen Lebens noch nicht eigentlich verstanden haben.

Eine letzte Verschärfung hat der Streit um die Technik im vergangenen Jahrzehnt erfahren, da es zum allgemeinen Bewußtsein gekommen ist, daß jeder technische Fortschritt einen Preis kostet. Über den Entdeckungen der Kernenergie, die Militärtechnik, der genetisch-biologischen Steuerungsmechanismen und der Computer- und Informationstechnik ist die Menschheit *zutiefst über ihre eigenen Möglichkeiten erschrocken.* Das ist jetzt mehr als nur ein philosophisches Problem, wir spüren nachdrücklich die Enge der Welt, wir merken, daß nicht nur unser geistiges Leben, sondern auch unsere nackte Existenz, unsere Ernährung und Gesundheit davon abhängen, wie wir mit der Technik zurechtkommen. In der Tat, die Naturgewalten bedrän-

5   Robert Musil, Der Mann ohne Eigenschaften, Rowohlt, Hamburg, 1965, S. 302
6   a. a. O., S. 303
7   Fritz Winterling, „Die Darstellung der Technik in der Literatur" in: Technik und Gesellschaft, Bd. 2, ausgewählte und kommentierte Texte, hrsg. von H. Sachsse, Verlag Dokumentation, München, 1976, S. 16

gen uns kaum noch. Alle Schwierigkeiten des modernen Lebens haben wir praktisch selbst verursacht, und alle sind unmittelbare oder mittelbare Folgen unseres technischen Handelns. Aber demgegenüber stellt sich wieder die Frage: War die Entwicklung der Technik nur ein *Irrweg oder brauchen wir nicht gerade heute nötiger denn je die Hilfsmittel der Technik, um mit den Schwierigkeiten fertig zu werden,* in die wir durch den Fortschritt der Technik geraten sind? Kann nicht doch nur die Technik das Werkzeug liefern, um den Menschen von den Zwängen zu befreien, denen er in der Vergangenheit ausgeliefert war, zur sinnvollen Gestaltung einer besseren Welt? Wir müssen feststellen: die Entwicklung der Technik ist heute an einem Punkte angelangt, an dem sie für unsere geistige wie materielle Existenz ebenso zur beherrschenden Gefahr wie zur einmaligen Chance geworden ist. Eine Philosophie der Technik ist daher das Problem unserer Zeit.

1.3 Die Technik als ein Stück von uns selbst

Die Technikphilosophie steht nun vor der Aufgabe, ihren Gegenstand einerseits so weit zu fassen, daß das Phänomen Technik nicht zerstückelt wird, sondern in seiner Ganzheit ins Gesichtsfeld kommt, andererseits muß sie, wenn sie zu Aussagen kommen will, abgrenzen. In diesem Sinne wollen wir eine Bestimmung formulieren, die bei den weiteren Überlegungen dieses Buches zu prüfen und zu interpretieren sein wird. Sie lautet: *Die Technik, die uns so nah und doch so fern ist, von der wir sprechen, als wäre sie ein Ding für sich, ist nicht eine fremde, dämonische Macht, die uns knechten kann oder befreien wird, die je nach der Einstellung heilbringend oder zerstörerisch zu verstehen ist, sondern sie ist ein Teil unseres Wesens,* ein Glied unserer Natur, bildlich gesprochen ein Organ unseres Körpers, das wir aber noch für ein fremdes Stück halten, weil wir es noch nicht als unser eigenes erkannt haben. Der homo technicus des 20. Jahrhunderts ist noch nicht zum eigentlichen Verständnis seiner selbst gekommen, er ist noch nicht der homo technicus sapiens geworden. *Es bedarf einer Anthropologie der Technik, die die Technik als menschliches Wesenselement aus der Natur des Menschen heraus begreift.* Und das bedeutet, daß eine solche Philosophie der Technik aus anthropologischer Sicht ihre Aufgabe zu eng faßt und verfehlt, *wenn sie sich nicht auch als eine Philosophie der Selbsterkenntnis versteht.* Aber die enge Verbundenheit der Technik mit dem Menschsein überhaupt erschwert das Verständnis der Technik: ein Leben ohne jede Technik ist für uns ernsthaft kaum vorstellbar. Die Technik, dieses Stück unserer Natur, läßt sich nicht als eigener Lebensbereich neben andere Bereiche wie Wissenschaft, Kunst, Politik, Religion oder Wirtschaft stellen, weil sie als eine Weise des *Verhaltens in allen diesen Bereichen mit wirksam ist.* Sie gewährt die Hilfsmittel unabhängig von den Zielen, um die es jeweils geht, und sie ist daher bei allem, was der Mensch will, mit dabei. Aber indem sie hilft, beeinflußt sie durch die spezifische Art ihrer jeweiligen Hilfsmittel doch auch die Ziele, denn von ihrem Entwicklungsstand und ihrer Struktur hängt es im einzelnen Fall wieder ab, was sich wollen läßt und erreichbar ist. *So liegt es in ihrer Natur, daß sie nicht nur unserer Weise zu leben dient, sondern dieselbe auch formt.*

6

Die Philosophie der Technik steht daher vor einer sehr komplexen Aufgabe. Sie muß sich fragen, wie die Technik mit und aus dem Menschsein entstanden ist, welche besonderen Strukturen ihr als Technik in ihren verschiedenen Entwicklungsstadien eigen sind, wie diese Strukturen auf die Lebensform des Menschen zurückwirken und wie der Mensch in der Lage ist, die Rückwirkung in sein Leben als Ganzes wieder einzugliedern.

Damit ist der Gang unserer Untersuchung vorgezeichnet. Wir wollen zunächst die physikalische, die biologische und die anthropologische Verwurzelung der Technik freilegen. Wir werden dabei unter Verwendung des kybernetischen Begriffsmaterials ein allgemeines Modell der Entwicklung darstellen und können in diesem Rahmen den Begriff der Technik weit genug fassen. Es ist dann die Entwicklungsgeschichte des Menschen in Wechselwirkung mit der Entfaltung der Technik aufzuzeigen. Wir werden dabei auf drei Epochen der Geschichte stoßen, die jeweils durch einen unübersehbaren Sprung in der Vermehrungsrate der Menschen voneinander geschieden sind und die je ihre eigenen spezifischen Strukturen der Technik aufweisen. Der nächste Schritt der Untersuchung ist eine Betrachtung der Technik aus der Sicht des Individuums. Hier geht es einmal darum, wie die Techniker selbst ihre Arbeit und ihre Aufgabe verstehen und wie sie sich darüber in Briefen und Autobiographien aussprechen, und es sind ferner die Strukturen der technischen Forschung aus der Sicht des Individuums darzustellen, die sich besonders klar herausschälen lassen, wenn man diesen Suchprozeß dem Suchprozeß der wissenschaftlichen Forschung gegenüberstellt. Daraus ergibt sich auch eine Stellungnahme zu der Frage nach Theorie und Praxis. Eine ausführliche Untersuchung verdient die Technik als soziales Phänomen, *da sie ihrem Wesen nach die Zusammenarbeit zur Voraussetzung hat.* Im Brennpunkt des Interesses stehen dabei heute die Gesellschaftsformen der Wettbewerbswirtschaft und der Zentralverwaltungswirtschaft, die sich zum Gegensatz politischer und weltanschaulicher Ideologien entwickelt haben. In diesem Zusammenhang ist die diffizile Verflechtung von Wirtschaft und Technik zu analysieren und die Frage zu prüfen, welchen Freiheitsspielraum die Sachbedingtheiten der Technik bezüglich der Vergesellschaftung des Menschen noch offen lassen. Eine weitere Untersuchung gilt dem Einfluß der Technik auf die Philosophie und Geistesgeschichte der Neuzeit. Da wir dazu neigen, die Einwirkung von äußeren Bedingungen auf unsere Denkstrukturen und Verhaltensweisen zu verdrängen, ist diese Reflexion auf die Grundlagen des modernen Bewußtseins für das Verständnis der Technik wie des Menschen von besonderem Interesse. Stehen doch so weltbewegende Geistesströmungen wie der russische und der westliche Marxismus und die chinesische Lehre Mao Tse-tungs *im engsten Zusammenhang mit der Entwicklung der neuzeitlichen Technik.* Das letzte Kapitel befaßt sich schließlich mit der Frage, wie das technische Vermögen, das immer deutlicher den Rahmen unseres Lebens zu sprengen scheint, ethisch bewältigt und in unser Dasein wieder eingegliedert werden kann. Hier gelangt die Untersuchung zu der These, daß der Mensch im Rahmen und *aufgrund der technischen Zusammenarbeit gerade die Chance erhält, seine eigentliche Anlage als soziales Wesen, als homo socialis zu verwirklichen.*

Bevor wir mit der Untersuchung beginnen, noch eine Vorbemerkung: Den folgenden Ausführungen liegt die Auffassung *des kritischen Realismus zugrunde, die besagt, daß der von der Erkenntnis angezielte Gegenstand eine unabhängig von der Erkenntnis vorhandene und von ihr niemals voll ausschöpfbare Gegebenheit darstellt.* In diesem Sinne hat Nicolai Hartmann von der gnoseologischen — das heißt von der auf unsere Erkenntnis bezüglichen — Transzendenz der Realität gesprochen, oder, wie man auch gesagt hat: mit Realität meinen wir das, was unabhängig von dem Erkanntwerden und gleichgültig gegenüber dem Erkanntwerden existiert. Es sei aber nicht verschwiegen, daß der Sinn eines solchen Realitätsbegriffes Gegenstand nachhaltiger Meinungsverschiedenheiten ist, mit denen wir uns im Folgenden noch ausführlicher auseinanderzusetzen haben. Eine große Zahl von Forschern und Philosophen orientiert sich nach der Vorstellung von der objektiven Realität, aber es gibt auch Schulen und breite Geistesströmungen, die von einem Sein nur in bezug auf das Bewußtsein oder gar nur als Leistung des Bewußtseins sprechen wollen.

Der kritische Realismus ist zunächst nur eine erkenntnistheoretische Position. Aber da er auch von Einfluß darauf ist, wie sich der Mensch selbst versteht und wie er seine Möglichkeiten, zu begreifen und zu handeln, beurteilt und dementsprechend auch sein Verhalten ausrichtet, *kommt dieser Position auch eine ethische Bedeutung zu.* Insbesondere wird sich zeigen, daß der Verlust eines adäquaten Realitätsverständnisses eng mit der Problematik der geistigen Situation in unserer technischen Welt zusammenhängt.

2 Physikalische und biologische Wurzeln der Technik

2.1 Der Umweg zum Ziel

Wir haben die Technik als eine Weise des Vorgehens, als eine besondere Form des Handelns bezeichnet. Nun ist anzugeben, worin diese Besonderheit besteht: *Wir wollen als technisches Handeln ein Handeln bezeichnen, das einen Umweg wählt, weil das Ziel über diesen Umweg leichter zu erreichen ist.* Technisches Vorgehen ist also nicht eine unmittelbare Aktion, sondern eine, die Mittel verwendet, die Mittel zwischenschaltet. Diese Mittel sind etwas anderes als das Ziel selber, und daher führen sie zunächst von dem Ziel fort, aber sie haben die Eigenschaft, daß durch ihre Vermittlung das Ziel leichter erreichbar wird. In der Vorsilbe „um-" stecken vereint die beiden Bedeutungen: die Abweichung vom geraden Weg *um* das Hindernis her*um*, aber dieses Seitwärts und Zurück doch mit dem finalen Hintersinn, *um* das Ziel zu erreichen. Ein „Um"-Weg ist oft ein „Umzu"-Weg. – Wenn wir uns unser Handeln vergegenwärtigen, werden wir feststellen, daß es in vielen Fällen ein solches indirektes, Mittel verwendendes Handeln ist. Aber das ist doch nicht ausschließlich der Fall, es gibt auch das direkte Handeln. Beispiele sind die unmittelbaren Befriedigungen unserer Bedürfnisse, Essen, Trinken, Schlafen, die unmittelbare Äußerung von Gefühlen und Gedanken, der gerade Angang an eine Sache, der bewußte Verzicht auf Hilfsmittel, wenn man ohne Umschweife, wie man sagt, den Stier bei den Hörnern packt. Man kann auch in nahem Austausch den Mitmenschen sehr unmittelbar ansprechen, ohne Technik und Taktik, etwa aus dem Wunsche heraus, sich schlicht zu geben, wie man ist, ohne weitere Absicht dem Verständnis des anderen vertrauend. Auch der Betende wird logischerweise auf die Technik verzichten, da einem intellectus infinitus gegenüber die Anwendung der List, wie die Griechen die techne auch nannten, zwecklos wäre. Aber von einfachen und speziellen Fällen abgesehen, ist das menschliche Handeln auch meist technisches Handeln, wir bedienen uns in der Regel der Mittel und der Vermittlung, wo wir es können, wobei die Länge des Umwegs, das Ausmaß der Mittelverwendung – wie wir noch sehen werden – sehr verschieden sein kann.

Daß der Umweg der schnellere Weg sein kann, ist ein bedeutungsvoller, physikalischer Sachverhalt, der mit der Grundstruktur unserer Welt vorgegeben ist (Sachsse, 1968, S. 171ff.; 1974, S. 152ff., 160). Wir müssen diesen Gedanken kurz verfolgen: er ist wichtig, weil er zeigt, wie die *Möglichkeit technischen Handelns im physikalischen Grundmuster dieser Welt angelegt ist,* einer Welt, in die der Mensch im Laufe der Evolution erst sehr spät, erst im letzten Augenblick – wie man sagen kann – eingetreten ist. – Wenn wir nach den Wegen der Veränderung, nach dem Prozeßgeschehen ganz allgemein fragen, ist es zweckmäßig, zuerst die chemischen Reaktionen zu betrachten; ihre Mechanismen kennen wir noch am besten, aber sie sind auch die Rahmenbedingungen für alles Wachstum, für jede Entwicklung. Eine wichtige Funktion beim chemischen Prozeß hat bekanntlich der *Katalysator*. Man versteht darunter eine Substanz, die die Reaktionsgeschwindigkeit sozusagen durch ihre pure Anwesenheit beschleunigt, ohne sich selbst dabei zu verändern. Man fragt sich: wie macht der Katalysator das? Die nähere Untersuchung der Reaktionsmechanismen hat gezeigt, daß er sich doch am Reaktionsgeschehen beteiligt: er bildet nämlich mit den Reaktionspartnern Zwischenverbindungen, die am Ende der Reaktion aber wieder zerfallen, und dieser Weg über die Zwischenstufe vermittelt die Beschleunigung. Daß diese Unterteilung in Reaktionsschritte mit der Bildung von Zwischenstufen den Reaktionsweg erleichtert, beruht auf der besonderen Struktur der chemischen Kraftfelder, von denen alle Gruppierung und Umgruppierung chemischer Moleküle bestimmt wird. Diese Kraftfelder hängen einmal von der chemischen Natur der reagierenden Atome und Moleküle, von ihren Verwandtschaftsgraden und Affinitäten ab, aber darüber hinaus noch von der räumlichen Konstellation aller beteiligten Partner. Die Kraftfelder beeinflussen sich gegenseitig, die Bindung zwischen A und B kann dadurch gelockert werden, daß C in einer bestimmten Richtung hinzutritt. Aus der Alltagserfahrung kennen wir diese Wechselwirkung von Kraftfeldern nicht, die Wirkungen der Schwerkraft, des Magnetismus und der elektrostatischen Anziehung überlagern sich additiv, das Gewicht von Betonklötzen wird nicht durch die Nachbarschaft anderer Betonklötze beeinflußt. Demgegenüber besitzen die chemischen Kraftfelder sehr spezielle und hochdifferenzierte Strukturen, und erst der Quantenmechanik ist es geglückt, diese Kräfte, die die Aggregation der Materie bestimmen, theoretisch aufgrund der Struktur der Materie zu verstehen.

Ein einfaches Beispiel mag das Gesagte erläutern. Man kennt zwei Modifikationen von Wasserstoff, den Orthowasserstoff oH_2, und den Parawasserstoff pH_2, die sich nur dadurch unterscheiden, daß beim oH_2 der Kernspin (der Drehimpuls) der beiden Atome in Moleküle parallel ↑↑ ausgerichtet ist und beim pH_2 antiparallel ↑↓. Für die Umwandlung, die über die Trennung der beiden Atome und ihre Wiedervereinigung führt, muß die gesamte Bindungsenergie E aufgebracht werden.

$$pH_2 = H + H = oH_2, \quad E = 101{,}9 \ kcal$$

Tritt aber ein drittes H-Atom ins Spiel, so kann eine Austauschreaktion erfolgen: Durch die Annäherung des dritten Atoms wird die Bindung der beiden Atome gelockert, und es kommt zu einer instabilen Zwischenstufe H−H−H, bei der die drei Atome auf einer Gerade liegen, wobei das mittlere Atom von den beiden äußeren gleichweit entfernt ist mit einem Abstand, der größer ist als der Atomabstand im Molekül. Dieser Zwischenzustand ist über eine Energieschwelle von nur 7,25 kcal erreichbar und zerfällt dann wieder in ein Molekül und ein Atom (Geib und Harteck, S. 849).

$$H + pH_2 = H−H−H = oH_2 + H, \quad E = 7{,}25 \ kcal$$

Das ist der denkbar einfachste Fall einer Katalyse: durch die Anwesenheit eines dritten Partners und die Bildung einer höher organisierten stabilen Zwischenverbindung wird ein schnellerer Weg zum Endzustand gefunden.

10

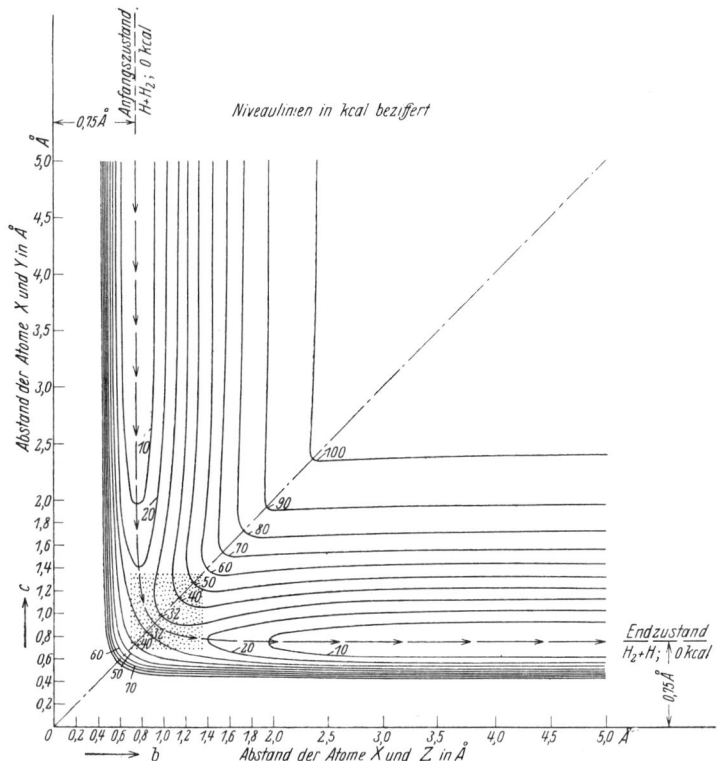

Bild 1 Resonanzenergie von 3 geradlinig angeordneten *H*-Atomen als Funktion der Abstände („Resonanzgebirge").
aus der optischen Energiekurve von H_2 unter Vernachlässigung des COULOMBschen Anteils berechnet.

Bild 1a

Ausgangszustand der dargestellten Umsetzung
$H + H_2 \rightarrow H_2 + H$.

Eyring und Polanyi haben die Landschaft dieser Kraftfelder aufgrund von spektroskopischen Daten theoretisch berechnet. Bild 1 zeigt die Trennungsenergien zwischen zwei H-Atomen in Abhängigkeit vom Abstand, wenn sich linear ein drittes nähert, dargestellt wie die Höhenlinien eines Gebirges. Bild 2 zeigt als Ausschnitt das Sattelgebiet dieses sogenannten Resonanzgebirges: ein schmaler Paß, bei dem der zu überwindende Reaktionswiderstand für die Anordnung H–H–H ein Minimum beträgt. Unter Berücksichtigung aller Faktoren stimmen die von Eyring und Polanyi berechneten Werte mit den experimentell gefundenen Reaktionsgeschwindigkeiten gut überein (Eyring und Polanyi, S. 279ff.; Moore, S. 436ff.). Dieser besonders einfache Fall der Wechselwirkung von Reaktionspartnern hat den Vorteil, daß er theoretisch

11

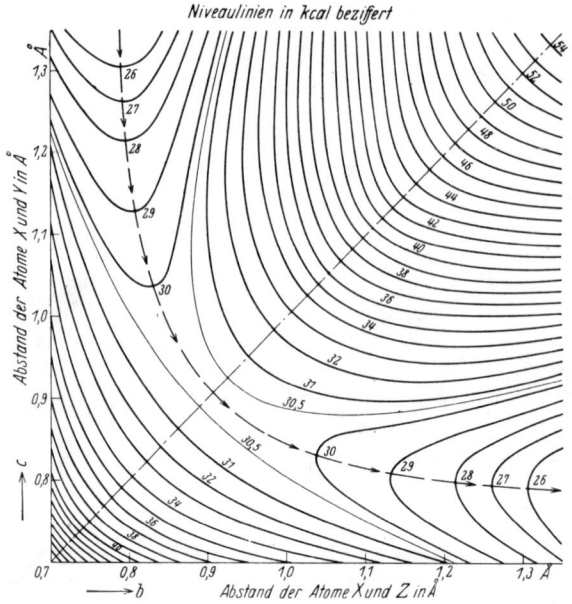

Niveaulinien in kcal beziffert

Bild 2 Sattelgebiet des „Resonanzgebirges" aus Bild 1 in vergrößertem Maßstab (in Bild 1 durch Körnung hervorgehoben).

gut faßbar und in den Einzelheiten berechenbar ist. Ähnlich, nur viel differenzierter, sind die Energielandschaften, die in Abhängigkeit von der Konstellation der beteiligten Partner den optimalen Reaktionsweg bestimmen, wenn es sich um kompliziertere chemische Umsetzungen handelt. Die Chemie ist die Lehre von den Grundstoffen. Wenn man die große Mannigfaltigkeit im Aufbau unserer Gegenstandswelt verstehen will, ist es gut, sich den Reichtum an Formen zu vergegenwärtigen, der bereits den Atomen und Molekülen und ihren von ihrer Anordnung abhängigen Kraftfeldern eigen ist.

Die Katalyse ist in der Chemie ein sehr verbreitetes Phänomen, und generell kann man feststellen, daß die Leistungsfähigkeit von Katalysatoren mit ihrem Differenzierungsgrad zunimmt. Die gegenseitige Beeinflussung der Kraftfelder erlaubt bei spezieller räumlicher Konstellation der Partner mit wachsendem Organisationsgrad des Systems über die Vermehrung der Zwischenzustände die weitere Erleichterung der Reaktionswege. Die technische Chemie hat immer kompliziertere Katalysatorensysteme entwickelt, aber eine noch sehr viel höher geordnete Struktur weisen die biologischen Katalysatoren, die Enzyme auf. Sie bewirken eine massive Umsatzerhöhung, und darüber hinaus steuern sie durch selektive Beschleunigungen das gesamte Prozeßgefüge des Stoffwechsels, des Wachstums und des Aufbaus der lebendigen Formen. Hier wird der entscheidende Einfluß der chemischen Katalyse für den Aufbau unserer Welt deutlich. Pauschal kann man sagen, daß die Enzyme das Temperaturniveau chemischer Umsetzungen um 100° bis 300° senken, das entspricht einer

12

Steigerung der Geschwindigkeit um das 10^3- bis 10^{15}-fache (Sachsse, 1974, S. 162; Eigen, 1966, S. 61). Vom Verrosten und Verwittern abgesehen ist das meiste, was wir an chemischen Umsetzungen in der Natur beobachten, das Werk von Biokatalysatoren. Die Struktur der Materie, wie sie im Wechselspiel dieser Kraftfelder zum Ausdruck kommt, hat zur Folge, daß bei *geeigneter Konstellation der scheinbare Umweg über katalytisch gebildete Zwischenglieder der leichtere, schnellere Weg ist.* Gleichzeitig liefert diese Überlegung den Schlüssel zum Verständnis der organischen Höherentwicklung, der Bildung differenzierter Organisationsstufen im Prozeß der Evolution: da das Höherstrukturierte die Chance hat, in einer gegebenen Umwelt schneller zu reagieren, setzt es sich im Wettbewerb der Reaktionsgeschwindigkeiten durch und zieht den Strom der Veränderung in seine Bahn. Die Prozeßrichtung ist bestimmt von der Konkurrenz der Reaktionsgeschwindigkeiten, und in diesem Wettbewerb sind die differenzierteren Systeme aufgrund der Struktur der Materie durch die Ermöglichung leichterer Reaktionsbahnen überlegen.

Damit klärt sich auch der scheinbare Widerspruch zwischen der Richtung der anorganischen und der biologischen Prozesse auf. Die Physik fordert für die Richtung aller Naturprozesse die Geltung des Entropiegesetzes, welches besagt, daß bei reversiblen Prozessen die Entropie konstant bleibt, während sie bei irreversiblen Prozessen immer zunimmt. Dabei sind die reversiblen Prozesse als idealer Grenzfall zu verstehen, in Wirklichkeit gibt es nur irreversible Prozesse. Die Entropiezunahme bedeutet, daß mit den irreversiblen Prozessen ein Abbau aller Spannungen und Differenzen, aller Unterschiede und aller Ordnung verbunden ist, daß gemäß dem Entropiegesetz die Welt dem thermodynamischen Gleichgewicht, dem Zustand der größten Wahrscheinlichkeit und der molekularen Unordnung — wie ihn Boltzmann genannt hat — zustrebt, bei dem durch den Ausgleich aller Spannungen im absoluten Gleichgewicht alles Geschehen zum Erliegen kommt. Wie ist — hat man sich gefragt — angesichts dieses Gesetzes ein Auftreten der hochorganisierten Formen im Laufe der Evolution denkbar?

Der Neodarwinismus hat dafür den Zufall verantwortlich gemacht. Die Ursachen jeder Höherentwicklung sind gemäß dieser Auffassung die Mutationen, die sich richtungslos und ausschließlich zufällig ereignen, wobei die Selektion dafür sorgt, daß nur das Überlebensfähige auch überlebt. Aber diese Theorie hat niemals allgemein befriedigt. Sie erklärt zwar, daß das neu Hinzukommende zu dem bereits Vorhandenen passen muß, aber es bleibt rätselhaft, wieso bei der unabsehbaren Möglichkeit von Atomkonstellationen gerade diese besondere Entwicklung zu höheren Formen stattgefunden hat. Driesch hat nicht zu Unrecht gesagt, der Darwinismus erkläre zwar, warum es keine schwarzen Eisbären gebe, aber er erkläre nicht, warum es weiße gebe. Der reine Kampf ums Überleben liefert kein Argument für die Höherentwicklung, käme es nur auf das Überleben an, hätte der Evolutionsprozeß schon bei den Steinen, die bislang noch alles überdauert haben, haltmachen können. Die Rede vom Zufall liefert da keine Erklärung, sie verlangt nur, daß man sich resignierend mit einer in Zahlen kaum faßbaren Unwahrscheinlichkeit abfinden soll.

Zur Deutung der Höherentwicklung und zur Auflösung des scheinbaren Widerspruchs zum Entropiegesetz ist zu bedenken, daß das Entropiegesetz zwar ganz allgemein gilt, auch für die biologischen Prozesse, aber daß das Entropiegefälle, das Streben zum Gleichgewicht nur die treibende Kraft ist, die hinter allem Naturgeschehen steht, daß aber der *Weg*, den die Prozesse einschlagen, von den Widerständen abhängt, die sie vorfinden und die durch die Struktur der Materie und die daraus sich ergebenden Interaktionen der Kraftfelder bestimmt sind. Wäre das nicht der Fall, so könnten die Katalysatoren die Prozesse nicht steuern, ohne das Gleichgewicht zu beeinflussen. Das Entropiegefälle läßt sich mit dem Dampf vergleichen, der das Geschehen vorwärts treibt, das System der Widerstände aber mit den Schienen, die die Wege vorschreiben. Daraus folgt, daß die *Höherentwicklung nicht ihren Grund in der besonderen Weise des Lebendigen hat, sondern daß sie durch physikalische Sachverhalte, durch die Struktur der Materie bestimmt ist.* Und dabei zeigt sich nun, daß der Umweg über die komplizierten Systeme im Wettbewerb der Reaktionsgeschwindigkeiten überlegen ist und daß sich *über den Zwischenzustand der höher organisierten Formen die Entropie gerade schneller vermehrt.* Wir werden diesen Sachverhalt im folgenden Abschnitt an Hand des systemtheoretischen Begriffsmaterials noch besser verdeutlichen können.[1]

Auch die Entwicklung der höheren Organismen liefert zahlreiche Beispiele für die Überlegenheit der Umwege. Die niederen Organismen pflanzen sich durch Zellteilung und Parthenogenese, durch Jungfernzeugung vermittels unbefruchteter Eier fort. Demgegenüber ist die geschlechtliche Fortpflanzung ein recht komplizierter Umweg. Die passenden Partner müssen sich aufsuchen und finden, sie müssen fortpflanzungsfähig und bereit sein, und ein umfangreiches Inventar an Organen, an Verhaltensweisen, an Signalen und Kommunikationsmethoden mußte herausgebildet werden, um diesen komplizierten Prozeß zu realisieren. So ist die Blütenbestäubung noch auf die Hilfe einer völlig anderen Gattung, auf die Mitarbeit der Insekten, angewiesen, und die Bienen haben zu diesem Zweck auch noch einen besonderen Farbensinn entwickelt. Aber man hat die Geschlechtlichkeit als eine der bedeutendsten Erfindungen der Natur, als eine entscheidende Entwicklungsstrategie der Evolution bezeichnet; dieser Umweg erlaubt eine Neukombination der Erbeigenschaften, so daß bei gleichem Genbestand lebenskräftigere Nachkommen erzeugt werden (Strugger, S. 98). In der Tat hat sie in der Natur die Parthenogenese weitgehend überholt. Das *allgemeine Prinzip dieser Vermittlung durch Zwischenglieder ist das der Funktionsteilung, der Spezialisierung und der Integration des Spezialisierten zum umfassen-*

---

1 Manfred Eigen hat 1971 eine mathematisch durchgearbeitete Theorie der Evolution vorgelegt, bei der er die Gesetze der Evolution aus der Physik, aus der irreversiblen Thermodynamik ableitet. Die im obigen Text dargestellten qualitativen Überlegungen, die aus dem Jahr 1968 stammen (Sachsse, 1968, S. 171–199; 1974, S. 152ff.), stehen mit der Theorie von Eigen in vollem Einklang. Der Maßstab, nach dem die Evolution auswählt, ist nach Eigen nicht die Eignung zum Überleben (Eigen, 1971, S. 521), sondern der Selektionswert wird charakterisiert durch Bildungs- und Zerfallsgeschwindigkeiten sowie durch einen quality factor (Eigen, 1971, S. 516), physikalische Größen, die nicht der Biosphäre eigen sind, sondern generell durch die Struktur der Materie bestimmt sind. Neben dieser Gesetzlichkeit, die für die Höherentwicklung überhaupt maßgebend ist, weist Eigen ausdrücklich auf die „Zufälle" hin, die beim historischen Evolutionsprozeß im Rahmen der Gesetzlichkeit zu Weichenstellungen führen. (Dazu siehe auch S. 29ff.)

deren System. Über das Geschlechtsverhältnis hinaus gibt es zahlreiche überindividuelle Symbiosen mit sehr komplizierten Ergänzungsverhältnissen, die gerade von der Mannigfaltigkeit der Arten profitieren. Darwin weist darauf hin, daß der Heuertrag durch die Sortenmischung vergrößert wird. Er vergleicht die Partner einer Biocoenose mit den Organen eines Körpers. „Der Vorteil einer Mannigfaltigkeit der Struktur ist für die Bewohner des gleichen Gebietes in der Tat derselbe wie der, den die physiologische Arbeitsteilung unter den Organen ein und desselben Individuums bietet." (Darwin, S. 163.) Die Möglichkeit der Arbeitsteilung ist es, auf der die Überlegenheit der differenzierten Strukturen im Wettbewerb der Evolution beruht.

Mit seinem technischen Handeln setzt der Mensch das Werk der Natur fort. Eine entscheidende Hilfe bietet ihm dabei sein Vorstellungsvermögen. Die Natur muß mühselig über Versuch und Irrtum, über Mutation und Selektion, die Möglichkeiten durchprobieren, um zu der optimalen Konstellation für den besten Reaktionsweg zu kommen. Der Mensch kann lernend die Zusammenhänge im Naturgeschehen erfassen und einspeichern und dann aufgrund seiner Erfahrungen neue Möglichkeiten zur Herstellung und Anwendung von Mitteln und Methoden auffinden, er kann einen großen Teil der praktischen Versuche durch die geordnete Befragung seines Wissens ersetzen. So zeigt sich, daß die Entwicklung der menschlichen Technik unmittelbar mit dem Erwachen seines Bewußtseins, mit der Entwicklung seines Vorstellungsvermögens und der Fähigkeit Erfahrungen zu machen, zu speichern und wieder sinnvoll anzuwenden, verbunden ist. Und das charakteristische Merkmal für den Entwicklungsstand der Technik ist wieder die Länge des Umweges, die Möglichkeit, im Vorstellungsvermögen immer größere Zusammenhänge zu überblicken, immer mehr Zwischenstufen einzuschalten und Mittel einzusetzen, die über immer längere Wirkungsketten mit dem Enderfolg verknüpft sind. Das erste Werkzeug des Menschen, der Faustkeil, hat noch ziemlich unmittelbar die Wirkung des Schlages unterstützt. Seine Herstellung, die im Laufe der Zeit immer kunstvoller wird, verlangt allerdings schon größere Distanzierung vom Ziel. Die zweite bedeutende technische Leistung, die Zähmung des Feuers, verfügt bereits nicht mehr über diese unmittelbare Anschaulichkeit des Erfolges, die Wirkungen sind weitläufiger und unübersichtlicher: Schutz vor Kälte, Schutz vor wilden Tieren und vor allem Verbreiterung der Ernährungsbasis dadurch, daß ein Teil des Aufschlusses der Nahrung und der Verdauung aus dem Organismus heraus auf die Zubereitung verlegt wird. Und mit dem Verzicht auf die unmittelbare Anschauung zugunsten des weitläufigeren Zusammenhangs verlangt diese Erfindung zum erstenmal auch ausgesprochen *die Überwindung des Vorurteils.*

Von nun an wird in der Geschichte der Technik der Weg über die Mittel zum Ziel immer länger, der Mensch holt immer weiter aus, immer umfassender, langfristiger und unanschaulicher sind die Umwege und die Bemühungen um die Erstellung der Hilfsmittel. Der Landmann pflügt den Acker, aber erst nach Jahresfrist wird er den Erfolg seiner Mühe ernten. Noch viel weitläufiger sind die Methoden moderner Projekte. Als die Amerikaner erkannten, daß der Krieg mit Hitler unvermeidbar geworden war, haben sie zunächst ein Bürohaus für 30 000 Beschäftigte, das Pentagon, gebaut. Die Landung auf dem Mond hat für ein knappes Jahrzehnt die Arbeiten von

300 000 Menschen absorbiert, vielfältige Probleme der Medizin, der Kunststoff-chemie, der Apparate- und Informationstechnik, der Meteorologie und vieler anderer Gebiete waren zu lösen, und nur die große Mobilisation des naturwissenschaftlich-medizinisch-technischen Wissens zur Bereitstellung der Hilfsmittel war in der Lage, dieses unwahrscheinliche Vorhaben durchzuführen.

Die Idee von der Fruchtbarkeit und Leistungsfähigkeit der Produktionsumwege ist ein *Schlüsselbegriff der Nationalökonomie* geworden, in der ja Technik und Wirtschaft auf das innigste verschmolzen sind. Der Gradmesser für den Entwicklungszustand eines wirtschaftlichen Bereiches ist sein Inventar, an Werkzeug und Methoden, an Apparaten und Fabriken, an technischem know how und an Produktionsmitteln. Die Summe aller Hilfsmittel bezeichnet man als das investierte Kapital. So schreibt Böhm-Bawerk: „Das Kapital aber ist nichts anderes als der Inbegriff der Zwischenprodukte, die auf den einzelnen Etappen des ausholenden Umwegs zur Entstehung kommen." (Böhm-Bawerk, S. 16.) Walter Eucken bezeichnet die Tatsache, daß Zwischenprodukte nicht auf direktem Wege zu Endprodukten verarbeitet und dem Konsum zugeführt werden können, sondern als Hilfsmittel zur Steigerung der Ergiebigkeit eingesetzt werden, als eine Rückversetzung zur Verlängerung des Produktionsumweges. Er spricht von einer Erfahrungsregel, „die oft auch das ‚Gesetz von der Mehrergiebigkeit der Produktionswege' genannt wird" (Eucken, S. 246). Das Gesetz, daß durch Kapitalbildung als Produktionsumweg die Ergiebigkeit und Potenz eines Wirtschaftssystems gesteigert wird, gilt keineswegs nur für die Marktwirtschaft, die zumeist allein als kapitalistisch bezeichnet wird, sondern die Zentralverwaltungswirtschaften wie z. B. der Sowjetmarxismus sind genauso an der Kapitalbildung interessiert, hier an der Bildung von Staatskapital, und sie benutzen bekanntlich ja auch häufig durchgreifende Methoden, um den privaten Konsum, die unmittelbare Wunschbefriedigung zugunsten der Bildung von Staatskapital zurückzudrängen.[2]

Die bisherige Überlegung hat gezeigt, wie sich die technische Entwicklung von ihren ersten Anfängen bis zu den modernen Großprojekten der Supermächte aus der gleichen Naturgesetzlichkeit heraus entfaltet hat, wie sie für die prävitale und vitale Evolution maßgeblich war. Wir wollen zum Abschluß dieses Abschnittes noch zwei Merkmale der Technik erwähnen, die eng mit diesem Gesetz vom Umweg zusammenhängen:

1. Die Fruchtbarkeit der Technik, die auf Funktionsteilung und Integration der Teile beruht, hat die *Kooperation mehrerer Individuen zur Voraussetzung.* Daher ist die Entwicklung der Technik, wie wir noch näher sehen werden, auch eng mit der Entwicklung des menschlichen Kommunikationsvermögens, mit der Sprache verkuppelt. Das bedeutet: Technisches Handeln ist von seinen ersten Anfängen an *soziales Handeln,* und es verdankt seine Chancen wie seine Problematik dem Prinzip der Unterteilung und Zusammenarbeit in überindividuellen Systemen.

---

2 Die schärfere volkswirtschaftliche Analyse unterscheidet den technischen Fortschritt, der über Umwege der Forschung und Entwicklung zu besseren Methoden oder zu neuen Produkten führt, von dem wirtschaftlichen Fortschritt, der auf einer umfangreicheren Anwendung bekannter Verfahren beruht.

2. Die Analogie zwischen der Evolution in der Natur und der kulturell-technischen Entwicklung des Menschen hat gezeigt: der Mensch tut ahnend und mit langsam sich vertiefendem Bewußtsein das, was die Natur unbewußt tut. Daher zeigt sich die Struktur der Welt, die den Gang der Evolution über die Umwege der Zwischenstufen bestimmt, gegenüber der technischen Initiative des Menschen so überraschend gefügig. Die Erfahrung dieses Zusammenstimmens von menschlichen Wünschen und Naturgegebenheiten, diese Möglichkeit des Machenkönnens überhaupt, gewährt nun dem technisch Handelnden ein eigenes Erfüllungserlebnis, das ganz abgelöst ist von der praktischen Verwendbarkeit des Hergestellten. Es gibt eine Freude am Basteln, am Erfinden an sich, die sich bis zur Leidenschaft steigern kann. Hier zeigt sich die Verwandtschaft der Technik mit dem Spiel. Der Umweg erhält sein Eigengewicht gegenüber dem Ziel. Die Verselbständigung dieses Wunsches, Mittel hervorzubringen, dieses Interesse an der Technik als solcher, ist eine wichtige — und auch nicht unproblematische — Antriebskraft für den Fortgang des technischen Entwicklungsprozesses. Wir werden noch darauf zurückkommen. Aber wenn wir eingangs gesagt haben, daß das technische Handeln den Umweg wählt, weil dieser leichter zum Ziel führt, so müssen wir nun ergänzend hinzufügen, daß dieses *weil* zwar immer objektiv dahintersteht, daß es aber keineswegs immer das subjektiv wirksame Motiv ist.

Wir haben die physikalischen und chemischen Zusammenhänge in diesem Abschnitt recht ausführlich dargestellt, weil es für das Verständnis der Stellung des technisch handelnden Menschen in der Welt wichtig ist zu sehen, wie sein Verhalten bereits in der Struktur der Materie verankert ist.

2.2 Geregelte Systeme

2.2.1 Grundbegriffe der Kybernetik

Nachdem wir uns im vorigen Abschnitt die naturgesetzlichen Rahmenbedingungen vergegenwärtigt und einen Eindruck von der Geschwindigkeitssteigerung erhalten haben, die der indirekte Weg durch die Verwendung vermittelnder Zwischenglieder ermöglicht, geht es nun darum, den spezifischen Unterschied zwischen der biologischen Evolution der Organismen und der kulturell-technischen Entwicklung der menschlichen Geschichte auszumachen. Bevor wir aber diese Frage aufgreifen, ist es zweckmäßig, einen kurzen Abriß von der Theorie geregelter Systeme zu geben, da diese kybernetische Betrachtungsweise ein Begriffsmaterial zur Verfügung stellt, mit dem sich ebenso gut anorganische wie organisch-biologische wie kulturell-menschliche Prozesse darstellen lassen. Es ist der Kybernetik gelungen, bei diesen sehr verschiedenartigen Ereignisketten gemeinsame Strukturen aufzufinden, so daß man sie nicht zu Unrecht als Brücke zwischen den Wissenschaften bezeichnet (s. dazu Literaturverzeichnis S. 271 ff.).

Wir beginnen mit der Erläuterung einiger Begriffe. Unter einem *System* wollen wir eine Menge von Elementen verstehen, die durch Beziehungen miteinander enger verknüpft sind als mit ihrer Umgebung. Die Menge der Beziehungen, die zwischen den Elementen des Systems bestehen, machen seine *Struktur* aus. Aufgrund dieser

Relationen, die für ein System konstitutiv sind, ist ein System immer mehr als die Summe seiner Elemente, es ist — wie man sagt — eine *Ganzheit*. Beispiele für Systeme sind ein Text, eine Melodie, das System der rationalen Zahlen, ein morphologischer Kasten[3], ein System von Verwandtschaftsgraden, der Weltgetreidemarkt. Bei dem Begriff des Systems wird davon abgesehen, welcher Art die das System konstituierenden Relationen sind, es kann sich beispielsweise um logische, ästhetische oder physikalische Beziehungen handeln.

Unter einem *Wirkungsgefüge* verstehen wir ein System, bei dem die Beziehungen der Elemente untereinander in realen Wirkungsverknüpfungen bestehen. Wird also eines seiner Elemente beeinflußt, so werden die anderen durch die Wechselwirkung in Mitleidenschaft gezogen. Beispiele sind ein Rudel Ratten, eine Amöbe, der menschliche Organismus, ein Fußballklub, ein wirtschaftliches Unternehmen, ein Kühlschrank. Die *Kybernetik* können wir bezeichnen als die Wissenschaft von den Wirkungsgefügen. Dabei wird im kybernetischen Sprachgebrauch häufig auch anstelle von Wirkungsgefüge der etwas weitere Begriff des Systems verwendet. Es ist jeweils der Zusammenhang, der das System ausmacht und durch den es sich von seiner Umgebung abhebt.

Nun spürt die Wissenschaft seit alters den Zusammenhängen nach, und man fragt dabei in der Regel nach der Natur der Wirkungen, die den Zusammenhang stiften, man will wissen, worauf die Verknüpfungen beruhen, ob es sich um physikalische, chemische oder physiologische Wirkungen handelt oder um juristische Bindungen, um Phänomene der Massensuggestion oder Gefühlsansteckung, um ein Nachrichtennetz oder um Geruchssignale wie bei den Ratten. Demgegenüber vollzieht die Kybernetik eine Blickwendung, sie fragt nicht nach der Natur der Wirkungen, sondern nur nach der Weise ihrer Verknüpfung. Dieser Denkansatz versetzt die Kybernetik in die glückliche Lage, daß man die Frage nach der Natur der Wirkungen ganz offen lassen kann, denn es geht allein um das *Schaltgefüge*. Das Schaltgefüge kennzeichnet die Struktur des Systems, und diese stellt man als *Blockschaltbild* dar. Offenbar handelt es sich bei der Kybernetik um eine universale Methode, die sich auf alle Bereiche der Erfahrung anwenden läßt. Die Frage nach der Struktur der Beziehungen, nach der Verknüpfung der Teile zum Ganzen kann man ebenso bei einem Kunstwerk stellen wie bei Gesellschaftsformen, bei ökologischen Gleichgewichten oder maschinellen Anordnungen. Häufig sind die Schaltungen sehr verwickelt. Man muß dann die Systeme in Systeme von Subsystemen untergliedern, die wiederum verschiedene Formen der Verkoppelung untereinander aufweisen können. Für diese Lehre von der Struktur und Funktion der Systeme hat sich der Name Systemtheorie eingebürgert.

Die Kybernetik verdankt ihre Universalität der Art ihres Abstrahierens. Es ist die Chance der Abstraktion, daß man in sehr heterogenen Bereichen Gemeinsames auffindet, indem man vom Speziellen absieht, das häufig im Vordergrund steht. Nach der Struktur der Verknüpfung befragt, haben in der Tat technische, biologische und

---

3 Ein morphologischer Kasten ist die vollständige Übersicht über die Kombinationsmöglichkeiten von Bestimmungsstücken (Parametern), von Apparaten oder Methoden in einem vieldimensionalen Schema. Ein von Fritz Zwicky (Zwicky, 1971) entwickeltes Instrument für heuristische Verfahren.

soziale Wirkungsgefüge überraschende Gemeinsamkeiten erkennen lassen. Aber *ihre Aussagekraft verdankt die Kybernetik gerade ihrer Beschränkung*: indem sie von den speziellen Qualitäten abstrahiert, kann sie gerade nichts über die besonderen Eigenheiten der einzelnen Bereiche sagen. So gibt sie keinen Aufschluß über die spezielle Eigenart des Lebendigen, sondern nur über Strukturen, die das Lebendige mit dem Mechanischen gemeinsam hat. Und weil sie von den Qualitäten abstrahiert, bleiben ihre Aussagen auch für jede Art qualitativer Interpretation offen. Ob das, was sich ereignet, letztlich, wie die Mohamedaner glauben, auf einem Willkürakt Allahs beruht oder auf den Kräften der Quantenmechanik, läßt sich durch die Kybernetik nicht entscheiden.

Wir fragen nun weiter: Warum gibt es überhaupt Systeme, wie kommt es, daß häufig eine Gruppe von Elementen untereinander einen engeren Zusammenhang bildet und daher als Einheit eine gewisse Eigenständigkeit gegenüber der Umgebung hat? Eigenständigkeit hat nur das, was Änderungen überdauert, was Persistenz besitzt, sonst kann man es ja gar nicht als dasselbe wiedererkennen. Nun bleibt aber nur das konstant, was sich in einem Gleichgewichtszustand befindet, und das bedeutet, daß nur solche Systeme eine Selbständigkeit gegenüber ihrer Umgebung besitzen, die sich in einem bestimmten Gleichgewichtszustand befinden und gemäß ihrer Schaltung in der Lage sind, diesen Gleichgewichtszustand gegenüber Störungen aufrechtzuerhalten. Das ist das Prinzip der Regelung, und Wirkungsgefüge können also ihre reale Existenz nur erhalten, wenn es sich bei ihnen um *geregelte* Systeme handelt. Bezüglich ihres Gleichgewichtszustandes müssen wir zwischen abgeschlossenen und offenen Systemen unterscheiden. *Abgeschlossene Systeme* haben keinerlei Austausch mit ihrer Umgebung, und sie befinden sich im Gleichgewicht, wenn ihre Entropie ihr Maximum erreicht hat. Kaffee, Milch und Zucker in einer Thermosflasche befinden sich in diesem Gleichgewicht, wenn alles bestens durchmischt ist. Demgegenüber stehen *offene Systeme* mit der Umgebung durchaus in Austausch und Wechselwirkung, es gibt einen Aus- und Eingang von Stoff- und Energietransport, aber da bei diesem Durchfluß doch wesentliche Zustandsgrößen im Gleichgewicht gehalten werden, spricht man von Fließgleichgewichten. Ein Beispiel für ein derartiges Fließgleichgewicht ist etwa eine Kerzenflamme. Dabei spielt der Durchfluß eine wesentliche Rolle, er trägt und erhält sozusagen das Fließgleichgewicht, das man häufig auch als stationären Zustand bezeichnet. Was bei Fließgleichgewichten erhalten bleibt, ist nicht der Stoff, sondern die Form, das Gefüge, die Struktur. Da alle geregelten Systeme mit der Umwelt in Wechselwirkung stehen, haben wir es im Rahmen der Kybernetik nur mit offenen Systemen und mit Fließgleichgewichten zu tun. Insbesondere handelt es sich bei den Organismen um offene Systeme, die auf Stoffwechsel und Erhaltungsaufwand angewiesen sind. Nach sieben Jahren hat der Mensch praktisch alle Atome seines Körpers ausgewechselt, aber die mittleren Verweilzeiten für viele Organe sind wesentlich kürzer: für die Hornhaut des Auges beträgt der „turnover" eine Woche, für Magen und Darm einige Tage (Sachsse 1974, S. 21). Die Formen, die das Leben herausbildet, sind eher dem Strudel im Fluß als dem Stein am Ufer zu vergleichen. Die Fließgleichgewichte sind sozusagen Zwischengleichgewichte auf dem Wege zum endgültigen thermodynamischen Gleichgewicht. Infolge ihres Erhaltungsaufwandes tragen die offenen Systeme ständig zur Entropievermehrung bei, ihr Gleichgewichtszustand ist aber durch ein Minimum der Entropieproduktion ausgezeichnet (De Groot, S. 179f.; Sachsse 1974, S. 25).

Dieser Gleichgewichtszustand des geregelten Systems ist bestimmt durch seinen *Sollwert*. Die Schaltung ist derart beschaffen, daß bei einer Abweichung vom Sollwert, bei einer Ist-Soll-Differenz, eine rücktreibende Kraft auftritt. Zeigt der Temperaturfühler in einem Raum eine Differenz gegenüber der am Regler eingestellten Solltemperatur an, so schaltet sich aufgrund dieser Differenz die Feuerung ein, bis der Sollwert wieder erreicht ist. Über den Fühler, den man auch *Rezeptor* nennt, bekommt das System sozusagen eine Rückmeldung über den Erfolg seines Verhaltens, hier der Feuerung, und dieser Teil der Schaltung heißt daher die *Rückführung*. Der Sollwert als Gleichgewichtsbedingung und die Rückführung als Tendenz zur Erhaltung des Gleichgewichts sind daher die wesentlichen Bestandteile aller Wirkungsgefüge, die ihre Eigenheit gegenüber der Umgebung, ihre *Stabilität*, wie wir sagen, behaupten.[4]

In der Technik verwendet man häufig geregelte Systeme, die nicht auf einen einzigen Sollwert eingestellt sind wie die Zimmertemperatur, sondern denen ein zeitlicher Verlauf von Sollwerten, eine ganze Skala von Verhaltensweisen, vorgeschrieben ist, wie man es etwa von der automatischen Waschmaschine kennt. Eine derartige Vorschrift für eine zeitliche Abfolge von Sollwerten nennt man ein *Programm*. Die kybernetische Betrachtungsweise in der Biologie hat uns gelehrt, daß das Verhalten der Organismen weitgehend nach der Art programmgesteuerter Systeme zu verstehen ist. Der Gang der Körpertemperatur im 24-Stundenrhythmus ist eine derartige Programmregelung und desgleichen die Atmung, das Wachen und Schlafen und auch langfristige periodische Prozesse und schließlich auch das Wachsen, Altern und Sterben. Wir sehen: komplizierte Systeme können sehr lange bis zu ihrem Endzustand unterwegs sein, so etwa wie das Wasser aus dem Hochgebirge erst über vielfache Umwege seinen Gleichgewichtszustand, seinen Sollwert, das Meer erreicht. Der Abstand vom Gleichgewicht, die Ist-Soll-Differenz ist die treibende Kraft aller Naturprozesse. Das ist ein allgemeiner physikalischer Satz. Aber diese Tendenz ist keineswegs allein entscheidend für den jeweiligen Zustand, den Istwert, des Systems, sondern dieser hängt noch von den Widerständen und Hindernissen ab, durch die der Weg zum Gleichgewicht gesucht werden muß.

Die Vorstellung, daß komplizierte Prozeßabläufe durch Sollwerte und Programme gesteuert werden, hat sich in der Molekularbiologie als besonders fruchtbar erwiesen. Es hat sich gezeigt, daß die gesamte Enzymkinetik (die Gesamtheit der Reaktionsmechanismen, die für das Wachstum, den Stoffwechsel und die Vermehrung der Organismen verantwortlich sind) von der chemischen Struktur der DNS-Moleküle in

---

4 Die Rückführung, die bei Überschreitung des Sollwertes als rücktreibende Kraft auftritt, bezeichnet man genauer als negative Rückführung, weil sie unter Vorzeichenumkehr der Abweichung entgegenwirkt. Demgegenüber spricht man von positiver Rückführung, wenn das Wirkungsgefüge derart beschaffen ist, daß die Abweichung eine Wirkung auslöst, die die Abweichung verstärkt. Beispiele sind die Flammenausbreitung, die Lawine, die biologische Vermehrung, die nicht durch äußere Umstände gebremst wird sowie autokatalytische Reaktionen. Systeme mit positiver Rückführung sind instabil und können nur durch Einwirkung von außen vor der Zerstörung bewahrt werden.

den Chromosomen gesteuert wird. Diese Struktur, die in der Keimzelle jedem Individuum mitgegeben wird, bezeichnet man als die *genetische Information*, sie stellt die Gesamtheit der Veranlagung dar und ist das Programm für das künftige Lebewesen. Nicht nur die Physiologie, sondern auch das instinktive Verhalten der Tiere wird in weitem Umfang durch dieses Programm, durch angeborene Anlagen bestimmt, die K. Lorenz im Rahmen seiner Tierverhaltensforschung als *Erbkoordination* bezeichnet hat (Lorenz, Bd. 2, 1966, S. 136ff.). Die instinktive Ausrichtung des Tiers auf den Geschlechtspartner, den Artgenossen, den Freund, den Feind und die Umwelt, seine Appetenz der Situation gegenüber, läßt sich als Spannung seines Istwertes gegenüber dem in der Veranlagung fixierten Sollwert verstehen.

Die genetische Information ist ein gutes Beispiel für die Determination von Naturprozessen durch die *Anfangsbedingungen*. Wenn wir fragen, welche Faktoren das Naturgeschehen bestimmen, so kann man drei Gruppen unterscheiden. Die erste Gruppe sind die Naturgesetze. Sie geben die allgemeinen Bedingungen an, sie sagen, was möglich ist und haben die Form von Wenn-dann-Aussagen: Wenn das und das der Fall ist, wird sich das und das ereignen. Die zweite Gruppe sind die Anfangsbedingungen, sie ergänzen das „Wenn" zu dem „Das", sie enthalten die Aussage über die konkrete Startsituation, sie charakterisieren damit die jeweilige Besonderheit, die Individualität des betreffenden Prozesses und bestimmen gleichzeitig, welche Konstellation von Naturgesetzen in dem betreffenden Fall zum Zuge kommt. Die dritte Gruppe nennt man die *Randbedingungen*, sie treten im Verlaufe des Geschehens ausgestaltend hinzu, und in ihnen wirkt das historische Schicksal: die Ereignisse bei der Wechselwirkung des Systems mit der Umwelt. Dabei geben die früheren Bedingungen immer den Rahmen für den weiteren Verlauf, die späteren bestimmen die Besonderung und Spezifizierung in diesem Rahmen. Aus einer Eichel wird immer ein Eichbaum, aber seine Gestalt im einzelnen hängt vom Wind, vom Wetter und vom Boden ab. Randbedingungen können zu entscheidenden Weichenstellungen führen, aber doch nur zu Weichenstellungen im Rahmen einer dominanten Ausrichtung. Was als Anfangsbedingung und was als Randbedingung verstanden wird, hängt oft davon ab, welcher Ausschnitt aus dem allgemeinen Prozeßgeschehen Gegenstand der Betrachtung ist. Das Programm, wörtlich die Vorschrift, ist, wie wir nun feststellen können, eine etwas anthropomorphe Bezeichnungsweise für die Anfangsbedingungen, der der schlichte physikalische Sachverhalt zugrunde liegt, daß die Anfangsbedingungen eine Determination für den weiteren Prozeßablauf liefern. Daher gilt auch die wissenschaftliche Bemühung neben der Erkenntnis der Gesetze, in denen sich die Typik des Naturgeschehens zeigt, gerade dem Auffinden von Anfangsbedingungen, die man gemeinhin überhaupt als die Ursachen bezeichnet. Auf die Frage nach der Ursache eines Dachstuhlbrandes befriedigt die Antwort nicht, daß Holz brennbar ist, sondern die entscheidende Information lautet: „Es war Brandstiftung" oder „Es hat ein Kurzschluß stattgefunden". Und als Ursache einer Krankheit bezeichnen wir nicht die physiologischen Gesetze, sondern etwa eine Infektion, eine Überanstrengung oder eine Nahrungsmittelvergiftung.

Als zweiten wesentlichen Bestandteil geregelter Systeme nächst Sollwert und Programm nannten wir die *Rückführung*. Die Rückführung meldet die Reaktion der Umwelt auf die Realisierung des Sollwertes dem System zurück. Die Rückführung ist das Organ für die Auseinandersetzung mit der Umwelt, und der Rückführung verdanken die geregelten Systeme ihre Existenz, nämlich ihre Stabilität. Die Verwirklichung des Sollwertes als eines Gleichgewichtswertes (bzw. bei Programmen die Verwirklichung einer Folge von Gleichgewichtswerten) hängt nicht allein vom System ab, sondern auch von den jeweiligen Umweltbedingungen, mit denen sich dieses System das Gleichgewicht herzustellen hat. Man sagt: Das System muß sich der Umwelt „anpassen". Hier wird aber der Begriff der Anpassung in einem von der Alltagssprache abweichenden Sinne verwendet. Gemeinhin versteht man den Partner, der die Anpassung verlangt, als den aktiven Teil und den, der sie leistet, als den passiven. Indem das Wachs sich dem Prägestock anpaßt, wird ihm seine Form eingeprägt. Anders ist es bei den geregelten Systemen: Ihnen gelingt es gerade, ihre zentralen Zustandsbedingungen von der Umwelt zu emanzipieren, aber dadurch, daß sie mit Hilfe der Rückführung den Umweltbedingungen Rechnung tragen. Ein gutes Beispiel für eine derartige Emanzipation von der Umwelt durch aktive Anpassung ist die Herstellung der Körpereigentemperatur, der Homoiothermie der Warmblüter. Gleichzeitig Eigentemperatur und Temperaturanpassung werden durch ein Wirkungsgefüge realisiert derart, daß durch den Stoffwechsel Wärme erzeugt wird, und daß bei kalter Außentemperatur die Wärmeableitung durch Reduktion der Hautdurchblutung gedrosselt wird und bei zu hoher Außentemperatur eine innere Überhitzung durch Schweißabsonderung und die damit verbundene Verdunstungskälte verhindert wird. So dient im geregelten System die periphere Anpassung dazu, die Autonomie der zentralen Werte zu gewährleisten. Die über die Rückführung erreichte Stabilität beruht sozusagen auf einem Eingehen auf die Umweltbedingungen, auf einem Pakt mit ihnen.

Die weitere Entwicklung von geregelten Systemen in der Biologie wie in der Technik besteht in diesem Zusammenspiel von Stabilitätssicherung und Emanzipation von der Umwelt. Ein Schritt auf diesem Wege besteht in der Möglichkeit zur situationsangepaßten Auswahl von Alternativprogrammen. Betrachten wir als Beispiel einen kontinuierlich betriebenen chemischen Fabrikationsbetrieb, etwa eine Raffinerie. Bei gegebenem Rohmaterial und Durchsatz arbeitet das System nach einem bestimmten Programm, durch das die Drucke, Temperaturen und Mengenflüsse aller Stufen der Fabrikation festgelegt sind. Dieses Programm aber wird ungeeignet, wenn die Anlage aus Rohstoffmangel nur mit dem halben Durchsatz betrieben werden kann; für die neuen Bedingungen ist ein anderer Satz von Sollwerten erforderlich. Ein weiteres Programm ist z. B. erforderlich, wenn das Rohmaterial sich wesentlich ändert oder wenn Teile des Fabrikationssystems aus dem Betrieb genommen werden müssen. Alle diese Möglichkeiten sind diskrete Betriebsweisen mit eigenen, voneinander unabhängigen Programmen, von denen immer nur eines am Zuge ist. Jedes dieser Unterprogramme besitzt seinen Regelbereich, innerhalb dessen es Umweltstörungen abfangen kann. Das Gesamtprogramm des Systems ist nun derart beschaffen, daß das System immer, wenn infolge äußerer Umstände der Grenzwert eines Regelbereiches erreicht wird, auf ein Programm umschaltet, das den neuen Umständen besser angepaßt ist, so etwa wie sich bei der automatischen Gangschaltung beim Autofahren je nach der Geschwindigkeit ein anderer Gang einschaltet.

Für biologische Systeme ist eine Regelung mit Alternativprogrammen noch wichtiger als für technische, da sie sich in einem sehr viel mannigfaltigeren Umweltfeld behaupten müssen. Solche Systeme besitzen verschiedene, in sich kohärente Verhaltensmuster in Reserve, so daß sie stark wechselnden äußeren Bedingungen mit einem Umsprung der Verhaltens- und Reaktionsweisen begegnen können. So erfolgt beispielsweise beim Übergang vom Wachen zum Schlafen ein physiologischer Programmwechsel, von dem alle wesentlichen Körperzustandswerte betroffen sind wie der Blutdruck, der Blutzuckergehalt, die Körperkerntemperatur, der Adrenalingehalt des Blutes, die Atemfrequenz, der Gefäßtonus usw. Dieses Phänomen des Umsprungs von Verhaltensweisen ist auch für die Deutung von psychischen und sozialen Prozessen wichtig. Wie lebenswichtig die Möglichkeit des Programmwechsels bei Überschreitung des Stabilitätsbereiches für biologische Systeme ist, hat vor allem W. R. Ashby hervorgehoben, und er hat Systeme, die über dieses Vermögen verfügen, als *ultrastabil* bezeichnet (Ashby, S. 98).

2.2.2 Optimierung und Lernen

Geregelte Systeme existieren offenbar in einer ständigen Auseinandersetzung mit der Umwelt, und *wieweit sie sich von der Umwelt emanzipieren können, hängt davon ab, wieweit sie auf sie eingehen.* Ein wichtiger Schritt in der Technik auf diesem Wege aktiver Anpassung ist die Konstruktion optimierender Systeme. Man verfährt dabei derart, daß man im Programm nur die allgemeine Ausrichtung als Aufgabe festlegt, daß aber die Realisierung im Detail der Wechselwirkung des Systems mit den jeweiligen Umweltgegebenheiten überlassen bleibt. Hat das System in Anbetracht der gegebenen Möglichkeiten seine Aufgabe erfüllt, so sagt man, daß das Optimum, das Bestmögliche erreicht ist. Dazu wieder ein Beispiel aus der Technik: Es geht darum, im Durchfluß in einem Rührkessel eine Reaktion zwischen zwei Reaktionspartnern durchzuführen, man wünscht eine optimale Ausbeute und weiß, daß zwei Parameter von besonderem Einfluß auf die Ausbeute sind, sagen wir die Temperatur und das Verhältnis der Konzentrationen, man weiß aber nicht, bei welchen Zahlenwerten dieses Optimum liegt und welchen wechselnden Einfluß noch andere Faktoren haben, wie die Rohstoffqualität, die Rührgeschwindigkeit oder Verunreinigungsspuren. Das System wird nun derart programmiert, daß es den gewünschten Wert, der dem Programmierer unbekannt ist, aus eignen Stücken aufsucht: ein Schrittgeber verstellt die Sollwerte für die Temperatur und die Konzentrationen, wobei bei jedem Schritt eine Rückmeldung des Analysenschreibers erfolgt, ob der Schritt erfolgreich war. War das der Fall, so erfolgt der nächste Schritt in der gleichen Richtung. Dies ist das Verfahren von trial and error, von Versuch und Irrtum. Bild 3 zeigt, daß man hier in verschiedener Weise vorgehen kann, man spricht von verschiedenen *Optimierungsstrategien.* Im Bilde sind die Ausbeutezahlen in Abhängigkeit von den Parametern wie die Höhenlinien eines Gebirges dargestellt. Vom Fußpunkt P_0 ausgehend wird auf der Anstiegskurve (a) schrittweise der Parameter x_1 verändert, solange das von Erfolg ist. Ist auf diese Weise keine weitere Ausbeutesteigerung zu erreichen (im Punkte P_1), so wird nunmehr der Parameter x_2 geändert, und ab P_2 wieder zu x_1

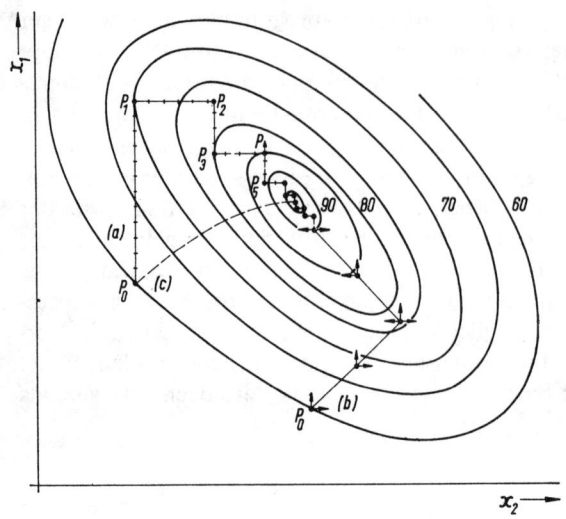

Bild 3

Verschiedene Optimierungsstrategien beim Suchverfahren

x_1, x_2 verstellbare Prozeßvariable

P_0 Ausgangspunkt des Suchvorganges

(aus „Messen und Regeln in der Chemischen Technik", herausgeg. von *Hengstenberg, Sturm* und *Winkler,* S. 1329)

und so fort, bis der Gipfel erreicht ist. Bei der zweiten Strategie, der Anstiegskurve (b) von dem tiefer gelegenen Punkt P_0 werden bei jedem Schritt x_1 und x_2 um den gleichen Betrag geändert. Man sieht, daß man bei diesem Verfahren schneller zum Ziel kommt. Und bei der Strategie der Kurve (c) werden die Erfolgsmeldungen derart ausgewertet, daß der Anstieg dort erfolgt, wo die größte Steigerung erwartet wird. Dieses sehr vereinfachte Beispiel kann nur die grundsätzlichen Möglichkeiten veranschaulichen. – Entscheidend für das Prinzip der Optimierung ist, daß aufgrund der Programmierung, der *Startbedingungen, etwas gesucht wird, was sich in seiner konkreten Gestalt erst unter Berücksichtigung der Umweltbedingungen ermitteln läßt.*

Die Optimierungen sind keineswegs auf technische Prozesse beschränkt. Bereits jede einfache chemische Reaktion läßt sich als ein derartiger Suchprozeß verbunden mit dem Abtasten von Möglichkeiten verstehen: infolge der Wärmebewegung stoßen die Reaktionspartner unregelmäßig zusammen. Aber meist ist nur ein kleiner Teil dieser Stöße erfolgreich und führt zur Umsetzung, die übrigen kommen nicht aus der richtigen Richtung oder treffen nicht genau genug die empfindliche Stelle, die durch das Zusammenspiel der beteiligten Kraftfelder gegeben ist. Man spricht hier von sterischer Hinderung. Die Reaktionspartner müssen ihre optimale Reaktionskonstellation suchen. Über das unregelmäßige Abtasten der räumlichen Möglichkeiten hinaus gibt es bei diesem denkbar einfachsten Suchprozeß keine Strategien. Und ein weiteres Beispiel: Popper hat sehr ausführlich darauf hingewiesen, daß sich der allgemeine Erkenntnisfortschritt nach einem derartigen Suchverfahren mit Durchprobieren der Möglichkeiten über Versuch und Irrtum vollzieht, über Entwurf und Prüfung gemäß dem sogenannten hypothetisch-deduktiven Verfahren (Popper, 1973). Auch hier suchen wir etwas, was wir nicht kennen. Und es ist auch für jeden experimentierenden Forscher eine geläufige Überlegung, daß für den Erfolg dieses Suchens, für die Schnelligkeit des Findens der Ansatz der Versuche, die Strategie wichtig ist: wählt man etwa die zu variierenden Schritte zu klein, so kommt man nicht vom Fleck, wählt man sie zu groß, verfehlt man leicht das Gesuchte. Wir werden darauf noch zurückkommen.

Ein weiterer und entscheidender Schritt in der Auseinandersetzung geregelter Systeme mit der Umwelt ist das *Lernen*. Wir *verstehen darunter ganz allgemein den Erwerb von Fähigkeiten durch Erfahrung*. Die Erfahrung benutzt allerdings schon das optimierende System. Aber es hat dabei nichts gelernt, wenn es im zweiten Fall, vor die gleiche Aufgabe gestellt, auf die gleiche Weise vorgehen muß. Lernen liegt erst vor, wenn die Erfahrungen durch eine Veränderung am System, durch einen Ausbau zum bleibenden Besitz werden, so daß sie im Wiederholungsfall nicht neu gemacht werden müssen, denn dadurch hat das System erst eine Fähigkeit gewonnen, die Aufgabe besser, das heißt schneller zu bewältigen. Dieser Ausbau kann in der Entwicklung von besonderen Organen bestehen, die den Umwelterfahrungen angepaßt sind, und er führt in der biologischen Entwicklung bei den höheren Stufen des Lernens zu einem universellen, speziell für das Lernvermögen höchst geeigneten Organ, dem Nervensystem, das mit seinen flexiblen Schaltmöglichkeiten den Aufbau eines *inneren Modells* erlaubt, an dem Zusammenhänge und Strukturen der Umwelt abgebildet werden können, so daß in künftigen Fällen an die Stelle der Tastversuche in der Umwelt die Befragung des inneren Modells treten kann. In diesem Sinne ist nach Pawlow der bedingte Reflex als gelerntes Verhalten zu verstehen: Auf einen Futterreiz antwortet der Hund anlagebedingt mit Speichelabsonderung. Gibt man ihm jedesmal mit dem Futterreiz ein Glockensignal, so antwortet er nach einer gewissen Lernphase allein schon auf das Glockenzeichen mit Speichelabsonderung. Er hat die von Pawlow künstlich hergestellte Umgebungsstruktur, den Zusammenhang von Läuten und Futterkriegen als Verbindung in seinem Gehirn eingespeichert, man kann auch sagen; er hat *die Bedeutung des Läutens für das Futterkriegen gelernt*. Man kann das Lernen auch ohne weiteres technisch mit Hilfe elektronischer Schaltungen realisieren, es kommt nur darauf an, daß das System gewisse aufgrund seiner Programmierung erworbene Erfahrungen einspeichert, die durch äußere Signale oder Signalkombinationen (wie das Läuten bei Pawlows Hund), wieder abgerufen werden können. So hat man Computern die Regeln des Schachspiels und die Möglichkeit, beim Spielen Erfahrungen zu sammeln, einprogrammiert. Sie erreichen dabei das Niveau eines qualifizierten Schachspielers, und zwar spielen sie um so besser, je bessere Partner sie beim Erlernen der Schachstrategie gehabt haben (Steinbuch, 1965, S. 191ff.).[5]

Bezüglich der Stufen des Lernens ist es wichtig, zwischen primärem und sekundärem Lernen zu unterscheiden. Primär ist das Lernen unmittelbar aus dem Sachverhalt. Die Kinder stecken alles in den Mund, und dabei lernen sie, was eßbar ist. Oder sie probieren im Bewegungsluxus alle Bewegungsmöglichkeiten ihrer Gliedmaßen aus und lernen dabei zielgerechte Bewegungen, das Laufen, das Fangen und Greifen. Oder sie lernen unter dem Antrieb sich zu verständigen den Gebrauch der Muttersprache und die Verwendung der Worte. Aber auch der forschende Wissenschaftler

Fußnote 5 siehe Seite 26

lernt über Vermutungen und deren Prüfung unmittelbar aus den Sachverhalten, die er erforscht. Demgegenüber wollen wir unter sekundärem Lernen das von einem anderen Erfahrungsträger übermittelte Lernen verstehen, das Lernen in der Schule und das Lernen aus Lehrbüchern. Wir werden noch sehen, daß das sekundäre Lernen, von Ausnahmen abgesehen, auf den Menschen beschränkt ist.

Indem durch das Lernen Fähigkeiten und Verhaltensweisen erworben werden, hat das Lernen eine Ergänzung und Ausgestaltung des Programms zur Folge. Was gelernt wird, sind die durch die Umweltstrukturen gebotenen Möglichkeiten und Wege zur Erfüllung des Programms. Aber ein Grundprogramm muß immer vorhanden sein. Der Hunger bewirkt das Erlernen des Eßbaren, und hinter dem Laufen-Lernen steht als die treibende Kraft der Bewegungsdrang. Das erworbene Material enthält die bei gegebener Umwelt geeigneten Durchführungsregeln der durch das Kernprogramm, durch die Anlage bestimmten Aufgaben (Sachsse, 1974, S. 134).

Ein interessantes Thema der Tierverhaltensforschung ist die Unterscheidung von angeborenen und erworbenen, erlernten Verhaltensweisen. Inzwischen liegt hierzu umfangreiches Versuchsmaterial vor (Lorenz, 1966; Tinbergen, 1966; Eibl-Eibesfeldt, 1967). Generell läßt sich sagen, daß Verhalten in voraussehbaren Situationen wie das Verhalten gegenüber den Artgenossen, die Revier- und Rivalenkämpfe, das Fortpflanzungsverhalten und „moralanaloge" Verhaltenssysteme meist durch Erbkoordination festgelegt sind. Gelernt werden vornehmlich die nicht voraussehbaren Umweltgegebenheiten wie z. B. die Raumorientierung oder die Einfügung in geschlossene Gemeinschaften, in die innere Rangordnung etwa bei Graugänsen oder Schlittenhunden. Je spezieller und individueller die Gegebenheiten sind, um so mehr ist die Verhaltensorientierung auf Lernen angewiesen. Praktisch ist die Unterscheidung zwischen angeborenen und erworbenen Fähigkeiten nicht immer leicht zu treffen, und im Streit der Meinungen wird ja auch je nach der ideologischen Position das Gewicht der Veranlagung oder der Umwelt mehr hervorgehoben. Demgegenüber ist festzuhalten, daß es auf alle Fälle beide Komponenten gibt und daß sie schon aus biologischen Gründen scharf zu trennen sind, da sie im Organismus völlig verschieden

---

5 Bei der hier in Anspruch genommenen kybernetischen Theorie des Lernprozesses sind System und Umwelt als voneinander unabhängige Entitäten einander gegenübergestellt, die in der Weise miteinander in Wechselwirkung treten, daß das System sich wichtige Strukturen der Umwelt einspeichert und sie für das weitere Verhalten und für die Einwirkung auf die Umwelt verwendet. Das auf diese Weise erstellte innere Modell enthält sowohl systembestimmte, subjektive wie umweltbestimmte, objektive Anteile: subjektive, weil die Auswahl, Bewertung und Eingliederung der Umweltstrukturen aufgrund der individuellen Ausrichtung erfolgt, und objektive Anteile, da das Gelernte auf die Umwelt passen muß, um für die Programmdurchführung dienlich zu sein. Gemäß dieser Auffassung findet eine — kybernetisch analysierbare — Anpassung von System und Umwelt statt, bei der sich das System an der Umwelt aufbaut und konkretisiert, ohne daß dabei das Gegenüber von System und Umwelt letztlich aufgehoben wird. Auf den Menschen bezogen bedeutet das, daß der Gegensatz von Subjekt und Objekt, der eine nicht überspringbare existentielle Erfahrung darstellt, trotz der angleichenden und aufbauenden Interaktionen erhalten bleibt. Diese Darstellung entspricht dem Grundkonzept des kritischen Realismus (S. 8).

lokalisiert sind: die Veranlagung im DNS-Satz der Chromosomen und die erworbenen Fähigkeiten in den Strukturen nachträglich ausgebildeter Organe, namentlich des Zentralnervensystems und des Gehirns, die aber ihrerseits der Steuerung durch die genetische Information unterliegen. Wir wollen im Folgenden noch einmal drei Merkmale hervorheben, auf denen besonders die Überlegenheit lernfähiger Systeme bezüglich der Stabilität und Emanzipation im Wettbewerb der Reaktionsgeschwindigkeiten beruht:

1. *Lernfähige Systeme verhalten sich zweckmäßiger* in dem Sinne, daß es ihnen leichter gelingt, die Umweltgegebenheiten — namentlich wenn dieselben schwer vorhersehbar sind — zur Programmrealisierung auszunutzen. Sie gehen stärker auf die Umwelt ein und sind daher in hohem Maße zur aktiven Anpassung befähigt. Sie passen sich leichter an, weil sie flexibler Verbindungen knüpfen und lösen können und daher auch imstande sind, sich ändernde Umweltbedingungen noch in ihren Dienst zu stellen, wenn die Änderungen nicht zu schnell verlaufen.

2. *Lernfähige Systeme sind einfacher*, sie erreichen unter sonst gleichen Verhältnissen den gleichen Regelerfolg mit weniger Schaltelementen. Das lernende System baut nur die Schaltungen auf, die wirklich zum Zuge kommen, während ein fixiertes Detailprogramm die Verhaltensregeln für alle nur möglichen Fälle vorprogrammieren muß. Einfachheit bei entsprechender Leistungsfähigkeit ist von großem Vorteil, da sie geringere Störanfälligkeit bedeutet. — Diese beiden Punkte ermöglichen eine erhebliche Steigerung der Prozeßgeschwindigkeit bei lernenden Systemen, namentlich, wenn dieselben wechselnden Verhältnissen ausgesetzt sind.

3. *Lernfähige Systeme sind entwicklungsfähiger.* Das Ziel ist im Programm nicht in seiner konkreten Realisierung vorgeschrieben, sondern nur als Richtungsanweisung gegeben, als Aufgabe, nicht als Lösung. Die Lösung hängt noch von den dazu erworbenen Strukturen und ihrer Verarbeitung, von der individuellen Geschichte des Systems ab. Und da das lernende System aus seinen eignen Erfahrungen lernt, sind die Möglichkeiten des Lernens unabsehbar. Daher können auch lernfähige Maschinen Wege und Weisen der Zielrealisierung finden, die außerhalb der Vorstellung des Programmierers liegen.[6]

2.2.3 Eine allgemeine Theorie der Entwicklung

Wie sich zeigt, ist der Begriff des geregelten Systems umfassend und fruchtbar. In der Flut der Ereignisse lassen sich immer zusammenhängende Komplexe verschiedenster Größe und Organisationshöhe ausmachen. Sie alle stehen unter gewissen Anfangsbe-

---

6 Die hier wiedergegebenen kybernetischen Begriffe dienen zur Darstellung allgemeiner Grundeigenschaften des Lernens. Darüberhinaus gibt es eine umfangreiche Literatur über die Theorien *humanen Lernens.* Diese Theorien befassen sich mit den Details des psychischen Wirkungsgefüges, etwa mit der Veranlagung zum Lernen, der Motivierung, dem Einfluß von Lohn und Strafe, mit Kurzzeit- und Langzeitgedächtnis, mit der Umformung des Erfahrungsstoffes während er im Gedächtnis aufbewahrt wird und mit anderem mehr. Wir konnten im vorliegenden Zusammenhang davon absehen, auf die Theorien humanen Lernens, die ein Unterkapitel einer allgemeinen Lerntheorie sind, näher einzugehen.

dingungen, so daß die Frage nach dem Programm immer sinnvoll ist. Die Analyse des Beziehungsgefüges und des Programms gibt nicht nur die Momentphotographie der Statik des Systems, sondern auch den Schlüssel für die Dynamik, für das Verhalten, für die Entwicklung. Betrachten wir unter diesem Aspekt die biologische Entwicklung als geregeltes, lernendes System. Die Anfangsbedingungen, das Programm sind gegeben durch die Struktur der Materie, durch die zahlreichen Elementarteilchen, die Heisenberg als Zustandsformen der Energie bezeichnet (Heisenberg, 1971, S, 235; 1977, S. 76ff.), die ihrerseits das Wasserstoff- und Heliumatom konstituieren, aus denen zu 99% die Masse des Universums besteht (Dose, Rauchfuss, S. 27) und aus denen sich in der Lebensgeschichte der Sterne die schwereren Elemente aufgebaut haben (Dose, Rauchfuss, S. 16), deren Kraftfelder, deren Chemismus unsere Lebenswelt bestimmen. Dies, sowie das Minimum an Entropie am Anfang, also das Maximum an Entropiedifferenz gegenüber dem Endzustand des thermodynamischen Gleichgewichts, das Maximum an Spannung, an treibender Kraft, dies zusammen macht die Anfangsbedingungen aus.

Diese Anfangsbedingungen geben die Rahmendetermination für den weiteren Verlauf. Die Entstehung eines so komplizierten Gebildes wie des Eisenatoms mit seinen 26 Elektronen, deren jedes seine eigene, durch Quantenzahlen festgelegte Zustandsform besitzt und von denen wieder die chemischen Kräfte des Eisenatoms abhängen, diese Entstehung ist ebenso durch die physikalischen Rahmenbedingungen kontrolliert, wie sich die Bildung der schönen Eisblumen mit ihrer hexagonalen Kristallstruktur aus der Struktur von Wasserstoff- und Sauerstoffatomen, ihrer Bildung von H_2O-Molekülen, der Kondensation des Wassers und der Kräfte der Kristallisation ergibt. Und nach dem gleichen Verfahren, indem die Natur ihre Möglichkeiten ausprobiert und dabei den Gegebenheiten Rechnung trägt, verfährt die prävitale Evolution, deren Endergebnis die Zelle und der genetische Code sind, der genetische Code, der, in der Molekülstruktur der DNS-Moleküle festgelegt, die genetische Information in ein Bündel von Bedingungen transformiert, das die Bildung und das Zusammenspiel der Enzyme bestimmt, dieser weiteren Steuerungsglieder für Wachstum und Entwicklung. Ingo Rechenberg hat sich ausführlich mit den Verfahrensprinzipien der biologischen Evolution befaßt, und zwar deshalb, weil er — von den Ingenieurwissenschaften kommend — der Auffassung ist, daß der Ingenieur bei der Entwicklungsarbeit von den Methoden der Natur lernen kann. Angesichts der gängigen Auffassung vom „verschwenderischen Zufallsspiel der Natur", wie er schreibt, führt er aus, daß „die Evolution eine Strategie benutzt, die einem scharfsinnigen mathematischen Optimierungsverfahren ebenbürtig ist" (Rechenberg, S. 9). Und bei dieser Optimierung handelt es sich um einen Lernprozeß, da Strategien, nämlich Möglichkeiten, den Entwicklungsprozeß zu beschleunigen, aus der Erfahrung aufgegriffen werden und im weiteren Vorgehen Verwendung finden. Als solche methodischen Fortschritte und strategische Errungenschaften nennt er beispielsweise die genetische Kontrolle der Mutabilität, die sexuelle Fortpflanzung, das Crossing-over der Chromosomen sowie die dominante und rezessive Vererbung (Rechenberg, S. 15). Im Nachwort zu diesem Buch schreibt Manfred Eigen: „In dem Augenblick, da man erkannte, daß der natürlichen Selektion eine physikalisch begründbare Wertsteuerung zugrunde liegt, war es offenbar, daß es auch eine systeminhärente Strategie der Optimierung geben muß. Wir fragen uns heute sogar, ob eine solche durch systeminhärente Optimierungskriterien gesteuerte Selektion nicht das grundlegende Prinzip jedes adaptiven Lern- oder Denkprozesses ist." (Rechenberg, S. 153.) Hier ist „physikalisch begründbar" und „systeminhärent" offenbar zu verstehen als von „durch die Anfangsbedingungen im weitesten Sinne festgelegt".

Eine derartige Deutung des Naturgeschehens stößt bei uns noch vielfach auf Befremden, weil *jede finale Interpretation im Rufe steht, unwissenschaftlich zu sein.* Wer das Naturgeschehen final und nicht kausal verstehe, verwende metaphysische Vorstellungen zur Erklärung naturwissenschaftlicher Sachverhalte. Hier ist aber eine logische Besinnung am Platze. Lateinisch finis und griechisch telos heißen schlicht das Ende, und eine Betrachtungsweise ist final oder teleologisch, wenn sie davon ausgeht, daß ein Prozeß einen bestimmten, von Beginn an festgelegten Endzustand — anthropomorph gesprochen: ein Ziel — erreicht. *Wenn aber überhaupt eine Gesetzlichkeit, eine Determination vorhanden ist, so läßt sich dieselbe ebensogut final wie kausal verstehen:* wenn das Nachfolgende von dem Vorhergehenden bestimmt wird, muß der Prozeß zu einem Ende führen, das von Anfang an festliegt, und wenn er zu einem bestimmten Ende führt, so kann das Vorhergehende in bezug auf das Nachfolgende nicht beliebig sein. Bei gesetzmäßigen Zusammenhängen macht es keinen Unterschied ob ich sage, das Ende hängt vom Anfang ab oder der Anfang vom Ende, mathematisch kann man ebensogut das Frühere durch das Spätere ausdrücken wie das Spätere durch das Frühere, es steht mir frei in meiner Gleichung t_1 oder t_2 als unabhängige Variable zu wählen, Anfang und Ende bedingen sich gegenseitig. So hat man bekanntlich aus den Newtonschen Gleichungen das Prinzip der kleinsten Wirkung abgeleitet, bei dem der Gesamtverlauf eines Prozesses durch das am Ende erreichte Ergebnis charakterisiert ist. Auch unsere *Alltagssprache versteht im gleichen Atem die Absicht als Zieldetermination eines Verhaltens wie als seine Ursache, im gleichen Wort kommt ebenso die Kausalität wie die Finalität zum Ausdruck.* Jede Determination läßt sich ebensogut kausal wie final verstehen (Sachsse, 1968, S. 105ff.).[7]

Nun können wir allerdings niemals eine lückenlose Determination nachweisen, wir müssen immer mit einem Einschlag des Zufalls rechnen. Es treten im Verlauf der Prozesse Randbedingungen hinzu, deren Herkunft uns verborgen bleibt, und gemäß der Quantenmechanik ist den Prozessen selbst eine Unbestimmtheit eigen, wobei wir physikalisch nicht entscheiden können, ob diese Unbestimmtheit mit den begrenzten Möglichkeiten der Beobachtbarkeit und der Störung des Systems durch die Beobachtung zusammenhängt oder ob sie den Prozessen an sich eigen ist, ob wir hier nur auf grundsätzliche Grenzen der Erkennbarkeit und Meßbarkeit stoßen oder ob ein „ab-

---

7 Nietzsche geht so weit und leitet die Kausalität aus der Finalität ab. „Was uns die außerordentliche Festigkeit des Glaubens an die Kausalität gibt, ist nicht die große Gewohnheit des Hintereinanders von Vorgängen, sondern unsere Unfähigkeit, ein Geschehen anders interpretieren zu können denn ein Geschehen aus Absicht ... Ich bemerke etwas und such nach einem Grund dafür: das heißt ursprünglich: ich suche nach einer Absicht darin." (Nietzsche, Wille zur Macht, S. 550).

soluter" Zufall vorliegt.[8] Wie dem auch sei, auf alle Fälle müssen wir mit dem Einschlag des Zufalls rechnen, da wir uns ja nur an das Beobachtbare halten können. Aber dieser Einschlag des Zufalls hebt weder die Gesetzlichkeit noch die Finalität auf. Im kybernetischen Modell lassen sich Gesetzlichkeit und Finalität darstellen, wie sie gleichzeitig dem Zufall Rechnung tragen. Die Anfangsbedingungen, manifestiert im Kernprogramm, kennzeichnen die Zielorientierung. Der Regelung gelingt es, die Störgrößen – das sind Zufälle – zu eliminieren. Die Optimierung verwirklicht angesichts zufälliger, nicht eliminierbarer Randbedingungen das jeweils mögliche, also vom Zufall mitbestimmte, Ziel. Das lernende System geht noch einen Schritt weiter und verarbeitet die jeweiligen Umweltbedingungen – das sind hinzutretende Randbedingungen – und baut sie in die konkrete Zielrealisierung ein. Optimierung und Lernen sind dem Neuen geöffnet, eben darauf beruht die Stabilität wie das Emanzipationsvermögen geregelter Systeme (S. 23 ff., 27). Aber auch beim menschlichen zielbestimmten Handeln stehen Finalität und Zufälligkeit keineswegs in einem Gegensatz. Wer ein Ziel verfolgt, muß mit dem Unvorhersehbaren rechnen, und es ist keineswegs gesagt, daß seine Zielstrebigkeit darunter leidet. Und die gegebenen Verhältnisse, denen er immer gegenübersteht, gehen mitbestimmend in das ein, was am Ende konkret als Ziel verwirklicht ist. Das bedeutet: die Zufälligkeiten, die hinzutretenden Randbedingungen spezifizieren, modifizieren und konkretisieren zwar den Verlauf, aber sie heben die grundsätzliche Determination und Ausrichtung durch die Anfangsbedingungen nicht auf. Die frühen Strukturelemente wirken weiter, es sei denn, sie würden zerstört, aber dabei würde auch das System selbst seine Identität verlieren. Die Determination durch den Anfang kommt auch in der Sprache zum Ausdruck. Griechisch arché und lateinisch principium heißen wörtlich der Anfang, aber die Begriffe erhalten weiter die Bedeutung von Grundlage, Ursache, aber auch von Norm (Prinzipien) und Herrschaft (Archonten, Prinzipal).

8 Manfred Eigen hat ausdrücklich darauf hingewiesen, daß sich bei der Reaktionskinetik der prävitalen Evolution im Rahmen der durch die Reaktionsgeschwindigkeiten festgelegten Determination zur Ausbildung höherer Formen Zufallsentscheidungen ereignen, durch die Alternativen erst festgelegt werden. Die Evolution vollzieht sich – wie es heißt – in einem ,dünn besiedelten Informationsraum'. „Die Gesamtmenge aller Anordnungsmöglichkeiten – schreibt er – spannt einen Raum auf. ,Dünn besiedelt' heißt dann, daß in Raum die Zahl der jeweils besetzten Zustände sehr klein gegenüber der Gesamtzahl aller besetzbaren Zustände ist" (Eigen, Winkler, 1973/74, S. 113). Die Auswahl zwischen diesen Realisierungsmöglichkeiten ist im Rahmen der Gesetzlichkeit eine zufällige. Dabei ist im Sinne zu behalten, daß der Begriff des Zufalls weltanschaulich sehr verschieden gedeutet wird. Monod versteht ihn als eine Störung und bezeichnet demgemäß den Menschen, das Ergebnis dieser Störung, als einen Zigeuner am Rande des Universums (Monod, 1971, S. 211). Pascual Jordan schreibt, daß man in der übermächtigen Fülle ständig neuer indeterminierter Entscheidungen göttliches Wirken, göttliche Fügung und Herrschaft sehen könne – creatio continua (Hirsch, 1975, S. 44). Auch Eigen verwendet in bezug auf die von ihm genannten Zufallsentscheidungen den Terminus „Schöpfung". Wir wollen hier von den weltanschaulichen und religiösen Deutungen des Zufallsbegriffes absehen und es der persönlichen Entscheidung anheimgeben, ob man im Universum Vorsehung oder ständige Schöpfung oder „Zufall an sich" annimmt. Wir benutzen in unserem Zusammenhang den Begriff des Zufalls nur zur Bezeichnung der Grenze unseres Erkenntnisvermögens, die unabhängig von jeder Deutung des Zufalls nicht zu bestreiten ist.

Bei der Entwicklung der modernen Naturwissenschaft ist der finale Aspekt – wohl infolge soziologischer und historischer Umstände – weitgehend verdrängt worden. Die Naturwissenschaften haben sich in Opposition zu den tradierten Anschauungen entwickelt, sie waren seit ihrer Entstehung von einem revolutionären Elan getragen, und sie haben die Finalität bekämpft, weil diese in der Tradition als Argument für naturwissenschaftlich nicht Begründbares verwendet wurde. In der Tat verführt die finale Betrachtungsweise leicht zu einer faulen Erklärung, die sich mit der Angabe eines schwer überprüfbaren Wozu begnügt, ohne auf die Details funktionaler Beziehungen einzugehen. Das hat dazu geführt, daß man ihr auch im Rahmen exakt naturwissenschaftlicher Zusammenhänge ängstlich aus dem Wege gegangen ist. Bei Max Planck lesen wir noch: „Die moderne Physik hat seit Galilei ihre größten Erfolge in der bewußten Abkehr von jeder teleologischen Betrachtungsweise errungen, sie verhält sich heute daher mit Recht ausgesprochen ablehnend gegen alle Versuche, das Kausalgesetz mit teleologischen Gesichtspunkten zu verquicken" (Planck, S. 99). Bei Arnold Sommerfeld bahnt sich bereits eine Wandlung im Denken an, obwohl auch er noch gefühlsmäßig einen Gegensatz zwischen Kausalität und Finalität sieht. In bezug auf die Energieabgabe von Atomen bei der Strahlung schreibt er: „Sehr bemerkenswert ist bei diesen Intensitätsregeln die Vertauschbarkeit von Anfangs- und Endzustand. . . . Auch im Prinzip der kleinsten Wirkung nehmen wir einen teleologischen, keinen kausalen Standpunkt ein. Eine solche teleologische Umbildung der Kausalität scheint mir der Quantentheorie weniger zu widerstreben als der klassischen Theorie" (Sommerfeld, S. 1048, 1049).

Die Scheu vor der finalen Betrachtungsweise hat es der modernen Naturwissenschaft so schwer gemacht, zu einem brauchbaren Gedankenmodell für den Entwicklungsbegriff zu kommen. Das ist um so verblüffender, da sich doch Wachstum und Entwicklung und die einsinnige Richtung alles Geschehens so unmittelbar jeder Alltagserfahrung aufdrängen. Demgegenüber hat sich die Physik über 200 Jahre nur mit reversiblen Prozessen befaßt und ist erst im vergangenen Jahrhundert im Zusammenhang mit der Entwicklung der Wärmekraftmaschinen auf die Einsinnigkeit, auf die Irreversibilität der Naturprozesse gestoßen. Mit dem bei dieser Gelegenheit entdeckten Entropiesatz war nun die Ausrichtung alles Naturgeschehens auf ein bestimmtes Ende festgelegt. Aber dieses Ende des thermodynamischen Gleichgewichts und der molekularen Unordnung sah so ganz anders aus als die anschaulichen Erfahrungen von Entfaltung und Fortschritt, so daß man für die Entstehung der Formenvielfalt in der Natur, sofern man nicht außerphysikalische Kräfte zu Hilfe rufen sollte, keine andere Begründung fand als den Zufall und die Anpassung – aber Anpassung an was? Erst durch die jüngsten Erkenntnisse, denen gemäß die Entstehung des Differenzierten und höher Organisierten aufgrund der Kraftfelder von Atomen und Molekülen als Zwischenzustand unter dem Druck des Entropiegefälles verstehbar geworden ist, ist die Brücke zwischen dem Entropiegesetz und der biologischen Evolution geschlagen.

Ein geschlossenes Begriffssystem für den Entwicklungsprozeß überhaupt, unabhängig davon, ob es sich um kosmologische, biologische oder kulturell-technische Entwicklungen handelt, hat erst die Kybernetik geliefert. Dabei sind nun in der Tat die Begriffe der Kausalität und Finalität ineinander verschmolzen: Der Sollwert bzw. das

Programm ist das Ensemble der Anfangsbedingungen und in diesem Sinne echt die Ursache des Geschehens. Es enthält aber gleichzeitig über Verschlüsselungen, zu denen es übersetzende Codes gibt, die Vorgabe und Struktur des Endzustandes, des Gleichgewichtes. Die geregelten Systeme besitzen daher infolge ihrer physikalischen Beschaffenheit genau das Verhalten, was man beim Menschen als Absicht bezeichnet, denn die Absicht ist ja ebenso der Beweggrund wie die Zieldetermination des Verhaltens. Bezüglich dieser allgemeinen Struktur ist also zwischen entwicklungsfähigen Systemen und menschlichem Handeln kein Unterschied. Was im Ablauf des Prozesses geschieht, der mit seinem Programm startet und mit dem Gleichgewichtszustand endet, ist der Abbau der Ist-Soll-Differenz, die Realisierung des Programms. Und hierbei treten nun über die zahlreichen naturgesetzlichen Verknüpfungen, in die der Zufall praktisch miteingewebt ist, die im Programm unsichtbar vorhandenen mikroskopischen Strukturen als anschauliche Formen makroskopisch in Erscheinung. So steuert molekularbiologisch die genetische Information die Enzymproduktion, und die Enzyme wiederum das Wachstum und die Ausbildung aller Gliedmaßen. Indem wir bei unseren Überlegungen den Anfangsbedingungen einen nachhaltigeren Einfluß einräumen als den später hinzutretenden Randbedingungen, legt dieser Entwicklungsbegriff das Schwergewicht auf die Verwirklichung verborgener Strukturen. In diesem Sinn kann man bei der Evolution auch von einer Emergenz der Formen sprechen. Das entspricht übrigens auch der wörtlichen Bedeutung von Evolution, die genau übersetzt das Herauswickeln und Enthüllen bezeichnet und nicht eine Kette von Zufällen.[9]

Für diesen Prozeß stellt nun die Kybernetik auch *klare Begriffe für das Zusammenspiel von Anfangsbedingungen und später hinzutretenden Randbedingungen oder, wie wir in bezug auf den Menschen sagen können, von Veranlagung und Umwelt zur Verfügung.* Den tiefgreifenden Einfluß der Umwelt auf das Denken und Verhalten der Menschen, den die Philosophie so lange Zeit vernachlässigt hat, hat Karl Marx nicht zu Unrecht ausdrücklich betont. Die marxistische Philosophie erhebt nun bekanntlich den Anspruch, mit dem Begriff des dialektischen Fortschritts eine Theorie der Entwicklung zu liefern und nennt in diesem Zusammenhang die Beziehung zwischen Individuum und Umwelt dialektisch. Aber bei dieser Bezeichnung kommt nie klar heraus, wie die Beziehung nun beschaffen ist, ob die Individuen die Umwelt oder die Umwelt die Individuen gemacht haben. Häufig läßt sich der in diesen Zusammenhängen verwendete Begriff der Dialektik durch den Begriff der Wechselwirkung ersetzen. Aber auch der Begriff der Wechselwirkung ist nicht klarer, weil man immer noch nicht weiß, wer es gewesen ist. Wenn man von Wechselwirkung spricht, blockiert man mit dieser Redeweise die genauere Analyse des Wirkungsgefüges. Demgegenüber ermöglicht der kybernetische Ansatz mit den Begriffen von Sollwert und Rückführung die Analyse dessen, was sich hinter der Wechselwirkung verbirgt, und er erklärt, wie über das Lernen Umweltelemente in das Programm mit eingebaut wer-

---

9 Es muß aber einschränkend festgestellt werden, daß bei der Rede von der „Emergenz der Formen" schon eine philosophische Deutung im Spiel ist, da die metaphysische Frage, ob das Universum einem strengen Determinismus folgt oder ob es den absoluten Zufall, „den Zufall an sich" gibt, naturwissenschaftlich nicht entscheidbar ist (Sachsse, 1967, S. 124, 149ff.).

den und sich für die weitere Orientierung auch richtunggebend auswirken. Mit dem Begriff der *Rückführung ist das Gewicht der Umwelt voll und ganz in den Entwicklungsprozeß eingebracht, aber das System wird genauer als bei der unklaren Rede von der Wechselwirkung analysierbar, weil die zeitliche Abfolge der Wirkungen und Rückwirkungen berücksichtigt wird.* Die Theorie der geregelten Systeme weist dabei im einzelnen nach, daß die Schnelligkeit der Rückführung, die Verzögerungs-, Anlauf-, Verzugs- und Latenzzeiten, daß die gesamte Zeitkurve der Rückwirkung für die Stabilität der Systeme von ausschlaggebender Bedeutung ist (Sachsse, 1974, S. 73ff.). Davon macht man bei der Konstruktion technischer Regelsysteme ausgiebig Gebrauch, und man versucht auch volkswirtschaftliche Systeme, namentlich ihre störenden Schwankungserscheinungen, damit in den Griff zu bekommen.

Die Verwandtschaft der Begriffspaare actio – reactio, Sollwert – Rückführung, und Thesis – Antithesis im Sinne der Dialektik hat der Kybernetiker Georg Klaus aus der DDR erkannt und von dieser Position aus die kybernetische Betrachtungsweise weitgehend mit dem dialektischen Denken identifiziert. „Der kybernetische Charakter gesellschaftlicher Systeme ist daher nicht eine Randerscheinung in der Geschichte – schreibt er – sondern hängt wesentlich mit dem dialektischen Wesen des Geschichtsprozesses zusammen" (Klaus, Dietz, S. 515). Er kommt sogar zu dem Schluß, daß nur der dialektische Materialismus die philosophische Grundlage für die Kybernetik liefern könne (Klaus, Dietz, S. 521; Frank, S. 13ff.). Aber hier werden doch Unterschiede verwischt. Zur dialektischen Deutung der Entwicklung schreibt Lenin: „Bedingung der Erkenntnis aller Vorgänge in der Welt in ihrer ‚Selbstbewegung', in ihrer spontanen Entwicklung, in ihrem lebendigen Leben ist die Erkenntnis derselben als Einheit von Gegensätzen. Entwicklung ist ‚Kampf' der Gegensätze . . . nur diese Konzeption liefert den Schlüssel zu der Selbstbewegung alles Seienden" (Lenin, S. 339). Aber aus den Gegensätzen schlechthin folgt noch keine Bewegung, die Kräfte können sich auch das Gleichgewicht halten, die stabilsten Materialien, der Granit und das Gold sind dadurch gekennzeichnet, daß bei ihnen die gegensätzlichen Kräfte von Anziehung und Abstoßung gerade besonders groß sind. Gemäß der kybernetischen Konzeption und den Gesetzen der Physik zufolge ist der Abstand vom Gleichgewicht der Antrieb der Bewegung, und für den Ablauf der Bewegung ist bestimmend, in welchem zeitlichen Zusammenspiel Kräfte und Gegenkräfte das Wirkungsgefüge bestimmen. Wir möchten eine gewisse Verwandtschaft zwischen dem dialektischen und dem kybernetischen Ansatz nicht bestreiten, aber wir meinen aus den angeführten Gründen, daß der Entwicklungsbegriff, der sich aus der Theorie der geregelten Systeme ergibt, sehr viel klarer strukturiert ist als der Entwicklungsbegriff des dialektischen Materialismus.

Abschließend ist noch einmal darauf hinzuweisen, daß die kybernetischen Begriffe ein Theoriengebäude, ein Gedankenmodell darstellen, das uns helfen soll, die Zusammenhänge in realen Ereignisfolgen besser zu verstehen. Wieweit solche Modelle auf die jeweiligen Realitätsbereiche passen, muß jedesmal geprüft werden. Ohne Hypothesen geht es dabei nicht ab. Insbesondere kennen wir bei allen Systemen, die wir nicht selbst konstruiert und festgelegt haben, die Sollwerte nicht im Detail, sondern wir müssen das Programm aus dem Verhalten, die Anfangsbedingungen aus dem Ablauf, die Ursachen aus den Folgen erschließen. Das kann aber immer nur unvollständig gelingen, da wir höchstens die Kenntnis von dem jeweilig aktualisierten Teil des Programms haben, während uns die Potentialität des Programms, die für die zukünftigen Ereignisse sehr wesentlich sein kann, verborgen bleibt. So lernen wir ja auch einen anderen Menschen immer nur in dem Umfang kennen, wie wir ihn erlebt haben, können aber niemals sagen, wozu er imstande sein wird in Situationen, die noch nicht aufgetreten sind. Auch uns selbst kennen wir nicht besser. – Es ist wichtig, diese Begrenzung unseres theoretischen Denkens nicht aus dem Blick zu verlieren.

2.3 Biologische und technische Entwicklung

Nachdem wir uns bisher recht ausführlich mit den gemeinsamen Merkmalen des Entwicklungsprozesses befaßt haben, können wir uns nun die Frage vorlegen, wie sich die biologische Evolution der Organismen und die kulturell-technische Entwicklung der Menschheit voneinander unterscheiden. Die Antwort, die vielfach auf diese Frage gegeben wird, lautet: Es besteht gar kein Unterschied. In der Tat stammen zahlreiche Wörter, die wir zur Beschreibung der technischen Entwicklung verwenden, aus dem organischen Bereich wie Wachstum, Entwicklung, Fruchtbarkeit, Reife, Ertrag, Organisation usw. Ernst Kapp hat die Erfindung und Entwicklung der Werkzeuge unmittelbar als eine unbewußte Organprojektion gedeutet (Kapp, 1877). Und es trifft weiter zu, daß Basteln, Probieren und Erfinden keineswegs nur der zweckrationalen Überlegung entspringt, sondern es gibt eine ursprüngliche Lust am Hervorbringen und Machenkönnen (S. 17). Und schließlich hat der Gang des technischen Fortschritts vielfach unvorhergesehene und schicksalhafte Wendungen genommen. Man kann daher geneigt sein, die technische Entwicklung als Ganzes, als das Resultat einer Summe von biologischen Triebkräften zu verstehen, als einen Naturprozeß, der dem menschlichen Einfluß entzogen ist. Entdeckungen werden gemacht, sagt man, wenn die Zeit „reif" dafür ist, und wenn sie der eine nicht macht, macht sie ein anderer. Von der Anschaulichkeit dieser biologistischen Deutung geht eine gewisse Suggestivkraft aus.
In der Nationalökonomie hat Gustav Schmoller (1838–1917) diese Entwicklungsidee vertreten. In neuerer Zeit hat Teilhard de Chardin eine Gesamtschau der biologisch-gesellschaftlichen Entwicklung entworfen, die er als einen einheitlichen Prozeß versteht, dessen Notwendigkeit er mit der des Gravitationsgesetzes vergleicht (Teilhard de Chardin, München 1963, S. 32). Er beurteilt diesen Prozeß durchaus optimistisch und nimmt an, daß diese naturgesetzliche Entwicklung nicht nur den technischen, sondern zugleich auch den sittlichen Fortschritt bringen wird. Er schreibt: „Indem die Evolution reflexiv aus sich selbst neu aufbricht (damit meint er die geschichtlich-gesellschaftliche Entwicklung der Menschheit), versittlicht sie sich, um noch weiter voranzukommen ... Jenseits einer bestimmten Stufe besetzt sich der technische Fortschritt notwendig funktionell mit den Fransen des sittlichen Fortschritts" (Teilhard de Chardin, Freiburg 1963, S. 267). Auch die Entwicklungstheorie des dialektischen Materialismus betrachtet die Entwicklung der Natur und der

menschlichen Geschichte als den gleichen durchlaufenden dialektischen Prozeß, der mit immanenter Gesetzmäßigkeit in selbstbestimmter Richtung voranschreitet. Im Vorwort zum Kapital vergleicht Marx das „ökonomische Bewegungsgesetz der modernen Gesellschaft" mit dem „Naturgesetz" (MEW, Bd. 23, S. 15), und er spricht von der ehernen Notwendigkeit dieser Gesetze (MEW, Bd. 23, S. 12). Und mit Teilhard de Chardin teilt der Marxismus die optimistische Auffassung, daß diese Entwicklung zum Besseren und Höheren führt. Wenn auch diese beiden Konzeptionen von sehr verschiedenartigen Voraussetzungen ausgehen, so haben sie im Gesamtsystem doch eine gewisse Verwandtschaft, die sich auch darin gezeigt hat, daß Teilhard de Chardins Werke schon zeitig ins Russische übersetzt worden sind. Aber auch von vielen, die so umfassende Theorien des Weltgeschehens ablehnen, wird die Entwicklung der Technik als ein notwendiges und naturgegebenes Schicksal angesehen, als eine Macht, der der Mensch ausgeliefert ist. Im Fluß der Zeit stößt die Menschheit hier oder dort sozusagen automatisch auf die Möglichkeiten der Natur, und wo sich Möglichkeiten bieten — sagt man — müssen sie eben auch verfolgt werden und werden auch mit Notwendigkeit verfolgt, weil es ein andrer tut, wenn einer darauf verzichtet.

Das klingt einleuchtend, aber trotzdem ist die Idee, daß die *Technik eine Macht ist, die sich unabhängig vom Menschen entwickelt, ein moderner Mythos.* Hier wird das eigne Verhalten nach außen projeziert und als eine fremde Wirkkraft verstanden. Und diese Mythologisierung der Technik, die häufig noch mit ihrer Dämonisierung verbunden ist, versperrt nicht nur den Zugang zu ihrem genaueren Verständnis, sondern ist auch gefährlich, weil der Mensch damit auf die Steuerung eines Instrumentes verzichtet, von dem seine Existenz abhängt. Wenn wir die Beziehung zwischen biologischer Evolution und technischer Entwicklung klar erkennen wollen, müssen wir nach der Sonderstellung des Menschen fragen, der zwar ein Geschöpf, ein Glied der Natur ist, aber über Fähigkeiten verfügt, die außer ihm in der Natur nicht vorkommen. Um die menschliche Technik von den Kunstwerken der Natur zu unterscheiden, wollen wir den evolutiven Werdegang, der zu dieser Sonderstellung des Menschen geführt hat, zurückverfolgen.

Der entscheidende Schritt und *die Weichenstellung bei der Evolution des Menschen war die Entdeckung der Möglichkeit des individuellen Lernens.* Die Entdeckung und Verwirklichung dieser Möglichkeit übt eine Ausrichtung auf die weitere Entwicklung aus, da nun von der Selektion alle Mutationen positiv bewertet werden, die dem weiteren Ausbau dieses Vermögens dienen.[10] Nun macht zwar schon — wie wir gesehen haben — die subhumane Evolution vom Lernen Gebrauch. In diesem Sinne sind die Evolutionsstrategien im Laufe der Evolution erworbene Fähigkeiten, und erst recht sind die individuellen Veranlagungen, das ontogenetische Apriori für das Individuum, Ergebnisse eines phylogenetischen Lernprozesses. Die Eignung der Veranlagung zur Bewältigung bestimmter Umweltgegebenheiten, das „Passen" des

---

10 Auf die Tatsache, daß gewisse Mutationen die Zielrichtung der nachfolgenden Entwicklung bestimmen können, hat insbesondere Karl Popper aufmerksam gemacht (Popper, 1973, S. 302ff.). Diese Mutationen betreffen — wie er sich ausdrückt — die „Zielstruktur" und sie ziehen die Mutationen, die die „Fähigkeitsstruktur" betreffen, hinter sich her.

Pferdehufes zur Steppe, der Fischflosse zum Wasser, des Netzes der Spinne und der „Sprache" der Bienen zu ihrer Ernährungsweise, sind die Leistungen solcher Lernprozesse. Demgegenüber besteht die Weichenstellung bei der Menschwerdung darin, daß das Individuum lernt und das Gelernte auch im eignen Leben verwendet. Auch dieses individuelle Lernen wurzelt bereits im subhumanen Bereich, aber es spielt dort nur eine ganz untergeordnete Rolle, so daß es von der Tierverhaltensforschung überhaupt erst in jüngster Zeit entdeckt worden ist. Ein schönes Beispiel der neueren Ergebnisse liefern die Studien von Kawamura und Kawai an den Affen auf Koshima Island (Hofner, Altner, S. 122). „Imo, ein außerordentlich kluges, jugendliches Makaken-Mädchen", macht die Erfindung, daß sich Süßkartoffeln, die mit Sand beschmutzt sind, im Wasser eines Baches sauber waschen lassen. Drei Jahre später hatte eine Gruppe von 60 Tieren dieses „Sweet-Potato-Washing" übernommen (Hofer, Altner, S. 123). In diesem Zusammenhang wurde auch die individuelle Weitergabe dieser Technik studiert – sie geschieht durch Zeigen und Aufweisen – sowie das Lernvermögen derer, die die Methode übernehmen, unterteilt nach Altersklassen und Geschlecht. Die Autoren sprechen hier von einem „pre-cultural Behavior" (Hofer, Altner, S. 122). Die Verhaltensforschung heute bringt zahlreiche, oft überraschende Ergebnisse über „menschenähnliche" Leistungen höherer Tiere. Diese Studien zeigen, wie tief das individuelle Lernvermögen, das bei Menschen eine so außerordentliche Steigerung erfährt, in der subhumanen Phase der Evolution verwurzelt ist.

Das individuelle Lernvermögen bewirkt eine sprunghafte Erhöhung der Entwicklungsgeschwindigkeit, es ist in hohem Maße biopositiv, und daher wird dieses Verfahren, nachdem es einmal entdeckt ist, für die weitere Richtung der Evolution bestimmend: die Selektion wählt nun bevorzugt alle diejenigen Veränderungen aus, die das individuelle Lernen erleichtern. Zum Probieren braucht man beim individuellen Lernen, das sich ja ebenfalls über Versuch und Irrtum vollzieht, offenbar die Hände, wie Imo zum Kartoffelwaschen. Der erste Schritt bei der Herauszüchtung dieses neuen Verfahrens ist die Freisetzung der Vorderextremitäten von der Fortbewegung, die Erwerbung der ausschließlichen Bipedie. Auch Affen beherrschen den aufrechten Gang, wenden ihn aber nur wahlweise, jedoch niemals ausschließlich an. Erst durch die grundsätzliche Entlastung der Vorderextremitäten von der Fortbewegung wird die Evolution der Hand zu einem feingliedrigen, mit Tast- und Schmerzrezeptoren hoch ausgestatteten, universell anpassungsfähigen Hilfsorgan des Lernens möglich. Man nimmt an, daß der Erwerb der ausschließlichen Bipedie sich im jungen Tertiär vor 5 Millionen Jahren bei den Hominidae, den sogenannten menschenartigen Affen vollzogen hat. Die Freisetzung der Hand, dieses universellsten technischen Instrumentes, führt gleichzeitig zu einer einschneidenden Veränderung des Lebensraumes, vom Urwald in die Savanne, zu neuen Chancen und zu neuen Gefahren. Die Adaption an das vielseitige Bodenleben drängt zu einer weiteren Entwicklung des Lernvermögens und der Sinneswahrnehmung zum Schutz in der offenen Steppe und zur Eroberung des Raumes. Aus dem Waldspezialisten entwickelt sich mit dem bipeden, terrestrischen Hominiden ein offener Ökotypus hoher Plastizität (Heberer, S. 39).[11]

11 Die entscheidende Bedeutung des aufrechten Gangs und der Freisetzung der Hand von der Fortbewegung als das Sonderprädikat des Menschen hat erstmals J. G. Herder in seinem Werk „Ideen zur Philosophie der Geschichte der Menschheit" ausdrücklich hervorgehoben.

Der große biopositive Wert des individuellen Lernvermögens hat zur Folge, daß die weitere Evolution des Menschen weitgehend nur noch der Ausbildung dieser Fähigkeit dient. Es entwickeln sich die Organe, die dem Lernen dienlich sind, vor allem aber *ein Organ, das man als das spezielle Lernorgan bezeichnen kann, das Gehirn.* Dieses Organ ist recht eigentlich geeignet, unabhängig von dem langwierigen Mutations-Selektionsverfahren Strukturen der Umwelt mit dem geringen Arbeitsaufwand einzuspeichern, sie zu bewahren und sie zur Steuerung des Verhaltens wieder zu verwenden. Es besitzt ein Rezeptionsvermögen, eine Flexibilität und Anpassungsfähigkeit, womit es bei weitem alle anderen Organe in den Schatten stellt und hat gleichzeitig über das Zentralnervensystem eine absolute Kommandogewalt zur schnellen Verwendung des Gelernten. Natura parendo vincitur, hat Francis Bacon gesagt, die Natur wird durch Gehorchen besiegt, das Gehirn ist das geeignete Organ dafür, es gehorcht mit seinem Rezeptionsvermögen und seiner Anpassungsfähigkeit *und siegt durch seine Schaltgeschwindigkeit.* Die weitere biologische Evolution des Menschen besteht weitgehend nur noch in der Entwicklung des Gehirns, die Schädelkapazitäten von den ersten bipeden Übergangsformen, den Australopithecinae bis zum Homo erectus, der als erster das Feuer kannte, haben sich knapp verdoppelt und bis zum Homo sapiens recens knapp verdreifacht (Hofer, Altner, S. 26) (Tabelle 1). Im Rahmen unserer Theorie der Evolution verstehen wir also die Entwicklung des Gehirns nicht als ein Wunder oder als einen besonderen Zufall, sondern als eine Konsequenz der Tatsache, daß das individuelle Lernen den Entwicklungsprozeß beschleunigt und daß daher unter dem Druck des Entropiegefälles im Wettbewerb der Reaktionsgeschwindigkeiten die Evolution auf die Herauszüchtung eines derartigen Organs ausgerichtet wird. Die biologische Überlegenheit des Geistes beruht auf seiner Schaltgeschwindigkeit.

Fragt man nun: *Was ist das eigentlich, was gelernt wird, so lautet die Antwort darauf: es ist die Technik.* Es ist die Entdeckung und Ausnutzung einer Möglichkeit, die die Natur bietet, und zwar der Möglichkeit, durch Einschaltung von Zwischengliedern ein Ziel leichter zu erreichen. So läuft schon Imo, das Makaken-Mädchen mit den schmutzigen Kartoffeln zum Bach hinunter, um sie mit dem Hilfsmittel des Wassers zu säubern. Anders ausgedrückt: Es gibt das Lernvermögen nur daher, weil die Natur die Struktur besitzt, über Umwege schneller an das Ziel zu gelangen. Das Lernvermögen überhaupt und das individuelle Lernvermögen besonders ist von dieser Struktur herausgefordert und ist die Antwort auf diese Struktur. Daher wird mit der Weichenstellung zum individuellen Lernen die Technik zum konstitutiven Faktor für die Evolution des Menschen. Der Mensch verdankt nicht nur seine geistesgeschichtliche Entwicklung, *sondern auch seine biologische Evolution der Möglichkeit der Technik.* Der Bedeutung der Technik Rechnung tragend hat man den Menschen vielfach statt homo sapiens als homo faber bezeichnet. Aber die Idee vom homo sapiens ist eine Idealvorstellung, der wir auch heute wohl noch keineswegs gerecht werden, und auch die Benennung homo faber, der Kunstfertige, trifft nicht ganz den Kern, denn kunstfertig ist auch die Natur, hat sie doch Leistungen zustande gebracht, die wir in keiner Weise nur nachmachen können. Das neue Moment, das mit dem Menschen in der biologischen Evolution auftritt und ihren weiteren Verlauf bestimmt, ist das individuelle Lernvermögen als Antwort auf die Tatsache der Erlernbarkeit der

Tabelle 1, Stufen der Menschwerdung

Australopithecinae, Gehirnkapazität 435—562 ccm (Hofer, Altner, S. 23). Australopithecus africanus, südafrikanischer Menschenaffe, 2—4 Millionen Jahre alt, oberes Tertiär, Pliozän (Heberer, S. 139).

Bipedie, Gewicht 35 bis 45 kg, Größe 1,35 bis 1,50 m (Time-Life II, S. 19).

Ältester Toolmaker (Heberer, S. 37, 145), kein Feuer, keine Sprache (Heberer, S. 38).

Archanthropinae, Gehirnkapazität 1000 ccm (Hofer, Altner, S. 23). Homo erectus, 800 000 Jahre alt, Altpaläolithikum, Homo pekinensis, 300 000 bis 400 000 Jahre alt.

Größe 1,50 bis 1,65 m (Time-Life III, S. 12), Verlust der Behaarung, Entwicklung der Schweißdrüsen, stärkere Stoffwechselbeanspruchung durch das Steppenleben, Rachen noch unterentwickelt, nur sehr beschränktes Lautbildungsvermögen (Time-Life III, 108f.).

Fortschritte in der Werkzeugtechnik: die älteren Faustkeile werden aus einem Steinknollen in einem Arbeitsgang und 25 Abschlägen hergestellt, die späteren Exemplare in zwei Arbeitsgängen und 65 Abschlägen. Die Länge der hergestellten Schnittkante pro Pfund Stein steigt dabei von 5 auf 20 cm. Die Zähmung des Feuers, die älteste Feuerstelle hat man in der französischen Höhle bei L'Escale gefunden, 75 000 Jahre alt (Time-Life III, S. 23).

Der Homo erectus verläßt den tropischen Wald und stößt in kältere Regionen vor. Er breitet sich über Südostasien, Nord- und Südafrika und Europa aus.

Paläanthropinae, Gehirnkapazität 1500 bis 1700 ccm (Heberer, S. 157). Neandertaler, von 80 000 bis 40 000 v. Chr. Mittelpaläolithikum. Etwas größer als der rezente Mensch, die Gehirnkapazität ist die gleiche, aber die Schädelform ist archaisch, Stirn und Kinn zurückweichend, wahrscheinlich wurden die Zähne noch stark als Werkzeug verwendet (Time-Life IV, S. 25, 132). Sprechfähigkeit infolge des unterentwickelten Vokaltraktes noch beschränkt (Time-Life IV, S. 82, 132, 133).

Kunstvolle Steinwerkzeuge in drei Arbeitsgängen mit 107 Schlägen hergestellt, 100 cm Schnittlänge pro Pfund Stein (Time-Life IV, S. 125, 128).

Ausbreitung in die Tundra, Leben in kalten Regionen, warme Fellkleidung.

Neanthropinae, Gehirnkapazität 1500 bis 1700 ccm. Cro-Magnon-Mensch, Homo sapiens sapiens, 40 000 Jahre alt, Jungpaläolithikum.

Vollendung des Sprechvermögens, rezenter Körperbau.

Hochentwickelte Steinwerkzeugtechnik, Herstellung von Steinspitzen, Ösen, Sägen und Widerhaken; in sechs Arbeitsgängen werden aus einem Pfund Stein mit 251 Schlägen 12 m Schnittkante hergestellt (Time-Life IV, 125, 128). Schöpfer der Felsgemälde in den Höhlen.

Die Stufen vor den Neanthropinae sind ausgestorben.

Daseinsbewältigung, so daß wir die *Bezeichnung homo discens der Bezeichnung homo faber vorziehen möchten.*

Nun versteht man als das auszeichnende Merkmal des Menschen in der Regel die Sprache, weil in ihr das Bewußtsein und das Denken zum Ausdruck kommt. Dazu ist aber festzustellen, daß die Weichenstellung zur Menschwerdung über das individuelle Entdecken sowie über den Werkzeuggebrauch *in einer präverbalen Phase erfolgt ist,* und daß die Sprache sich erst im Anschluß daran, und zwar selbst als ein technisches Hilfsmittel entwickelt hat. Vorläufer der Sprache ist die Kommunikation durch Zeigen, durch Hinweis und Aufforderung durch Gesten, Anfänge, die in die subhumane Phase zurückreichen. Aber die Technik ist die Voraussetzung für die Mitteilung. Ein Anlaß zur Mitteilung ist erst vorhanden, wenn es etwas mitzuteilen gibt, und es gibt erst etwas mitzuteilen, wenn individuell gelernt worden ist, wenn es wesentliche Unterschiede im individuellen Erfahrungsbesitz gibt. Sobald das aber der Fall ist, drängt die Evolution der Technik infolge der Überlegenheit der Funktionsunterteilung zum interindividuellen Austausch. Nun wird die Mitteilung von der Selektion prämiert, um mit ihrer Hilfe ein individuell unterteiltes, überindividuelles Verhalten zu realisieren. So zieht die Leistungsfähigkeit des Verfahrens, von Unterteilung und von Umwegen Gebrauch zu machen, die Evolution der Sprache und der Soziabilität des Menschen hinter sich her.

Eine interessante Theorie zur Entwicklung der Sprache hat Gerhard Höpp vorgelegt. Der Zeitraum der Entwicklung reicht von der ersten Verständigung beim Wechsel des Lebensraumes vom Urwald in die Savanne und dem Erwerb der ausschließlichen Bipedie (vor etwa 4 Millionen Jahren) bis zum Jungpaläolithikum (dem Abschluß der Altsteinzeit um 10 000 v. Chr.). Dabei war auch noch ein Stück biologischer Evolution zurückzulegen. Die Ausbildung des Sprechvermögens läßt sich aus der Entwicklung des Kehlkopfes erschließen (s. Tabelle 1). Offenbar hat im Rahmen der Menschwerdung die Überlegenheit sprachlicher Kommunikation die Evolution des Kehlkopfes gesteuert. Es handelt sich hier um die gleiche Zeitspanne, in der sich auch die Evolution des Gehirns vollzieht. Höpp definiert die Sprache gemäß ihrer „biologischen Funktion", die von den Uranfängen bis heute die gleiche sei, als *„diejenigen akustischen Äußerungen, durch welche sich Menschen gegenseitig zur Kooperation an überindividuellen Zusammenhandlungen veranlassen"* (Höpp, S. 164). Die Grundform der Sprache ist gemäß Höpp der Imperativ, und die Entwicklung beginnt mit dem sogenannten Einerspruch (Höpp, S. 7ff.), einer mimisch begleiteten Lautäußerung, die mit dem Hinweis auf einen Gegenstand eine Aufforderung enthält, etwa im Sinne von „pack zu!" So könne die Graugans — schreibt Höpp — mit einem einzigen Sprachlaut zu ihrem Gatten sagen: „Komm her, es ist etwas Beunruhigendes da, wir müssen das Nest verteidigen", wobei durch den Tonfall die Art der Bedrohung noch näher charakterisiert werden kann (Höpp, S. 19). Die nächste Stufe ist die Dualisierung des Einerspruchs in einen Objektteil zur Kennzeichnung der Umweltgegebenheiten (die sich damit langsam vom unmittelbaren Handlungsbezug ablösen), dargestellt durch die Substantive, und in einen Aktionsteil, die Verben, mit denen ein Subjekt nun nach dem Prinzip der Arbeitsteilung ein bestimmtes Handeln, das es auch selbst ausführen könnte, von dem Hörer der Rede fordert. Das Bedürfnis, den Empfänger der Aufforderung aus einer Gruppe auszusondern, führt zur Entwicklung der Rufnamen, der Eigennamen. Das Movens für diesen Dualisierungsprozeß, den Höpp als die fundamentalste Errungenschaft des Menschen bezeichnet (Höpp, S. VIII), ist die Überlegenheit der Arbeitsteiligkeit, wobei es aber wesentlich ist, daß es sich nicht um eine stammesgeschichtlich ererbte Arbeitsteiligkeit handelt wie bei zahlreichen Insektenstaaten oder um fixierte Rollenunterteilungen bei größeren Tiergemeinschaften, sondern um jeweils der Situation angepaßte Untergliederungen, die entsprechend der jeweiligen Umweltbedingtheit individuelles Lernen zur Voraussetzung haben. Höpp spricht in diesem Sinne von „manipulierter Arbeitsteilung", die er „als conditio qua non der Einwortdualisierung" bezeichnet (Höpp, S. 14). Den Berichtssatz schließlich, die „Aussagen", die wir zumeist zunächst im Sinne haben, wenn von der Sprache die Rede ist, versteht Höpp als „dienendes Sprechen", das einem Imperativ untergeordnet ist oder ihn begleitet. „Ein Bericht wurde also dort nötig, wo ein Hörer ihn zu einem von ihm geforderten sozialen Handeln brauchte. Imperativ und Bericht ergeben so einen neuen, über die bisher behandelte Form erweiterten zusammenhängenden Tatbestand" (Höpp, S. 18). Höpp setzt sich in seiner Darstellung nicht mit der Technik auseinander, sondern analysiert nur sehr genau den Bezug der Sprache auf das Handeln, aber es unterliegt keinem Zweifel, daß er dabei das technische Handeln meint, wie sich schon daraus ergibt, daß es gemäß seiner Theorie das *arbeitsteilige Handeln ist, dem die Sprache ihre Evolution verdankt.* Wir haben das lesenswerte Buch von Höpp so ausführlich zitiert, weil es den fundamentalen Zusammenhang zwischen der technischen Möglichkeit und der intellektuellen Evolution des Menschen im Sinne eines orthoselektiven Prozesses so klar hervortreten läßt.

Auf die Frage, wodurch sich der Mensch als Teil der Natur von der übrigen Natur unterscheidet, hatten wir geantwortet: durch die Evolution seines individuellen Lernvermögens. Wir wollen im Folgenden unter acht Punkten charakteristische Merkmale und Konsequenzen dieses Lernvermögens noch einmal zusammenfassend aufzählen.

1. Die Sammlung und Aufbewahrung von Erfahrungen zum Zwecke ihrer Wiederverwendung führt zum *Aufbau eines inneren Modells,* das in vereinfachter und abstrahierter Form der Umwelt entspricht, so daß bei sich wiederholenden Situationen nicht neu probiert werden muß, sondern das zu erwartende Ergebnis am Modell abgelesen werden kann. Das Gelernte findet seinen Niederschlag in einem Bild von der Welt, das sich mit dem Fortschritt des Lernens – und mit der Evolution des Gehirns – verfeinert und vertieft.

2. Die Verwendung des inneren Modells bringt einen *sprunghaften Anstieg der Entwicklungsgeschwindigkeit,* da nun in vielen Fällen an die Stelle der langwierigen praktischen Erprobung über Mutation und Selektion die Probe am inneren Modell treten kann – wir nennen das auch die Überlegung. Je präsenter und geordneter der Erfahrungsschatz, je besser das Modell ist, um so treffender und schneller, um so überlegener schaltet das Gehirn.

3. Die im inneren Modell geordneten Erfahrungen sind eingespeicherte Strukturen der Umwelt. Aber welche Erfahrungen ein Individuum macht, hängt von seinem Lebensweg, von seinem historischen Schicksal ab. Das hat zur Folge, daß die Weltbilder der Menschen, und vor allem die von ganzen Volksgruppen und Zeitepochen sehr große Unterschiede aufweisen. Das Lernvermögen des Menschen ist die *Ursache der erstaunlichen kulturellen wie individuellen Mannigfaltigkeit.* Die vergleichende Kul-

turgeschichte weiß von einer unwahrscheinlichen Breite der Verhaltensformen zu berichten. „Die einen Völker wagen es kaum, ihre toten Lieben zu berühren, die anderen würden es pietätlos finden, sie nicht aufzuessen", schreibt Keiter (Keiter, S. 9). Bezüglich der Regelung der Geschlechtsbeziehungen gibt es: Polyandrie, Polygynie, Monogamie, legitime, nebeneheliche Geschlechtsbeziehungen zu bestimmten Verwandtschaftsgruppen oder für bestimmte Zeiten, Inzestschranken, Exogamiegebote usw. Es lassen sich nicht weniger als 3000 verschiedene Kulturen angeben. Aber Friedrich Keiter kommt bei seinen sorgfältigen und breit angelegten Studien zur Verhaltensbiologie des Menschen auf kulturanthropologischer Grundlage zu dem Ergebnis, daß man Vielseitigkeit nicht als Beliebigkeit mißverstehen darf, es handelt sich immer nur um lernend ergänzte Strukturen und Auffächerungen eines anthropologisch bestimmten Grundprogramms, so daß die Brücke gemeinsamer Verständigung auch niemals völlig abgebrochen ist. Das Verhältnis von Kernprogramm und erlernter Ergänzung durch Umweltstrukturen im Sinne der Kybernetik stellt sich angesichts der Geschlechter der Menschen eindrucksvoller als Einheit der Vielheit dar.

4. Eine weitere unmittelbare Folge des Lernvermögens ist die *Weltoffenheit des Menschen.* Nachdem die Evolution auf dem Wege aktiver Anpassung einmal den Schritt zum Lernen getan hat, wird die Herausbildung spezialisierter Organe, die zu so höchst kunstvollen Leistungen geführt hat, für den weiteren Verlauf der Entwicklung unzweckmäßig, da Organspezialisierung immer gleichzeitig Organfixierung bedeutet. Für den weiteren Entwicklungsfortschritt kommt es nur noch auf die Evolution eines einzigen und sehr flexiblen Organs, des Gehirns, an. Weltoffenheit bedeutet, daß dem sich entwickelnden System nicht mehr alles im Detail vorgeschrieben ist, daß es selbst an seiner Zielfindung beteiligt wird, und zwar sowohl an der Ermittlung des optimalen Weges wie an der konkreten Realisierung des Zieles. Das Grundprogramm des lernenden Systems enthält — wie wir gesagt hatten — nur die Ausrichtung, die Aufgabe, aber nicht die Lösung. Die Offenheit bietet nicht nur für die unmittelbare Daseinsbewältigung große Vorteile, sondern ermöglicht darüber hinaus eine nicht begrenzte Entwicklungsfähigkeit.

5. Eine Konsequenz der Mannigfaltigkeit und Weltoffenheit lernender Systeme ist ihre *Ungleichheit.* Die Verschiedenheiten, die in der Veranlagung schon vorhanden sind, werden durch das Lernen außerordentlich ausgebaut und vergrößert. Die eingebrachte Konstitution kanalisiert die Erfahrungen. So zeigt sich einem hübschen Mädchen die Welt von einer anderen Seite als einem häßlichen, und am Leben lernend werden die beiden ihre verschiedenen Erfahrungen auch verschieden verarbeiten und damit zu verschiedenen Prinzipien und Fähigkeiten kommen. So kommt es zu einer breiten Streuung im praktischen und intellektuellen Vermögen, und die Kehrseite dieser hohen Differenzierung ist die Möglichkeit zur Herrschaft, zur Übervorteilung und zur Täuschung.

6. Indem das lernende System den Vorteil der Technik, der Funktionsunterteilung entdeckt, entwickelt es die Sprache, die außergenetische Informationsübertragung und die Sozialität. Damit erreicht die Evolution erst mit der Menschwerdung ein *völlig neues Niveau sozialer Gemeinschaft,* die nun wieder der menschlichen Technik diese niederwerfende Überlegenheit verleiht. Diese neuartige Form der Kooperation

hat bereits den Urmenschen an die Spitze der Entwicklung gebracht. Und hier liegt der Grund, daß der Mensch Kulturbesitz und Geschichte hat, daß das individuell Gelernte über den Tod des Individuums hinaus erhalten bleibt und daß zur weiteren Beschleunigung des Lernprozesses das Lehren und sekundäre Lernen zum primären Lernen hinzutritt. Die außergenetische Informationsübertragung erschließt den Aufbau der großen, überindividuellen Systeme, die als die gewaltigen Werke dem Menschen selbst das Staunen über seine Möglichkeiten abnötigen.

7. Der Aufbau des inneren Modells bringt dem Menschen noch einen weiteren großen Vorteil: *der Fortschritt der Entwicklung wird unblutiger.* Nach dem Verfahren von Versuch und Irrtum, von Mutation und Selektion ist in der subhumanen Phase der Einsatz für die Versuche immer das Leben der Individuen, und die Evolution hat nur deswegen so erstaunlich optimale Wege gefunden, weil ihre Versuchspalette breit ausgefächert ist, weil auf einen Treffer eine sehr große Anzahl von Fehlschlägen in Kauf genommen wird. Die Selektion ist ein strenger Richter. Bei den meisten Tieren kommt nur ein winziger Bruchteil der Individuen zur geschlechtlichen Fortpflanzung, und auch bei den höheren Arten fallen noch 90% vor der Geschlechtsreife der Selektion zum Opfer (Sachsse, 1968, S. 255). Was in der subhumanen Phase der Kampf ums Leben ist, ist beim Menschen die Verbesserung des inneren Modells über Versuch und Irrtum. Immer geht es bei diesem Suchverfahren um die Ausmerzung des Untauglichen. Popper hat diesen Gedanken anschaulich dargestellt. „Der Hauptunterschied zwischen Einstein und einer Amöbe — schreibt er — ist der, daß Einstein bewußt auf Fehlerbeseitigung aus ist" (Popper, 1973, S. 37). „Die Wissenschaft ersetzt die Ausmerzung der Fehler im gewaltsamen Lebenskampf durch gewaltlose vernünftige Kritik, die Tötung und Einschüchterung durch unpersönliche Argumente" (Popper, 1973, S. 99). Und schließlich: „Die kritische oder vernünftige Methode besteht darin, daß wir unsere Hypothesen anstelle von uns selbst sterben lassen" (Popper, 1973, S. 274). In der Tat ist der Aufbau des inneren Modells ein bedeutendes Geschenk der Natur an den Menschen, und in diesem Sinne ist ihm, anders als der an die Veranlagung und die jeweiligen Umstände geketteten Kreatur mit diesem neuartigen Verfahren aktiver und gestaltender Anpassung sozusagen grundsätzlich das Heil für sich und die Welt versprochen.

8. Aber auch der Weg des Menschen, über Versuch und Irrtum führend, schließt den Irrtum und auch das Scheitern keineswegs aus. Für die Chance, die ihm gegeben ist, muß er mit der *Last der Entscheidung* bezahlen. Das Tier, jeweils ganz in der realen Situation gefangen, sieht immer nur einen einzigen Weg vor sich. Der Mensch, mit dem Blick der Welt in seiner Vorstellung, kann sich vom Jetzt und Hier distanzieren und die Vergangenheit als Erfahrung und die Zukunft als Wunsch zur Bestimmung seines Verhaltens mit hereinnehmen. Dabei bietet der Umgang mit dem inneren Modell, die Überlegung bezüglich des Möglichen wie des Wünschbaren, infolge der Distanzierung Alternativen. Der Mensch hat die Freiheit, sich zu entscheiden, aber er muß sich auch entscheiden, mag er dabei nun seinem Glück und dem Zufall vertrauen oder sich auf sein „Gefühl" — ein Instinktresiduum? — berufen oder sich um die Rückbesinnung auf verborgene Maßstäbe bemühen. Je umfassender und komplizierter das Modell ist, je vielseitiger der Wissensbesitz, um so mehr Möglichkeiten bieten

sich, um so schwieriger und folgenreicher wird die Auswahl, um so mehr hängt sein Geschick von seiner eigenen Entscheidung ab. Hier liegt der grundsätzliche Unterschied zwischen der subhumanen Evolution und der Entwicklung des Menschen: Das Lernvermögen gibt dem Menschen die Chance, den Fehlschlag bei dem Trial-and-error-Verfahren zu vermeiden, es gewährt ihm eine Art unbegrenzter Adaptionsfähigkeit, dank seiner gestaltenden Anpassung — seiner Technik! — kann er den phylogenetischen Tod nicht sterben, weil er sich der Umwelteinwirkung weitgehend entziehen kann, indem er die Umwelt seinen Bedürfnissen anpaßt (Hofer, Altner, S. 136), aber das alles ist doch nur Chance, Möglichkeit, durch sein Lernen zum Partner des Prozesses geworden, hängt der Ausgang von ihm selber ab, und er kann sich dem Gewicht der eignen Entscheidung nicht mehr entziehen. Damit können wir die eingangs gestellte Frage nach dem besonderen Merkmal der kulturell-technischen Entwicklung gegenüber der biologischen Evolution beantworten: die menschliche Technik ist mit der Weichenstellung der Evolution zur aktiven Anpassung durch Lernen aus der Evolution hervorgegangen. Sie ist der Bereich und das Ergebnis individuellen Lernvermögens und individueller Entscheidungsprozesse und der damit verbundenen außergenetischen Informationsübertragung. Mit der Bezeichnung „individuell" sind die verschiedenen Formen sozialer Kooperation von Individuen mit gemeint, der Begriff ist hier als Gegensatz zu stammesgeschichtlich erworbenen Eigenschaften und Fähigkeiten verwendet.

Wir haben in der bisherigen Darstellung vom Begriff des Bewußtseins wenig Gebrauch gemacht und wollen uns nun abschließend die Frage vorlegen, ob es eine biologische Erklärung für das Bewußtsein gibt. Als Bewußtsein verstehen wir die Tatsache, daß wir Empfindungen, Gefühle und Vorstellungen auf einer Art inneren Bühne erleben als eine individuelle und dem Anderen unmittelbar nicht aufweisbare Erfahrung. Das für uns nicht erfahrbare Fremdbewußtsein erschließen wir über einen Analogieschluß: wenn wir uns mit dem Anderen kommunikativ verständigen können, nehmen wir an, daß er über ähnliche innere Erlebnisse verfügt wie wir selber. Wir wollen daher *als bewußt solche Ereignisse bezeichnen, über die derjenige, dem sie widerfahren, in Worten oder verständlichen Gesten Auskunft geben kann.* Das bedeutet, daß wir zwischen bewußten und unbewußten Wahrnehmungen unterscheiden. Wenn sich ein Gegenstand unserem Auge nähert, reagieren wir mit einem Lidschlag, wenn die Helligkeit zunimmt, verengt sich unsere Pupille. Hier werden Umweltdaten wahrgenommen, aber unbewußt, subkortikal, wie man sagt, verarbeitet. Der allergrößte Teil der von einem Individuum rezipierten Daten wird ohne die Beteiligung des Bewußtseins verarbeitet (Keidel, S. 359). Bewußt nennen wir nun diejenigen Wahrnehmungen, von denen ich noch die zusätzliche Information erhalte, daß ich von ihnen weiß. In diesem Sinne ist das Bewußtsein ein *Vermögen zur Wahrnehmung von Wahrnehmungen, ein Vermögen der Reflexion.*[12]

12 Bisweilen wird Bewußtsein als Begleitphänomen von Wahrnehmung überhaupt betrachtet, und man spricht in diesem Sinne vom Bewußtsein von Pflanzen, von Tieren oder auch von Maschinen. Wir haben demgegenüber den Begriff der unbewußten Wahrnehmung eingeführt und ordnen in eingeschränkterem Wortgebrauch das Bewußtsein nur solchen Systemen zu, die auch über ihr Bewußtsein Auskunft geben können, da es sonst schwerfällt, zwischen bewußt und unbewußt zu unterscheiden.

Eine erste, *eindringliche Wahrnehmung des Bewußtseins ist der Schmerz,* ein Alarmsignal, kybernetisch gesprochen das Signal eines Grenzwertgebers, das anzeigt, daß infolge äußerer Störung die Ist-Soll-Spannung den Regelbereich der peripheren subkortikalen Datenverarbeitung überschreitet, so daß eine zentrale Aktion erforderlich ist. Mit seiner Information über die Ist-Soll-Differenz dient der Schmerz der Verhaltensorientierung, und die Physiologie hat festgestellt, daß schon für die Schmerzempfindlichkeit das Lernvermögen eine Rolle spielt (Rein-Schneider, S. 665). Der Schmerz wurzelt in der subhumanen Phase. Bei der weiteren Evolution des Menschen hat sich das Bewußtsein mit dem Lernvermögen, mit dem Aufbau des inneren Modells, mit der Evolution des Gehirns und mit der Aufgabe der Entscheidungsfindung herausgebildet als ein Organ, mit dem wir die Spannung zwischen dem Ist und dem Soll erfahren, und zwar jeweils die Abweichung vom Soll (Sachsse, Z. f. Philos. Forsch., 1974, S. 83). Der ursprüngliche Begriff des Bewußtseins ist das Gewissen, und vom lateinischen conscientia abgeleitet verwendet heute noch die englische und französische Sprache für Gewissen und Bewußtsein das gleiche Wort. Und das Gewissen ist bekanntlich um so lebendiger, je mehr es ein schlechtes Gewissen ist, je größer die Ist-Soll-Differenz ist, die hier zum Bewußtsein kommt (Kuhn, S. 16). Für diese Information über unsere Sollwerte ist charakteristisch, daß uns unsere Programmierung, unsere Bestimmung nie als Ganzes explizit zum Bewußtsein kommt, sondern nur jeweils Abweichungen vom Soll aus jeweils gegebener Veranlassung. Man kann sich das vielleicht so veranschaulichen, daß es für uns ein Rahmengefüge von Sollbestimmungen gibt, und daß das Gewissen uns nur dann jeweils ein Alarmsignal gibt, wenn wir im Begriffe sind, die Begrenzungen zu überschreiten. Daß uns unsere Programmierung nicht vollständig in allen Einzelheiten zum Bewußtsein kommt, hat wieder seinen Grund in der Struktur des lernenden Systems: die Einzelheiten existieren ja noch gar nicht, *wir besitzen unsere Bestimmung nur als Aufgabe, aber nicht als Lösung,* wie wir gesagt hatten.

Indem das Bewußtsein uns von der Schmerzerfahrung bis zur Unruhe des Denkens die Spannung zwischen dem Gegebenen und dem Gesuchten, zwischen dem Ist und dem Soll präsentiert, lebt es gleichzeitig aus dieser Spannung heraus: *in der Intentionalität des Bewußtseins erfahren wir den Entwicklungsprozeß selber, den Drang zum Gleichgewicht.* So ist die Wachheit des Bewußtseins eine Steigerung der Vitalität. Zusammenfassend können wir sagen, daß das Bewußtsein ein Phänomen ist, das sich parallel mit dem Lernvermögen und der Ausbildung des Gehirns entwickelt hat, und das im Laufe seiner Entwicklung immer stärker an die Stelle der subhumanen Instinktsteuerung tritt als Wegweiser zur Orientierung im Dasein.

Wir können uns nun fragen: Ist das Bewußtsein, das uns im Fortschritt unserer Erfahrungen beim Lernen so deutlich wird, eine notwendige Bedingung für das Lernen? Das ist offensichtlich nicht der Fall, es gibt in großem Umfang unbewußtes individuelles Lernen, zum Beispiel das Laufen-Lernen der Kinder oder das Erlernen der Muttersprache, und auch den lernenden Maschinen können wir schlecht Bewußtsein zusprechen. Wir haben ja im Vorangehenden den gesamten Prozeß des Lernens von seiner Entstehung über seine Entwicklung bis zu seinen weittragenden Konsequenzen darstellen können, ohne dazu den Begriff des Bewußtseins zu benötigen. In der Tat tritt ja auch nur der kleinste Teil dieser Funktionen, nur die Spitze des Eisberges in das Bewußtsein. Wir können uns fragen: *Warum gibt es dieses Bewußtsein?* Ist die Tatsache, daß uns etwas bewußt wird, daß wir Schmerzen empfinden, daß wir Erlebnisse und Vorstellungen haben, erforderlich für die physiologischen Funktionen der Vorwarnung, der Orientierung aufgrund von Prognosen, ist sie nötig für den Aufbau eines Weltbildes in Form eines inneren Modells, für die Kommunikation von Systemen, für die Reflexion und die durchreflektierte Entscheidung? Wir müssen diese Frage verneinen. Alle geregelten Systeme besitzen eine Verhaltenssteuerung durch ihr Programm: den Aufbau innerer Modelle durch das Sammeln von Erfahrungen und die Orientierung an diesen Modellen — die Prognosen! — hat man technisch realisiert. Reflexion bedeutet, daß ein Modellbestandteil, eine Symbolgruppe, zum Gegenstand weiterer Informationsbearbeitung gemacht wird, das kann jeder Computer leisten, und er läßt sich auch derart schalten, daß diese Operation beliebig iterierbar ist. Auch die Kommunikation, der Informationsaustausch ist nicht auf das Bewußtsein angewiesen, es können Bestandteile innerer Modelle und Ergebnisse der Informationsverarbeitung zwischen verschiedenen Systemen ausgetauscht werden, und sie können von einem Zentralsystem koordiniert und integriert werden. Auch die Entscheidung zwischen Alternativen und bei Konflikten von Maßstäben die möglichst weiterzutreibende Reflexion auf höhere Maßstäbe, oder wenn solche nicht auffindbar sind, den Zufall verwendende Tastentscheidungen sind maschinell darstellbar. Alle geschilderten Prozesse sind nicht darauf angewiesen, daß sie mit Bewußtsein verlaufen, und wir kennen eine Unzahl von technischen wie organischen Abbildungs- und Steuerungsprozessen, die unbewußt verlaufen. Warum *bei den höheren, komplizierteren organismischen Prozessen das Phänomen des Bewußtseins auftritt, wissen wir nicht.*

Wenn aber das, was mit bewußten Prozessen verkoppelt ist, im Prinzip auch ohne Beteiligung des Bewußtseins denkbar ist, dann können wir auch nichts darüber sagen, warum die Selektion im Laufe der Evolution das Bewußtsein herausgezüchtet hat. Warum ist dann von der natürlichen Auslese die sensible, die schmerzempfindliche organismische Welt, wie das offensichtlich der Fall ist, bevorzugt worden, wenn die ganzen Steuerungsmechanismen auch ohne Glück und Schmerz, auch ohne Einsicht, Zweifel und Sorge möglich sind? Biologisch wäre die Möglichkeit noch denkbar, daß die Entwicklung des Bewußtseins pleiotropisch[13] mit Genen verknüpft ist, die für die aufgezählten biopositiven Funktionen verantwortlich sind, daß es aber selbst atelisch und bioneutral ist. Aber man widerstrebt wohl der Annahme, daß ein so eindrucksvolles und erschütterndes Vermögen eine an sich überflüssige Begleiterscheinung sein soll. Eine andere Annahme wäre, daß das Bewußtsein schon in der Struktur der Welt, in den Anfangsbedingungen, angelegt ist, daß es aber eine Funktion hat, die über die genannten und bekannten Merkmale hinausreicht, eine Funktion, von der wir zur Zeit noch gar keine Vorstellung haben. Diese Funktion ist deshalb

13 Pleiotropie, wörtlich „Wendung zum Zahlreichen", beschreibt den Sachverhalt, daß ein Gen für mehrere, oft recht verschiedenartige Merkmale gleichzeitig verantwortlich ist. Ist eines der Merkmale biopositiv, so zieht es bei der Züchtung durch die natürliche Auslese die anderen mit sich.

für uns so schwer verständlich, weil *alles, war wir rational verstanden haben, auch maschinell und ohne Bewußtsein realisierbar ist.* Hier tut sich ein schwerwiegendes existentielles Problem auf, dem wir mit unseren heutigen Erkenntnismitteln hilflos gegenüberstehen, bezüglich dieser Aporie scheint unsere Rationalität auf eine absolute Grenze zu stoßen: entweder wir werden die Funktion des Bewußtseins nie begreifen oder wir benötigen dafür völlig andere Formen des Verstehens.

Wir können an dieser Stelle dieses Problem nicht weiter verfolgen und wollen es daher als *Sachverhalt hinnehmen, daß auf unserer Welt das zielorientierte Verhalten individuell begrenzter organismischer Systeme auf einer höheren Stufe ein bewußtes Verhalten ist.* Wenn wir mit dem Verzicht auf eine biologische Erklärung die Faktizität dieser Verkoppelung des Bewußtseins mit den höheren Steuerungsfunktionen im Menschen akzeptieren, können wir das Bewußtsein auch als hinreichendes, jedoch nicht als notwendiges Merkmal für das individuelle Lernvermögen verwenden. Bei der Frage nach der ethischen Bewältigung der Technik im siebten Kapitel werden wir auf die hier angeschnittene Problematik noch einmal zurückkommen.

2.4 Die Wendung nach außen und die Wendung nach innen

Auf der Suche nach den anthropologischen Wurzeln der Technik haben wir bis jetzt nur ein Handeln betrachtet, das sich nach außen wendet und die Veränderung der Umwelt zum Ziel hat. Es gibt aber *auch eine Technik, die nach innen gerichtet ist,* der es um die Bildung und Gestaltung der eignen Natur geht. Jede Aktion strebt zum Gleichgewicht, aber das Gleichgewicht ist auf zwei Weisen erreichbar, durch die Veränderung und Gestaltung der Umwelt im Hinblick auf die Person und durch die Bildung und Veränderung der Person im Hinblick auf die Umwelt. Die Aktivität des Menschen kann sich ebenso nach innen wie nach außen wenden. Die beiden Zielrichtungen des Handelns können nicht beide zu gleicher Zeit verfolgt werden, aber sie können sich gegenseitig ablösen, und es kann auch die eine oder die andere im Rahmen geschichtlicher Epochen oder kultureller Ausprägungen mehr oder weniger im Vordergrund stehen. Das Abendland hat namentlich seit der Renaissance seine Aktivität immer ausschließlicher auf die Gestaltung der Umweltverhältnisse ausgerichtet, so daß wir heute bei Technik meist nur noch an die Wendung nach außen, an die Extraversion denken. Demgegenüber hat bei den asiatischen Kulturen die Wendung nach innen, die Introversion eine wesentlich größere Rolle gespielt. Damit wir das, was Technik sein kann, nicht zu einseitig sehen, wollen wir uns diese Methode zur Bewältigung des Daseins vergegenwärtigen.

Betrachten wir als Beispiel den Buddhismus. Der Buddhismus ist konsequent atheistisch, Feind jeder metaphysischen Spekulation und lehnt sogar streng jede bildliche und begriffliche Darstellung von Heilstatsachen ab. Er beschränkt sich ausschließlich darauf, Ratschläge über Wege, Methoden, über Techniken zu erteilen, wie der Mensch mit der Welt ins Gleichgewicht kommen kann, um den Zustand der Erlösung zu erreichen. Er wendet sich allein an die Vernunft, besitzt eine Nüchternheit des Denkens, wie man sie kaum bei einer anderen Religion findet und vertritt die Auffassung, daß jeder Mensch aus eigner Einsicht das Heil erlangen kann. Dabei sind wir nach buddhistischer Überzeugung nicht Meister unserer Erkenntnis und Einsicht, *„solange wir sie nur in Form begrifflicher Ausdrücke besitzen, sondern erst, wenn wir sie unserem widerstrebenden Körper aufgezwungen haben"* (Conze, S. 91). Eine bekannte Hindugeschichte zur Illustration: Der Lehrer fragt seinen Schüler, was dieser am höchsten schätze, und dieser antwortet pflichtgemäß: „Brahma oder den höchsten Geist". Worauf der Lehrer ihn zu einem Teich führt, seinen Kopf zwei Minuten unter Wasser hält und ihn dann fragt, wonach er am Ende der zwei Minuten das größte Verlangen gespürt habe. Der Schüler muß zugeben, daß er am stärksten nach Luft und nicht nach Brahma verlangt habe (Conze, S. 91). Das asiatische Denken versteht den Zusammenhang von Körper und Geist weniger metaphysisch und sehr viel realistischer als wir. Die Methoden um „Einsicht in den Körper" zu gewinnen sind daher ein wichtiger Teil der buddhistischen Lehre (Die Reden Gotamo Buddhos, III, S. 245). Der erste Schritt ist das „bedachtsame Ein- und Ausatmen" (Buddhos Reden, III, S. 228). Das Atmen spielt in diesem Zusammenhang eine besondere Rolle, weil es sich einerseits leicht willkürlich beeinflussen läßt, andererseits eng mit den autonomen, vegetativen Funktionen des Körpers zusammenhängt, mit denjenigen physiologischen Prozessen, die normalerweise der Willkür entzogen sind, wie z. B. der Herzschlag, die Durchblutung, die Verdauung, die physiologische Erregung, das Wachen und das Schlafen. Die Atemtechnik ist der erste Zugang zur Beherrschung dieser Körperfunktionen, einer Beherrschung, die es ermöglicht, daß die Einsichten nicht unverbindliche begriffliche Möglichkeiten bleiben, sondern dem „widerstrebenden Körper aufgezwungen" werden können. Das unmittelbare Ergebnis dieser Techniken ist eine erstaunliche Kontrolle des Körperzustandes und der Emotionalität, eine Unabhängigkeit des Körpers von Unbequemlichkeiten, Härten, Schmerzen und Entbehrungen, von Stimmungen und Affekten.

Aber die Körperbeherrschung ist nicht das eigentliche Ziel dieser nach innen gewendeten, dieser introvertierten Technik, sondern sie ist selbst eine Zwischenstufe auf dem Wege zu wahrer Einsicht, nur eine Befreiung von Hindernissen. Im Laufe der Jahrhunderte haben sich zahlreiche Methoden und Praktiken entwickelt. Der klassische Buddhismus gibt den Heiligen Achtfachen Pfad an, der Verhaltensweisen der Erkenntnis, der Gesinnung, der Rede, der Tat, des Lebenserwerbs, der Anstrengung, der Achtsamkeit und der Sammlung betrifft. Auch hier steht immer das methodische Anliegen im Vordergrund, denn das eigentliche Ziel, die Erlösung, das Nirwana ist weder in Worten noch in Bildern beschreibbar. Eine umfassende Methodik und Lehre zur Schulung der inneren Erfahrung hat in Japan der Zen-Buddhismus entwickelt. Wesentlich ist bei diesen Bemühungen die Vermeidung aller äußeren Erregungen und Sinnesensationen und die möglichst vollständige Entleerung und Befreiung des Inneren von eignen Wünschen und Bestrebungen, damit es empfangen und aufnehmen kann die methodische Übung der Ichlosigkeit, wie es in der buddhistischen Lehre heißt. Ein bedeutsames Symbol für den Japaner ist der Bambus, weil er dem Drucke nachgibt und sich wieder aufrichtet, aber vor allem, weil er innen hohl ist, weil nur das was hohl ist, auch für den Empfang geöffnet sein kann.

Ein wichtiges Anliegen des Buddhismus auf dem Wege zu innerer Freiheit ist die Einsicht in die Vergänglichkeit alles dessen, was unser Wünschen und Begehren antreibt.

Um diese Stufe zu erreichen, wird dem Suchenden beispielsweise eine detailliert ausgearbeitete Technik der Leichenbetrachtung in allen Zuständen des Zerfalls und der Verwesung empfohlen (den Text über „Die Läuterungsübung des Friedhofsasketen und ihre Segnungen" aus den Visuddhi-Magga findet man bei Mensching, 1955, S. 141), und Krankheit, Alter und Tod heißen die Götterboten, weil sie den Menschen über die Vergänglichkeit seines Daseins aufklären. Die *Vergegenwärtigung, das Durchschauen der Vergänglichkeit ist eine echte intellektuelle Leistung, die dem Situationsdruck abgewonnen werden muß.* Denn im Augenblick des Begehrens, Wünschens und Hoffens pflegt der Mensch das Begehrte zu überschätzen und von ihm Dauer zu erwarten. So geht es darum, in geistiger Konzentration das Entfernte in die Vorstellung hereinzuholen, so daß das Innere von der punktartigen Besetzung durch das Jetzt befreit wird und das Ganze in das Bewußtsein tritt.

Der Zen-Buddhismus, der den japanischen Charakter stark geprägt hat, hat seinen Ausdruck in der Tuschemalerei gefunden. Hier ist der Künstler bestrebt, durch Kontemplation und innere Sammlung, durch Öffnung des Bewußtseins innerlich mit dem eins zu werden, was er malen will. Wenn er dann nach einer Zeit der Vorbereitung, die lange dauern mag, zum Pinsel greift, schaut er nicht mehr nach dem Bambus und der Landschaft, die er malt, sondern die Dinge malen sich sozusagen selbst aus ihm heraus. Eugen Herrigel hat in einer kleinen instruktiven Schrift geschildert, wie er als „mühevollen Umweg", um sich „schrittweise dem Zen zu nähern", in sechs Jahren bei dem berühmten Meister Kenzo Awa die Kunst des Bogenschießens gelernt hat, die Kunst, abgelöst von jedem Bestreben und jedem Zielen mit dem Bogen umzugehen, so daß *es* schießt und ins Schwarze trifft (Herrigel, S. 23). Die Kunst des Bogenschießens, sagt der Meister — „ist eine bis in die letzten Tiefen reichende Auseinandersetzung des Schützen mit sich selbst" (Herrigel, S. 78). Wer die Lehre durchsteht, die aus mühevollen Übungen der Atmung, der Entspannung, der Lösung der Muskeln, der Sammlung und Versenkung besteht, dem gelingt es, ohne zu zielen, das Ziel zu treffen, aber er ist auch, wie es heißt, in seinem Verhältnis zur Welt ein anderer geworden. Es hat auch eine Kunst des Schwertfechtens gegeben, bei der die Waffe ungezielt aus einer tieferen Schicht des Bewußtseins heraus geführt wird, obwohl der Einsatz das Leben ist (Herrigel, S. 80ff.). Voraussetzung für diese Kunst ist eine „radikale Absichtslosigkeit" (Herrigel, S. 86) und eine Einstellung, für die die Frage nach Leben oder Tod uninteressant ist (Herrigel, S. 91). Durch jahrhundertelange Schulung und durch zähe Beharrlichkeit haben diese Techniken einen Grad von Perfektion erreicht, der außerhalb des Vorstellungsvermögens unserer westlichen Gehirne liegt, aber perfektionierte Technik grenzt ja immer für den, der sie nicht besitzt, an ein Wunder. Aber auch abgesehen von solchen Einzelleistungen und auch dort, wo der Buddhismus als Bekenntnis verdrängt worden ist, hat diese Bildung des Selbst ihre Spuren hinterlassen und durch die Schulung der Rezeptivität, des Einfühlungsvermögens und der Intuition wichtige Bereiche des Bewußtseins und der inneren Erfahrung erschlossen, die der modernen westlichen Entwicklung immer mehr aus dem Blick geraten.

Wir haben die Wendung nach innen am Beispiel des Buddhismus dargestellt, weil sie dort eine besonders konsequente, nüchterne und rationale Form angenommen hat.

Aber auch die abendländische Tradition kennt diesen Weg der Selbstbildung und der Selbstvervollkommnung. Die Mönchsorden, über Jahrhunderte die Träger der Bildung, leben für diese Umkehr der Antriebsrichtung. Früh kommt dabei das Bedürfnis nach der rechten Methode der inneren Einkehr zum Ausdruck. Johannes Cassianus (360—430), der Gründer von Klöstern in Südfrankreich verlangt nach einer Lehre, einer Disziplin des Gebetes, man komme sonst zu keiner Betrachtung und dringe nirgends tiefer ein (Brou, S. 27). In den folgenden Jahrhunderten gibt es eine umfangreiche Literatur über die systematische Schulung der Innerlichkeit. Erwähnt sei das Andachtsbuch von Bonaventura, der Doctor seraphicus, das eine für uns überraschende Mischung von Systematik und mystischer Frömmigkeit enthält. Auf ihren Höhepunkt hat Ignatius von Loyola (1491—1556) die geistlichen Übungen, die Exerzitien gebracht. Von ihm wird berichtet, daß er sieben Stunden am Tage im Gebet verbrachte. Bei seinen Schülern aber sorgte er für geregelte Gebetszeit und war gegenüber zu langem Beten mißtrauisch, da es leicht der Eigenliebe diene (Brou, S. 71). Bei Ignatius tritt der Unterschied zwischen der abendländischen Innerlichkeit und der östlichen hervor: Im Westen haftet die innere Schau nicht nur stärker an den Vorstellungen der Außenwelt, sie trennt sich nicht so rigoros von diesen Bewußtseinsinhalten wie der Buddhismus, sondern sie ist auch weniger Selbstzweck, die vita contemplativa ist stärker auf die vita activa bezogen. Bereits bei Thomas von Aquin lesen wir, daß ein aktives Leben, das von der Beschauung geleitet sei, der bloßen Beschauung überlegen sei (Thomas von Aquin, Summa, 2.2.q. 188, a.6), und Vinzenz von Paul (1581—1660) schreibt: „Die Hauptfrucht des Gebetes ist, daß man gute und starke Enschlüsse faßt" (Brou, S. 172). — Aber wenn wir von diesen Unterschieden absehen, so können wir feststellen, daß die Wendung nach innen im Osten wie im Westen ein mit großer Energie und mit großer methodischer Systematik verfolgtes Lebensziel war.

Wir sehen: die Introversion ist eine umfassende anthropologische Möglichkeit. Für den Paläanthropologen sind Kult und Religion häufig ebenso signifikante Kennzeichen des Menschen wie das Werkzeug. Karl J. Narr spricht in seiner Urgeschichte der Kultur bezüglich des Eiszeitmenschen von seiner „uns im wesentlichen ebenbürtigen geistig-seelischen Potenz" (Narr, S. 162), und schließt für die frühe Wildbeuterzeit auch höherstehende Religionsformen in keiner Weise aus (Narr, S. 7, 59). Der Primatenforscher H. Hofer schreibt in seinen Studien zur Sonderstellung des Menschen kurz und bündig: „der Kultus, welcher Art auch immer, ist kennzeichnend für den Menschen: Homo naturaliter religiosus" (Hofer, Altner, S. 72). Man spricht auch von einem genuinen religiösen Bedürfnis, das mit der Menschwerdung auftrete und das auch häufig mit den Erfahrungen des Todes in Zusammenhang gebracht wird. Wir müssen uns fragen: Was ist es nun, was den Menschen kennzeichnet, die Werkzeugverwendung oder der Kult? Oder müssen wir annehmen, daß es zwei verschiedene Wesenseigenschaften des Menschen gibt, die vielleicht sogar im Kampfe miteinander liegen, aber jedenfalls zu unterscheidbaren anthropologischen Konzeptionen führen? Wir möchten einem Dualismus solcher Art nicht beipflichten, sondern ihm die These entgegenstellen, daß *die Wendung nach innen ebenso wie die nach außen eine unmittelbare Folge des Lernvermögens ist und daß sie so wie die Extraversion dem*

Erwerb einer umweltgerechten — eben einer erlernten! — Steuerungsfunktion zur Orientierung im Leben dient. Genauer gesagt: bei der Bildung der eignen Person, bei der Erkenntnis und Gestaltung des Selbst im Zusammenhang mit dem Ganzen der Welt handelt es sich um den Aufbau und den Ausbau des inneren Modells, des Weltbildes, um die Ordnung, die Koordinierung und Harmonisierung des Gelernten. Es ist eine weiterführende und tiefergreifende Informationsverarbeitung der Ergebnisse der primären Erfahrung. Daher folgt die Wendung nach innen notwendig auf die Wendung nach außen.

Der *früheste Ausdruck dieser weiterführenden Erlebnisverarbeitung ist die reproduzierende Darstellung in vivo, die Gestik, die Mimik, die Pantomine, der Tanz.* Dem Aufbau des inneren Modells stehen als Elemente immer nur die Wahrnehmungen der Außenwelt zur Verfügung, aber trotzdem ist das Dargestellte keine identische Kopie der empfangenen Information, sondern das Ergebnis ihrer Verarbeitung, es ist eine geordnete Darstellung, in der das Wichtige und Bleibende in seinen verschiedenen Rangstufen gekennzeichnet ist. So entsteht der Ritus, in dem die Ergebnisse dieser Informationsverarbeitung sozusagen auskristallisieren und gleichzeitig über eine präverbale Resonanz den sozialen Kontakt herstellen und sich in ihm weiterentwickeln. Heute noch kann man bei dem Tanzritual auf Bali sehen, wie ein Weltbild zur Darstellung kommt, das erst sehr viel später, nach der Evolution der Sprache, in Mythen, und noch später in religiösen Bekenntnissen und schließlich in wissenschaftlichen Kontexten und in dem Meinungs- und Überzeugungsbündel des modernen Menschen seinen Ausdruck findet. In dieser getanzten vorsprachlichen mimischen Darstellung steht das Modell der Welt noch leibhaft vor Augen, der Kampf der bösen mit den guten Mächten, die Gefährdung der Schönheit, die Bestrafung der Schuld und die Rettung der Unschuld.[14]

Ausdruck — so ergibt sich aus unserer Überlegung — ist Aufbau. Beim Ausdruck wird nicht einfach innerlich schon Vorhandenes nach außen „gedrückt", sondern das Ausdrücken ist eine konstruktive Arbeit, die zu der jeweiligen inneren Spannung, zu der Intention des Sollwertes bei der Vergegenständlichung in Raum und Zeit die passende Entsprechung finden muß. *Ausdruck ist nicht Wiedergabe, sondern Auffinden und Aufbauen des Ausgedrückten.* Man wird sich über etwas klar, indem man es erklärt. Damit wird die Darstellung zum Hilfsmittel, zum Werkzeug innerer Klarheit, die Darstellung ist die äußere Ansicht dieses inneren Prozesses höherer Informationsverarbeitung zum Aufbau des inneren Modells. Ohne Zweifel ist die Darstellung auch ein wichtiges Hilfsmittel der Mitteilung und des sozialen Kontaktes. Aber das ist noch nicht ihre primäre Funktion. Die Felsengemälde der Eiszeit befinden sich vielfach an unzugänglichen Stellen, und die Athener haben noch am Parthenon den gewaltigen, etwa 160 m langen Fries, der den Festzug zum Panathenäenfest darstellt, in einer Höhe am Umgang um die Cella angebracht, daß man ihn nur schwer betrachten kann. Primär ist der Ausdruck eine innere Arbeit der Gestaltung des Weltbildes, das Gespräch des Menschen mit sich selbst, das erst sekundär auch zur Mitteilung an andere

14 Arnold Gehlen, dem wir für manche Begriffserklärung zu Dank verpflichtet sind, hat in seinem umfassend angelegten Werk „Urmensch und Spätkultur" die fundamentale Bedeutung der Kategorie der Darstellung als Wurzelgrund für Ritus, Kult und Kunst aufgewiesen.

dienen kann. Es ist auch nicht erforderlich, ein spezielles Ausdrucksbedürfnis als Triebkraft anzunehmen, da die mit der Darstellung erfolgende Ordnung des inneren Modells eine biologische Notwendigkeit für ein lernendes System ist angesichts von Situationen, in denen die Instinktsteuerung nicht weiterhilft.

Die Darstellung als Darstellung, zweckfrei, weil keinem äußeren Zweck verpflichtet, aber dem inneren Zweck der Organisation des Weltbildes und der Verhaltensweisen dienend, institutionalisiert sich in Kult und Ritus, um dieser Wurzel entspringt auf höheren Entwicklungsstufen der Kranz mythischer Daseinsdeutungen sowie der Ausdruck dieser „Bilder" in der Kunst und noch später die begriffliche Formulierung von Volks- und Universalreligionen. Früheste Formen darstellerischen Verhaltens scheinen bis in das Tierreich zurückzureichen, feste Kultformen können wir bereits auf der Homo-erectus-Stufe (s. Tabelle 1) annehmen, und ein hohes Niveau darstellender Kunst zeigen die Felsgemälde in den Höhlen um 40 000 v. Chr., immer noch einige 10 000 Jahre vor dem Abschluß der Sprachentwicklung. Da die Ergebnisse höherer Lern- und Steuerungserfahrungen, wie wir gesehen haben, mit dem so rätselhaften Phänomen des Bewußtwerdens verknüpft sind, bezeichnen wir diese häufig sprunghaften inneren Ereignisse — wieder die Bilder der Außenwelt verwendend! — als Erleuchtungen, als Wiedererinnerungen, als Visionen, in der theologischen Sprache auch als Offenbarungen oder Begegnungen mit dem Numinosen (numen heißt lateinisch Wille göttlicher Allmacht) und säkular als Intuition, als Ergebnis der Genialität oder schlicht als Aha-Erlebnis und Einfall. Allen Bezeichnungen, die letzteren mit eingeschlossen, ist eigen, daß der Mensch sich bei diesem Prozeß der Bewußtwerdung nicht als der Schöpfer, sondern als der Empfänger der Information versteht.

Die Tatsache, daß der Aufbau des inneren Modells eine Informationsverarbeitung höherer Ordnung ist, die primär verarbeitete Informationen (wie sie z. B. als gedeutete Wahrnehmungen schon vorliegen) untereinander ins Gleichgewicht bringt und koordiniert, erklärt auch, warum diese Aktion gleichzeitig mit einer Wendung nach innen verbunden ist. Jean Piaget hat in umfassenden experimentellen und theoretischen Studien über die Begriffsbildung bei Kindern gezeigt, wie sich das Modell der Wahrnehmungswelt von den ersten Eindrücken über die Lösung vom Augenblick, von der Zeit, von der Anschaulichkeit, von der Affektivität und dem Wunsche nach unmittelbarer Befriedigung zu immer objektiveren Strukturen ausbildet (Piaget, 1947, S. 99ff., 135ff., 167: ferner Piaget, 1974, Kap. I, II, III). Wichtig bei diesem Prozeß ist, daß das Neuhinzukommende in das Vorhandene eingepaßt werden muß. Es wird bereits nach der Richtschnur des Vorhandenen aufgegriffen und mittels der folgenden Verarbeitung als passender Baustein in das Modell eingefügt. Piaget verwendet für diesen Prozeß den Ausdruck Assimilation — Angleichung — und bezieht sich damit auf das Bild, wie die biologischen Organismen die Nährstoffe aus der Umwelt aufnehmen, sich als Funktionsträger einverleiben und auf diesem Wege wachsen und sich entfalten (Piaget, 1947, S. 11, 161). Diese Assimilation ist unter Umständen ein recht schwieriger Verarbeitungsprozeß. So ist verständlich, daß die Stufe höherer Informationsverarbeitung im Sinne der Ordnung und Koordinierung von Erfahrungen unter dem Prinzip der Wendung nach innen steht, da es um die weitere Verarbeitung bereits empfangener Informationen geht, ein Prozeß, bei dem neu hinzutretende Informationen nur stören können, ganz davon abgesehen, daß sie gar nicht eingepaßt werden können, wenn die früheren nicht eingepaßt sind.

Die Begriffe Kontemplation und Meditation schildern gemäß ihrer ursprünglichen Wortbedeutung ziemlich genau diesen Prozeß höherer Informationsverarbeitung. Contemplatio bedeutet das ruhige, aufmerksame Betrachten eines überschaubaren Bereichs (templum ist der Beobachtungsbezirk), und meditatio ist das messende Überdenken und Nachsinnen. In beiden Fällen geht es um eine Vergegenwärtigung des Erfahrungsschatzes zum Zwecke des Vergleichens, des Abwägens, des Einordnens. Solche Bemühung muß, um das Ganze in den Blick zu bekommen, einen Schritt zurücktreten, muß sich vom Einzelnen distanzieren, muß jede Sinneserregung abschirmen, da diese den Prozeß verzerren und stören würde. Darum sind die Asketen in die Wüste gegangen und haben gefastet, um mit sich ins Klare zu kommen, und die hohe Wertschätzung der Betrachtung hat in weiten Bereichen der Antike, des Christentums und der asiatischen Religionen zu einem tiefen Mißtrauen gegen die Sinneswahrnehmung als Quelle der Wahrheit geführt. „Noli in foras ire, in te redi, in interiore homine habitat veritas; Geht nicht auf die Märkte, lies in dir selbst, im Inneren des Menschen wohnt die Wahrheit", schreibt Augustinus, und mit diesem Zitat schließt Edmund Husserl seine Cartesianischen Meditationen (Husserl, S. 183).

Daß höher strukturierte lernende Systeme eine mehrstufige Informationsverarbeitung benötigen, hat sich formal aus kybernetischen Überlegungen ergeben. W. Ross Ashby hat den Begriff des multistabilen Systems eingeführt (Ashby, S. 205). Das ist ein ultrastabiles, lernendes System, das aus Subsystemen zusammengesetzt ist, wobei es wesentlich ist, daß die Verkopplung der Subsysteme untereinander schwach ist. Das bedeutet, daß die Subsysteme eine gewisse Selbständigkeit besitzen, daß sie für sich, ihrer speziellen Eignung folgend, lernen können und sich infolge der schwachen Verkoppelung beim Lernen auch nicht gegenseitig behindern, daß aber doch mit einer gewissen Zeitverzögerung der Zusammenhang wiederhergestellt wird, da sonst das Gesamtgefüge zerreißen würde. Die Koordinierung vollzieht sich, indem die Subsysteme sich in einem inneren Prozeß lernend einander angleichen. „In einem multistabilen System adaptiert sich ein Subsystem in genau der gleichen Weise, wie sich ein Organismus an seine Umgebung adaptiert – schreibt Ashby –, das geht gemäß dem Verfahren von trial and error; und wenn der Prozeß beendet ist, sind die Teile koordiniert zu dem gemeinsamen Ziel der Aufrechterhaltung der wesentlichen Zustandsfunktionen in ihren entsprechenden Grenzen" (Ashby, S. 210). Die mathematische Behandlung ergibt, daß multistabile System, wechselnden Umwelteinflüssen ausgesetzt, stabiler sind. Wenn man sich nicht scheut, Begriffe aus verschiedenen Disziplinen miteinander in Verbindung zu bringen, kann man sagen, daß es sich hier um eine formale kybernetische Theorie der Meditation handelt. Dabei stellt sich das Lernen der Subsysteme voneinander, die Ordnung und Harmonisierung des inneren Modells dar als ein Suchprozeß mit dem Ziel, über Versuch und Irrtum – dem Entropiegesetz folgend! – innere Spannungen abzubauen.

Wir haben die Wendung der Technik nach innen zur Bildung und Gestaltung der eignen Natur ausführlich dargestellt, weil es sich um eine heute sehr vernachlässigte Haltung handelt. Wir werden bei der Frage, wie die Technik in unser Leben zu integrieren ist, auf diese Überlegungen zurückkommen (S. 75). Zunächst hat uns aber unsere nach außen gewendete, typisch abendländische Technik zu beschäftigen, und daher ist diese auch in der Regel gemeint, wenn wir im Folgenden ohne ergänzende Bemerkung einfach von Technik sprechen.

Damit wollen wir die Überlegungen über die anthropologischen Wurzeln der Technik abschließen. Eine Philosophie der Technik kommt ohne anthropologische Basis nicht aus. Will man Vieldeutigkeit und Unbestimmtheit vermeiden, so ist es erforderlich, sich dabei auf einen bestimmten anthropologischen Entwurf zu beziehen. Wir haben dabei in weitem Umfang das Begriffsmaterial der Kybernetik verwendet. Das hat den Vorteil, daß man einerseits ziemlich präzis ausdrücken kann, was man meint, daß man aber andrerseits zur Kennzeichnung des Menschen und seiner Technik wenig metaphysische oder religiöse Prämissen einführen muß. Aber damit sei nicht der Anspruch erhoben, daß eine solche Darstellung das Wesen des Menschen ausschöpft, sie bleibt vielmehr angesichts der prinzipiellen Grenzen der kybernetischen Betrachtungsweise immer noch für verschiedenartige metaphysische Deutungen offen, die häufig das Ergebnis persönlicher existentieller Erfahrung sind (s. dazu auch S. 18 f.).

3 Geschichte der Technik – Evolution des Menschen

3.1 Das erwachende Ich und sein Gegenüber

Wir haben den Menschen als homo discens bezeichnet, um als sein charakteristisches Merkmal sein individuelles Lernvermögen hervorzuheben. Was er lernt, ist die Technik, die Tatsache, daß Ziele über Umwege, durch das Dazwischenschieben von Mitteln, leichter erreichbar sind, da aufgrund der Struktur der Welt der Weg über die Vermittlung der leichtere Weg ist. Bei den Zielen geht es, bewußt oder unbewußt, um die Befriedigung materieller wie geistiger Bedürfnisse, um den Abbau von Spannungen auf dem Wege zum Gleichgewicht, eben um den Frieden, wie das Wort Befriedigung zum Ausdruck bringt. *Diesen Prozeß des Lernens, der Vermittlung, der Interaktion von Individuum und Umwelt im Laufe der Geschichte haben wir nun näher zu betrachten.*

Die Beziehung von Individuum und Umwelt ist Gegenstand einer alten Streitfrage: Schafft der Mensch seine Umwelt oder ist er ihr Produkt? Bei der klassischen Geschichtsbetrachtung standen die großen Männer im Vordergrund, es ist die Geschichte der Könige und Heerführer, die mit ihren Wünschen, ihren Ideen, ihren Entscheidungen den Gang der Ereignisse bestimmen. Sie selbst haben sich als die geschichtsmächtigen Personen verstanden, aber sie wurden auch von ihren Zeitgenossen in der gleichen Weise eingeschätzt, so daß die Überlieferungen im Übergewicht von den Taten weniger Individuen handeln. Welche Mittel sich jeweils diesen Männern geboten haben, von welchen Verhältnissen sie bestimmt wurden, trat bei dieser Betrachtungsweise zurück; bei der Geschichte der Individuen hat die Technik nur eine untergeordnete Bedeutung, es findet sich für sie kein rechter Platz. Karl Marx hat hier am nachdrücklichsten den entgegengesetzten Standpunkt vertreten, bei ihm ist es das Geflecht der gesellschaftlichen Verhältnisse, das das Verhalten und Handeln des Einzelnen bestimmt. Die Produktionsverhältnisse aber – das ist die Gesellschaftsstruktur – sind, wie es heißt, eine Funktion der Produktivkräfte – und das ist die Technik. Damit wird die Technik in ihrer jeweiligen Erscheinungsform zu dem maßgebenden Bestimmungsfaktor sowohl für die Gesellschaft wie für das Individuum, und nicht ohne Grund führt der Kommunismus als sein Symbol das Werkzeug, Hammer und Sichel, in seiner Fahne. Aber beide Ansätze werden der Technik nicht gerecht, bei den *Berichten über die geschichtsmächtigen Individuen wird sie verdrängt und beim Marxismus überschätzt, – es ist erforderlich, den Ort der Technik bei der Auseinandersetzung von Individuum und Umwelt genauer zu bestimmen.*

Auseinandersetzung – wörtlich verstanden – ist der richtige Ausdruck für die Wechselbeziehung von Individuum und Umwelt, denn das Ich und sein Gegenüber sind primär eine Einheit und treten erst in einem Entwicklungsprozeß auseinander, wobei sie sich in der Differenzierung aneinander aufbauen. Jean Piaget, dem wir umfangreiche experimentelle und theoretische Studien zur Kinderpsychologie verdanken, hat hier die folgende Auffassung entwickelt: Das Neugeborene kennt keine Grenze zwischen innen und außen, noch hat es ein Bewußtsein seiner Existenz. Bei seinen Bewegungen reagieren einzelne Körperpartien selbständig auf äußere Reize ohne eine zentrale Koordination. Aber mit 18 bis 24 Monaten ereignet sich das, was Piaget als eine kopernikanische Wende bezeichnet: *Das Subjekt beginnt sich als Ursprung und Beherrscher seiner eignen Bewegungen zu begreifen* (Piaget, 1974, S. 35ff.). Das Kind lernt, daß seine Hand etwas anderes ist als die Brust der Mutter, weil sich seine Hand mit seinem Willensimpuls bewegt, während es die Bewegung der Brust nicht in gleicher Weise unmittelbar beeinflussen kann. Am Zusammenhang mit seiner Willenserfahrung lernt das Kind seine Gliedmaßen als eigne kennen und verwenden, lernt seine Bewegungen zu koordinieren und zielvoll zu richten. Es lernt diese Unterscheidung von innen und außen bei Gelegenheit der Berührung mit optisch Wahrgenommenem, was nicht unmittelbar dem Willensimpuls folgt, und es wird sich erst durch diese Erfahrung am Gegenüber auch des Selbst, des eignen Willens bewußt. Individuum und Umwelt, Ich und Gegenüber sind aufeinander bezogene Begriffe, denn *beim Anlaß der Berührung mit dem Außen kommt das Ich zur Erfahrung.*

Auf diesem Wege lernend entdeckt das Kind sich selbst und die Welt, es lernt seine Glieder zu gebrauchen, seine Wahrnehmungen zu verwerten, es lernt die Reaktionen seiner Umgebung zu behalten und zu verwenden. Sein eignes Vermögen erfährt es, indem es ausprobiert, welche Wirkungen sein Verhalten auslöst, ob es klirrt, wenn es die Flasche aus dem Bettchen wirft und wie die Mutter reagiert. Den Weg der Begriffsbildung vom ersten Funken der Bewußtwerdung über die verschiedenen Stadien des Ich- und des Gegenstandsbewußtseins während der Jahre des Reifeprozesses hat Piaget in umfangreichen empirischen Untersuchungen studiert und dabei aufgezeigt, wie sich in dieser Auseinandersetzung der Willensimpulse mit dem Entgegenstehenden Subjekt und Objekt herausbilden und sich gegenseitig konstituieren. So wird der Gegensatz von Subjekt und Objekt mit dem ersten Funken der Bewußtwerdung erfahren. Und die alltägliche Erfahrung lehrt uns auch, daß wir uns selbst erst in der realen Situation, auf die wir stoßen, kennen lernen und bilden. Wer kann schon sagen, ob er mutig oder ängstlich sein wird, wenn er nicht die Gefahr auf der Haut gespürt hat? Wie wenig wissen wir vorher, ob uns diese oder jene Aufgabe schwer oder leicht fallen wird! Je stärker die Beanspruchung ist, um so tiefer erfahren wir uns. In der Grenzsituation, die uns bis zum Äußersten beansprucht, erfährt der Mensch gleichzeitig seine umfassendste Existenzerhellung. So *bildet sich der Mensch an seiner Erfahrung des Widerständigen, des Unverfügbaren, an der Erfahrung der Härte der Realität.*

Das vermittelnde Glied in dieser Auseinandersetzung von Ich und Umwelt ist weitgehend die Technik, die die Möglichkeiten und Wege dieser Wechselbeziehung bestimmt. Wenn aber die gegenseitige Konstituierung von Subjekt und Objekt über die Vermittlung der Technik verläuft, so bedeutet das, daß die Technik − und zwar in ihrer jeweils vorhandenen Form! − auch in den Aufbau dessen, was Subjekt und Objekt ist, miteingeht. Diese Wechselbeziehung läßt sich an Hand des kybernetischen Modells vom lernenden System exakter beschreiben. Aufgrund des Kernprogramms gibt es Grundintentionen, die bei Organismen z. B. den Stoffwechsel, die Fortpflanzung oder das Sicherheitsbedürfnis betreffen. Lernend werden die Wege zum Abbau dieser Ist-Soll-Spannungen aus dem Ensemble des Gegenübers erworben. Aber diese Erfahrungen erleichtern nicht nur den Weg zum Ziel, sondern haben auch eine Rückwirkung auf die Zielsetzungen: der Lernprozeß ist gleichzeitig Zielausformung und Zielkonkretisierung (S. 27). Das bedeutet, daß Gelerntes nicht nur Instrumente liefert und die Fertigkeiten vermehrt, sondern auch in Form von Maximen und Prinzipien als Ergänzung zum Programmbestandteil wird, daß sich das Programm durch den Lernprozeß ausbaut und vervollständigt. Dabei sind die auf diesem Wege erworbenen Prägungen und Ausrichtungen in der Regel um so bestimmender und nachhaltiger, je früher sie erworben werden.

Die Technik können wir nun *als den Sammelbegriff für unsere lernend erworbenen Organe verstehen,* die ebenso wie unsere Gliedmaßen und Sinnesorgane das Profil unserer Fähigkeiten darstellen, aber uns andererseits auch die uns je zugängliche Seite der Welt aufweisen, die *das bestimmen, was jeweils Wirklichkeit für uns ist.* Und aus dem Bilde der Wirklichkeit um uns nehmen wir wieder die Vorstellungen, um uns selbst zu verstehen (S. 49 f.). Daher liefert die Technik viel mehr als nur die materielle Grundlage unseres Daseins: So wie unser Denken von dem Zusammenspiel von Auge, Hand und Ohr beeinflußt ist, die uns das Bild der Gegenstandswelt konstituieren, so werden, ohne daß es uns immer genügend zum Bewußtsein kommt, unsere Vorstellungen von der Welt, von uns selbst und von der Orientierung in der Welt von der Art unserer technisch vermittelten Welterfahrung überformt. Wenn wir derart die Technik als das Bindeglied von Mensch und Welt verstehen, können wir den prägenden Einfluß auf die Entwicklung unseres Bewußtseins, können wir die geistesgeschichtliche Bedeutung der Technik voll würdigen, ohne in das andere Extrem zu verfallen, das den Fortschritt der Menschheit mit dem Fortschritt der Technik identifiziert. Als das vermittelnde Organ liefert *die Technik die Fülle der notwendigen Voraussetzungen für die Verwirklichung des Menschen auf dieser Erde, jedoch nicht die hinreichenden Bedingungen dafür.* Wir werden auf diesen Sachverhalt in den beiden Schlußkapiteln zurückkommen.

Betrachtet man nun die Geschichte der Menschheit, so zeigt sich, daß man immer schon die kulturellen Epochen nach der jeweils verwendeten Technik bezeichnet hat als Steinzeit, Bronzezeit, Kupferzeit und Eisenzeit, neuerdings noch mit der Ergänzung des Atomzeitalters. Wir wollen die Orientierung an der Technik beibehalten, aber nicht mehr das Werkzeugmaterial als Bestimmungsmerkmal verwenden, da es in der Art der Technik Unterschiede gibt, die einschneidender und kulturprägender sind. In diesem Sinne unterscheiden wir zunächst zwischen *konsumtiver Technik* und *produktiver Technik.* Bei der konsumtiven Technik werden, zum Teil schon sehr kunstvolle, Hilfsmittel und Methoden verwendet, um der Natur abzugewinnen, was sie dem Menschen zur Befriedigung seiner Bedürfnisse bietet. Es ist dies die Epoche der Jäge und Sammler, der sogenannten *Wildbeutergesellschaften.* Demgegenüber geht die produktive Technik dazu über, die Güter für den Lebensbedarf herzustellen. Daher greift sie nachhaltig in die Natur ein und gestaltet die Natur für die Bedürfnisse des Menschen um. Dabei ist noch zwischen zwei Stufen der produktiven Technik zu unterscheiden. Die erste Stufe ist die der *Agrarkulturen,* eine Technik, die produziert, indem sie sich der Natur stark anpaßt und einfügt, und die zweite Stufe nennen wir produktive Industrietechnik, die Technik der *Industriezivilisationen,* die sich auf der Basis systematischer wissenschaftlicher Naturforschung noch viel weiter von den natürlichen Gegebenheiten emanzipiert und damit eine einschneidend verwandelte Lebenswelt herstellt.

Diesen drei Epochen entsprechen zwei tiefe Einschnitte in der Geschichte der Menschheit, die Zeit der Seßhaftwerdung, die sogenannte neolithische Revolution, 10 000 bis 8000 v. Chr., und die industrielle Revolution mit dem Anbruch der Neuzeit. Bei diesen beiden Umbrüchen wird jedesmal die Menschheit mit einem Schub wie mit neuen Organen ausgestattet, so daß man fast sagen könnte: *es entsteht eine neue Art von Lebewesen.* Bereits biologisch ist dieser Schub gekennzeichnet durch einen sprunghaften Anstieg der Bevölkerungsvermehrungsraten, die Zeit für die Verdoppelung der Population beträgt bei den Wildbeutergesellschaften etwa 100 000 Jahre, bei den Agrarkulturen verhundertfacht sich dieser Steigerungsexponent, so daß die Verdoppelungszeit nur noch 1000 Jahre beträgt, und die industrielle Revolution ist abermals mit einem scharfen Anstieg verknüpft, so daß wir heute eine Verdoppelungszeit von 30 Jahren haben (Bilder 4 und 5). Es ist einleuchtend, daß allein schon die von der Technik getragene große Veränderung der Bevölkerungsdichte zu wesentlich veränderten Bewußtseinsstrukturen und Lebensformen führen muß. Schon hier zeigt sich unzweideutig, wie massiv auch unser geistig-kulturelles Leben von der Technik beeinflußt wird, so daß man eigentlich keine Geistesgeschichte mehr ohne Berücksichtigung der Technik schreiben sollte. Die Tabellen 2 und 3 bringen einen Überblick über einige markante Daten der technischen Geschichte des Menschen.

Generell ist zur Methode solcher Einteilungen zu sagen, daß sie immer eine vereinfachende Verkürzung einer vielgestaltigen Wirklichkeit darstellen. Zunächst zeigt sich bei der Entwicklung allgemein, daß das Neue selten das Alte ersetzt; es tritt zumeist nur hinzu, während das Alte noch erhalten bleibt und sich vielfach mit dem Neuen legiert. Ferner zeigen sich bei näherem Zusehen meist zeitlich sich weit erstreckende Übergänge, die die Sprünge überbrücken. Auch verläuft die Entwicklung in den verschiedenen Bereichen der Welt nicht gleichmäßig und monolinear, und bei schwacher Verkoppelung kommt es zu zeitlichen Überschneidungen. Wenn wir im Folgenden die drei Epochen im einzelnen betrachten, so sind wir uns der Typisierung bewußt, aber es geht uns darum, charakteristische Unterschiede in den Lebensverhältnissen und Mentalitäten möglichst profiliert herauszuarbeiten.

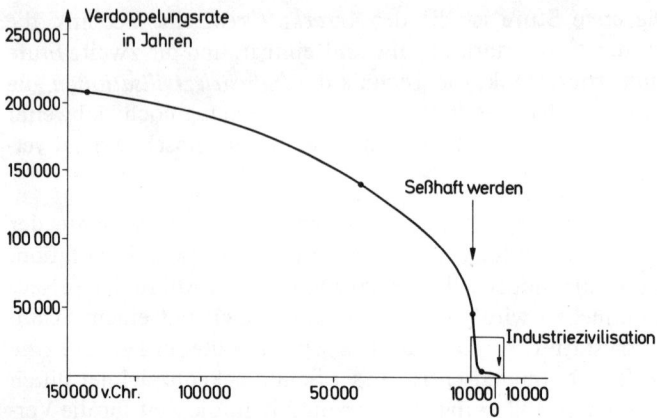

Bild 4

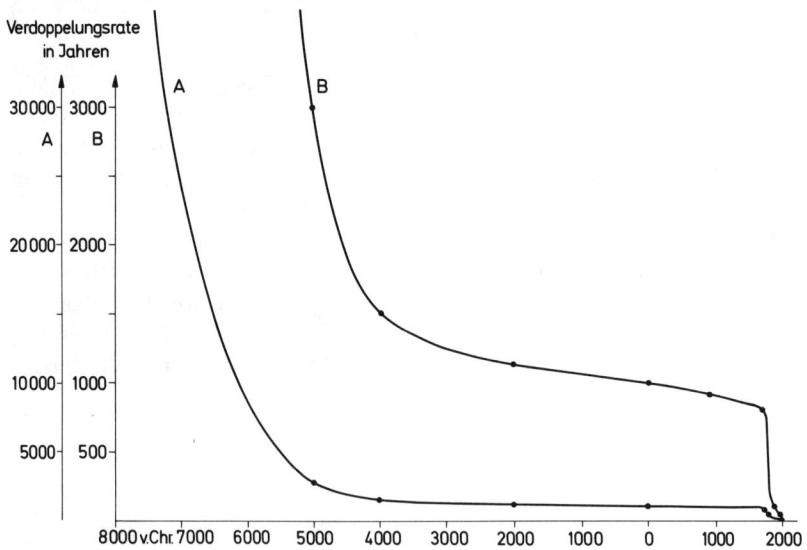

Bild 5

58

Tabelle 2, Entwicklungsgeschichte des Menschen I

		Bevölke-rung	Verdoppe-lung in Jahren	
Wildbeutergesellschaften	**Tertiär, Pliozän** 4 000 000 v. Chr. 2 000 000 v. Chr.			Freisetzung der Hand, ausschließlich Bipedie Geröllgeräte, Pepple tools
	Paläolithikum, Altsteinzeit (Quartär, Diluvium) 1 000 000 v. Chr. 150 000 v. Chr.	125 000 2 Mio.	210 000 140 000	750 000 Feuer 500 000 bearbeiteter Feuerstein 150 000 Eibenholzlanzen, Fallgrubenjagd 80 000 Neandertaler
	Mesolithikum, Mittlere Steinzeit 40 000 v. Chr.	3,5 Mio. 48 000		40 000 Höhlenkunst, homo sapiens 30 000 Pfeil und Bogen, Elfenbein-schnitzerei 14 000 Domestikation des Hundes 9 000 Nomaden- und Erntevölker
Agrarkulturen	8 000 v. Chr.	5,5 Mio. 2 800		7 000 Getreide, Schaf, Ziege, Rind, Hausbau mit Steinfundamenten
	Neolithikum, Jungsteinzeit, (Quartär, Alluvium) 5 000 v. Chr. 4 000 v. Chr. 3 000 v. Chr.	12 Mio. 20 Mio. 30 Mio.	1 500	5 000 Leinen, Baumwolle, Töpferei Menschenbild 4 000 Töpferscheibe, Pflug, Rad, Wasserwirtschaft im Niltal 3 500 Säge in Ägypten 3 000 Schrift, Saiteninstrumente, Glas 2 550 Cheopspyramide
	Bronzezeit 2 000 v. Chr.	50 Mio.	1 170	1 500 Streitwagen 1 475 Blasebalg (Thutmosis III)
	Eisenzeit 900 v. Chr. 0	110 Mio. 1 000 160 Mio.		532 Drehbank (Theodoros von Samos) 500 Hoplitenphalanx 400 Torsionsgeschütze 285–212 Archimedes, Ableitung der Hebelgesetze, Flaschenzug 100 Wassermühlen

Tabelle 3, Entwicklungsgeschichte des Menschen II

		Bevölke-rung	Verdoppe-lung in Jahren	
Agrarkulturen		0	160 Mio.	
			900	600–700 Porzellan in China 700–800 Papier bei den Arabern 750 Steigbügel (Karl Martell) Feudalismis
		900 n. Chr.	320 Mio.	
				1000–1100 Sattel, Zaumzeug, Reiterheere, Kummet, Pferde zum Pflügen und für Transporte, Kompaß 1250 vierrädrige Wagen 1300 Brille 1313 Schießpulver 1445 Buchdruck, Windmühle
			800	1510 Taschenuhr, Unruhefeder 1561–1626 Francis Bacon, 1620, Novum Organon 1564–1642 Galileo Galilei, 1632, sein Weltsystem, 1638 Discorsi 1586–1650 René Descartes, 1637 Descartes, Methode des richtigen Vernunftgebrauches 1647 Desc. Prinzipien der Philosopie
Industriezivilisationen		1700 n. Chr.	600 Mio.	
			150	1723–1790 Adam Smith, 1776 Untersuchung über den Wohlstand der Nationen 1751–1780 Französische Enzyklopädie 1765 Dampfmaschine 1767 Jennyspinnmaschine 1830 Eisenbahn
		1850 n. Chr.	1200 Mio.	
				1861 Telefon 1866 Dynamomaschine 1885 Auto
			100	1913 Ammoniaksynthese, Kunstdünger 1938 Nylon, vollsynthetische Textilfasern 1946 elektrische Rechenmaschinen
		1950 n. Chr.	2500 Mio.	
			30	1960 Atomkraft
		2000 n. Chr.	6000 Mio.	

3.2 Jäger- und Sammlergesellschaften

Die Frage nach seinem Ursprung hat den Menschen seit alters beunruhigt, und es scheint, daß er die Lösung aus dem Schoße der Natur noch nicht ganz bewältigt hat. Die Bibel berichtet uns von dem Garten Eden, aus dem der Mensch vertrieben wurde, weil er vom Baume der Erkenntnis essend die von Gott gesetzte Grenze überschritten hatte. Hesiod erzählt von dem goldenen Zeitalter, in dem die Menschen ohne Mühsal und Alter lebten, bis der Schlaf sie übermannte. Als aber Prometheus für sie den Göttern das Feuer entwendete, grollte Zeus und sprach: „Ihnen geb ich an Stelle des Feuers ein Übel, an dem sich alle sollen erfreuen und lächelnd ihr Übel umarmen", und er schickte ihnen das verführerische Weib, die schöne Pandora mit dem Krug, der alles Unheil enthielt (Tage und Werke, Vers 57, 58). Eine moderne Interpretation des Anfangs gibt Sigmund Freud: In der Urhorde herrscht der gewalttätige und eifersüchtige Vater, der alle Weibchen für sich behält und die Söhne vertreibt (Freud, 1956, S. 158). Aber die Söhne verbünden sich gegen den Vater, töten und verzehren ihn. Der vom Vater ausgeübte Zwang zum Triebverzicht wird als Über-Ich internalisiert, und er wird zur Wurzel des Unbehagens in der Kultur. Marx und Engels schließlich nehmen die geschlechtliche Freiheit im Urzustand an. Mit der beginnenden Zivilisation kommt es zu einer Art Sündenfall durch die Entstehung der monogamen Familie, die − wie es heißt − auf den „Sieg des Privateigentums über das ursprüngliche naturwüchsige Gemeineigentum gegründet war" (Marx-Engels, Ausgew. Schriften, Bd. 2, S. 205), wobei das Privateigentum für den Marxismus die Wurzel allen Übels ist. So verschieden die Vorstellungen auch sind, immer schwingt mit, daß *in grauer Vorzeit der Mensch etwas getan hat, was er nicht hätte tun sollen und was im Zusammenhang mit Erkenntnis, Feuer, Technik, Macht und Herrschaft steht.* So scheint es in der Tat, daß der Mensch mit den Fähigkeiten, die die Natur ihm eigens geschenkt hat, noch nicht recht fertig geworden ist. Das ambivalente Verhältnis zur Vorzeit spiegelt sich in der Beziehung des modernen Menschen zu seiner Technik wieder, wir werden darauf noch zurückkommen.

Wir sind heute in der glücklichen Lage, daß unser Sachwissen von der Urgeschichte wesentliche Fortschritte gemacht hat, einmal aufgrund der zahlreichen über die ganze Welt verstreuten Funde an Knochen und an Werkzeugen und zweitens durch die Entdeckung physikalischer Datierungsmethoden, die eine chronologische Einordnung des aufgefundenen Materials erlauben. Es ist von großem Vorteil, daß sich dadurch die Zeitspannen für die einzelnen Entwicklungsschritte quantitativ fassen lassen. Bei der Radiokarbonmethode werden Spuren des Kohlenstoffisotops ^{14}C in den Fossilien bestimmt. Die Kohlensäure der Luft hat einen konstanten, geringen Gehalt an ^{14}C, und dieser wird daher neben dem normalen ^{12}C beim Stoffwechsel miteingebaut. ^{14}C hat eine Zerfallszeit mit einem Halbwert von 5730 ± 40 Jahren, und aufgrund der in den Fossilien enthaltenen Restmengen kann man absolute Altersbestimmungen bis über 40 000 Jahre machen. Eine andere Methode geht von der Tatsache aus, daß die Aminosäuren des lebenden Organismus optisch aktiv sind, sie drehen bei der optischen Analyse die Schwingungsebene des polarisierten Lichtes nach links. Stirbt der Organismus, so bildet sich mit einer Halbwertzeit von 110 000 Jahren das Racemat, das Gemisch von rechts- und linksdrehenden Molekülen. Durch diese Racematanalyse können Fossilien mit einem Alter bis zu einer Million Jahre bestimmt werden. Um das Alter von Gesteinen zwischen 500 000 Jahren und einigen Milliarden Jahren zu bestimmen, benutzt man die Uran-Blei-, die Kalium-Argon- und die Strontiummethode, bei denen der Gehalt an Isotopen bestimmt wird, die aus Kernzerfallsprozessen stammen. Die Analyse der Bodenproben der Fundstätten erlaubt Rückschlüsse auf die klimatischen Bedingungen der Vergangenheit. Durch umfangreiche Forschungsarbeit und durch die Kombination sehr verschiedenartiger Methoden gewinnen wir langsam ein immer vollständigeres Bild von der Vorzeit, wenn allerdings auch die Zahl der Probleme mit zunehmender Kenntnis nicht abnimmt. Tabelle 4 gibt einen Überblick über die Kulturen der Wildbeutergesellschaften, die traditionsgemäß nach den Fundstellen benannt werden.

Tabelle 4. Altsteinzeit, die Zeit der Wildbeutergesellschaften. Geologisch: Eiszeit, (Pleistozän, Diluvium)

Altpaläolothikum 2 Mio.–100 000 Jahre	Donaueiszeiten Günzeiszeit	Pepple Kulturen Geröllgeräte	1 bis 2 Mio. Jahre
	Günz-Mindel- Zwischenzeit	Abbevillium	500 000 bis 400 000 Jahre
	Mindeleiszeit		
	Mindel-Riss- Zwischenzeit	Alt-Acheulium	400 000 Jahre
	Risseiszeit	Mittel-Acheulium	120 000 Jahre
Mittelpaläolithikum 100 000–35 000 Jahre	Riss-Würm- Zwischenzeit	Jung-Acheulium Neandertaler	800 000 Jahre
	frühe Würmeiszeit	Mousterium	75 000 bis 35 000 Jahre
	Interglazial	Blattspitzenkulturen	
Jungpaläolithikum 35 000–8 000 v. Chr. Zeit der Höhlenkunst	mittlere Würmeiszeit	Aurignacium Gravettium	30 000 bis 20 000 v. Chr.
	späte Würmeiszeit	Solutrium	20 000 bis 18 000 v. Chr.
		Magdalenium	18 000 bis 10 000 v. Chr.

Die einzelnen Epochen sind nach den Fundstellen, Ortschaften in Frankreich, benannt.

Das älteste Werkzeug sind die in Afrika gefundenen Geröllgeräte, die Pepple-tools, einseitig roh behauene Faustkeile, deren Alter auf zwei bis drei Millionen Jahre geschätzt wird. Dieses Werkzeug unterscheidet sich bereits unverwechselbar von den Gegenständen, die die Tiere als Werkzeug verwenden durch die Tatsache, daß es *unabhängig von der Verwendungssituation vorbereitet und hergestellt wird,* daß hier der für die Technik charakteristische Umweg zum Ziel eingeschlagen wird, eine Leistung, zu der das Tier nicht fähig ist. Und diese Leistung vollbringen die Australopithecinae, die noch über keine Sprache verfügen, die nur ein Drittel der heutigen Gehirnkapazität besitzen und biologisch vom rezenten Menschen noch weit entfernt sind (s. zum Folgenden auch Tabelle 1, S. 38). Während der Wildbeuterzeit, die mit der Altsteinzeit und geologisch mit der Eiszeit zusammenfällt, entwickelt sich eine kunstvolle Werkzeugtechnik (Bild 6). Im Acheuléen gibt es schon Werkzeuge für die Werkzeugherstellung, es finden sich Faustkeile, mit dem Steinhammer geformt und einem Holz- oder Knochenhammer nachgearbeitet, die scharfkantig auch als Schaber verwendbar sind (Time-Life IV, S. 43, Bild 6, Nr. 31). Bei der Werkzeugherstellung ist zwischen Kernsteintechnik und Abschlagtechnik zu unterscheiden. Bei der Kernsteintechnik wird das überflüssige Material abgeschlagen, bis das zugerichtete Werkstück übrig bleibt, bei der Abschlagtechnik werden Späne und Splitter derart abgesprengt, daß sie ihrerseits zum Schneiden und Bohren verwendet werden können. Diese kunstvollen Techniken geben Zeugnis davon, wie weit sich die *Feinfühligkeit der Hand und das Zusammenspiel von Auge und Hand entwickelt hat zu einer Zeit, bei der man von Symbolsprache und Begriffsbildung noch nicht sprechen kann.* Müller-Karpe spricht bezüglich der mittleren Altsteinzeit von einer Kenntnis und Beherrschung der Bearbeitungstechniken, die schlechterdings unübertrefflich zu sein scheine (Müller-Karpe, S. 53). – Die Wildbeutertechnik hat sich weitgehend am Vorbild der Natur orientiert, auch die Lanze ist noch ein verlängerter Arm. Erst gegen Ende der Epoche kommt es zur Erfindung von Werkzeugen und Methoden, die es in der Natur nicht gibt. Der wichtigste Schritt in dieser Hinsicht ist die Erfindung des Schneidens und der Schneidgeräte, und ebenfalls ohne Vorbild in der Natur sind Pfeil und Bogen sowie der Angelhaken. Mit zu den ältesten Errungenschaften der Menschheit gehört die Zähmung des Feuers (um 750 000).

Die Leistungen dieser vorsprachlichen Technik sind eindrucksvoll. Der Mensch setzt sich als Rasse durch und verbreitet sich über die Kontinente. Vergleichende Untersuchungen der Fundstellen erlauben es, von einer steinzeitlichen Ökumene zu sprechen. Müller-Karpe rechnet mit kulturellen Beziehungen von England bis nach Südafrika und Zentralasien (Müller-Karpe, S. 22). Lernend erschließt sich der Vorzeitmensch neue Biotope, er emanzipiert sich von den klimatischen Bedingungen durch das Feuer, durch Fellkleidung, durch schützende Heimstätten, seine Technik vermittelt ihm eine *wesentlich vergrößerte und neuartige Lebenswelt.*

Die Verwendung des Werkzeugs allein würde diese Leistung nicht schaffen, würde sie nicht ergänzt durch *organisierte Zusammenarbeit und Arbeitsteilung.* Die Großwildjagd, der Bau von Fallen, großangelegte Treibjagden erfordern gemeinsames Handeln mit unterteilten Funktionen. Unterhalb eines Steilhanges hat man die Knochen von 100 000 Wildpferden gefunden, die hier wohl über einen längeren Zeit-

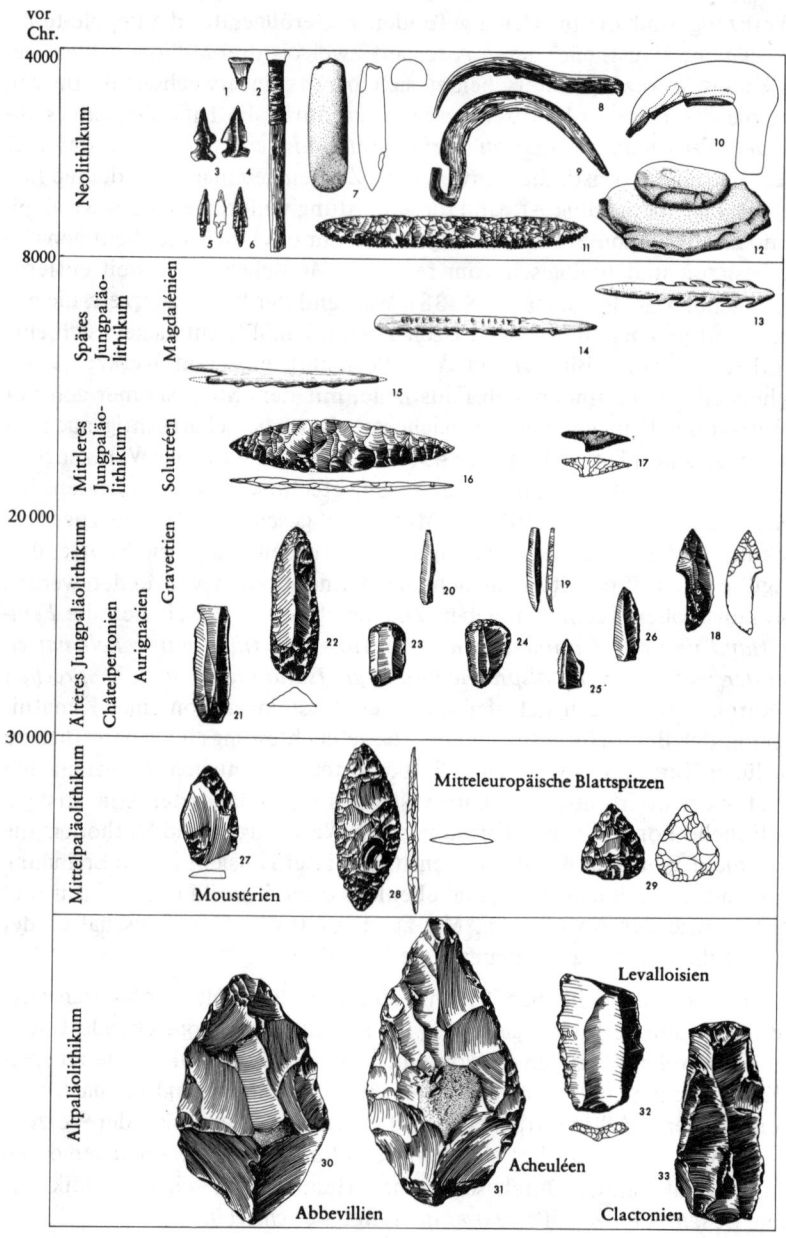

Bild 6 Steinzeitliche Stufen mit Leittypen

raum jagdmäßig in die Tiefe gehetzt wurden (Müller-Karpe, S. 64). Die Herstellung des Steinwerkzeugs verlangt bereits den Spezialisten. Die älteste Arbeitsteilung aber ist die von Mann und Frau. Der Mann ist der Jäger, die Frau bleibt am geschützten Lagerplatz, hütet das Feuer, sammelt Früchte und Wurzeln, sorgt für die Kinder und bereitet die Nahrung. Durch die Zubereitung des Fleisches am Feuer wird die Ernährungsbasis wesentlich vergrößert, da durch den Aufschluß in der Wärme ein Teil der Verdauungsarbeit von der Zubereitung übernommen wird. Aber das Feuer hat auch in hervorragendem Maße eine soziale Funktion, es ist eine Technik, die praktisch nur von einer Gruppe zu handhaben ist, es liefert in gleicher Weise Nahrung, Wärme und Schutz vor wilden Tieren, und es ist als Platz der Zuflucht und Ruhe das älteste Zentrum des sozialen Kontaktes. Bei diesen altpaläolithischen Jäger- und Lagerverbänden nimmt man eine lockere patriarchalische Organisation an, wobei die Frau aber allein schon als Hüterin des Feuers eine selbständige Position hat. Die Größe der Gruppen schätzt man auf einige Dutzend Mitglieder (Müller-Karpe, S. 145). Rechnet man mit einem Raumbedarf von 5 km^2/Kopf für den Wildbeuter und mit 50 Millionen km^2 fruchtbares Land, so ergibt sich als oberer Grenzwert für die Wildbeutergesellschaften eine Zahl von 10 Millionen (Marston-Bates, S. 29).

Das eindrucksvolle Zeugnis vom Weltbild des Eiszeitmenschen sind die Felsgemälde vom Ende dieser Epoche (Bild 7 und 8). In ihrem frühesten Auftreten zeigen sie sich sogleich als vollendete Kunst. Ihr Gegenstand ist ausschließlich das Tier, das jagdbare

Bild 7 Niaux, Ariège. Wildpferd. Malerei in Schwarz. 20 000–15 000

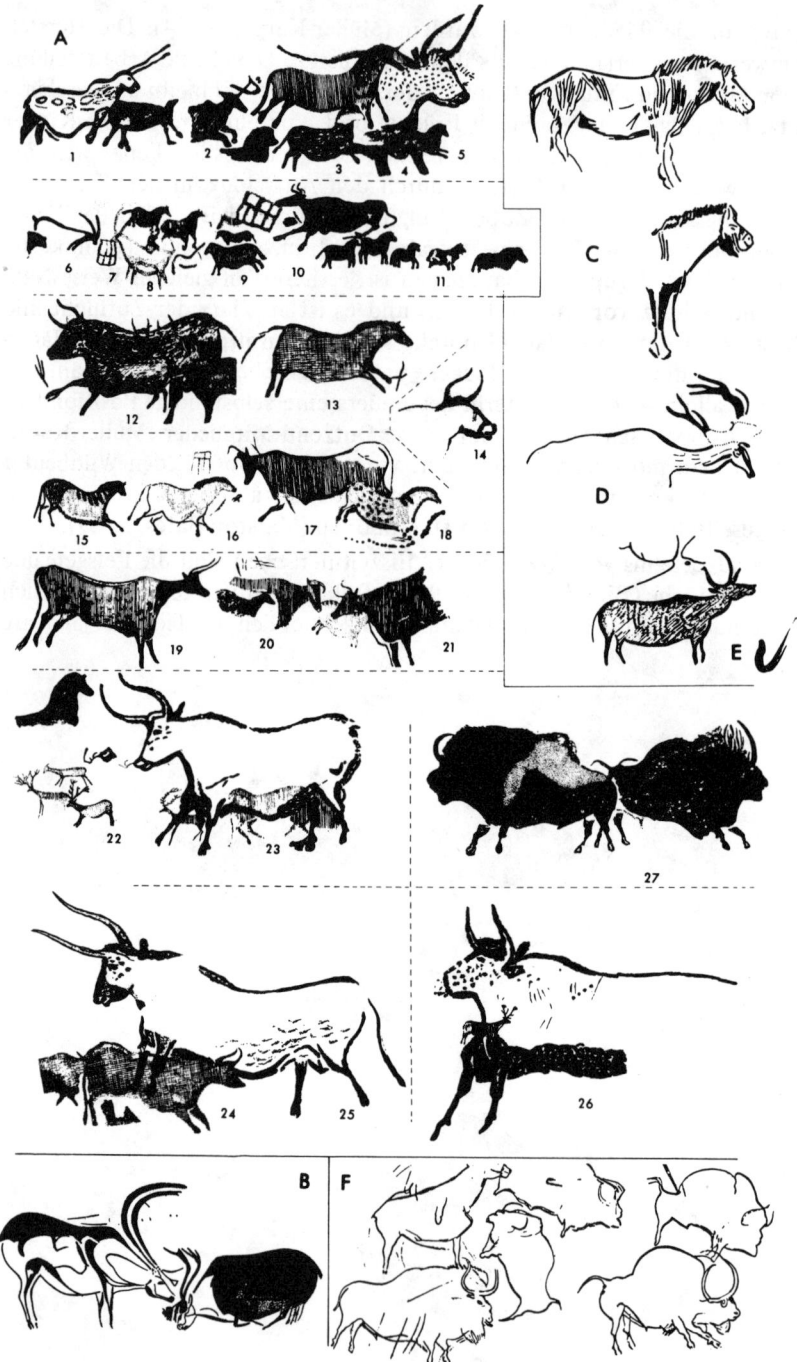

Bild 8 Jungpaläolithische Tierdarstellungen: Höhlenmalereien

Großwild, und zwar in erstaunlich genauer, naturalistisch treffender Darstellung. Die Bilder haben keinen Rahmen, keinen Hintergrund oder Untergrund, sie zeigen weder Erde noch Pflanzen. Die Tiere sind auch quer und in- und übereinander gemalt, ohne Rücksicht auf den Standort des Betrachters. Hier geht es offenbar um die Darstellung des machtvollen Gegenübers, dieses an Kraft überlegenen Gegners, der im gemeinsamen Handeln durch List und Mut mit primitiven Waffen überwältigt werden muß. Es geht um die Beherrschung und Auseinandersetzung mit dieser Kampfsituation durch die kultische Verewigung des mächtigen, gefahrvoll-überwundenen und verehrten Gegners. Die Genauigkeit der Darstellung zeugt vom engen Kontakt, vom unmittelbar − sozusagen präverbal − eingeprägten Erinnerungsbild, und umgekehrt gewährt die Exaktheit der inneren Repräsentation, die in der Darstellung zum Ausdruck kommt, wiederum die Sicherheit des Verhaltens in der Kampfessituation. Und vom Gegenüber übernimmt der Mensch wieder die Vorstellung von seinem eignen Wesen, im Totemismus identifiziert sich der Klan mit seinem Totemtier, und in der späteren sprachlichen Durchformung und Mythenbildung haben die Götter Tiergestalt. Der urtümliche Kampf mit dem Tier ist heute in ritualisierter Form noch als Stierkampf lebendig, der Stier spielt in der Malerei Picassos eine hervorragende Rolle, und die höchstreale Grenzsituation, der sich der Torrero aussetzt, in der er zum Bewußtsein seiner selbst kommt, heißt in Spanien *die Stunde der Wahrheit*.

Tabelle 5 bringt zusammenfassend einige Merkmale der Wildbeutergesellschaften. Die weitere Forschung wird uns noch mehr Aufschluß über unsere Vorgeschichte

Tabelle 5. Epochen der Menschheit I, Wildbeutergesellschaften

1. **Zeitraum:** 4 000 000 v. Chr. bis 8 000 v. Chr.

2. **Vermehrungsrate:** Verdoppelungszeit der Bevölkerung etwa 100 000 Jahre, Vermehrung der Population in dieser Epoche von etwa 100 000 auf fünf Millionen

3. **Technisches Niveau:** Ergänzung der Hand durch primitives Werkzeug, geringe Arbeitsteilung, konsumtive und instinkgeleitete Technik

4. **Lebensbedingungen:** Jagen und Sammeln in kleinen, verstreuten Gruppen, Leben am Eingang von Höhlen und an wechselnden Lagerplätzen, Lebensunterhalt durch Jagd und Raub, Kampf als Bestandteil des normalen Daseins

5. **Das Gegenüber:** Die unwirtliche Natur und das jagdbare Großwild. Animistisches Weltbild, Leben in der unmittelbaren Gegenwart ohne Gefühl für die Zeit

6. **Aufgaben:** Überleben, Selbstbehauptung, der Weg zur Vormacht in der Natur

7. **Geforderte Fähigkeiten:** Kraft, Vitalität, List, Geschick

8. **Adäquate Tugenden:** Mut, Entschlußkraft, Tapferkeit, Kameradschaft, kriegerische Tugenden

bringen. Diese Epoche ist aus verschiedenen Gründen für uns von hoher Bedeutung: sie macht 99% der Kulturgeschichte aus, in ihrem Rahmen hat sich ein wichtiger Abschnitt der Evolution des Menschen vollzogen und seinen Abschluß gefunden, in dieser Zeit haben sich aber auch die *Grundstrukturen des Denkens und des Bewußtseins im Sinne einer aktiven Adaptation entwickelt,* und schließlich ist hier zum erstenmal die Aneignung der Technik im Lernprozeß mit ihrer Folgewirkung auf die biologische wie kulturelle Entwicklung entscheidend zum Tragen gekommen. Bei dem Auftreten des Lernvermögens und seiner Verwendung der Technik können wir im Popperschen Sinne von der Entwicklung einer Zielstruktur sprechen (S. 35, Anm. 10), die einen ausrichtenden Einfluß auf die weitere biologische Evolution und die Ausbildung von Fähigkeitsstrukturen hat, indem neue Organe, die dem Lernen dienlich sind, wie das Gehirn und die anatomischen Voraussetzungen für das Sprechen, nun von der Selektion positiv bewertet werden. Die in dieser Zeit erworbenen Eigenschaften und Prägungen werden uns im Verfolg der weiteren Geschichte noch beschäftigen.

3.3 Agrarkulturen

3.3.1 Die neolithische Revolution und ihre Folgen

Zwischen 12 000 und 6000 v. Chr. entwickelt sich eine neue Form der menschlichen Daseinsbewältigung, man kann sagen, der menschlichen Existenz, die *Technik der Landbewirtschaftung.* Eine Übergangsphase bilden wahrscheinlich die Erntevölker. Julius Lipps hat die Indianer-Reservation Nett Lake in Nord-Minnesota studiert. In den dortigen Sumpfgebieten wächst ein wilder Wasserreis, Zizania aquatica. Im Zusammenhang mit der Tatsache, daß der Reis zu einer bestimmten Zeit eine optimale Reife hat, die man abwarten sollte, hat der Stamm der Ojibwa – 600 Individuen umfassend – ein bestimmtes Ernteritual herausgebildet, bei dem die unreife Frucht tabuiert ist und die Ernte zu einer sakralen Gemeinschaftshandlung ausgestaltet ist. Von dieser Naturanpassung bis zur Anpflanzung von Nutzpflanzen ist es nur noch ein Schritt (Lipps, S. 11ff.). Die Landwirtschaft scheint eine Erfindung der Frau zu sein. Das Aufsuchen und Ernten von Wildfrüchten gehörte schon bei den Wildbeutern vielfach zu den Aufgaben der Frau, und auf diesem Wege kam sie zu vertrauterem Umgang mit der pflanzlichen Natur, erwarb sich wertvolles Wissen von Heilkräutern, Rauschmitteln und Giften, von Samen, Wachstum und Frucht. Wir finden heute noch bei den Naturvölkern überraschend detaillierte Kenntnisse und ein tiefes Gespür für den pflanzlichen Rhythmus der Natur. Die tradierten Mythen legen es nahe, daß beim *Übergang zur Seßhaftwerdung häufig das Matriarchat eine wichtige Rolle gespielt hat.*

Aus dieser Vertrautheit mit der Natur entwickelt sich nun ein völlig neuartiges Verhältnis zu dem großen Gegenüber. Natura parendo vincitur, die Natur wird durch Gehorchen besiegt, hat Francis Bacon gesagt. Über den Weg einfühlenden Verstehens gestaltet sich der Mensch eine neue Wohnwelt: das Haus, das zur dauerhaften Heimat wird, den Garten mit Kräutern und Gewürzen, die engste Verknüpfung des Menschen mit dem vegetativen Sein, und den gerodeten Acker, abgegrenzt und vor Unkraut geschützt. Dieser abgeschirmte Bereich wird heimisch, gewährt Sicherheit und Nahrung und reichlich Gelegenheit zu Vorrat und Vorsorge. Der Kern ist das Haus, der innerste Bereich des Menschen, das Ruhelager, das theatrum mortis et amoris, dieses Stück ganz neu hergerichteter Umwelt, *eine völlige Kunstschöpfung.* Die nun folgende Kulturentwicklung ist eine umfassende Domestikation, eine „Verhäuserung" der vormals wilden Natur. Für den modernen Städter mag das Landleben das Urbild des Naturhaften sein, für *den Jäger der Eiszeit war das neolithische Dorf das Kunstprodukt einer neuen, für ihn nicht mehr verstehbaren Technik.*

Man hat die Zeit der Seßhaftwerdung, die sich mit dem Anbruch der Jungsteinzeit, des Neolithikums, ereignet, als die *neolithische Revolution* bezeichnet, und wir können uns diesen Umbruch in der äußeren und inneren Verfassung des Menschen wohl kaum tief genug vorstellen. Müller-Karpe schreibt: „Es ist gerechtfertigt zu sagen: wenn man die gesamte Menschheitsgeschichte von ihren Anfängen bis heute in zwei Hauptabschnitte teilen müßte, würde man die Zäsur zwischen das Paläolithikum und das Neolithikum legen. Inmitten dessen, was zusammengenommen als Steinzeit bezeichnet wird, verläuft demnach ein historischer Entwicklungsschritt gewichtigster und folgenschwerster Art, den zu würdigen und in seiner Bedeutung zu ‚verstehen' nicht nur für die Beurteilung der Steinzeit, sondern für die gesamte Menschheitsgeschichte entscheidend ist." (Müller-Karpe, S. 17, 18.) Das augenfällige äußere Merkmal dieses Umbruchs in der Lebensordnung ist der sprunghafte Anstieg des Exponenten der Bevölkerungsvermehrung. Die neuen Lebensverhältnisse, der Schutz von Haus und Garten, der kontinuierlich zur Verfügung stehende Vorrat an Nahrung verändern einschneidend die Kindersterblichkeit und Lebenserwartung.

Das entscheidende Merkmal dieser neuen Technik ist die *Verlängerung des Weges zum Erfolg,* und ihr Ergebnis ist, daß der Mensch nun nicht mehr auf das angewiesen ist, was die Natur ihm bietet, sondern mit ihrer Hilfe produziert, was er braucht. Der Erfolg ist durchschlagend, aber durch die sich nun dazwischenschiebende Technik wandelt sich das Verhältnis des Menschen zur Welt grundsätzlich. Der Jäger hat, auch wenn er sich erprobter Methoden und Hilfsmittel bedient, doch sein Ziel noch unmittelbar vor Augen, er handelt weitgehend unter der anschaulichen Wirkung der Situation. Der Landmann muß das Saatgut — das ist seine Nahrung! — in der Erde vergraben und ein Jahr lang warten, bis er ernten kann. Dazu bedarf es einer veränderten Bewußtseinsstruktur: die Erwartung des Zukünftigen muß ein Wirklichkeitsgewicht im Bewußtsein erhalten, daß sie als Beweggrund den Verzicht auf den unmittelbaren Konsum aufwiegt. Diese Leistung ist keineswegs selbstverständlich. Jetzt erst kommt die *Zeit* zum Bewußtsein, die Zeit als Angst und als Hoffnung, als Lohn für das Warten und als Gefährdung des Erfolgs. Die Abhängigkeit von den Jahreszeiten, von Regen und Sonne, von kosmischen Mächten erfährt der Mensch nun als die Schickungen der Zeit, und in der Mühe um die Voraussicht, in der von der Sorge getriebenen Vergegenwärtigung des Zukünftigen erlebt der Mensch seine eigne Vergänglichkeit und erfährt seinen Tod. Der Jäger lebt in der Gegenwart des Jetzt und Hier. Die Ablösung von der Gegenwart, die Voraussicht wird bezahlt mit dem Verlust dieser Unmittelbarkeit, mit der Ausrichtung des Lebens auf zeitlich Entferntes und Vermitteltes, auf eine nun unbestimmte und nicht unzweideutige Wirklichkeit.

Die Entwicklung der prähistorischen Kunst gewährt uns einen Eindruck von diesem Bewußtseinssprung. An die Stelle der frühen, vom unmittelbaren Naturkontakt zeugenden Darstellungen treten nun Bilder, bei denen der *Anteil des Bewußtseins an der Verarbeitung des Erfahrenen hervortritt*. Der Vorgeschichtler Herbert Kühn spricht vom Übergang des sensorischen zum imaginativen Stil, von einer sinneswahrnehmungsgetreuen Darstellung zu einer Projektion von Denkgebilden (Kühn, 1971). Nun wird auch der Mensch Gegenstand der Darstellung, aber in verfremdeter Gestalt. Bei den Jägern der Gasullaschlucht (Bild 9) findet die Intentionalität beim Abschießen des Pfeils ihren Ausdruck in den weit überdehnten Oberkörpern; nun kommt es auch zu völlig abstrakten Darstellungen von Geistern und Symbolen, bei denen der *unmittelbare* Wirklichkeitsbezug ganz verloren gegangen ist (Bild 10). Indem der Mensch planend und oft beschwerlich die Bedingungen herstellt, um Naturprozesse für seine Zwecke zu steuern und auszunutzen, vergrößert sich gleichzeitig der Abstand zwischen der direkten Aktion und ihrer Erfüllung im Ziel, so daß er während seiner Anstrengung noch nicht den Erfolg sehen kann, so daß — anders als bei der Jagd — das Gegenüber, um das es geht, seine unmittelbare Anschaulichkeit verliert.

Diese *Trennung von Mühe und Erfolg*, dieser Anschauungsverlust dessen, dem die Mühe gilt, ist das *Charakteristikum der Arbeit*. Die Arbeit in ihrem eigentlichen Sinne, das „Im Schweiße deines Angesichts sollst du dein Brot essen", ist das Ergebnis der neolithischen Revolution, und zwar ist die Arbeit ein Kind der Technik: indem sich die Wirksamkeit der Technik mit der Verlängerung des Umwegs erhöht, entfernt sich das Ergebnis immer mehr von der Anstrengung, so daß primär von der Arbeit vor allem die Mühsal übrig bleibt und erst sekundär die Hoffnung auf den

Bild 9 Gasulla-Schlucht, Castellón. Jäger. 6 000 — 4 000

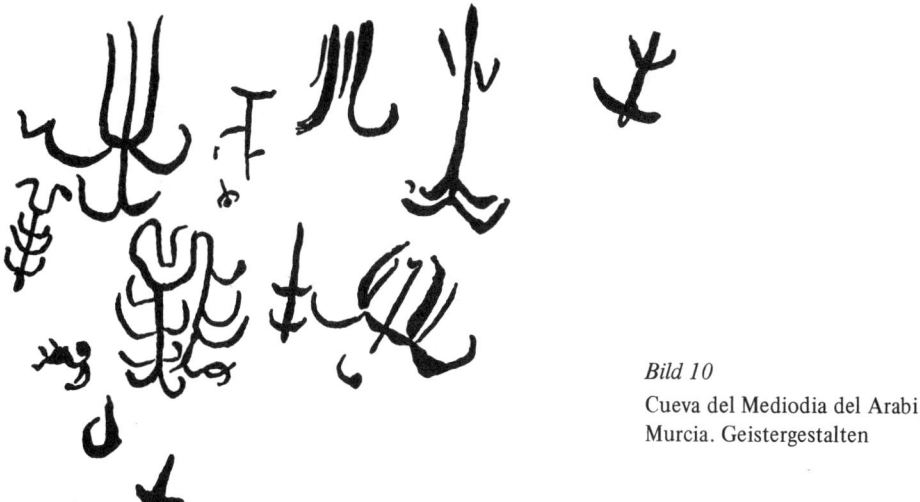

Bild 10
Cueva del Mediodia del Arabi,
Murcia. Geistergestalten

Erfolg im Spiele ist, eine Hoffnung, die sich keineswegs immer gemäß der Erwartung erfüllt. Daher ist auch der Arbeit ursprünglich bereits das Phänomen der Entfremdung eigen, die Tatsache, daß das Endergebnis, vom Müheaufwand so weit getrennt, dem Menschen oft als Fremdes gegenübertritt, ein Sachverhalt, der bei der Entfaltung der Arbeit durch die Technik zu verschiedenartigen und schwerwiegenden Problemen geführt hat. Die Arbeit hat daher in der abendländischen Geschichte eine ambivalente Beurteilung erfahren. In der Bibel hat sie die Bedeutung der Strafe Gottes für den Sündenfall. Dementsprechend wird vielfach die *Vorzeit als Paradies* verstanden. Thomas von Aquin rechnet nicht mit nur einem Menschenpaar im Paradies, sondern mit einer Folge von Generationen. Die Menschen müssen auch verschieden gewesen sein – schließt er – es gab den Unterschied des Geschlechts, es gab Alte und Junge, und da die Menschen nicht aus Not, sondern aus freiem Willen tätig gewesen seien, hätten die einen größere Fortschritte in der Gerechtigkeit und im Wissen gemacht als die anderen. Auch habe im Unschuldsstande der Mensch über den anderen Menschen Herr sein können, aber über den Menschen als einen Freien, indem die Gerechten den Befehl nicht in Herrschgier führten, sondern im Besorgen ihres Amtes (Summe der Theologie, 96–4). Diese Menschen lebten in der Natur und kannten nicht die Sünde: das Begehren, Gott gegenüber autonom zu sein. Hier tritt also der Sündenfall mit dem Übergang zur Seßhaftwerdung in Beziehung, mit diesem technischen Schritt, der die Basis für die Autonomie des Menschen gegenüber der Natur schafft. Der Landmann Kain ist es, der Abel, den Hirten erschlägt, und Kain wird dafür nicht bestraft! Entsprechende Deutungen der Vorzeit gibt es in anderen Kulturkreisen (Kühn, S. 16). In der Tat wird durch den Entwicklungssprung der neolithischen Revolution, in deren Gefolge der Mensch die Natur umprägt, auch die Problematik und Anfälligkeit der menschlichen Existenz außerordentlich erhöht.

Die Arbeit aber, diese Strafe Gottes, immer noch durch das Merkmal der Selbst-
überwindung gekennzeichnet, ist in der weiteren Entwicklung der Agrarkulturen
zur Aufgabe, zur Tugend erklärt worden. Ora et labora heißt es in der Regel des heiligen Benedikt von Nursia. Erst mit dem Anbruch der Neuzeit kommt es noch einmal zu einem wesentlich veränderten Verständnis der Arbeit.

Verfolgen wir nun den Weg der Entwicklung der Technik im Agrarzeitalter. Der
Fortschritt unterliegt starker *Selbstbeschleunigung.* Nahrung und Sicherheit in be-
ständigen Wohnbereichen bewirken Verdichtung der Bevölkerung, die Konzentration der Menschen ermöglicht wieder die Spezialisierung und Differenzierung der
Arbeit. Es bilden sich verschiedenartige Berufsstände heraus, da nur noch ein Teil
der Menschen für die unmittelbare Nahrungsbeschaffung erforderlich ist. Nun werden in schnellerer Folge neuartige Geräte und Methoden erfunden, das Rad, die
Töpferscheibe, das Brennen des Tons, die Formung von Krügen und Gefäßen, die
Techniken der Glasierung. Die Herstellung von Schalen und Behältern ist ein wichtiger Fortschritt der Ernährungstechnik, und die Keramik, ebenso Gegenstand der
praktischen Verwendung wie der ästhetischen Gestaltung, liefert der Archäologie die
signifikanten Merkmale der Kulturentwicklungen bis in die beginnende Eisenzeit
(Bild 11). Eine weitere wichtige Erfindung des Neolithikums ist das Brot, dieses universale und wenig verderbliche Nahrungsmittel, das als Gabe für den Menschen eine
sakrale Bedeutung erlangt hat, so daß heute noch unter Umständen das Schneiden
des Brotes als unschicklich gelten kann.

Der Anreiz zur Konzentration war offenbar so groß, daß es schon zu Beginn des
Neolithikums zu Stadtgründungen kommt, Jericho und Catal Hüyük (in Südanato-
lien, nördlich der Bucht von Antalya) werden auf 8000 bis 7000 v. Chr. datiert. Der
Städter, von der unmittelbaren Nahrungsbeschaffung entlastet, widmet sich dem
Handwerk und dem Handel. Spezialisierung hat Zusammenarbeit zur Voraussetzung,
und die primitivste Basis für die Zusammenarbeit der Spezialisten ist das Tauschen
ihrer Produkte. So werden Dörfer und Städte zu Tauschplätzen, ihr Kern ist der
Markt – ein Lehnwort, vom lateinischen mercatus, Handel, entnommen – und ihr
Anreiz ist die Vielseitigkeit der Tauschmöglichkeiten. Und nächst dem Handel und
dem Handwerk gibt es in den Städten die Verwaltung, die Stätten des Kultes und die
der Bildung und Erziehung und schließlich den Stand der Krieger, die den abgeschirmten und ummauerten Bereich zu schützen haben. Erst vor 150 Jahren sind
die letzten Stadtmauern gefallen. Die Funktionsunterteilung führt im Rahmen der
Wirtschaftstätigkeit zur Ausbildung des primären, sekundären und tertiären Sektors.

Getragen und geprägt wird das Leben dieser Epoche aber von der Landwirtschaft.
Das technische Problem jeder Agrarwirtschaft ist die *Wasserversorgung,* Wasser
macht auch aus der Wüste fruchtbaren Boden, denn den Kohlenstoff und Sauerstoff
nimmt die Pflanze aus der Luft. Den klimatischen Bedingungen entsprechend haben
sich zwei Formen von Agrarkulturen entwickelt, die *Bewässerungswirtschaft* und die
Regenwirtschaft. Die Regenwirtschaft hat humides Klima zur Voraussetzung, ein
feuchtes Klima, bei dem eine gleichmäßige Menge von Niederschlägen die Wasserver-
dunstung überwiegt. Wenn das nicht der Fall ist, bei ariden, semiariden und tropischen Klimaten, ist technische Regelung der Bewässerung erforderlich. Die Bewässe-

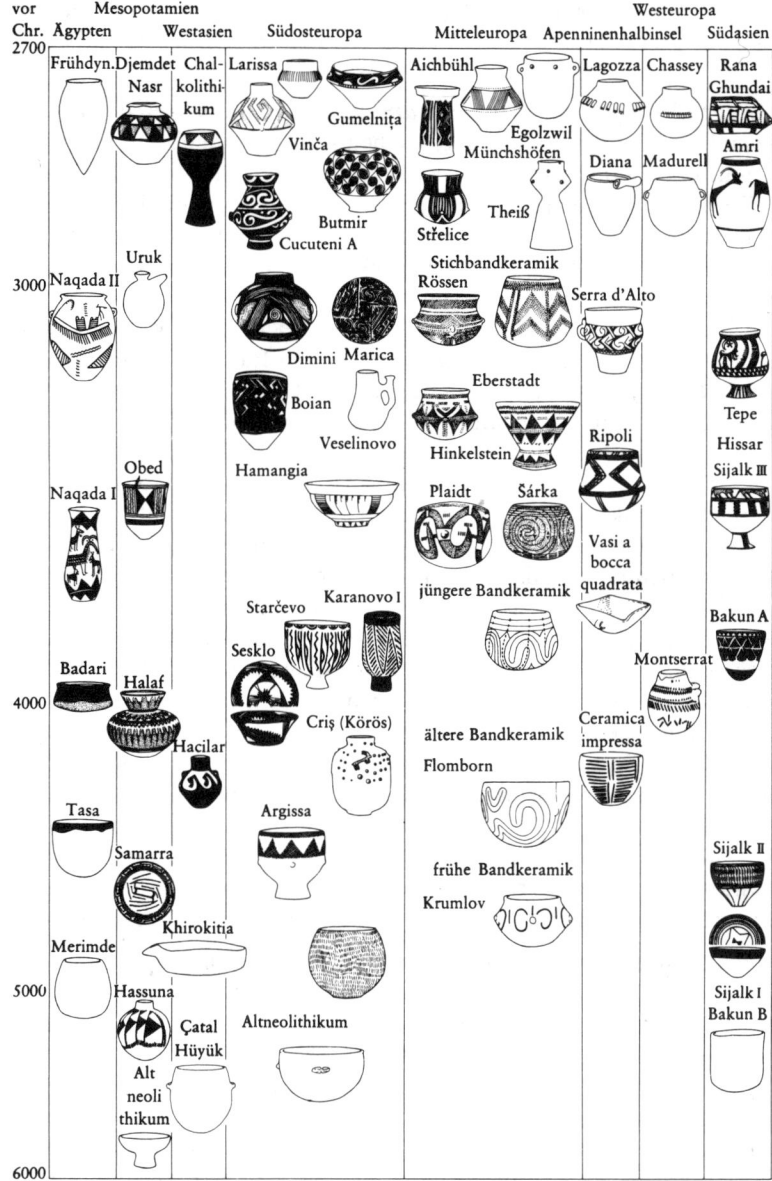

vor Chr. 2700	Mesopotamien			Südosteuropa		Westeuropa			
	Ägypten	Westasien			Mitteleuropa	Apenninenhalbinsel		Südasien	

Bild 11 Jungsteinzeitliche Stufen mit keramischen Leittypen

rungswirtschaft ist die ältere Kulturform, und sie ermöglicht auch die intensivere Bewirtschaftung und höhere Erträge. Die Wiege der Agrarkulturen hat in den Flußtälern gestanden, am Nil, in Mesopotamien, am Indus, am Ganges und Yangtzekiang.

Die Bereiche, die die Wasserbewirtschaftung erfordern, die Wüsten, Steppen, die halbtrockenen und Wasseranbaugebiete machen etwa zwei Drittel der bebaubaren Erde aus.

Bei diesen *Wasserwirtschaften handelt es sich zum erstenmal in der Geschichte um eine Großtechnik*, um die Koordination großer Gemeinschaften, um einen umfassenden technischen und organisatorischen Aufwand. Es geht nicht nur um die Anlage von Staubecken, Terrassen, Kanälen, Aquädukten und Pumpen, um die Bemessung, Verteilung und Zuteilung des Wassers, sondern auch um den Schutz vor dem Wasser. Das fruchtbare Gebiet, das Schwemmland der großen Flüsse, ist ständig von Flutkatastrophen und Überschwemmungen bedroht. Zur Regulierung der Bewässerung durch den Ganges und den Brahmaputra in Bengalen sind Deichanlagen von 2000 km Länge erforderlich. Das sind Gemeinschaftsaufgaben, die im Rahmen des Frondienstes bewältigt werden. Fron, ursprünglich Besitz der Götter, bedeutet Herrschaftsdienst; der Dorfbewohner muß für bestimmte Zeiten seinen Besitz verlassen und seine Arbeitskraft zur Verfügung stellen, oft zu besonders harter Arbeit und für weitläufige Ziele. Hier zeigt sich, wie technische Aufgaben die Gesellschaftsform bestimmen: die Bewässerungstechnik erzeugt eine zentrale Verwaltungswirtschaft, eine umfangreiche hierarchische, bürokratische Struktur. Die Weiträumigkeit der Aufgaben verlangt eine neue Nachrichtentechnik, die Registrierung und die Übermittlung von Informationen an Unbekannt, sie schafft die Voraussetzungen für die Erfindung der Schrift. Die zentralen Strukturen mit ihrer gehäuften Organisationsmacht schaffen nicht nur die Bewässerungstechnik, sie erstellen auch umfangreiche Befestigungsanlagen, um die verwundbaren technischen Einrichtungen vor dem Überfall des Feindes zu schützen, und sie verewigen sich in großartigen Werken, den Darstellungen und den Symbolen von Macht, Daseinsbewältigung und Jenseitsbezug. Wittfogel hat für diese Gesellschaftsstrukturen den Begriff der *hydraulischen Despotien* eingeführt (Wittfogel, 1962). Der teilweise auch für unsere heutigen Begriffe noch märchenhafte orientalische Reichtum hat letztlich seine Wurzel in der durch die Bewässerungstechnik bewirkte, gewaltige Besitzdisproportionierung. Auf die sozialen Konsequenzen dieses Sachverhalts werden wir im fünften Kapitel noch näher eingehen.

Betrachten wir zwei Beispiele: Die Cheopspyramide, die Totenwohnung des Pharao, besteht aus 2,6 Millionen Steinblöcken von 1 cbm Größe und 2,5 t Gewicht. Sie wurde von 100 000 Arbeitern in 20 Jahren gebaut, es gab noch kein Eisenwerkzeug und kein Rad, die Steine mußten auf Ziehschlitten 11 km vom Nil herantransportiert werden. Die Steinplatte, die die Grabkammer des Pharao bedeckt, wiegt 50 Tonnen. Die Pyramiden sind genau nach den Himmelsrichtungen ausgerichtet, sie sind, wie Breasted schreibt, mit der Präzision des Uhrmachers erstellt: die Steinblöcke sind so genau bearbeitet, daß ihre 1 m langen Fugen nur Spalten vom Bruchteil eines mm besitzen, und die Seitenlängen an der Basis der Pyramide differieren nur um 20 cm! – Die Chinesische Mauer ist 2450 km lang, 12 m hoch, unten 8 und oben 5 m breit und enthält 200 Millionen cbm Material.

Die *Regenwirtschaften* sind Nachkömmlinge in der Entwicklung und verfügen zunächst über geringeres kulturelles Niveau als die zentralistischen Systeme. Im vierzehnten Jahrhundert hat London 35 000 und Lübeck 22 000 Einwohner, hingegen

Sevilla 300 000 und Cordoba eine Million. Die Alhambra in Granada, der Sitz der maurischen Sultane, von außen unscheinbar, ist mit raffiniertem Luxus und unübertrefflicher, mühseliger handwerklicher Kunst ausgestattet. Daneben steht das Renaissance-Schloß Karls des Fünften, das neben der Alhambra anspruchsvoll, grobschlächtig und neureich wirkt. Den Regenwirtschaften fehlt der Zwang zu umfassender Organisation, die Wirtschaftsbetriebe sind technisch weitgehend autark. Die Zentrale hat nicht das lebenswichtige Wasser im Griff und hat daher niemals die Fülle der Macht erhalten wie im Orient. Es bilden sich vielmehr polyzentrische Strukturen aus, neben dem Königtum gibt es den Adel, die Barone und großen Herren, es gibt die Städte mit ihren Zünften, mit ihren Handelsgewinnen und Steueraufkommen, und es gibt die Kirche mit ihren Privilegien und mit ihrem seelsorgerischen und pädagogischen Einfluß. Die Macht des Königs beruht auf dem *Feudalsystem*. Feudum, das Lehen, ist eine Regelung auf Gegenseitigkeit: der Vasall erhält vom Lehnsherrn Land mit politischen, militärischen, richterlichen, verwaltungsmäßigen und gesellschaftlichen Vorrechten, er ist auf seinem Lehen selbständig, aber er verpflichtet sich dafür zu Kriegsdienst und Gefolgschaftstreue. Der Vasall untergliedert sein Lehen wieder durch Vergabe von Lehen an Aftervasallen. Es ist ein Tausch von Treue- und Fürsorgeverpflichtungen, die auch zum Zuge kommen, weil sie anders als die Beamtenherrschaft der Bürokratien auf persönlicher Grundlage beruhen. Es ist keine Frage, daß es auch bei diesen Systemen krasse Unterschiede an Macht und Besitz gegeben hat, trotzdem waren aber die Abhängigkeiten unvergleichlich geringer als bei den orientalischen Despotien. Zur Illustrierung kaiserlicher Macht zitiert Wittfogel die Zusammensetzung der Streitmacht, die der deutsche Kaiser 1467 gegen die Türken zusammenstellte (Tabelle 6); sie machte etwa 0,15% der Bevölkerung aus, während er das Mobilisierungspotential der absolutistischen Territorialstaaten auf 6% beziffert (Wittfogel, S. 92, 100).

Die monozentrischen und polyzentrischen Gesellschaftsstrukturen besitzen je ihre Eigenständigkeit und Assimilationskraft, so daß sie sich auch in Randgebieten aus-

Tabelle 6. Die Streitmacht des deutschen Kaisers gegen die Türken im Jahre 1467

Beitrag von	Reiter	Infanteristen
dem Kaiser	300	700
sechs Kurfürsten	320	700
47 Erzbischöfen und Bischöfen	721	1813
21 Fürsten	735	1730
Grafen und Herren	679	1383
79 Städte	1059	2926

breiten, in denen der unmittelbare Einfluß des Klimas zurücktritt. Für die abendländische Kulturgeschichte war es von entscheidender Bedeutung, daß *weder auf den ionischen Inseln noch im griechischen Mutterland noch in der mediterranen Antike und der jüdischen Gesellschaft die Bewässerungstechnik eine maßgebende Rolle gespielt hat.* Vom Standpunkt der technischen Entwicklung haben beide Systeme ihre Vor- und Nachteile. Die hierarchische Struktur erlaubt exakt geplante Arbeitsunterteilung und Integration der Spezialisten zu großen, durchorganisierten Einheiten. Ihr Nachteil ist eine gewisse Starrheit, die Gefahr des Konservativismus bis zur Sterilität. Es könnte sein, daß die arabische Kultur, die ja dem Abendland weit voraus war, dieser Gefahr erlegen ist. Die polyzentrischen Systeme sind flexibler und räumen der individuellen Kreativität größeren Spielraum ein. Die Technik lebt aber ebenso von der systematischen Ordnung wie vom Umbruch. Tabelle 7 gibt noch einmal eine Zusammenstellung der charakteristischen Merkmale der beiden Agrartechniken.

Tabelle 7. Die zwei Grundformen der Agrarkulturen

Bewässerungswirtschaft	Regenwirtschaft
arides, semiarides und tropisches Klima	humides Klima
intensive, ergiebige Bewirtschaftung	weniger intensive Wirtschaft
großdimensionale gemeinschaftliche Anlagen	Einzelwirtschaften
schwaches Eigentum	starkes Eigentum
hohes und fixiertes Organisationsniveau	weniger entwickelte, flexiblere Organisationsformen
statisch, konservativ	dynamisch, revolutionär
zentralistischer, bürokratischer Staat	polyzentrische Strukturen
Despotismus	Feudalismus
totale Macht	Gewaltenteilung, Gleichgewicht der Kräfte

Es muß wohl nicht eigens erwähnt werden, daß es sich bei dieser Gegenüberstellung um eine idealtypische Untergliederung handelt, die naturgemäß eine Menge von Übergangsformen zuläßt. Wir werden im Kapitel 5 noch einmal insbesondere im Zusammenhang mit dem Eigentumsbegriff auf diese durch die Technik bedingten Wirtschaftsformen eingehen.

Nächst der Landwirtschaftstechnik bestimmt in der Epoche der Agrarkulturen die *Kriegstechnik* die gesellschaftliche Entwicklung, genauer gesagt: die Technik der Territorialkämpfe. Auch die Wildbeuter kennen die Jagd und den Kampf, auch das Töten, auch die Menschenjagd und den Kannibalismus[1]. Aber den *organisierten Krieg gibt es erst, seit es als Kriegsziel den Besitz gibt*, die unbewegliche Habe, das Land, auf dem der Seßhafte sitzt und wo seine Vorräte und Güter gespeichert sind. Angesichts des Besitzstandes entwickeln sich nun die Techniken raschen beweglichen Angriffs wie die umfangreichen, massiven Befestigungssysteme. Die Erfindung des Streitwagens im zweiten vorchristlichen Jahrtausend war ein Ereignis von einer Bedeutung, die mit der Erfindung der Feuerwaffen vergleichbar ist. Mit dem Streitwagen beginnt der organisierte Bewegungskrieg, es treten Herrenvölker auf, die zu großen Eroberungszügen antreten, die Indogermanen in Indien, die dorische Wanderung, die Hyksos in Ägypten, es beginnt der Imperialismus, die große Politik. Von nun an ist das bewohnte Land um so gefährdeter, je kultivierter und reicher es ist, der Kampf um die Territorien kennzeichnet jetzt die Auseinandersetzung der Völker untereinander. Das gesellschaftliche Spiegelbild dieser Zeit überliefern die großen Epen, Homer und die Bhagavadgita[2], das Preisen und die Reflexion über das kriegerische Heldentum. Die Bhagavadgita schildert das Gespräch des Kriegers mit seinem Wagenlenker vor der Schlacht, ein tiefgreifender Dialog, eine abwägende Besinnung über die Vermeidbarkeit und die Notwendigkeit des Kampfes, über die Ethik des Krieges, das Gespräch des Menschen mit seiner Seele vor der Entscheidung über Leben und Tod. Radhakrishnan, indischer Philosoph und Staatspräsident von 1962 bis 1967, hat diesem Andachtsbuch eine solche Bedeutung für unser heutiges Leben beigemessen, daß er es aus dem Sanskrit ins Englische übersetzt und kommentiert hat.

Für eine Technik, die die Natur nachahmt, sie aber für eigne Zwecke in Dienst stellt, war die Zähmung des Pferdes ein bedeutungsvoller Schritt, der Mensch eignet sich auf diesem Wege die von der Natur dargebotene überlegene Kraft und Schnelligkeit an. Hoch zu Roß ergibt sich ein neues Lebensgefühl, mit der Technik des Reitens gelingt es dem Menschen, den Mythos vom Kentauren zu verwirklichen. Das Streitroß kommt um 800 v. Chr. auf, eine Steigerung des Bewegungskrieges, eine Verflüssigung der territorialen Herrschaften ist die Folge. Aber bis 1000 n. Chr. ist das Pferd kein Wirtschaftstier, man kannte nicht das Zaumzeug zu seiner Verwendung für Last- und Transportzwecke. Auch der vierrädrige Wagen ist erst im 11. Jahrhundert n. Chr. erfunden worden. Diese knappen zwei Jahrtausende vorher ist das Pferd ein heiliges Tier, noch heute hängt der Aberglaube am Hufeisen, am Dachfirst der niedersächsischen Bauernhäuser findet man die gekreuzten Pferdeköpfe, und wir sind erzogen, kein Pferdefleisch zu essen. Mit der Haltung von Pferden, die ja als Nutztiere nicht zu verwenden waren, und mit dem Kampfe zu Pferde bildet sich

1 An den Fundstellen des Pekingmenschen (Tabelle 1) hat man zahlreiche Schädel mit eingeschlagener Basis gefunden. Man schließt daraus auf rituellen Verzehr des Gehirns.
2 Die Bhagavadgita ist ein Teil des indischen Nationalepos Mahabharata, das im 4. Jahrhundert v. Chr. erstmalig erwähnt wird und im 4. Jahrhundert n. Chr. seine endgültige Form erreicht hat. Die Bhagavadgita ist ein berühmtes Andachts- und Erbauungsbuch.

eine eigne Gesellschaftsschicht mit gruppeninternem Verhaltenskodex heraus, die Equites im alten Rom und das Rittertum im Mittelalter. Im 8. Jahrhundert n. Chr. wird der Steigbügel aus Asien bekannt und führt zu einer bedeutenden Vervollkommnung der Reittechnik, da nun die Hände für Schwert und Lanze frei werden. 732 enteignet Karl Martell Kirchengut und gibt es als Lehen an seine Gefolgsleute zur Aufstellung der fränkischen Reiterheere. Das burgundische Rittertum begründet die Vorherrschaft der Franken und zugleich die feudalistische Gesellschaftsform. Es bilden sich ständische Ehrbegriffe und ein Kommandverhalten im Kampf heraus. Für die Sitte bis zu ihren Ausdrucksformen in der Lyrik wird der Begriff des Ritterlichen bestimmend. Kennzeichnend für das ritterliche Ethos ist, daß dem Gegner die gleiche Chance eingeräumt wird, so daß der Kämpfer sich immer dem Risiko der Gegenwirkung aussetzt. Das ist eine biologisch sinnvolle Regel fairen Wettbewerbs, da hier der Ausgang des Kampfes weitgehend durch die persönliche Tüchtigkeit bestimmt ist.

Der Kampf zu Pferde ist Einzelkampf, die Technik des Fußvolks züchtet andere Tugenden heraus, sie erfordert vor allem Solidarität. Für die homerischen Helden war die Flucht nicht schimpflich, und die Verfolgung nur begrenzt gestattet, da der Kampf freiwillig stattfinden sollte. Die spartanische Hoplitenphalanx mußte wie ein Mann stehen. Damit verschiebt sich die Bedeutung des Wortes „tapfer": es kommt nicht mehr auf Risikobereitschaft und Angriffslust an, sondern auf Ausdauer, Standfestigkeit und Verläßlichkeit. Träger der Phalanx ist das Bürgertum, die militärische Demokratie führt zur politischen. Eine weitere Verlagerung bringt der Geschützbau mit sich, jetzt kommt das technische Spezialkönnen zum Zuge. Die Torsionsgeschütze, Katapulte, Widder und Sturmböcke beruhen im wesentlichen auf der Anwendung des Hebelprinzips, das Aristoteles als eine Überlistung der Natur bezeichnet. Der damit verbundenen ethischen Probleme war man sich durchaus bewußt. Als König Archidamus von Sparta 370 v. Chr. ein Katapultgeschütz aus Sizilien sah, sagte er: „Beim Herakles, der Heldenmut des Mannes gilt nichts mehr!" (v. Wiese, S. 94.) Bei Heron von Alexandria (im ersten nachchristlichen Jahrhundert) lesen wir in seiner Schrift über den Geschützbau: „Der größte und notwendigste Teil der Weltweisheit ist die Lehre von der Seelenruhe (ataraxia) . . . " Durch den Geschützbau wird man in die Lage versetzt, sich weder im Friedenszustand durch die Angriffe innerer und äußerer Feinde, noch bei Kriegsausbruch zu beunruhigen infolge der von ihm mitgeteilten Lehre von den Maschinen. Man muß sich nur zu jeder Zeit dieses Zieles der Mechanik befleißigen und jede Vorsorge dafür treffen. Gerade im tiefsten Frieden kann man erwarten, er werde sich noch mehr befestigen, wenn man sich mit dem Geschützbau befaßt . . . Wird er aber vernachlässigt, so wird jeder Anschlag, auch wenn er noch so unbedeutend ist, Erfolg haben." (v. Wiese, S. 96.) Heron geht es um den Frieden, es ist das alte Problem, ob der Friede besser durch Verträge oder durch Rüstung zu sichern ist! Heron, der Stoiker, plädiert für die Rüstung.

Der Einfluß der Entwicklung der Militärtechnik auf den Gang der Geschichte ist noch zu wenig erforscht. Marx hat Klassengegensätze, den Kampf um die Produktionsverhältnisse als das treibende Moment der Geschichte bezeichnet. Betrachtet man aber die Geschichte der Militärtechnik, so kann man sich dem Eindruck nicht verschließen, daß die Spannung zwischen den Staaten, zwischen den territorialen Einheiten, verursacht durch verschieden schnellen technischen Fortschritt, durch ein Ungleichgewicht technischer Möglichkeit und Macht, in sehr viel größerem Maße geschichts- und gesellschaftsbestimmend war als die interne Auseinandersetzung um Eigentums- und Produktionsverhältnisse. Bezüglich der Bedeutung der Militärtechnik für die Gesellschaftsform der Agrarkulturen lassen sich zusammenfassend drei Punkte hervorheben: 1. Die Größe und die Macht der gesellschaftlichen Einheiten, der Stämme, Völker, Staaten und Nationen wird weitgehend durch ihre Waffentechnik bestimmt. 2. Die Art der Waffenherstellung und die davon abhängige Kampfestechnik hängt jeweils von bestimmten Gesellschaftsstrukturen ab und verfestigt dieselben wieder rückwirkend. 3. Maßgebend für die Entwicklung der Militärtechnik ist der Wettbewerb, aber nicht der Wettbewerb wirtschaftlicher Unternehmungen, sondern der Wettbewerb territorialer Einheiten, der härter und unerbittlicher ist und dem der einzelne in stärkerem Maße ausgeliefert ist.

3.3.2 Die Erfahrung und Bewältigung der Zeitlichkeit

Stellen wir uns zum Schlusse dieses Abschnitts die Frage nach dem Weltbild des Agrarzeitalters! Die neue Technik ist dadurch gekennzeichnet, daß sie in der Zeit ausholt, sich dem Rhythmus der Natur anpaßt und die Spanne des Jahres überbrückt. Der Lohn für dieses In-Dienst-Stellen des natürlichen Wachstums, für dieses Warten-Können auf die Zeit, ist groß, aber der Preis sind der durch die Arbeit bedingte Verzicht auf den Augenblick und die Sorge für die Zukunft. Und über der Sorge, über diesem Zwang zum Vorausdenken, kommt die eigne Vergänglichkeit zum Bewußtsein, die immer nur vorläufige und begrenzte Möglichkeit aller Vorsorge, ja die Fraglichkeit aller Mühe und Anstrengung angesichts der Unentrinnbarkeit des Todes! Es ist die *Zeit*, die zum Bewußtsein kommt, und zwar als Schwund, als Zerfall, als Verlust, von der Vorsorge nur hingehalten, aber niemals aufgehalten. Die Technik hat den Menschen vom Jetzt und Hier distanziert, hat eine neue Wirklichkeit erschlossen, die umfassender ist, die Vergangenheit und Zukunft mitenthält, aber das doch alles *wie hinter einem feinen Schleier und bezahlt mit dem Verlust der unvermittelten und unzweideutigen Intensität des Augenblicks*. Die Auseinandersetzung mit diesem neuen Zeitbewußtsein, hinter dem die Erfahrung des Todes und die Frage nach dem Sinn des Lebens steht, ist ein bestimmender Faktor für das Weltbild der Agrarkulturen.

Der erste Ausdruck dieser Auseinandersetzung ist die *magische Verneinung der Vergänglichkeit*, die von Menschenhand geschaffene Vergegenständlichung des Dauernden und Ewigen in Stein und Gold, die auch der Leib der Götter heißen. Zeugnisse sind die Totenhäuser und Totenstädte der Ägypter. Von der Cheopspyramide war schon die Rede (S. 74). Die Totenwohnungen der folgenden Zeit sind nicht mehr so gewaltig, aber sehr viel kunstvoller in der Ausstattung. In der Bestrebung, das Vergängliche zu bewahren, wird den Toten der ganze Hausrat mitgegeben und Nachbildungen dessen, was ihnen zu Händen war. Da finden sich Darstellungen von Krieg,

Jagd, Landwirtschaft, Handwerk und Besitzstand, und in der zweiten Dynastie gibt es Grabbauten, die sogar für den Toten Abort und Baderaum enthalten (Otto, S. 47). Welche Anstrengung des Willens ist hier am Werk! Und was die Ägypter mit ihrem magischen Protest gegen die Vergänglichkeit erstrebten, haben sie in gewisser Weise überraschend erreicht: Durch Bild, Schrift, figürliche Darstellung und Einbalsamierung ihrer Toten ist es ihnen besser als jeder anderen Kultur gelungen, ihre Lebensweise der Vergänglichkeit zu entreißen und der Nachwelt zu vermitteln.

Im Laufe weiteren inneren Wachwerdens kommt dem Menschen aber das letzthin Unrealistische dieser magischen Zeitbewältigung zum Bewußtsein, der im wesentlichen doch erfolglose Versuch, der Vergänglichkeit die Dauer in Form des Vergegenständlichten gegenüberzustellen: zwar mag der Stein und das Gold erhalten bleiben, aber der Mensch selbst, das Ich schwindet dahin. Die innere Erfahrung der dahinschwindenden Zeit wird gerade am Lebendigen als dem Todgeweihten schmerzvoll erfahren, und demgegenüber ist der in Stein und Gold manifestierte Protest gegen die Vergänglichkeit eher eine Fixierung und Bestätigung des Todes als seine Überwindung. Daher entnimmt der Mensch nun, sich in den Rhythmus der Natur einfühlend, diesem seinem Vorbild *eine neue Hoffnung auf die Überwindung der Zeit:* er gibt der Erfahrung, daß nach der Todesstarre des Winters im Frühling die Erde aufbricht und die Natur immer wieder neu in Schönheit ersteht, Ausdruck in der Vorstellung von Vegetationsgottheiten als den Symbolen der Auferstehung nach dem Tode. Ein ägyptischer Totenspruch lautet: ,,Ich lebe, ich sterbe, ich bin Osiris . . . Ich lebe, ich wachse als Korn . . . Die Erde hat mich verborgen . . . ich vergehe nicht." (Otto, S. 58.) Osiris, Herrscher im Totenreich, lebt weiter in seinem Sohn Horus, dem herrschenden Pharao.

Die Hochschätzung des Erhaltens, des Bewahrens, der Dauer, der Ewigkeit, wie sie in dem Glauben an Auferstehung und Unsterblichkeit zum Ausdruck kommt, ist ein charakteristisches Merkmal der Agrarkulturen. *Die Beständigkeit wird geradezu zum Maßstab für den Wert überhaupt.* Plato erzählt im Timaios, wie der Baumeister der Welt, der Demiurg, die Welt aus dem Chaos gestaltet. Zum Vorbild nimmt er dabei das Ewig-Seiende, das kein Werden zuläßt, da nur dieses vortrefflich sei. ,,So ist denn die Welt als eine solche ins Leben gerufen worden, die nach dem Urbilde dessen entstanden, was der Vernunft und Erkenntnis erfaßbar ist und beständig dasselbe bleibt." (Timaios, 29 A.) Nun erscheint uns aber alles sinnlich Wahrnehmbare, welches der Vorstellung mit Hilfe der Sinne zugänglich ist, als das Werdende und Entstandene, und es ist daher weniger vortrefflich als sein Urbild, es ist ,,nie wahrhaft seiend" (28 A). Um aber das Abbild dem Urbilde ähnlicher zu machen, beschließt der Vater — wie es heißt — ,, . . . von der in Einheit beharrenden Ewigkeit ein nach der Vielheit der Zahl sich fortbewegendes dauerndes Abbild zu machen, nämlich eben das, was wir die Zeit genannt haben, nämlich Tage, Nächte, Monate und Jahre, welche es vor der Entstehung des Weltalls nicht gab . . . es sind dies alles die Formen der die Ewigkeit nachahmenden, nach Zahlenverhältnissen im Kreise sich fortbewegenden Zeit geworden." (38 A–38 D.) Plato spricht hier also von verschiedenen Stufen des Seins, die sich durch ihre Vortrefflichkeit, durch ihre Wahrhaftigkeit, durch ihren Realgehalt voneinander unterscheiden. Die höchste Stufe des Seins ist diejenige, in der es die Zeit gar nicht gibt, die schon vor der Erschaffung der Zeit war, die Zeit selber aber ist erschaffen, um das Abbild wenigstens durch periodische Wiederkehr dem ewigen Urbild besser anzupassen. Die Zeit, die hier die Dauer sozusagen durch Wiederholung nachahmt, ist also eine Weise, mit der das Nicht-wahrhaft-Seiende auf sein Urbild, auf das Ewig-Seiende hingeordnet ist. Hier wird die Vergänglichkeit — und mit ihr die Zeit! — bewältigt, indem *ihr das wahre Sein abgesprochen* wird, und hinter dieser abstrakten Darstellung spürt man ein Bild der Natur, die im wandelbaren Fluß der Zeit doch immer sich gleichbleibt.

Die christliche Philosophie hat Platos Lehre von den Realitätsstufen des Seins übernommen, sie unterscheidet zwischen dem aeternum, der Ewigkeit im Sinne des Zeitlosen und über alle Zeit Hinausreichenden, und dem aevum, der langen oder unbegrenzten Zeitdauer; es geht diesem Denken offenbar darum, aus der höchsten und vollkommensten Stufe des Seins die Vorstellung der Zeit vollständig zu eliminieren[3]. Damit wird gleichzeitig die Zeit zum Merkmal des Unvollkommenen, des Vorübergehenden und Unwesentlichen angesichts der zeitlosen höchsten Realität, des ens realissimum, wie die Scholastik Gott nennt. Das Zeitliche, die Dinge dieser Welt, die temporalia, soll der Mensch nicht zu ernst nehmen, und wenn es auch gerade sie sind, die die Sinne beeindrucken, so soll er sich doch nicht daran verlieren, denn sie gehen ja vorüber, und ihr Gewinn zerfällt in der Hand. Die Stoiker nannten das von der Zeit Bestimmte wie Leben, Tod, Reichtum, Armut, Ehre, Schmach, Schmerz, Lust, Krankheit, Gesundheit als Adiaphora, das sind Dinge, denen man nur gleichgültig gegenüberstehen kann, da ihnen kein Wert zukommt! Fundamentale Bedeutung hat die Überwindung der Zeitlichkeit bei den indischen Religionen, wie es insbesondere der Buddhismus mit logischer Schärfe formuliert hat. Der Grundthese liegt wieder unausgesprochen, aber als selbstverständlich vorausgesetzt, der uneingeschränkte Wert der Dauer zugrunde, sie lautet: Alles Leben ist Leiden, weil alles vergänglich ist. Aber der Mensch ist in der Lage, sich vom Leiden zu befreien, indem er die Vergänglichkeit und die Wertlosigkeit des Vergänglichen durchschaut und sich des Begehrens entledigt. Denn im Begehren täuscht der Mensch sich über den Wert des Begehrten, da er die Vergänglichkeit des Gewünschten nicht beachtet. Armut, Krankheit und Tod heißen die Götterboten, weil sie den Menschen lehren, die Vergänglichkeit, die Nichtigkeit des Zeitlichen zu erkennen (S. 46 ff.).

Zusammenfassend kann man sagen: Die Zeit wird von den Agrargesellschaften *negativ erlebt als Verlust*, die Zeitlichkeit als ein unerlöster Zustand, das Bewußtsein des Todes ist die Strafe bei der Vertreibung aus dem Paradies. Zur Bewältigung der Zeit wird ihr die Dauer als maßgebender Wert gegenübergestellt. Und obwohl die Industriegesellschaften, wie sich noch zeigen wird, zu einer völlig anderen Einschätzung der Zeit kommen, zeigt sich auch in unserer Sprache heute noch deutlich

---

3 Die berühmte, auch von Thomas von Aquin zitierte, Definition der Ewigkeit von Boethius lautet: „Aeternitas igitur est interminabilis vitae tota sinmul et perfecta possesio, quod ex collatione temporalium clarius liquet. Ewigkeit ist der vollständige und vollendete Besitz des unbegrenzten Lebens, was aus dem Vergleich mit dem Zeitlichen noch deutlicher erhellt.‟ (Boethius, S. 300, 301.) Demgemäß bedeutet die aeternitas in unserer auf die Zeitlichkeit angewiesenen Sprache die andauernde und gleichzeitige Präsenz von allem.

die Dauer als generelle Wertqualität: solide nennen wir Gebrauchsgegenstände, die haltbar, dauerhaft, gut gearbeitet und erwünscht sind, und solide nennt man auch einen Menschen, der zuverlässig, reell, sachgemäß und bedacht handelt – solidus heißt dicht, fest, hart, dauerhaft.

Man kann sich die Frage vorlegen, warum mit der Seßhaftigkeit die Dauer als höchster Wert gesehen und erstrebt wird, während sich doch unbezweifelbar alles, was der Mensch wahrnimmt, in steter Veränderung befindet. Es scheint, daß diese Einstellung eng mit der Seßhaftwerdung, mit der neuen Technik im Umgange mit der Natur und mit dem damit verbundenen Erlebnis der Arbeit zusammenhängt. Mit der Landnahme, mit dem Hausbau und der Anlage von Garten und Feld wird die „Niederlassung" als der Ort dauernden Wohnens eingerichtet. Die Arbeit schafft als abgeschirmten Bereich innerhalb der ungezähmten Natur den „Besitz", immer gefährdet von Feinden, von wilden Tieren, vom Unwetter. Mit dem Abschied vom schweifenden Leben wird der Veränderung ein Bereich der Dauer gegenübergestellt, und alle Sorge gilt der Erhaltung dessen, was sich hier der Mensch mit seiner Mühe und Arbeit zu eigen gemacht hat. Ein neues Gefühl für Besitz und Habe entwickelt sich, und das nun entstehende harte Besitzbewußtsein ist die Folge harter Arbeit. Das durch eigne Mühe Errungene mag sich niemand nehmen lassen, es wird in eigentlichem Sinne Eigentum, und es wird durch die moralische Forderung der Unantastbarkeit geschützt. *Mit der Seßhaftwerdung erkämpft sich der Mensch – und zwar mit Hilfe seiner neuen Technik – Dauer und Bestand.*

Aber die Technik und die mit ihr verbundene Arbeit schafft nicht das Dauernde, sondern entdeckt und verwendet es nur. Die Natur selbst ist es, die das Beharrende anbietet, zwar nicht unmittelbar den äußeren Sinnen, aber doch der Vernunft und Erkenntnis, wie Plato sich ausdrückt (S. 80). Aus der Flut der Ereignisse gelingt es dem Menschen, konstante Regelmäßigkeiten herauszulesen, indem er von dem sich stetig Ändernden absieht und das sich Wiederholende festhält. Das ist das Verfahren der *Abstraktion*. Alles Lernen hat das Konstante, das Beharrende zur Voraussetzung, denn was gelernt, was eingespeichert wird, sind nicht die Veränderungen, sondern die Strukturen der Umwelt (S. 25). Lernen läßt sich nur insoweit, als es Beharrendes gibt, und der ungeheure biologische Vorsprung des Lernvermögens ist ausschließlich im Beharrenden gegründet. Jede Erkenntnis ist eine „Fest-Stellung". Wenn Heraklit sagt: „Alles fließt", so meint er doch, daß diese seine Aussage Bestand hat, und auch vom Fließen könnte man nicht sprechen, wenn der Fluß nicht eine konstante Form des Fließens hätte, seine Ufer, die Art seiner Strömung und seiner Strudel. Hätte er nicht dieses Überdauernde und Beharrende, so könnte man gar nicht von dem Flusse reden, da man ihn nicht wiedererkennen würde. Diese, bei *aller Veränderung in der Welt verankerte, Regelhaftigkeit und Konstanz ist es*, die der Mensch bei der Zähmung der Natur und der Gründung seines Bereiches erstmalig – wohl halbbewußt – anwendet, die aber im fortschreitenden Erkenntnisprozeß *als Fundament zur Orientierung im Dasein zu dem hervorragenden Rang des Überdauernden gegenüber dem Vergänglichen, des Ewigen gegenüber dem Zeitlichen und Nichtigen führt.*

Daß nur das Allgemeine Gegenstand der Erkenntnis ist, weil es den Fluß der Zeit überdauert und wiedererkennbar ist, findet seine Formulierung in der griechischen

Philosophie. Aristoteles schreibt: „Es gibt neben den Einzeldingen das Allgemeine, und dieses, so behaupten wir, ist Gegenstand der Wissenschaft." (Metaphysik II, 3, 999a.) „Wenn es nämlich außer den Einzelwesen nichts gibt und diese an Zahl unendlich sind, wie kann man dann von diesen unendlich vielen Dingen ein Wissen gewinnen? Denn wir erkennen alles nur insofern, als es eines und dasselbe ist und insofern es ein Allgemeines ist." (Metaphysik XII, 9, 1086a.) Das Mittelalter versteht die Universalia in rebus als die allgemeinen Wesenheiten in den Dingen, als überdauernde Realien. Gegenüber diesem Realismus gab es auch im Mittelalter schon die Opposition des Nominalismus, der die Realität des Allgemeinen leugnete und die Allgemeinbegriffe als Schöpfungen des menschlichen Geistes, als Namen und Zeichen für die Dinge verstand (Sachsse, 1967, S. 40). Dieser Streit um die Realität des Allgemeinen ist bis zum heutigen Tage kaum zur Ruhe gekommen. Aber wenn auch die erkenntnistheoretische Reflexion der modernen Physik den konstruktiven Anteil des erkennenden Subjekts an unserem physikalischen Weltbild deutlich aufgewiesen hat, so lehrt doch gerade die Quantentheorie, daß es sozusagen als *Rahmenbedingungen für den menschlichen Entwurf eine naturgesetzlich verankerte Struktur der Materie gibt,* die zu diskreten Formen in der Gegenstandswelt führt, unabhängig davon, wie der Mensch das bezeichnet und deutet; zu naturgesetzlich konstanten allgemeinen Bedingungen, innerhalb deren sich die singulären Schicksale ereignen. Aber das griechische Denken hat das Konstante als das Struktur- und Ordnungsprinzip, das als Idee dem geordneten Kosmos zugrunde liegt, aufgefunden und der Philosophie des Abendlandes vererbt.

Aber das Weltbild der Agrarkulturen ist nicht ausschließlich durch den Vorrang der Dauer, durch Erhaltung und Besitz, durch das Ideal der Beständigkeit und der ewigen Ordnung bestimmt. Die „neue Zeit" verdrängt die vorhergehende nicht völlig, sondern die Formen des schweifenden Lebens bleiben zunächst in weiten Bereichen und dann in den Randgebieten noch erhalten und entwickeln sich auch weiter: aus den Wildbeutergesellschaften werden Hirten und Nomadenvölker, die auch das Pferd zähmen und dadurch ihre Beweglichkeit wie ihre Kampfeskraft steigern. Der durch die Seßhaftigkeit bewirkte Kulturumbruch führt nun zu einer scharfen Spannung zwischen den beiden Lebensformen. Nietzsche, dessen Herz für die Moral der Vorzeit schlägt, vergleicht den Weg jener „der Wildnis, dem Kriege, dem Herumschweifen, dem Abenteuer glücklich angepaßten Halbtiere" an die Gebundenheit von Ort und Pflicht dem Weg der Wassertiere aufs Land, entsetzlicher Schwere und bleiernem Mißbehagen ausgesetzt (Zur Genealogie der Moral, 16). Nun entsteht der *tiefe Haß des Schweifenden auf den Seßhaften*, der ihm das Land, den freien Raum der Bewegung abgrenzt, und er verachtet, was diesem heilig ist, er verachtet die Dauer, den Besitz, die Sorge und die Arbeit, ja er verachtet das Leben. Ein gutes Beispiel für nomadisierende Gruppen innerhalb einer seßhaften Bevölkerung sind die Kosaken. 1690 beschlossen die Don-Kosaken die Todesstrafe für jeden, der den Boden bebauen wollte (Masaryk, S. 24). Das heroische Leben der Saporoger Kosaken schildert Gogol in der Erzählung Tarras Bulba mit künstlerischer Kraft. Wir zitieren eine Stelle, in der die existentielle Steigerung des Lebens in der Hingabe an die Gefahr und den Augenblick unnachahmlich zum Ausdruck kommt: „Andrij war wie bezaubert von der wundervollen Musik der Kugeln und Schwerter. Er kannte die Bedeutung des Überlegens, Berechnens und des Ausmessens der eignen und fremden Kräfte nicht. Die Schlacht war ihm ein tolles, wonniges Vergnügen, und ihm war in solchen Augenblicken zumute wie einem Menschen bei einem Feste, wenn das Gesicht glüht, alles vor den Augen schwirrt und durcheinanderwirbelt, die Schädel herabsausen, die Rosse dröhnend zu Boden stürzen, und er wie trunken im Lärm der Kugeln und zwischen blitzenden Säbeln dahinfliegt und nach allen Seiten um sich haut, ohne selbst die Hiebe zu empfinden, die er empfängt." (Gogol, Bd. 1, S. 388.) Ein altes Angriffsziel der Nomaden sind die Städte, die Bibel weiß vielfach davon zu berichten. Im Buche Josua lesen wir: „ . . . und sie vollstreckten den Bann an allem, was in der Stadt war, mit der Schärfe des Schwertes, an Mann und Weib, jung und alt, Rindern, Schafen und Eseln." (Josua 6, 21.) „Aber die Stadt verbrannten sie und alles, was darin war." (Josua 6, 24.) „Zu dieser Zeit ließ Josua schwören: Verflucht vor dem Herrn sei der Mann, der sich aufmacht und diese Stadt Jericho wieder aufbaut! Wenn er ihren Grund legt, das koste seinen erstgeborenen Sohn, und wenn er ihr Tore setzt, das koste seinen jüngsten Sohn!" (Josua 6, 26.) Hier geht es offenbar darum, *nicht nur den Gegner, sondern die seßhafte Lebensweise überhaupt, mit Vieh und Gut, und möglichst für immer zu vernichten.*

Diese wenigen Beispiele mögen die Spannung zwischen den beiden Kulturformen illustrieren, eine Spannung, die auch heute noch im Widerstreit von risikobereitem Wagemut und bedenklicher Vorsicht zu spüren ist. Es ist dabei das eigentümliche Merkmal der neolithischen Revolution, daß sie sich sozusagen mit verkehrten Fronten vollzogen hat: die neue Zeit ist nicht durch einen aktiven Durchbruch herbeigeführt worden, sondern es ist das Bewahrende, das *Behütende, das mütterliche Prinzip, dem die Menschheit diesen kulturellen Sprung verdankt*, und trotz ihrer kulturell umstürzenden Auswirkungen hat die Agrarwirtschaft bis heute ihren bewahrenden, ihren konservativen Zug behalten. Um den Umbruch besser erklären zu können, ist die Theorie der Überschichtung aufgestellt worden, die Annahme, daß es doch die nomadisierenden Herrenvölker waren, die das Land erobert, die Ackerbauern unterworfen und ausgeplündert haben, daß der ursprüngliche Staat der Eroberungsstaat ist (Rüstow, 1950). Aber wenn es auch plausible Beispiele für diese Überschichtungstheorie gibt, so hat sie sich doch nicht allgemein aufrechterhalten lassen. Und sie würde auch nichts an der Tatsache ändern, daß letztlich doch die Agrartechnik der bestimmende Träger dieser neuen Kulturstufe ist.

Unsere tradierten ethischen Begriffe sind von dieser Zeit geprägt worden. Schiller hat diese Themen im Lied von der Glocke dargestellt: Arbeit, Besitz, Familie, Schicksal, Ordnung und Aufruhr, in symbolischer Beziehung zum Handwerk des Glockengusses, diesem Handwerk, das noch mit der Kunst verschwistert ist und ein Werk liefert, das ebenso der symbolischen Darstellung einer geordneten Welt dient wie der Kundgabe der Zeit für das tägliche Werk und der Stunde der Geburt und des Todes. Fügen wir dem noch ein Zeugnis aus der Frühzeit der griechischen Geschichte hinzu. Hesiod (geb. um 700 v. Chr.) hat in seinem Gedicht „Werke und Tage" einen charakteristischen Katalog von Verhaltensregeln für den Landmann aufgestellt. An erster Stelle steht das Lob der Arbeit und des Fleißes. Es folgt die Forderung, nicht zu stehlen, nicht die Habe zu erraffen, die Familienbande zu achten und Gastlichkeit zu üben. Hesiod lobt die Morgenstunde für die Arbeit, man soll seine Angelegenheiten nicht verschieben, er rät, um das dreißigste Lebensjahr zu heiraten, und zwar eine Jungfrau möglichst aus der Nachbarschaft und etwa im vierten Jahr nach ihrer Geschlechtsreife. Vor der Betörung durch die „prunkenden Hüften" der Weiber warnt er sehr, und er empfiehlt, nur einen Sohn zu zeugen, damit das Erbe erhalten bleibt. Aber während der gesamten Zeit der Agrarhochkulturen sind auch die aus der Eiszeit ererbten Tugenden niemals ganz verschwunden, sie haben sich vielmehr in den Verhaltensstil einlegiert, und manche Elemente der Wildbeutermoral lassen sich auch in unserem heutigen Umgang noch unschwer erkennen. – In Tabelle 8 sind noch einmal die wesentlichen Merkmale der Agrarkulturen zusammengestellt.

Tabelle 8. Epochen der Menschheit II, Agrarkulturen

1. **Zeitraum:** 8000 v. Chr. bis 1700 n. Chr.

2. **Vermehrungsrate:** Verdoppelungszeit etwa 1000 Jahre, Vermehrung der Bevölkerung in diesen Epochen von 5 Millionen auf 600 Millionen

3. **Technisches Niveau:** Erzeugung der Nahrung durch Zähmung und Umgestaltung der Natur, produktive Landwirtschaftstechnik, hochentwickeltes Handwerk mit starker Arbeitsunterteilung

4. **Lebensbedingungen:** Ackerbau und Viehzucht, Dörfer, Städte, Handel hochorganisierte volkreiche Gemeinschaften, große Reiche, Lebensunterhalt von Handarbeit und Naturprodukten, Krieg als Gegensatz zum Frieden und als Umbruch gesellschaftlicher Ordnungsformen

5. **Das Gegenüber:** Die Natur als die zu verstehende und zu pflegende Grundlage des Lebens und die Naturordnung als Leitbild und Interpretationsmodell des Daseins. Aristotelisch-organologisches Weltbild, Erlebnis der Zeit als Vergänglichkeit

6. **Aufgaben:** Einrichtung einer dauerhaften Lebensordnung, Bewältigung der Vergänglichkeit durch Symbole, durch Bauten, durch Schrift und durch Institutionen

7. **Geforderte Fähigkeiten:** Ausdauer, Härte im Nehmen, Dispositionsvermögen, Natursinn, Sinn für Hegen und Pflegen

8. **Adäquate Tugenden:** Fleiß, Geduld, Wartenkönnen, Verläßlichkeit, Vertragstreue, haushälterischer Sinn, Bewahren des Besitzes und der Kenntnisse

3.4 Industriezivilisationen

Die Agrartechnik hat — sich einfühlend — die Natur nachgeahmt. Die Industrietechnik ist dadurch gekennzeichnet, daß sie sich *vom Vorbild der Natur ablöst.* Mit dem Anbruch der Neuzeit kommt der abendländischen Zivilisation wie auf einer höheren

Reflexionsstufe der *Wert der technischen Methodik als solcher zum Bewußtsein. Dadurch wird das bewußte Aufsuchen und die bewußte Herstellung neuer Mittel selbst ein Ziel. Jetzt erst tritt die Technik als Technik in den Bereich menschlichen Strebens.* Die Übergänge sind fließend. Bereits für das Rad, für Pfeil und Bogen findet sich kein Vorbild in der Natur, und erst recht nicht für Flaschenzug und Hebel, für Katapulte und Maschinen, für Wind- und Wassermühlen. Aber diese Entdeckungen während der Agrarzeit sind dem Menschen mehr oder weniger in den Schoß gefallen, sie sind nicht das Resultat systematischen Suchens. Jetzt, mit dem Anbruch der dritten Geschichtsepoche verlängert sich noch einmal *weit ausholend der Umweg der Technik*, der Mensch tritt noch einmal einen Schritt von der unmittelbaren Erfüllung seiner Wünsche zurück, indem er Fleiß, Sorge, Phantasie und Intelligenz auf die Herstellung der Mittel richtet, um mit ihrer Hilfe zu erreichen, was den Menschen der vergangenen Zeiten versagt war.

Francis Bacon gibt dieser Entwicklung, die sich bereits im Mittelalter anbahnt, sprachlichen Ausdruck. Bezeichnenderweise nennt er seine Schrift das „Novum Organon", das „Neue Werkzeug", im bewußten Gegensatz zum Organon des Aristoteles, der Darstellung des logischen Werkzeugs. Bacon ist, wie er schreibt, beeindruckt von der Erfindung der Feuerwaffen, der Entdeckung der Seide, der Erfindung des Kompasses. Ähnliches habe niemand voraussehen können. „ . . . es wäre aber ganz und gar unglaublich erschienen, daß etwas gefunden werden könne, dessen Bewegung mit der des Himmels so gut zusammenstimme und dabei doch nicht zu den himmlischen Dingen gehöre, sondern nur aus einem steinernen und metallischen Stoff bestehe." Dies alles sei aber weder durch die Philosophie noch durch die rationalen Künste, „sondern durch Zufall und bei Gelegenheit entdeckt worden". „Daher ist durchaus zu hoffen — fährt er fort — daß die Natur in ihrem Schoße noch viele kostbare Sachen verborgen hält, die mit dem bisher Erfundenen keinerlei Verwandtschaft oder Ähnlichkeit haben, sondern weitab von den Pfaden der Phantasie gelegen und bis jetzt noch nicht entdeckt worden sind. Auch diese werden im weiteren Fortgang und Ablauf der Jahrhunderte einst ans Licht treten, wie die früheren auch. Aber auf dem von mir dargelegten Weg kann dies schnell und entschieden und auf einmal erfaßt und vorgenommen werden." (Bacon, 1962, S. 116.) Die Anweisung zur neuen Methode lautet: der Verstand solle sich auf die Erfahrung des Beobachtbaren beschränken. Es sei voreilig und unreif, Hals über Kopf wie im Fluge zu den letzten Gründen der Dinge zu entfliehen, statt sich ernsthaft der Erfahrung zu widmen (Bacon, 1962, S. 67). Die mittleren Ursachen zu erkennen sei angemessen und dienlich. An die Stelle der Frage nach dem Warum und Wozu setzt er die Frage nach dem Wie (Sachsse, 1967, S. 17ff.). Und obwohl Bacon den praktischen Gewinn der Erkenntnis im Auge hat, geht es ihm doch um die *systematische empirische Forschung*. Man dürfe sich nicht in unangebrachter Geschäftigkeit auf ganz bestimmte Ergebnisse festlegen, sondern solle das Beispiel Gottes nachahmen, der am ersten Tage das Licht schuf. So solle man zuerst nach lichtbringenden Versuchen Ausschau halten und dann erst nach vorteilhaften (Bacon, 1962, S. 11). Bacon weist damit der Erkenntnis, die bis dahin der Betrachtung gedient hatte, eine neue Aufgabe zu: er macht sie zum Werkzeug der Technik. Fasziniert in der Vorahnung der sich auftuenden Möglichkeiten schreibt er: „Denn der Mensch hat durch seinen Fall den

Stand der Unschuld und die Herrschaft über die Geschöpfe verloren. Beides kann bereits in diesem Leben einigermaßen wiedergewonnen werden, die Unschuld durch die Religion und den Glauben, die Herrschaft durch die Künste und Wissenschaften." (Bacon, 1962, S. 306.) Und dann nennt er das neue Ziel der Erkenntnis: „An die Stelle des Glückes der Betrachtung tritt die Sache des Glückes der Menschheit und die Macht zu allen Werken." (Bacon, S. 31.) Hier ist es zum erstenmal klar gesagt: Wissen ist Macht.

Wenige Jahre nach dem Novum Organon (1620) erscheint (1637) die Schrift von René Descartes „Von der Methode des richtigen Vernunftgebrauchs und der wissenschaftlichen Forschung". Descartes geht nicht wie Bacon von der empirischen Beobachtung aus, sondern von der Idee — wir würden heute sagen: vom theoretischen Entwurf. Im revolutionären Bruch mit der Tradition zeichnet er eine neue Sicht der Welt, er betrachtet die Natur nicht mehr als den lebendigen, fruchtbaren Schoß, als die umspannende Einheit von Leben und Tod, sondern als eine Maschine von der Art, wie die Handwerker Maschinen herstellen, er nennt die Tiere kunstvolle Automaten und vergleicht den Herzmechanismus mit dem Räderwerk einer Uhr (Descartes, 1960, S. 91, 83). Hier wird die Technik zum Ansatz der Welterklärung genommen. Mit großer Konsequenz entwickelt Descartes dieses technische Weltbild: „Die Regeln der Mechanik sind dieselben wie die der Natur", schreibt er (Descartes, 1955, S. III). Das signifikante Merkmal der Natur, ihr ebenso notwendiges wie hinreichendes Charakteristikum, ist ihre Stofflichkeit, ihre Ausgedehntheit, die res extensa, der der Mensch als res cogitans, als denkende Substanz gegenübertritt. *Damit wird die Natur in ihrer Gesamtheit dem Menschen als Werkzeug, als technisches Instrument in die Hand gegeben.*

Insbesondere sind es zwei Argumente, die Descartes in seinem mechanischen Weltbild bestärken. Das eine ist die *Anschaulichkeit dieser Vorstellung*, er nennt es ihre Evidenz. Mechanische Wechselwirkung hat jeder vor Augen, der sieht, wie sich die Dinge im Raume stoßen. Das zweite ist die *Leichtigkeit, mit der sich gerade mechanische Bestimmungsstücke der quantitativen und mathematischen Erfassung darbieten.* Descartes gehört in die Reihe der großen Mathematiker. Mit der berühmten Erfindung der cartetischen Koordinaten schafft er die Verbindung der Geometrie mit der Arithmetik, der Formen mit den Zahlen. Hier wird Ernst gemacht mit der res extensa! Descartes entfernt damit aus der Körperwelt den qualitativen Begriff der Gestalt, er entfernt aus der optischen Welt die Qualitäten überhaupt. Das ist ein schwerwiegender Schritt, denn unsere optische Orientierung in der Welt erfolgt ja von Haus aus nicht aufgrund von Extensionen, sondern aufgrund von qualitativen Eindrücken. Aber für die Entwicklung der Naturwissenschaften, und gerade für die Verwendung der Naturerkenntnis als Werkzeug für die Technik hat sich das mechanische Weltbild als ungemein erfolgreich erwiesen. Auf seine Möglichkeiten und Grenzen werden wir in den beiden Schlußkapiteln noch näher eingehen. Hier sei nur festgehalten, daß Descartes mit seiner neuen Methode zum richtigen Vernunftgebrauch eine neue Weise der Weltbewältigung präsentiert. Er spürt die Tragweite. Es sei von großem Nutzen, „statt jener spekulativen Philosophie, die in den Schulen gelehrt wird, eine praktische zu finden, die uns die Kraft und Wirkungsweise des

Feuers, des Wassers, der Luft, der Sterne, der Himmelsmaterie und aller anderen Körper, die uns umgeben, ebenso genau kennen lehrt, wie wir die verschiedenen Techniken unserer Handwerker kennen, so daß wir sie auf eben dieselbe Weise zu allen Zwecken, für die sie geeignet sind, verwenden und uns so zu Herren und Eigentümern der Natur machen könnten." Er denkt dabei nicht nur an den „Genuß der Früchte der Erde und aller Annehmlichkeiten", sondern hält es auch für die Medizin für möglich, „ein Mittel zu finden, das die Menschen ganz allgemein weiser und geschickter machte, als sie bisher gewesen sind" (Descartes, 1960, S. 101).

Wir haben Bacon und Descartes als charakteristische Repräsentanten zitiert, denen Möglichkeiten zum Bewußtsein kommen, die der wirklichen Entwicklung weit vorauseilen. Es dauert noch über hundert Jahre, bis sich diese Umorientierung des Bewußtseins durchsetzt, bis die konkreten Auswirkungen beginnen. Ein Markstein in dieser Entwicklung ist die französische „Enzyklopädie der Wissenschaften, Künste und Gewerbe", erschienen in den Jahren 1751 bis 1780, herausgegeben von Diderot und d'Alembert, ein Reallexikon der Aufklärung in 35 Bänden mit dem Ziel, wie Diderot schreibt „die bisher übliche Denkweise zu verändern". Die Epoche der Aufklärung macht mit Bacons Forderung Ernst: nun geht es um die praktische Verwendung des Wissens zur Beherrschung der Natur durch Techniken aller Art, und gleichzeitig geht es bewußt um eine Befreiung von dynastischen und religiösen Traditionen, um eine Veränderung der Gesellschaft durch Wissenschaft und Technik (d'Alembert, S. XV). Nun ist die Technik kein Handwerk mehr, sondern sie ist der Gegenstand umfassenden, systematischen Wissens geworden, und hinter ihrer Förderung und Verwendung steht eine Weltanschauung. Johann Beckmann führt den Terminus für die Wissenschaft von der Technik ein, *den Begriff der Technologie*. 1777 erscheint sein Buch: „Einleitung zur Technologie oder zur Kenntnis der Handwerke, Fabriken und Manufakturen, vornehmlich derer, welche mit der Landwirtschaft, Polizei- und Kameralwirtschaft in nächster Verbindung stehen, nebst Beiträgen zur Kunstgeschichte von Johann Beckmann, Hofrath und Professor der Ökonomie in Göttingen." Beckmann faßte die Fabrik- und Gewerbeunternehmen als Sehenswürdigkeiten auf, er ist viel umhergereist und hat Tabaktrockenanstalten, Windmühlen, Metallwarenerzeugungen, Kanonengießereien, Ankerschmieden, Porzellan- und Tuchfabriken besichtigt. Mit der Erfindung der Dampfmaschine 1765 und der Jennyspinnmaschine 1767 beginnt dann das, was wir heute als die industrielle Revolution bezeichnen. Schilderungen dieses sozialen Umbruchs finden wir etwa bei Karl Marx, im 13, Kapitel des Kapitals „Maschinerie und große Industrie", bei Goethe in „Wilhelm Meisters Wanderjahren", Leonardos Tagebuch (Goethe, Bd. 8, S. 460 ff.) oder in Zolas Roman „Germinal". Wir wollen an dieser Stelle die Entwicklung nicht im Detail weiter verfolgen, sondern wollen uns darauf beschränken, zusammenfassend charakteristische Merkmale der Industrietechnik anzugeben, Merkmale, die zwar jeder Technik eigen sind, die aber durch die Verwendung der Wissenschaft als Hilfsmittel in der Industrietechnik eine sprunghafte Steigerung erfahren, so daß uns hier in der Tat ein neuer Abschnitt der menschlichen Evolution entgegentritt. Wir gliedern diese Aufzählung in sieben Punkte:

1. Die neue Technik hat seit ihrem Beginn einen *bewußt progressiven und revolutionären Charakter*. Bacon und Descartes betonen nachhaltig den Bruch mit der Tradi-

tion und finden harte Worte über die Schulen des Wissens, über die gelehrten Herren und ihre spitzfindigen Probleme. Zur Arbeit an der neuen Wissenschaft ruft Bacon ausdrücklich die Handwerker auf, einen Stand, der bislang nur dienende Funktion hatte und im geistigen Leben nicht mitzählte. Die Industrietechnik durchbricht die ständischen Ordnungen, und sie schafft schon deswegen keine neuen Traditionen, da naturwissenschaftlich-technische Leistung anders als das Handwerk mehr eine Angelegenheit von spontaner Begabung und weniger eine von Erziehung und tradiertem Wissen ist. Gemäß Zunftbrauchtum mußten die Lehrlinge bei der Lossprechung zum Gesellen geloben, die Kunst zu wahren und sie weder zu vermindern noch zu vermehren. Demgegenüber wird die neue Technik zum Symbol revolutionären Fortschritts. Die französische Enzyklopädie ist im Geiste der Aufklärung geschrieben und leitet die französische Revolution ein. Karl Marx versteht trotz seiner Kritik am Maschinenwesen doch gerade die Technik als das entscheidende Instrument zur Befreiung des Menschen. Die Entwicklung der Industrietechnik ist von einem Kranz von Utopien begleitet, vom Sonnenstaat des Campanella (1602) über Bacons Neu Atlantis (1627; Bacon, 1960) bis zu Skinners Futurum II (1948), bei denen es immer um eine neue Gesellschaftsordnung geht auf der Basis noch unerschlossener technischer Möglichkeiten. Ganz im Gegensatz zur Agrartechnik, die trotz ihrer bedeutsamen Neuheit doch von vornherein ein bewahrendes und konservatives Gepräge hatte (S. 80, 84), steht die Industrietechnik – von der Tradition und Natur nun bewußt emanzipiert – unter einem drängenden und revolutionären Elan.

2. Das Aufsuchen neuer Mittel wird zum Ziel, hatten wir gesagt (S. 86). Indem sich die geistige Kraft von Wissenschaft und Wirtschaft der Erfindung, Herstellung und Verwendung neuer Mittel und Methoden zuwendet, kommt es zu einer *sprunghaften Zunahme des Aufwandes an Werkzeug, der Verlängerung der Produktionsumwege,* der Bildung von Kapital, wenn wir unter Kapital die Summe der hergestellten Sachgüter verstehen, die als Produktionsmittel eingesetzt werden. Die Kapitalbildung ist keineswegs nur eine Angelegenheit der sogenannten kapitalistischen Wirtschaftssysteme, sie ist für die sozialistischen genau so bedeutungsvoll. Der Unterschied betrifft nicht die Funktionsweise dieses Instrumentariums, sondern nur die Verfügung darüber. Auf diesen letzten Punkt werden wir im Kapitel 5 näher eingehen. – Anders als bei der Agrartechnik hat das Wachstum dieses Inventars von Hilfsmitteln *keine systeminhärenten Grenzen*, da die Zielsetzung der Industrietechnik nicht vorgegeben ist, sondern sich mit dem Fortschritt der industriellen Möglichkeiten selbst entfaltet. Das bedeutet, daß mit dem Kapital einer Volkswirtschaft neben dem Grundbesitz ein neuer ausschlaggebender Daseinsparameter geschaffen wird.

3. Wenn auch schon seit Beginn die Leistung der Technik in der Arbeitsteilung wurzelt (S. 14, 39, 67, 74), so kommt es nun doch durch die Verwissenschaftlichung der Methodik zu einer *Spezialisierung, deren Grenze nur durch das menschliche Erkenntnisvermögen gegeben zu sein scheint.* Ähnlich wie sich bei der Evolution aus den ersten Keimen des Lebens die große Mannigfaltigkeit der Arten entwickelt hat – es gibt 800 000 verschiedene Insektenarten! – ähnlich, nur in sehr viel rascherem Fortschritt differenziert und verzweigt sich unser Wissen. Und erfolgreich ist gerade das Wissen, das auf jedem der unzähligen Punkte, an denen es in das Unbekannte vor-

stößt, eine zusätzliche Tiefe erreicht. Alle Bemühungen, die menschlichen Probleme des Spezialistentums zu überwinden, müssen mit der Tatsache rechnen, daß die Spezialisierung gerade durch den speziellen Zuwachs an Erkenntnis und an technischer Möglichkeit außerordentlich hoch prämiert ist.

4. Der Spezialist ist auf der einen Seite immer in der Gefahr der Isolierung, da er sein Spezialwissen mit wenigen, manchmal mit niemand anderem teilt. Auf der anderen Seite wäre er außerhalb des sozialen Gefüges hilflos dem Hungertode preisgegeben, und einen unersetzlichen Wert haben seine Spezialkenntnisse nur im Rahmen der Soziabilität. Spezialisierung ist nur möglich aufgrund der *Integration der spezialisierten Funktionen, und sie ist immer verbunden mit sozialer Verflechtung und einer Vergrößerung der Systemeinheiten.* Das gilt ebenso für die biologische wie für die technisch-menschliche Entwicklung. Die Jäger und Sammler kooperieren in Gruppen von zwei bis drei Dutzend Individuen, die Agrarkulturen bringen es zu Dorfgemeinschaften, Städten und großen Reichen, bei den Industriezivilisationen gibt es Systeme der Zusammenarbeit, die den Rahmen von Nationen, ja selbst von Supermächten sprengen.

5. Schon beim Übergang zur Agrartechnik war eine Einbuße an Unmittelbarkeit festzustellen (S. 9, 70). Beim Wandel von der Agrar- zur Industrietechnik geht nun durch die Verlängerung und Verwissenschaftlichung der Umwege *jeder anschauliche Zusammenhang zwischen den Mitteln und dem Zweck verloren.* Dieser Verlust an Anschaulichkeit ist für den Menschen, der sich in den Jahrmillionen seiner biologischen Evolution ganz auf die optische Orientierung im Dasein hin entwickelt hat, zu einer *schweren zivilisatorischen Last* geworden. In allen Detailschritten der großen Umwege, die teilweise unwahrscheinlich weit ausholen, steckt Spezialistentum, demgegenüber der gesunde Menschenverstand versagt. Der Landwirt, der den Hof seines Nachbarn besichtigt, kommt schnell zu einem Urteil, wie die Wirtschaft geführt ist. Aus der Besichtigung einer Fabrik kann man in keiner Weise mehr auf ihre Effizienz schließen. Dem Zuge der Technisierung folgend hat die Wissenschaft selbst ihr Verhältnis zur Anschauung revidiert. Die Deutungen der Erkenntnis stammen seit alters aus dem Bereich des Auges: Einsicht, Erleuchtung, Klarheit, Theorie (theoria, das Anschauen, die Betrachtung), Evidenz (evidens, sichtbar, augenscheinlich). Noch 1872 sagt Du Bois-Reymond: „Naturerkennen . . . mit Hülfe und im Sinne der theoretischen Naturwissenschaften ist Zurückführen der Veränderung in der Körperwelt auf Bewegungen von Atomen, die durch deren von der Zeit unabhängigen Zentralkräften bewirkt werden, oder Auflösen der Naturvorgänge in Mechanik der Atome." (Du Bois-Reymond, S. 6.) Bis ins zwanzigste Jahrhundert hat verstehen bedeutet: mechanisch veranschaulichen. Es war die Entdeckung der Relativitätstheorie und vor allem der Quantentheorie, daß es logische Zusammenhänge gibt, die Ordnung, Folgerung und Prognose gestatten, sich aber der anschaulichen Darstellung entziehen. In der Mikrophysik zeigte sich, daß die anschauliche Deutung, ob Welle oder Korpuskel, nicht unabhängig von der Meßmethode war. Es zeigte sich, daß die von uns erfahrbare Gesetzlichkeit und Ordnung der Welt im Rahmen unserer Anschauung nicht unterzubringen ist. Das ist auch einleuchtend, wenn man bedenkt, daß diese weitreichenden Erfahrungen nicht mehr allein mit Hilfe unsere angeborenen Sinnesor-

gane erworben worden sind, sondern über die Vermittlung unserer durch die Technik erweiterten Sensomotorik (S. 56), und das sind Erkenntnisvermittler, die wir erst seit einigen hundert Jahren besitzen, während unsere angeborenen Sinnesorgane 10 000 mal älter sind. So ist es kein Wunder, daß wir zu diesen neuen, technisch vermittelten Erfahrungen, zu denen auch noch ständig Neues hinzukommt, keine synthetischen Bildvorstellungen besitzen. Das bedeutet, daß für den Zusammenhang der Erfahrung an die Stelle der Anschaulichkeit Formalismen und logische Kalküle getreten sind, die aber dem Durchschnittsbetrachter in keiner Weise zur Verfügung stehen. Dieser Mangel an Durchschaubarkeit hat schwerwiegende menschliche Folgen: dem Einzelnen geht in den großen Wirkungsgefügen der Bezug zum Ganzen verloren, so daß ihm die eigne Arbeit sinnlos vorkommt und fremd erscheint: das ist die Entfremdung. Auf der anderen Seite konzentriert sich immer mehr Macht in den Händen derer, die über das technische System verfügen, und mit der Einbuße an Kontrollierbarkeit wächst die der Technik an sich schon inhärente Versuchung zur Übervorteilung, zum Mißbrauch der Macht, zur Ausbeutung. Wir werden auf diese Punkte bei der Frage nach der Bewältigung der Technik zurückkommen.

6. Als weiteres Merkmal, das bei der Industrietechnik eine ungewöhnliche Steigerung erfährt, nennen wir die *Selbstbeschleunigung* der Entwicklung. Jedes Mittel, jede Methodik erleichtert nicht nur den Weg zum Ziel, sondern auch den Weg zu neuen Mitteln und zu neuen Methoden. Indem nun die Industrietechnik dazu übergeht, die Mittel systematisch zu entwickeln, kommt es zu dieser Geschwindigkeitsexplosion, die den doppelten bis vierfachen Wachstumsexponenten hat wie die Bevölkerungsvermehrung. Obwohl sich die Technik schon seit der Vorzeit exponentiell entwickelt hat, erscheint uns das Veränderungstempo früherer Zeiten verglichen mit dem heutigen so langsam, daß wir die früheren Epochen als statisch bezeichnen. In der Tat besteht der wesentliche Unterschied darin, daß zur Zeit der Wildbeuter und der Agrarkulturen der technische Veränderungsprozeß *langsam war im Verhältnis zur biologischen Veränderung innerhalb eines Menschenlebens.* Am biologischen Tempo des Wachsens, Lernens, Reifens und Alterns hat sich inzwischen nicht viel geändert, aber die technische Prozeßgeschwindigkeit hat die biologische überholt, noch im Rahmen einer Generation kommt es heute zu einschneidenden und auch mehrmaligen strukturellen Veränderungen der Lebensweise. Auf der einen Seite begrüßt das menschliche Streben, immer auf die Zukunft ausgerichtet, das Neue und kann sich sogar daran verlieren, auf der anderen Seite wird der Lernprozeß, dieser Träger unserer Existenz, problematisch, wenn sich die Umweltstrukturen in der Zeit zwischen dem Lernen und der Anwendung des Gelernten zu rasch ändern. Fortschritt ist immer auch Entwertung des Erfahrungsbesitzes, und bereits die biologische Evolution trifft die Vorsorge, daß die Veränderung im Verhältnis zur Bewahrung richtig dosiert ist. Das Wachstum des Wissens und der technischen Möglichkeiten sowie die daraus sich ergebenden gesellschaftlichen Auswirkungen machen sich heute bereits in der Problematisierung von Unterricht, Erziehung und Ausbildung sowie in den Spannungen zwischen den Generationen bemerkbar.

7. Die Summe dieser Merkmale führt zu *einer Veränderung der biologischen Grundparameter für unsere menschliche Existenz,* wie das unmittelbar durch die Steigerung

der Bevölkerungsdichte und durch die Eruption der Lebensansprüche in die Augen springt. Offenbar stehen wir noch im Anfang dieser dritten Epoche, weder von den Chancen noch von den Grenzen der neuen Lebensform haben wir heute nur eine annähernd klare Vorstellung. Die Fruchtbarkeit des speziell methodischen Denkens ist sozusagen gerade erst entdeckt, und es wird über den klassischen Bereich der Energie- und Maschinentechnik hinaus noch in den neuen Gebieten der Bio- und Soziotechnik ein weites Feld finden. Die futurologische Literatur liefert hier zahlreiche Scenarios, das sind zwar keine Prognosen, aber doch sorgfältig durchdachte Zukunftsalternativen.[4] Und was die Grenzen anbelangt, so spüren wir sie hier und dort schon recht deutlich, aber wir wissen doch nicht, wo sie genau liegen werden, ob das entscheidende Halt durch unseren Intellekt gegeben ist, durch den endlichen Verstand, der nur eine begrenzte Informationsmenge noch koordinieren und verarbeiten kann oder durch die menschliche Affektivität, die von Wünschen und Möglichkeiten herausgereizt einseitigen Hypertrophien verfällt oder schließlich durch den Mangel an den Rohstoffen und dem Platz für die Abfälle.

Die kurze Übersicht zeigt, daß die Industrietechnik große Möglichkeiten eröffnet, aber auch zu ernsten Problemen führt. Es scheint, daß noch niemals in der Geschichte die Menschheit in diesem Ausmaß sowohl intellektuell wie ethisch gefordert worden ist. Bevor wir die anstehenden Fragen schärfer einkreisen, müssen wir uns in den beiden folgenden Kapiteln mit den individuellen und sozialen Aspekten der Technik, insbesondere der Industrietechnik näher befassen.

4 Siehe dazu die Bücher von Kahn, Jungk, Jantsch, Forrester, Meadows, Mesarović und Pestel.

4 Technik aus der Sicht des Individuums

4.1 Die Reflexionsstufen technischen Handelns

4.1.1 Schritte der Bewußtwerdung

Das technische Handeln, das Verwenden von Mitteln zur Erreichung von Zielen ist in die folgenden drei Schritte unterteilbar: Bestimmung des Ziels, Entwurf der Mittel und Bestimmung der Zielfolgen. Von jeder Stufe gibt es Rückführungen: der Entwurf der Mittel führt zu einer Konkretisierung des Ziels, die Bestimmung der Zielfolgen modifiziert oder verschiebt das Ziel, und alle Zieländerung verlangt wieder Neubestimmung von Mitteln und Zielfolgen. Mit solch iterierendem Vorgehen verfährt die durchrationalisierte Handlungsplanung. Aber das volle Bewußtwerden und Durchkalkulieren aller Schritte ist ein spätes und auch niemals voll erreichbares Ideal, *der praktische historische Entwicklungsprozeß wird von Hoffnungen, Wünschen und Erwartungen bestimmt, die jeweils an Teilschritten haften.* Wir fragen daher jetzt nach den Stufen der Bewußtwerdung, da das Bewußte es ist, was als Motiv die Dynamik der Entwicklung bestimmt.

Zunächst ist festzustellen, daß es ein *fast vollständig unbewußtes technisches Verhalten gibt.* Das unbewußte Lernen der Organverwendung im Kindesalter gehört hierhin und auch bisweilen das Erlernen von Sportarten und anderen Handlungsgeschicklichkeiten. Dem geübten Handwerker liegt sein Werkzeug in der Hand, er weiß es anzusetzen, aber er hat niemals bewußt den Erfolg und den Mißerfolg der Handhabung durchexperimentiert, und daher kann er bekanntlich auch nur schwer erklären, wie man es machen muß; der Lehrling muß es ihm abgucken. Interessanterweise kommt nun häufig *der Besitz einer Fertigkeit früher zum Bewußtsein als das Bedürfnis nach ihr,* dem Kinde ist nicht bewußt, daß es laufen will, aber es bricht in Triumpfgeschrei aus, wenn es die ersten Schritte allein gegangen ist. Eine Fertigkeit zu besitzen, löst Befriedigung aus, auch wenn man nicht weiß, wie man an sie gekommen ist und wozu sie gut ist. Das Können als solches macht Freude, unabhängig von seiner Herkunft und seiner Verwendbarkeit. In diesem Sinne kann man auch von einem triebhaften, einem instinktiven Erwerb von Fertigkeiten sprechen, ein Verhalten, dessen Anfänge bereits bei Tieren beobachtbar sind. Bei Kindern und bei Heranwachsenden findet man je nach Veranlagung eine derart spielerisch gehandhabte Technik bis zu hohen Leistungen. Naturwissenschaft und Technik werden von Jugendlichen zum Teil mit Leidenschaft betrieben, mag es sich um chemisches Experimentieren handeln, um Basteln von Radios und Motoren, um Handwerk aller Art oder neuerdings um Automatik und Datenverarbeitung. Bisweilen ist man überrascht, wenn man bemerkt, was da ein Vierzehn- oder Fünfzehnjähriger in einem Speicherzimmer oder Kellerraum, ohne daß jemand Acht darauf hatte, sich an Detailkenntnissen erworben hat, und was er sich alles konstruiert und gebaut hat.

Aber hier handelt es sich keineswegs um eine Erscheinung, die auf das Jugendalter beschränkt ist. Es gibt ein Bedürfnis zu Basteln und technisch zu Spielen, das hohe Intensitätsgrade erreichen kann (S. 17, 34). Hier ist unter Spiel eine Tätigkeit verstanden, die im Gegensatz zur Arbeit abgelöst von ihrem Ergebnis aus Freude am Tun selbst getan wird. Man kann sich fragen, welchen Sinn solche Zwecklosigkeit haben kann, das ist die Frage nach dem Sinn des Spiels. Eine plausible Antwort lautet, daß das Individuum sich beim Spiel einübt und ausprobiert. Beim Spiel junger Katzen läßt sich gut beobachten, wie sie spielend Reaktionsgeschwindigkeit, Jagd, Griff und Fang üben und lernen, diese für ihre Lebensweise so wichtige rasche Sensomotorik. Was die Technik speziell betrifft, so ist offenbar das Machen-Können ein biopositives Vermögen, und daher züchtet die Selektrion dieses Vermögen heraus und prämiert seinen Erfolg mit Befriedigung und Lust. Affekte sind Wegweiser, und wir erfahren daher als Triebziel, was der Evolution dient, und zwar *prämiert die Evolution auch die isolierten Teilschritte, die uns als Eigenwerte zum Bewußtsein kommen.*

Obwohl sich nun auf einer bestimmten Bewußtseinsstufe der Erwerb von Fertigkeiten, die Herstellung von Mittteln, ganz abgelöst vom Zweck sozusagen aus instinktivem Bedürfnis heraus vollzieht, kann diese Tätigkeit trotzdem sehr viel bewußte Überlegung und Scharfsinn enthalten. Das bedeutet: die Herstellung der Mittel auf dieser Stufe muß nicht notwendig ihrerseits auch intuitiv erfolgen, sie kann vielmehr auch mit umfassender Systematik und Rationalität betrieben werden. *Irrationalität bezüglich des Zieles schließt bekanntlich hochgezüchtete Rationalität der Methoden auf keine Weise aus.* Man neigt dazu, aus der Rationalität in der Durchführung auf die Rationalität in der Zielsetzung zu schließen, so daß häufig die Technik nur noch als das bewußte Verwenden von Mitteln zum Erreichen von Zielen verstanden wird. Hier wird der Spielcharakter der Technik, diese ihre mächtige Triebfeder, verkannt. Gäbe es nicht diese spontane Lust an der Technik an sich ganz unabhängig von ihrer Verwendung, so wäre die ausgesprochene Resonanz, die die Technik gerade bei Kindern und bei primitiven Völkern findet, unverständlich. Der homo faber ist älter als der homo sapiens. Das Werkzeug ist im Spiel erfunden worden, bevor klar war, wozu man es brauchen kann. Spielerisches Probieren in der von der Selektion gesteuerten unbewußten Zweckmäßigkeit ist älter als durchrationalisiertes Verhalten.

Erst in einem weiteren Schritt der Reflexion kommt die große Bedeutung der Mittel für die Zielfindung, der ungeheure praktische Wert des Machenkönnens für die Lebensgestaltung zum Bewußtsein (während er früher nur durch die „List der Natur" wirksam war), und das führt dazu, daß jetzt erst neue, ungeahnte Ziele vorstellbar und greifbar werden. Hier setzt nun die Industrietechnik ein, und jetzt kommt es auch in der Literatur, in diesem Spiegelbild des Bewußtseins zu den großen Utopien, die phantasievoll neue Formen der Lebensgestaltung entwerfen, indem sie die dazu erforderlichen technischen Möglichkeiten spekulativ vorwegnehmen, wobei sich die Grenze zwischen dem noch in Zukunft Realisierbaren und dem Irrealen verwischt.

Verfolgen wir weiter die Schritte der Bewußtwerdung. Im Verfolg dieser Entwicklung und an ihrem Erfolg kommt zur Erfahrung, daß die Erfüllung der Zwecke nicht nur die gewünschten, sondern auch unerwünschte Folgen hat, nicht bedachte Begleitumstände, die außerhalb von Wunsch und Erwartung lagen. Das führt *zur letzten Reflexionsstufe, zur Zielfolgenbestimmung, zur rationalen Zielplanung, die sekundäre und tertiäre Zielfolgen mitbedenkt und vor allem die Kompatibilität von Zielen untersucht.* Zwar ist letztlich, was als Ziel gesetzt wird, rational nicht ausschöpfbar, dahinter stehen normative Entscheidungen, aber ob zwei Ziele miteinander vereinbar sind oder sich gegenseitig ausschließen, ist eine quaestio facti und läßt sich rational untersuchen, und solche Untersuchung führt wesentlich zur Bereinigung von Zielsetzungen. Max Weber hat zur rationalen Zielplanung die entscheidenden Ansätze geliefert (Weber, S. 251), und die moderne Zielplanung arbeitet inzwischen mit einer sehr differenzierten Methodik, wenn auch im Ganzen die Zielfolgenbestimmung heute praktisch noch in den ersten und noch recht zaghaften Anfängen steht (dazu: Churchmann, Ackoff, Arnoff; Müller-Merbach; Nagel; Jantsch; Churchmann; Sachsse, „Planung der Forschung"; Haas, insbesondere S. 29).

Für den Gesamtprozeß dieser Bewußtwerdung ist charakteristisch, daß nicht eine Stufe die vorhergehende ablöst, sondern daß sie nur hinzutritt und die frühere überbaut, daß aber auch je nach dem geistesgeschichtlichen Milieu und auch nach der individuellen Veranlagung die früheren Stufen ungebrochen bestehen bleiben und mit ihrer Motivation einen dynamischen Beitrag zum Gesamtprozeß der technischen Entwicklung liefern. Die verschiedenen Bewußtseinslagen spiegeln sich in den Selbstzeugnissen der Techniker und in ihrer Beziehung zu ihren Mitarbeitern und zu Unternehmern, Kaufleuten, Juristen und Staatsstellen wieder. Wir wollen daher zur weiteren Verdeutlichung im Folgenden Beispiele bringen, wie der Prozeß der technischen Entwicklung von seinen Bahnbrechern und Trägern erlebt wird.

4.1.2 Autobiographische Zeugnisse

Indem in der Epoche der Industrietechnik das Machen-Können zum Bewußtsein kommt, geht von diesem neuentdeckten Vermögen ein außerordentlicher Anreiz aus. Es beginnt die Zeit der Erfindungen. Daß man etwas, was man sich in der Phantasie vorstellt, über tastendes Probieren, über einen oft mühevollen und entbehrungsreichen Weg verwirklichen kann, so daß es nun als eine neue Wirklichkeit konkret vor Augen steht und zum Bestandteil unseres Lebens wird, ist ein faszinierendes Erfüllungserlebnis. Von Phantasie, Spürsinn, Spieltrieb und Mut hängt die Kühnheit des neuen Entwurfs ab. Da gibt es den vorsichtigen Rechner, der nur Schrittchen für Schrittchen riskiert, und es gibt den von seiner Idee besessenen Erfinder, der an seiner Utopie scheitert. In seinem Roman „Der Alchemist" hat Balzac mit anatomischer Genauigkeit diese Leidenschaft geschildert: ein angesehener und wohlhabender flämischer Bürger wird von dem Fieber chemischer Erfindungen ergriffen und richtet in verhängnisvoller Monomanie Schritt für Schritt sich selbst und seine Familie damit völlig zugrunde. Aber auch der erfolgreiche Erfinder wandelt oft auf schmalem Grat. Rudolf Diesel und Wallace Carothers, der Erfinder der ersten vollsynthetischen Faser, des Nylons, haben sich das Leben genommen.

Der Motor für die erfinderische Tätigkeit ist, wie man es in den Selbstzeugnissen immer wieder vorfindet, häufig nicht praktisches und wirtschaftliches Interesse, sondern eine *eigene psychische Triebkraft, die Lust am Hervorbringen selbst.* Das gilt besonders für das an Pioniererfindungen reiche 19. Jahrhundert. Inzwischen hat man sich sehr bemüht, den technischen Entwicklungsprozeß zu systematisieren und zu organisieren, das Neue sozusagen mit wissenschaftlicher Methodik zu erzeugen. In diesem Sinne wird in der Tat heute in den großen Forschungsorganisationen, in diesen Erfindungsfabriken der Wirtschaftsunternehmungen „erfunden", aber um einen Begriff auszuleihen, den Thomas S. Kuhn für die Entwicklung der Wissenschaft geprägt hat: hier handelt es sich immer nur um sogenannte „normale Erfindungen", solche, die dem Ausbau und der Vervollständigung schon praktizierter technischer Möglichkeiten dienen, die aber ihrem Wesen nach nichts Neues bringen, während der eigentliche Fortschritt immer das Werk „revolutionärer Erfindungen" ist, die sich auch heute noch durch kein Verfahren einfangen, durch keine Methodik fabrizieren lassen. Man kann in diesem Zusammenhang zwischen invention und innovation unterscheiden, wobei unter invention die eigentliche Erfindung, der potentielle technische Fortschritt, und unter innovation die Realisierung dieses technischen Fortschritts verstanden wird (VDI, 1971, S. 11). Die umfassenden Techniken der Organisation, Rationalisierung und Systematisierung des Forschungsprozesses bis zu der Verwendung von Computern, um leichter die Wege bei neuartigen chemischen Synthesen aufzufinden, würde man in diesem Sinne als innovation, als Anwendung von Bekanntem aber nicht als invention verstehen. Die große Bedeutung, die dieses systematische Vorgehen heute erlangt hat, sollte nicht zu der Meinung verleiten, daß solche „Verwissenschaftlichung" des Forschungsprozesses an die Stelle der erfinderischen Durchbrüche getreten sei. Bei Karl Benz lesen wir, wie er als Junge schon gebastelt und experimentiert hat und sich mit einer Camera obscura und als Uhrmacher Geld verdient hat. Mit 20 Jahren faßt er – oder ihn faßt – die Idee des „selbstfahrenden Straßenfahrzeugs ohne Schienen und Pferde". Eine Kette von Detailerfindungen waren dazu erforderlich: ein leichter, schnell laufender Motor, eine verläßliche Vergasung, Zündung und Kühlung, die Kraftübertragung und Schalten, das Differential. Als Idealist, wie er schreibt, stand ihm allein seine junge Frau zur Seite, immer wieder setzen die beiden für die Kosten von Werkstatt und Material ihre wirtschaftliche Existenz aufs Spiel, und zusammen stehen sie – es war in einer Sylvesternacht – tiefergriffen und hören, wie der erste brauchbare Motor eine Stunde hintereinander läuft. Wechselnde Geschäftsteilhaber versuchen, ihn um des praktischen Vorteils willen von der Leitidee abzubringen und die Arbeit auf die Fabrikation standfester Gasmotoren einzuschränken. Die Schwierigkeiten mit den Behörden kommen hinzu, das „Fahren mit elementarer Kraft war in Baden nach einem Landtagsbeschluß verboten". Dann wurde für pferdelose Wagen in Ortschaften eine Stundengeschwindigkeit von 3,2 km und auf freier Strecke von 4 km erlaubt, und ein Mann mit einer roten Fahne sollte 100 m vorausgehen (Benz, S. 15, 21, 28, 30, 91).

Eine erfinderische Idee kann einen Menschen ergreifen und seinen Lebensweg determinieren. Ernst Heinkel war mit 20 Jahren Zeuge, wie 1908 auf den Feldern von Echterdingen bei Stuttgart der Zeppelin abbrannte. Ihm kommt die Idee, daß nur das Flugzeug schwerer als Luft eine Zukunft hat, er gibt sein Studium auf, „verlernt das

Saufen" — wie er schreibt — konstruiert und baut sich selbst ein Flugzeug, mit dem er drei Jahre später abstürzt, alle Knochen bricht, aber das Ziel nicht aufgibt. Seine Memoiren „Stürmisches Leben" spiegeln ebenso den Lebensweg des engagierten Technikers wie die Entwicklung einer großen Industrie aus ihren ersten Anfängen wieder.

Die rasante Entwicklung der Technik in den vergangenen 200 Jahren wird erst verständlich, wenn wir bedenken, daß der Mensch an diesem Wendepunkt der Geschichte die Triebbefriedigung des „Machen-Könnens an sich" entdeckt hat. Dieses Vermögen kommt dem Handelnden selbst nicht ohne Staunen zum Bewußtsein, er fühlt sich dann von etwas Außer-ihm-Seienden ergriffen, *fühlt sich mehr als Entdecker, denn als Schöpfer und Erfinder.* Das Neue entschleiert sich unvermittelt und der Einfall kommt über Nacht. Heinkel schreibt: „Ich war dabei nur jener technischen Intuition gefolgt, die sich von nun an immer deutlicher als die eigentliche Triebquelle meiner Arbeit und meiner Erfolge erweisen sollte — weit jenseits aller Rechenkünste, die damals eine verhältnismäßig kleine Rolle spielten" (Heinkel, S. 49). Auch Friedrich Dessauer, zwar anders als Heinkel kein stürmischer Draufgänger, versteht in seiner nachgrabenden Reflexion die Technik als „Erfüllung eines unverrückbaren Planes, die ‚Erfindung': Begegnung mit diesem immanenten Plan", „Wir machen die Lösung nicht, wir finden sie nur", heißt es (Dessauer, 1927, S. 19). Und da er ein frommer Christ war, schreibt er: „Technik ist Begegnung mit Gott" (Dessauer, 1927, S. 31). Und zitieren wir schließlich die Stimme einer wieder ganz andersartigen Persönlichkei, eines der erfolgreichsten technischen Unternehmer. Henry Ford schreibt: „Mir will scheinen, als wären wir mit unsichtbaren Antennen ausgerüstet, die imstande sind, die Gedanken auf die sie abgestimmt sind, aufzufangen und uns zu übermitteln. Das scheint mir der Weg zu sein, auf dem uns Gedanken zuströmen, doch bedarf es einer bewußten Anstrengung unsererseits, uns in Empfangsbereitschaft zu versetzen. Man gebe der Urquelle aller Ideen welchen Namen immer: Tatsache bleibt es, daß Gedanken stets um uns sind, von uns nur aufgefangen zu werden brauchen. Sie kommen von außerhalb unseres Selbst, stammen aus einer Quelle, die wir nicht zu erkennen vermögen, aber sie sind uns jederzeit erreichbar, wenn wir unseren Geist nur empfangsbereit zu machen verstehen" (Ford, S. 139). Diese wenigen Aussagen recht heterogener Persönlichkeiten mögen für viele stehen.

Nun befaßt sich in unserer industriellen Zivilisation nur ein Bruchteil der Menschen mit der technischen Entwicklung. Und das technische Interesse tritt in der Regel auch recht spontan auf, es ist wenig an Elternhaus und Tradition gebunden. Das läßt vermuten, daß hier eine in der Veranlagung auftretende Disposition eine Rolle spielt, die für die weitere Erfahrung und Zielsetzung im Leben bis zur Begriffsbildung hin von Bedeutung ist. Dies ist wohl auch der Grund, warum bisweilen die Verständigung zwischen dem technisch denkenden Menschen und dem Nicht-Techniker so schwierig ist. Es kommt hinzu, daß viele von denen, die den technischen Beruf ergreifen, namentlich heute, nachdem es ein Massenfach geworden ist, leicht auch aufgrund äußerer Umstände und Zufälligkeiten in diesen Erwerbszweig hineingelangen, so daß es gewiß zahlreiche Techniker gibt, die zu ihrem Beruf kein besonderes Verhältnis haben. Und gewiß gibt es auch in diesem Beruf langweiliges Einerlei, sinnloses Detail, unerfreuliche Auftragsarbeit, Routine und Frustierung. Es mag sein, daß die tiefere Berufsfreude, das Engagement an der Arbeit und die Befriedigung aus der Sache heraus doch nur das Erlebnis von wenigen ist. Aber wir möchten an der These festhalten, daß es gerade bei der Technik diese besondere affektive Verbundenheit mit dem Tun selbst in hervorragendem Maße gibt, und dieses Phänomen interessiert uns hier weniger, weil es eine psychische Erfahrung von Einzelnen ist, sondern deshalb, weil es gerade für die Dynamik der „revolutionären" Erfindungen, die die anderen ja nur hinter sich herziehen, die treibende Kraft ist. Gerd Hortleder hat eine interessante sozialkritische Studie über die Technische Intelligenz in Deutschland geschrieben und dabei insbesondere die Struktur des VDI, des Vereins Deutscher Ingenieure, und das Selbstverständnis seiner Mitglieder analysiert, die zum überwiegenden Teil Arbeitnehmer seien, sich aber nicht eigentlich als Arbeitnehmer fühlten. Er kritisiert, daß sich der VDI als Verein zur Förderung der Technik und nicht als Interessenverband zum Wohle der Techniker verstehe, die Techniker nähmen ihre soziale und politische Aufgabe nicht genügend wahr, da das professionelle Interesse und die Ausrichtung nach professionellen Leitbildern den Vorrang vor dem politischen Interesse habe (Hortleder, S. 20, 53, 191). Hier wird allerdings in kritischer Sicht gerade der Punkt hervorgehoben, der uns für die Motivation bei der technischen Entwicklung sehr wichtig zu sein scheint.

Insbesondere in der Frühzeit der Industrietechnik als das noch wenig beackerte Feld noch unmittelbar reiche Möglichkeiten bot, ging von der Idee des Erfinden-Könnens, des technischen Fortschritts ein fast schwärmerischer Impuls aus, der auch reiche Früchte trug. Werner von Siemens hat nicht nur die Dynamomaschine erfunden und damit die Verwendung technisch erzeugter Energie vom Zwang der Zentralisation durch die Dampfmaschine befreit, er hat vielmehr eine Fülle sehr verschiedenartiger Ideen verwirklicht. Um einige Beispiele zu geben: er hat den Zeigertelegraphen erfunden mit zahlreichen Details der Schwachstromtechnik, er hat als Offizier des preußischen Ingenieurkorps die Schießbaumwolle entwickelt, und während des Absitzens einer Haft auf der Magdeburger Zitadelle, zu der er wegen der Teilnahme als Sekundant an einem Duell verurteilt worden war, hat er die galvanische Vergoldung erfunden (Siemens, S. 41, 49, 32). Von Edison gibt es einige hundert technisch verwendeter Erfindungen auf dem Gebiet der Telegraphie, der Beleuchtungstechnik, der Kinematographie, der Betongießverfahren und der Akkumulatoren.

Diese Entwicklung hat die Menschen tief beeindruckt, *das Neue war auch das ohne Zweifel Gute.* Heinrich Caro, erfolgreicher Teerfarbenchemiker, und führender Kopf der chemischen Industrie, Entdecker der Caroschen Säure, von 1868 bis 1889 Direktor der Badischen Anilin- und Sodafabrik, Mitbegründer und Mitgestalter der Patentgesetzgebung, gibt in der Dankesrede zu seinem 70. Geburtstag im Jahre 1904 einen Rückblick auf sein Leben. Er spricht von der „großen, alles umgestaltenden Epoche des naturwissenschaftlichen Zeitalters", er erzählt, daß er noch die Zeit erlebt hat, wo es keine Eisenbahn, keinen Telegraphen gab, wo man in den Haushaltungen nur das Talglicht mit der Lichtputzschere kannte. Der Siebzigjährige sagt schwärmerisch: „Was einst der Jüngling geträumt, der Mann sollte es in glänzende Erfüllung gehen sehen." Und um sein Erleben zu kennzeichnen zitiert er den Goethe des Sturm und Drangs, die leidenschaftlichen Worte Egmonts: „Kind, Kind! nicht weiter! Wie von unsichtbaren Geistern gepeitscht, gehen die Sonnenpferde der Zeit mit unseres Schicksals leichtem Wagen durch, und uns bleibt nichts als, mutig gefaßt, die Zügel festzuhalten, und bald rechts, bald links, vom Steine her, vom Sturze da, die Räder wegzulenken. Wohin es geht, wer weiß es? Erinnert er sich doch kaum, woher er kam" (Caro, S. 124).

Wir können Caros Begeisterung für die neue Zeit verstehen, in der Tat hat die Technik die Menschen aus großer Dürftigkeit befreit, die mittlere Lebenserwartung fast verdoppelt und im Gefolge der Aufklärung ein neues Bildungsniveau geschaffen. Aber wir fragen uns heute: Was hat der Siebzigjährige eigentlich mit dem Goethezitat gemeint? War es das genialische Vorwärts des Sturm und Drangs, das ihn ansprach? Aber die Worte des Grafen Egmont sind hintergründiger. *Die Sonnenpferde gehen ihm in der Tat durch.* Egmont ist eine Schicksalstragödie, der Held fällt seiner glückhaften Unbekümmertheit, seiner vertrauensvollen Unvorsichtigkeit allen Warnungen zum Trotz zum Opfer. Seine offene und sorglose Natur ist es, die ihn gleich einer dämonischen Macht auf das Schafott bringt. Ob bei Heinrich Caro, als er auf das Egmontzitat verfiel, eine Vorahnung von der Gefahr der Sorglosigkeit angesichts des Schicksals der Technik mitgespielt hat? Wir finden in dieser Zeit noch wenig Trübung der Entdeckerfreude.

Das Engagement für die Verwirklichung des Möglichen überhaupt, für das Machen-Können als solches führt häufig zu einem Spannungsverhältnis zwischen dem Techniker und dem Wirtschaftler, obwohl diese beiden Bereiche doch so eng miteinander verkoppelt sind. Es gibt zwar eine Reihe hervorragender Techniker, die gleichzeitig erfolgreiche Organisatoren und Wirtschaftler waren wie etwa Werner von Siemens, Henry Ford, Andrew Carnegie, Carl Bosch, aber diese Persönlichkeiten sind eher die Ausnahmen. Demgegenüber sind die Memoirenwerke voll von Berichten über den Streit der Techniker mit den Kaufleuten, und immer wieder geht es darum, daß der Techniker, oft ohne Rücksicht auf Verluste, seine Leitidee weiter verfolgen will, während es dem Kaufmann mehr darum geht, das bislang Erreichte wirtschaftlich zu verwenden.Das ist die Spannung zwischen invention und innovation, zwischen dem Erfinden und dem Einführen von Neuerungen. Der Techniker, oftmals von seinem eigenen technischen Erfolg überrascht, ist bisweilen bis zum Utopischen hin optimistisch, der Kaufmann ist mißtrauisch und vorsichtig. Der Gegensatz der Mentalitäten kann zu ideologischen Spannungen führen. Der Techniker wolle dienen, der Kapitalist wolle verdienen, man belaste die Technik mit den Sünden der Wirtschaft, schreibt Dessauer (Dessauer, 1927, S. 23, 28). Vom Erfolg seiner Methodik überzeugt neigt der Techniker zur Planwirtschaft, während der Kaufmann die Wünsche und Bedürfnisse des Marktes lieber über Angebot und Nachfrage praktisch abtastet. „Planwirtschaft ist eine Konsequenz des technischen Sachdienstgedankens", lesen wir bei Dessauer (S. 125). Optimistischer Idealismus ist das Merkmal des Entwurfs zur Gesellschaftsreform von Rudolf Diesel: „Solidarismus, natürliche und wirtschaftliche Erlösung des Menschen". Diesel legt einen in zahlreiche Paragraphen untergliederten Volksvertrag zur Bildung einer Brüdergemeinschaft, auch Bienenstock genannt, vor, mit Brüderpfennig, Brüderscheinen, Brüderakten, Volkskassenmarken usw. „Auf diese Weise – heißt es in dem Aufruf – wird der Bienenstock nicht nur ein Produktionszentrum, sondern gleichzeitig ein Zentrum vollständiger wirtschaftlicher Versorgung für euch und die eurigen von der Geburt an bis zum Tode " (Diesel, S. 5). Der Techniker, dem manches mal ja Unwahrscheinliches gelingt, wird bisweilen *zu der Meinung verführt, psychologische Probleme seien ähnlich leicht zu lösen wie technische. Aber das ist wohl ein arger Irrtum.*

Die Widerspiegelung des technischen Tuns in den Köpfen ihrer Träger, wie wir es bisher geschildert haben, trägt weitgehend den Charakter des Spiels, eben einer Tätigkeit, die um ihrer selbst willen getan wird und sich selbst genügt. Nachhaltiger Reflexion gegenüber erweist sich aber *gerade dieses Absehen vom Zweck, wenn auch nicht als ungefährlich, so doch als äußerst zweckmäßig gerade für den technischen Fortschritt.* Einmal erhalten dadurch die Motive eine stärkere Dynamik: der Mensch gibt sich leichter dem Spiel mit Leidenschaft hin als der mühevollen Arbeit. Auch wird ein Werk in der Regel um so sachentsprechender und besser ausgeführt, je mehr das um seiner selbst willen geschieht. Und schließlich führt aber diese Haltung dazu, daß Mittel und Methoden nun ohne Hinsicht auf die Ziele entdeckt und bereitgestellt werden, und das bedeutet, daß die Menschheit durch diesen Prozeß mit *einem Inventar von Instrumenten und Möglichkeiten auf Vorrat ausgestattet wird.* Nicht von Zielvorstellungen eingeengt entfaltet sich daher die Erfindung der Mittel auf breiter Front. Hier setzt sich unbewußt der Vorschlag von Francis Bacon durch, daß man zuerst Licht machen soll, ehe man an die Verwendung im einzelnen denkt. Eröffnet der Besitz von Möglichkeiten doch wieder neue Zielperspektiven. Der Spielcharakter erweist sich nur aus der individuellen Sicht als ein Wert an sich, aus weiterer Sicht betrachtet ist er ein zweckdienliches Glied im Rahmen des Entwicklungsprozesses.

Seit dem Beginn der modernen technischen Entwicklung hat es nicht an warnenden Stimmen angesichts der Automatik dieses Prozesses gefehlt. 1909 hat Herbert Georg Wells hellseherisch in einem utopischen Roman „Der Luftkrieg" die Schrecken des technischen Krieges mit grausamer Härte vorweggenommen, und er macht insbesondere den technischen Fortschritt, der das Gleichgewicht der nationalen Machtpotentiale zerstört, für die Gefährdung, für die Katastrophe verantwortlich. Seit der Jahrhundertwende mehren sich in der utopischen Literatur die Stimmen, die nicht mehr die Hoffnung auf die Technik setzen, sondern vor ihr warnen, und parallel mit dem technischen Fortschritt hat sich eine umfangreiche kulturkritische, antitechnische Literatur entwickelt, die pauschal gesagt die Technik als materiell und ungeistig abqualifiziert. Das hat zwar die Verständigungsschwierigkeiten zwischen dem Techniker und dem Nicht-Techniker vertieft und die philosophische Eingliederung der Technik nicht erleichtert, aber es hat doch die technische Entwicklung wenig beeinflußt: die schwache Seite der Kritik ist, daß die Kritiker die Technik zwar verwerfen, aber doch selbst in Anspruch nehmen, wer hätte auch gern auf das Licht, auf die Heizung, auf das Telefon, auf die Verkehrsmittel, auf die Narkose bei der Operation verzichten wollen. Es läßt sich eben nicht aus der Welt schaffen, daß die Technik nicht nur der Träger der materiellen, sondern auch der geistigen Existenz ist, eine Einsicht übrigens, die der Marxismus nicht zu Unrecht betont.

Ein Wandel in unserem Verhältnis zur Technik ist erst im Gefolge des II. Weltkriegs eingetreten, und zwar war es die vorher nicht geahnte Macht der Technik, die den

Anstoß zu einer Neubesinnung gab, und diesmal waren es die Techniker selber, denen die Verantwortung zum Bewußtsein kam. Den ersten Schock hat die Atombombe ausgelöst. Es war für die Physiker eine erschütternde Erfahrung, daß die glanzvollen Jahre der Entdeckung der Quantenmechanik, diese Zeit äußerst angeregten, intensiven, internationalen Gesprächs über hochabstrakte Systeme in einem engen Kreis erwählter Gleichgesinnter, daß diese Arbeit an der vordersten Front des Naturverstehens, nun zu einem Kriegsinstrument führte, das mit einem Schlag ganze Nationen zu Boden zwingen konnte. Der Atomphysiker Leo Szilard sagte: Wir haben einen Dchinni, einen Dämon aus einer Flasche gelassen. Bis dahin hatte niemand daran gezweifelt, daß der Mensch das Recht habe, alle Möglichkeiten, die die Natur bietet, zu ergründen und zu verwenden, daß er das, was sich entwickeln lasse, auch entwickeln dürfe und solle. Robert Oppenheimer, seit 1943 Leiter des amerikanischen Atomenergieprojektes, sprach sich nach dem Krieg aus moralischen Gründen gegen den Bau der Wasserstoffbombe aus. Seine Haltung hatte zur Folge, daß 1954 die Atomenergiebehörde gegen ihn ein Verfahren wegen Illoyalitätsverdacht in Gang brachte, und er verlor den Zugang zu allen Staatsgeheimnissen. Er wurde jedoch 1963 rehabilitiert. Unter dem Eindruck, daß Naturwissenschaft und Technik zu einer Gefahr für die Menschheit werden kann, wurde 1949 in den Vereinigten Staaten die Society for Social Responsibility in Science gegründet; hervorragende Physiker, Albert Einstein und Max Born gehörten zu den Gründungsmitgliedern. 1965 konstituierten sich die deutschen Mitglieder dieser Gesellschaft als Gesellschaft für Verantwortung in der Wissenschaft. Dem gleichen Geist der Verantwortung entstammt der Göttinger Aufruf der 18 Atomphysiker im Jahre 1957 mit der Warnung vor der atomaren Bewaffnung der Bundesrepublik, und aus dem Kreis der damals Beteiligten ist die Vereinigung Deutscher Wissenschaftler hervorgegangen. Ressentiment gegen die Technik hat es immer gegeben, aber bis zum II. Weltkrieg war das technisch Neue in der Regel auch eine Verbesserung. Erst die Beschleunigung des technischen Fortschritts und die wachsende Macht dieser Methodik hatte zur Folge, daß Naturwissenschaft und Technik gerade denjenigen, die sich ihr wie einer Liebhaberei verschrieben hatten, ein anderes, ein gefährlicheres Gesicht gezeigt hat.

Ein Dokument für den Umbruch im Verhältnis zur Technik sind die Memoiren von Albert Speer. Vor dem internationalen Militärtribunal in Nürnberg verzichtet er auf Argumente zu seiner Person in dem Schlußwort, das dem Angeklagten zugestanden ist. Er erklärt: „Als ehemaliger Minister einer hochentwickelten Rüstung ist es meine letzte Pflicht festzustellen: Ein neuer großer Krieg wird mit der Vernichtung menschlicher Kultur und Zivilisation enden. Nichts hindert die entfesselte Technik und Wissenschaft, ihr Zerstörungswerk an den Menschen zu vollenden, das die Technik in diesem Krieg so furchtbar begonnen hat." In seinen Memoiren fügt er hinzu: „Entscheidende Jahre meines Lebens habe ich der Technik gedient, geblendet von ihren Möglichkeiten. Am Ende, ihr gegenüber, steht Skepsis" (Speer, S. 522, 525).

Es war zunächst die Militärtechnik, bei der die Zweischneidigkeit des technischen Fortschritts zum Bewußtsein kam. Inzwischen ist uns klar geworden, daß auch andere Bereiche der Technik zu tiefgreifenden Veränderungen aller sozialen Beziehungen führen können. Man denke nur an die Manipulation der menschlichen Befindlichkeit durch Psychopharmaka einschließlich der Eingriffe in den hormonalen Zyklus durch Ovulationshemmer, dieses größte physiologische Massenexperiment aller Zeiten. Vermutlich stehen wir erst am Anfang der genetischen, biologischen und pharmakologischen Steuerungsmethoden. Desgleichen wird aller Voraussicht nach die Tiefenpsychologie, die Kommunikationstechnik und die datentechnische Erfassung und Kontrolle der Individuen zu gefährlichen Machtinstrumenten führen. Bereits Speer hat in seinem Nürnberger Votum die Kommunikationstechnik als eine der Voraussetzungen für die moderne Diktatur bezeichnet. Und schließlich hat sich gezeigt, daß wir die natürlichen Rohstoffe recht achtlos verschwenden und uns um den Abfall des Zivilisationssystems zu wenig bekümmern.

Wieder waren es die Techniker selber, die auf der Unterlage sehr nüchterner Abschätzung den Kern des Systems, diese Form des technischen Fortschritts überhaupt, in Frage stellten. Jay W. Forrester entwarf ein Modell, in dem er die Interdependenzen der folgenden fünf Parameter darstellen konnte: Bevölkerungszahl und Kapitalinvestierung als Charakteristika für den Umfang des Systems, Nahrungsmittel als Input für die Bevölkerung, Rohstoffe als Input für die Funktion des investierten Kapitals und schließlich fünftens der Abfall als der gemeinsame Output (Forrester). Dennis Meadows sowie Mesarovic und Pestel haben imRahmen des Klubs von Rom diese Arbeiten fortgesetzt (Meadows, Mesarovic und Pestel). Das Ergebnis dieser Berichte ist, daß die gegenwärtige Form des Wachstums in absehbarer Zeit, in 20 bis 50 bis 100 Jahren auf unverrückbare Grenzen stoßen wird. Die Berichte des Klubs von Rom haben großes Aufsehen und lebhaften Meinungsstreit zur Folge gehabt. Die ernste Kritik am technischen Fortschritt trifft den Nerv einer Lebenshaltung, die seit der Renaissance vom Abendland ausgehend sich auf der ganzen Erde weitgehend durchgesetzt hat. Auf die philosophischen Konsequenzen dieses Wandels im Verhältnis zur Technik kommen wir im Kapitel 7 zurück. Hier sei nur festgestellt, daß die Zunahme des Bruttosozialprodukts nach wie vor der Maßstab ist, an dem der Erfolg einer Wirtschaftspolitik gemessen wird. Als die drei Grundforderungen einer guten Wirtschaftspolitik pflegt man zu nennen: die Garantie der Währungsstabilität, der Vollbeschäftigung und des ständigen Wachstums, und je schwieriger die erste und zweite Forderung zu erfüllen sind, um so größer sind die Erwartungen bezüglich der dritten. Die Auseinandersetzung um das Wachstum hat zwischen den Technikern und den Nicht-Technikern originellerweise zu einem Streit mit vertauschten Fronten geführt: die Volkswirtschaftler bezeichneten die Sorgen der Techniker als einen längst von dem technischen Fortschritt überwundenen Malthusianismus, die Technik habe bislang noch immer einen Ausweg gefunden und werde ihn gewiß auch künftig finden. Aber man kommt wohl nicht an der Erkenntnis vorbei, daß die Techniker die Möglichkeiten des ihnen vertrauten Instrumentes letztlich besser müssen beurteilen können.

Die Einsicht, daß der Fortschritt einen *Preis kostet, erzwingt die dritte Reflexionsstufe technischen Handelns, die Technikfolgen-Abschätzung.* 1973 verabschiedete der Kongreß der Vereinigten Staaten ein Gesetz zur Einrichtung eines Office of Technology Assessment (OTA), das die Aufgabe hat, die Folgen technischer Projekte zu ermitteln und zu beurteilen, und die Politiker, die decision-maker bei ihren Entscheidungen zu beraten (Haas, insbes. S. 29; Sachsse, 1972, S. 127). Hier stellt sich ein

102

neues, weitläufiges intellektuelles Problem: es geht nicht nur um die primären Folgen, sondern auch um die sekundären, tertiären und weiteren, und nicht nur um technische und wirtschaftliche Konsequenzen, sondern auch um soziale, ethische und weltanschauliche, es geht schlicht darum, den technischen Entwicklungsprozeß aus dem Stadium des Wildwuchses, in dem er sich lange genug befunden hat, in Kontrolle zu bekommen. Vorerst sind wir von diesem Ziel noch recht weit entfernt. Auf die organisatorischen Konsequenzen dieser Aufgabe werden wir im 5. Kapitel eingehen. Hier ging es darum, die Verschiebungen im Bewußtsein der Techniker aufzuweisen.

Betrachten wir zusammenfassend die Reflexionsstufen technischen Handelns, so zeigt sich, daß es die Technik schon lange gegeben hat, bevor man wußte, daß es sie gab, daß die Bewußtwerdung der einzelnen Schritte ein langer historischer Prozeß ist, der mit ziemlicher Verzögerung der Entwicklung der technischen Instrumente und Verfahren folgt, und es zeigt sich schließlich, daß die nachfolgenden Stufen die vorhergehenden nicht ersetzen, sondern nur hinzutreten und sie mehr oder weniger überlagern. Das bedeutet, daß beim technischen Entwicklungsprozeß neben dem durchdachten rationalen Vorgehen nach wie vor das unbewußte Verhalten und die unreflektierte Intuition eine große Rolle spielen. Welche Motive waren bei dem größten technischen Projekt dieses Jahrhunderts, beim Mondflug, diesem 25 Milliarden-Dollar-Vorhaben, maßgebend? Waren es militärische Interessen, war es der Wunsch, das wissenschaftlich-technische Potential zu entwickeln, ging es darum, die Erfinder, die Werkstätten der Industrie unter einen bestimmten Entwicklungszwang zu setzen, steckte die Wirtschaft dahinter oder war es das Nationalprestige, die Idee, dem amerikanischen Volk nach dem Sputnikschock das Selbstvertrauen zurückzugeben, oder war es die Erfüllung eines Menschheitstraumes, der in den Utopien schon vielfach vorweggenommen worden war? Oder war es schlicht technische Neugier, nur sehen zu wollen, ob man so etwas kann? Es war wohl ein Motivbündel, was sich dem psychologischen Spürsinn Kennedys dargeboten hat, aber man hat den Eindruck, daß bei diesem gigantisch durchgeplanten Großprojekt doch der Anteil der irrationalen Beweggründe ein erheblicher war. Beim Start der Saturnrakete schrieb die New York Times, *Kap Kennedy sei eher ein Schauplatz von Mythologie als von Wissenschaft.* Heute wird dort eine 4 500 m lange Landebahn zum Landen von Raumfahrzeugen im Gleitflug gebaut, und von den Raumsonden werden heute täglich mehr Daten zur Erde gefunkt als im letzten Weltkrieg von allen Fronten (FAZ 31. 1. 1976).

Die *Rationalität der Beweggründe und Entscheidungen bei den Weichenstellungen der technischen Arbeit wird leicht überschätzt.* Im Rückblick ist es befriedigender, rationale Argumente als affektive Beweggründe anzugeben. Auch sind die Beschreiber des technischen Entwicklungsprozesses häufig nicht diejenigen, die ihn durchführen, sondern die, die über ihn nachdenken. Bei der Darstellung tritt daher leicht die „rationale Rekonstruktion" an die Stelle der historischen Wirklichkeit. Um das Gewicht und den Ort der Rationalität im Rahmen des technischen Prozesses besser zu bestimmen, wollen wir im Folgenden die wissenschaftliche und die technische Forschung in ihren Strukturen und Wechselbeziehungen näher betrachten.

4.2 Wissenschaftliche und technische Forschung: Vergleich zweier Suchprozesse

4.2.1 Die Beziehungen zwischen Wissenschaft und Technik

Die Beziehungen zwischen Wissenschaft und Technik sind so eng geworden, daß diese Bereiche heute häufig identifiziert werden: man sagt, es sei unmöglich geworden, sie auseinanderzuhalten, und man versteht die Technik als Wissenschaft und die Wissenschaft als Technik. In der Tat hat die Wissenschaft seit dem Anbruch der Neuzeit, der Devise Francis Bacons folgend (S. 86 ff.), ebenso die Methoden der Technik geprägt wie ihr Entwicklungstempo und ihre Erfolge bewirkt. Dieser Prozeß der Verwissenschaftlichung der Technik ist noch keineswegs abgeschlossen. Waren es zunächst die Naturwissenschaften, die Mittel und Werkzeuge für die Technik bereitstellten, so sind inzwischen die wissenschaftlichen Methoden der Organisation, der Kommunikation, der Planung und Projektierung hinzugekommen, innerhalb derer sich spezielle Disziplinen entwickelt haben wie etwa Linear Programming oder Operations Research. Und nicht nur die technische Entwicklung, sondern auch die Erfindertätigkeit ist Objekt der Wissenschaft geworden, so z. B. durch das Studium der heuristischen Methoden und durch die Kreativitätsforschung.

Aber nicht nur die Technik ist verwissenschaftlicht, sondern auch die Wissenschaft ist durch und durch technisiert. Die naturwissenschaftlichen Beobachtungen und Experimente sind zu umfangreichen technischen Projekten geworden. Bei der Sammlung unserer Erfahrungen spielen unsere Sinnesorgane nur noch eine untergeordnete Rolle im Vergleich zu den technischen Organen begonnen mit Brille, Fernrohr und Mikroskop bis zu den heutigen äußerst differenzierten Experimentalanordnungen, die wir verwenden, um unsere Fragen der Natur vorzulegen. Die Technik ist zum beherrschenden Vermittler unserer Erfahrungen geworden. Für Probleme der Grundlagenforschung in der Kernphysik gibt es Untersuchungsinstitutionen vom Umfang ganzer Fabriken mit einem Ausmaß von Aufwendungen, das eine internationale Zusammenarbeit erfordert. Aber die Technik dient nicht nur der Vermittlung von Erfahrungen, indem sie uns mit ihren Hilfsmitteln ausgedehnte neue Bereiche des Mikro- und Makrokosmos erschließt, sondern sie steuert auch die Erfahrung, denn es kommt uns ja nur das zur Kenntnis, was der jeweilige Stand unseres technischen Vermögens uns bietet. So *wie das Weltbild der Naturvölker durch ihre Sinnesorgane bestimmt wird, so ist unsere Wissenschaft durch unsere Technik vermittelt.*

Aber Technik und Wissenschaft beeinflussen sich nicht nur in ihrer Methodik, sondern auch bei der Zielfindung. Wissenschaftliche Erkenntnisse ermöglichen technische Ziele, rücken Wunschvorstellungen, wie etwa die Überbrückung von Zeit und Raum, in greifbare Nähe, eine bestimmte Wissenschaft kann eine bestimmte Technik unmittelbar erzeugen, und der wissenschaftliche Stand ist für die Technik so bedeutungsvoll, daß vielfach die Technik schlicht als angewandte Wissenschaft verstanden wird. Auf der anderen Seite stößt der Techniker, der ja seine Arbeit nicht nur an wissenschaftlichen Theorien, sondern auch an Wünschen und Bedürfnissen orientiert, vielfach tastend und probierend in neue Gebiete vor, die erst nachträglich und durch das aktuelle Interesse mitgefördert Gegenstand wissenschaftlicher Aufklärung werden. Beispiele dafür sind die Chemie der Teerfarben, der katalytischen Prozesse, der

Pharmazeutika, der Kunststoffpolymerisation. Oftmals gibt die Empirie die Rätsel auf, die die Theorie dann aufklären soll, und auch bei der *Grundlagenforschung steuert die Technik die Aufmerksamkeit der Wissenschaft auf bestimmte Bereiche, wie etwa bei der Festkörperphysik oder bei der medizinischen Forschung.* Der Einfluß der Technik auf den Aufbau des wissenschaftlichen Weltbildes ist noch wenig systematisch untersucht worden. Aber die genannten Umstände zusammen haben zu einer so innigen Verschmelzung von Wissenschaft und Technik geführt, so daß man von der Bildung einer Superstruktur spricht. Es kommt hinzu, daß der Unterschied zwischen Wissenschaft und Technik durch den angelsächsischen Sprachgebrauch verwischt wird, der das Wort Technics selten verwendet und statt dessen in der Regel Technology benutzt. So wird bei der instruktiven Textsammlung von Carl Mitcham und Robert Mackey „Philosophy and Technology, Readings in the philosophical problems of technology" trotz zahlreicher definitorischer Bemühungen technology immer wieder sowohl im Sinne von Technik wie im Sinne von Wissenschaft von der Technik verwendet, und technology wird daher teils ganz, teils teilweise, teils gar nicht von science abgegrenzt, so daß häufig nicht genügend klar wird, wovon die Rede ist. Auch zahlreiche wissenschaftstheoretische Aufsätze zur Technologie gehen sozusagen unausgesprochen davon aus, daß über die Wissenschaft von der Technik hinausgehend die Technik keine philosophischen Probleme stelle. Leider ist der angelsächsische Sprachgebrauch von uns weitgehend übernommen worden, und namentlich in der Behördensprache wird meist von Technologie an Stelle von Technik gesprochen, etwa wenn von „Raumfahrttechnologie" oder „Meerestechnologie" die Rede ist, und die Werbung bietet etwa eine Einbauküche an, die mit modernster Technologie ausgestattet sei, offenbar eine sehr gescheite Einbauküche! Zu einer Verschmelzung der Begriffe Wissenschaft und Technik hat schließlich das marxistische Prinzip der Einheit von Theorie und Praxis beigetragen.

Aber auch Sachverhalte, die in engster Wechselbeziehung stehen, können doch ihrer Natur nach durchaus verschieden sein. Die Verwischung der Differenz zwischen Wissenschaft und Technik führt zu arger Begriffsverwirrung und blockiert letztlich das Verständnis der Technik, *es ist eben ein fundamentaler Unterschied, ob man etwas tut oder ob man darüber redet.* Wissenschaft und Technik gehören verschiedenen logischen Bereichen an: die Wissenschaft befaßt sich mit Aussagen, die Technik mit Geschehnissen und mit Sachverhalten. Daß man sorgfältig zwischen einer sogenannten Objektsprache, die von Dingen und Ereignissen handelt, und einer Metasprache, einer Sprache über eine Sprache, unterscheiden muß, war eine wichtige Entdeckung der modernen Logik, die es ermöglicht hat, Widersprüche, die zu einer Grundlagenkrise der Mathematik geführt hatten, zu beheben. Auf diesem Wege ließ sich das aus der Antike ererbte Problem von dem Kreter lösen, der sagte: „Alle Kreter lügen." Die Regel lautet, daß eine Aussage, die mehrere Metastufen gleichzeitig enthält, sinnlos ist. Wenn der Kreter sagt: „Alle Kreter lügen", so wird das gleiche Prädikat einmal zur Kennzeichnung eines Sachverhalts (daß die Kreter lügen), zum anderen als Kennzeichen einer Aussage über diesen Sachverhalt (diese Aussage ist gelogen, weil ich ein Kreter bin) verwendet. Diese Doppeldeutigkeit des Bezugsbereiches ist es, die zur Antinomie führt. Die Metasprache gehört einer höheren Reflexionsstufe an. So ist zum Beispiel der Begriff der Wahrheit ein metasprachlicher Begriff. Der Satz, daß etwas wahr ist, ist eine Aussage über eine Aussage, und er bewertet diese Aussagen, demgegenüber sind Sachverhalte weder wahr noch falsch, sondern sind wie sie sind. Daher sind auch die Ziele von Wissenschaft und Technik durchaus verschieden, der Wissenschaft geht es letztlich um Lehrbücher, der Technik um konkrete Änderungen in unserem Leben. Wir wollen also die Begriffe Technologie und Technik streng auseinanderhalten und verwenden Technologie daher ausschließlich in dem Sinne, in dem ihn Johann Beckmann 1777 eingeführt hat als Wissenschaft von der Technik, man kann auch sagen: *als die Lehre, wie man etwas am besten macht* (S. 88).

Bezeichnend ist die Tatsache, daß die Wechselwirkung zwischen Wissenschaft und Technik erst ein Ergebnis der jüngsten Geschichte ist. Die Technik ist die längste Zeit überhaupt ohne Wissenschaft ausgekommen, sie ist so alt wie der Mensch, einige Millionen Jahre, und erst seit einigen hundert Jahren steht die Wissenschaft im Dienste der Technik. Aber auch die Wissenschaft hat sich ohne die Technik entwickelt, ohne technische Hilfsmittel hatte vor zweieinhalbtausend Jahren die Astronomie schon einen hohen Stand, Thales von Milet hat die Sonnenfinsternis im Jahre 585 vor Christus vorausberechnet. Aber auch die heutige „Verwissenschaftlichung" macht die Technik noch keineswegs zu einer Wissenschaft, da trotz aller Verflechtung die Intentionen, die Verfahren selber und die Ergebnisse von Wissenschaft und Technik durchaus verschieden sind. Aber trotz dieser Verschiedenheiten gibt es auch gemeinsame Strukturen: in beiden Fällen handelt es sich um Suchprozesse, sei es, daß Erkenntnis gesucht wird oder Veränderung der realen Welt, und was die Motivation anbelangt, so ist auch beiden Suchprozessen eigen, daß sie über je eigene Erfüllungserlebnisse verfügen, so daß sie – wie im Spiel – um ihrer selbst willen betrieben werden können. Um die Eigenart der technischen Entwicklung besser zu verstehen, wollen wir im Folgenden wissenschaftliche und technische Forschung vergleichend betrachten und ihre Unterschiede gegeneinander abheben. Dabei wird uns insbesondere das Gewicht der Rationalität bei diesen Suchprozessen interessieren.

4.2.2 Die Entwicklung der Wissenschaft

Wenn wir nach der Entwicklung der Wissenschaft fragen, so müssen wir uns zunächst darüber klar werden, was mit Wissenschaft gemeint ist und wie sich das Wissenschaftliche von dem Nichtwissenschaftlichen unterscheiden läßt. Dabei empfiehlt es sich, den Begriff der Wissenschaft weit zu fassen, damit er auch das umfaßt, was zu verschiedenen Zeiten unter Wissenschaft verstanden worden ist. Beginnen wir mit der Entymologie des Wortes: was bedeutet Wissen und was bedeutet die Nachsilbe -schaft? Das Wort Wissen gehört einem indogermanischen Wortstamm an. Griechisch idein bedeutet erblicken, wahrnehmen, einsehen, idea das Aussehen, die äußere Gestalt, lateinisch videre (Vision) sehen, erkennen, begreifen. Das Wissen im Sinne des Bewußten ist primär das Wahrgenommene, dasjenige, was jemand gesehen hat. Mit der Entwicklung der symbolischen Bezeichnung für das Wahrgenommene löst sich das Gewußte immer mehr von der unmittelbaren Wahrnehmung und wird in Form von Aussagen unabhängig von der Präsenz der Dinge mitteilbar. Die Aussagen, in denen das Wissen sich präsentiert, sind Kennzeichnungen von Sachverhalten, sie geben bestimmte Eigenschaften oder Beziehungen an, sie prädizieren das, wovon die Rede ist. Die Zuordnung eines Prädikates zu einem Argument, also das Prädikat plus Copula, nennt man auch die Funktion des Prädikators. Einstellige Prädikatoren bestimmen eine Eigenschaft eines Argumentes, mehrstellige Prädikatoren bestimmen Beziehungen zwischen mehreren Argumenten. Ich sage „Das war Betrug" und kennzeichne damit einen bestimmten Vorfall und ordne ihn damit in eine Klasse von Vorfällen ein, die als klassifikatorisches Merkmal, als Prädikat, betrügerisches Verhalten haben. Von dieser Aussage sagen wir nun, daß sie wahr ist, wenn es zutrifft, daß Betrug vorlag. Was Betrug ist, ist durch das Gesetz genauer definiert als eine absichtliche Täuschungshandlung des Täters, durch die er sich einen Vermögensvorteil auf Kosten des Getäuschten verschafft. Mit der Definition der Wahrheit, daß wahr ist, was den Tatsachen entspricht, übernehmen wir hier gemäß unserer Position des kritischen Realismus die klassische Korrespondenztheorie der Wahrheit — veritas est adaequatio rei et intellectus —, die neuerdings auch Tarski seinen logischen Untersuchungen zugrundegelegt hat (Popper, 1973, S. 335ff.). Hier kommt nur zum Ausdruck, daß der Berichtsatz der Sprache, die Aussage, die Funktion hat, den Empfänger über einen abwesenden Sachverhalt zu informieren, so daß also die Information an die Stelle der unmittelbaren Wahrnehmung tritt (S. 40). Diese Funktion ist nur erfüllbar, wenn die Beziehung zwischen dem Gezeigten, den Symbolen, und dem Gemeinten, den Sachverhalten, von denen die Rede ist, zutrifft, das heißt wenn die Aussage wahr ist. Dazu ist noch zu erwähnen, daß diese *Wahrheitsdefinition unabhängig davon gilt, ob und mit welcher Sicherheit die Wahrheit feststellbar ist.* Wir fügen heute noch hinzu, daß man von Wahrheit nur in bezug auf ein bestimmtes Begriffssystem, auf eine bestimmte Sprache, sprechen kann, denn die Prädizierung ist ja, wie wir sahen, die Einordnung eines Sachverhaltes in eine bestimmte Klasse, in eine Gruppe von Sachverhalten, und ob diese Subsummierung zulässig ist, hängt natürlich davon ab, wie die Klasse, die Gruppe gemeint ist. Die Wahrheit ist die maßgebende Voraussetzung für den Wert einer Aussage, denn nur die wahren Aussagen bereichern unser Wissen, vertiefen unser Verständnis und führen uns nicht wie die falschen in die Irre.

Die Summe unseres Wissens erwerben wir uns nun im Laufe unseres Lebens durch den Empfang von Informationen: durch Einfälle, Mitteilungen, Erinnerungen, Wahrnehmungen, Erlebnisse etc. Dieses Wissen ist zunächst mosaikartig und ohne Zusammenhang, und da sich Täuschung und Irrtum nicht ausschließen lassen, muß ich damit rechnen, daß im Bestand meines Wissens neben wahren auch falsche Meinungen vorhanden sind. Es ist daher ein wichtiges Anliegen, das Wissen auf seinen Wahrheitsgehalt zu prüfen, und diese Prüfung und Begründung ist neben dem Erwerb des Wissens die besondere Aufgabe der Wissenschaft. Daher versteht man unter Wissenschaft das besonders geprüfte, das begründete Wissen. Eine wesentliche Stütze der Begründung ist der Zusammenhang. Die Nachsilbe -schaft bedeutet in unserer Sprache eine Gesamtheit von Elementen, die in ihrer Ganzheit mehr ist als die Summe ihrer Teile: Landschaft, Knechtschaft, Bereitschaft, Liebschaft, Bürgerschaft, Gemeinschaft — immer wird durch die Nachsilbe -schaft ein ganzer Komplex von Umständen als eine zusammenhängende Einheit begriffen. *In diesem Sinne verstehen wir unter Wissenschaft den Zusammenhang des Wissens, das System des Wissens.* Die Ergründung von

Zusammenhängen ist seit alters das Ziel wissenschaftlicher Erkenntnis, und die verschiedenen Weisen von Erklärung, Prognose, Retrodiktion etc. faßt Stegmüller zusammen als die *Formen wissenschaftlicher Systematisierung* (Stegmüller, 1969, Bd. I. S. 153ff.).

Der große Vorteil der Systematisierung besteht darin, daß durch den *Zusammenhang voneinander unabhängiger Erfahrungen eine gegenseitige Kontrolle der einzelnen Wahrnehmungsdaten möglich wird.* Ich sehe, daß der ins Wasser eingetauchte Stab einen Knick hat, aber wenn ich mit der Hand nachfühle, bemerke ich, daß hier mein Auge getäuscht wurde, und die Täuschung ihrerseits kann ich wieder aufklären, wenn mir aufgrund wieder anderer Erfahrungen klar wird, daß das Licht beim Eintritt in die Wasseroberfläche eine Brechung erfährt. Die Systematisierung ist also ein wichtiges Instrument auf dem Wege zur Wahrheit. Dabei wird der Zusammenhang der in den Aussagen manifestierten Wissenselemente durch die Logik hergestellt, und in diesem Sinne kann man die logische Folgerung als eine Wahrheitsübertragung verstehen (Popper, 1973, S. 335). Damit können wir nun das Ziel der wissenschaftlichen Forschung angeben: es geht ihr um den Erwerb und die Ordnung von Erfahrungen, um ein möglichst großes und umfassendes logisch widerspruchsfreies System wahrer Aussagen, schlichter gesagt, es geht ihr um die Wahrheit.

Wir wollen nicht unerwähnt lassen, daß es abgesehen von der Korrespondenztheorie der Wahrheit — bei grober Einteilung — noch zwei weitere Theorien der Wahrheit gibt, die *Kohärenztheorie* und die *pragmatische Theorie*. Gemäß der Kohärenztheorie wird dasjenige als wahr akzeptiert, was in das System der Aussagen paßt. Nun ist ohne Zweifel das „Passen" ein sehr wichtiges Wahrheitskriterium. Wenn ich eine naturwissenschaftliche Arbeit lese, werde ich in den seltensten Fällen die dortigen Aussagen experimentell nachprüfen, sondern ich bilde mein Urteil danach, ob das dort Mitgeteilte zu dem mir Bekannten in Widerspruch steht oder es weiterführend ergänzt. Aber anders als die Mathematik, als die formalen Wissenschaften, denen es allein um die Geschlossenheit des Systems geht, wollen die Realwissenschaften ja Aussagen über die Wirklichkeit machen, und daher verlangt man von ihnen über die Kohärenz hinausgehend das fundamentum in re, das heißt: die Kohärenz ist nur eine notwendige Voraussetzung, aber keine hinreichende Bedingung für die Wahrheit. Der entschlossene Kohärenztheoretiker wird darauf antworten, daß er eine andere Vorstellung von der Realität habe, nur das Erkannte sei real, die Realität werde sozusagen durch das Erkennen erst aufgebaut. Er bezieht damit eine Position, die im deutschen Idealismus wurzelt, die wir aber nicht übernehmen wollen, da sie die Gefahr einer Überbewertung des subjektiven Anteils bei der Erkenntnis enthält. Wir kommen darauf noch zurück (S. 180 ff., 236).

Die pragmatische Theorie bezeichnet das als wahr, was brauchbar und nützlich ist. Sie setzt damit die Nützlichkeit als eigentliches Ziel der Wissenschaft an die Stelle der Wahrheit. Diese Auffassung leugnet den Wert der Erkenntnis um ihrer selbst willen und vertritt die These, daß dem Denken nur in bezug auf das Handeln ein Sinn zukomme, daß das erkenntnisleitende Interesse immer ein praktisches Ziel vor Augen habe. Gestützt wird diese These durch Bacons Ausspruch, daß Wissen Macht sei (S. 86 f.). Nun besteht wohl kein Zweifel, daß das Denken der Weltorientierung und Daseinsbewältigung dient, aber es läßt sich trotzdem nicht bestreiten, daß das Wissen-Wollen um seiner selbst willen eine originäre Triebkraft ist. Die Neugier ist eine in der Veranlagung fundierte Intention, und selbst bei Tieren können wir typisches Neugierverhalten feststellen (Lorenz, 1959, S. 156ff.). Und das menschliche Erkenntnisbedürfnis bezieht sich nicht nur auf einzelne Sachverhalte, sondern gerade auch das Verständnis von Zusammenhängen vermittelt ein besonderes Gefühl der Befriedigung. Nicht ohne Grund nennt Aristoteles die Betrachtung das größte Glück und höchste Ziel des Menschen (Nikomachische Ethik, X, 1178 a 6). Biologisch gesehen mag das Wissen-Wollen der Daseinsbewältigung dienen, es hat wie alles, was gleich dem Spiel um seiner selbst willen betrieben wird, seinen biologischen Hintersinn. Wir können hier von einer *unbewußten Zweckmäßigkeit* sprechen. Aber in unserer Antriebsstruktur hat sich die Wissenschaft aus dem Zusammenhang mit dem Handeln emanzipiert und wird als selbständiges Motiv, als Eigenwert erlebt. Wer das bestreitet, bestreitet psychologische Fakten. Dabei ist zu bedenken, daß gerade die um ihrer selbst willen, um der Wahrheit willen betriebene Wissenschaft häufig die größere praktische Bedeutung gewinnt als diejenige, die von vornherein auf die Nützlichkeit ausgerichtet ist. Generell lassen sich die Eigenheiten und Möglichkeiten eines Sachverhaltes am besten ausschöpfen, wenn man ihn nicht mit externen Zielsetzungen verkoppelt betreibt. Dem Phänomen, daß biopositive Verhaltensweisen als selbständige Triebkräfte in Erscheinung treten und von der Selektion mit eigenen Erfüllungserlebnissen prämiert werden, sind wir schon mehrfach begegnet (S. 43 f., 93, 94). Daher vertreten wir hier den Standpunkt, daß das Erkenntnisstreben in unerwünschter Weise eingeengt wird, wenn man ihm die bewußte Ausrichtung auf die Nützlichkeit statt der auf die Wahrheit vorschreibt. Selbst bei der angewandten Wissenschaft, bei der die Erkenntnis praktischen Interessen folgt, ist die Wahrheit die notwendige Bedingung für die Nützlichkeit (S. 120 f.).

Wir hatten die Wissenschaft als das begründete Wissen bezeichnet und müssen uns nun fragen, wie eine Begründung, die über die logische Kohärenz des Zusammenhangs hinausreicht, möglich ist. Dabei geht es vor allem um die Letztbegründung, die ein in sich logisch geschlossenes Theoriensystem tragen soll. Hier stehen sich seit alters die Sinneswahrnehmung und die innere Erfahrung als Träger der Wahrheit gegenüber. Bei den ionischen Naturphilosophen finden wir bereits den induktiven Ansatz, der die Erfahrungen der Sinneswelt verallgemeinert und extrapoliert, so wenn Thales sagt, die Erde schwimme auf dem Wasser wie ein Stück Holz, das Erdbeben sei dem Schwanken eines Schiffes vergleichbar, wenn Anaxagoras die Gestirne glühende Gesteinsmassen nennt und Sonnen- und Mondfinsternis als Schatten deutet. Aber auch die Rede, daß die Sinne trügen, ist alt. Zenon hat bereits die Bewegung als Sinnestrug bezeichnet, und bei Plato lesen wir: „Die Lernbegierigen erkennen ..., daß alle Betrachtung durch die Augen voll Betrug ist, voll Betrug auch durch die Ohren und die übrigen Sinne. Die Philosophie überredet sie daher, sich von den Sinnen zurückzuziehen, soweit es nicht notwendig ist, sich ihrer zu bedienen, und sie ermuntert, sich vielmehr in sich selbst zu sammeln und zusammenzuhalten und nichts anderem zu glauben als wiederum sich selbst, was sie für sich selbst von den Dingen an und für sich anschaut" (Plato, Phaidon, 83 A).

Dieser *Gegensatz von äußerer und innerer Erfahrung wiederholt sich bei der Entstehung der neuzeitlichen Wissenschaft*. Bacon und in seinem Gefolge die englischen Empiristen wollen sich ausschließlich auf die Sinneserfahrung verlassen. Demgegenüber schreibt Descartes an Picot, daß die Gewißheit nicht in den Sinnen liege, sondern allein im Verstande, wenn dieser distinkte Vorstellungen habe (Descartes, 1955, S. XXXV). Derart unmittelbar gewiß ist für ihn ausschließlich die Tatsache, daß es sich bei der Natur um das Ausgedehnte handelt, um die res extensa. Er schreibt, „... daß notwendig alle Erkenntnis, die wir von der Natur haben können, allein daraus (aus der Ausgedehntheit und der Übertragung der Bewegung durch Berührung und Stoß) gezogen werden kann, weil alle anderen Begriffe, die wir von den sinnlichen Dingen haben, da sie verworren und dunkel sind, uns nicht dazu dienen, uns die Erkenntnis irgendeiner Sache außer uns zu geben, vielmehr eine solche nur zu hindern vermögen" (Descartes, 1955, S. 245). Dieser Gegensatz von Empirismus und Rationalismus hat die Geschichte der Philosophie beherrscht; wo finden wir die Wahrheit, innen oder außen? Die Synthese hat Kant geliefert, er sagt, daß es *zwei Stämme menschlicher Erkenntnis gebe, die Sinnlichkeit und den Verstand* (Kant, Kritik der reinen Vernunft, B 29). Das Zusammenwirken der beiden Stämme beschreibt er wie folgt: „Die Vernunft muß mit ihren Prinzipien, nach denen allein übereinstimmende Erscheinungen als Gesetze gelten können, in einer Hand und mit dem Experiment, das sie nach jenen ausdachte, in der anderen an die Natur gehen, zwar um von ihr belehrt zu werden, aber nicht in der Qualität eines Schülers, der sich alles vorsagen läßt, was der Lehrer will, sondern eines bestallten Richters, der die Zeugen nötigt, auf die Fragen zu antworten, die er ihnen vorlegt" (Kritik der reinen Vernunft, B XXXIII). Das bedeutet, daß Vernunftprinzipien die Form, die Möglichkeit der Naturerkenntnis bestimmen, daß aber die experimentelle Prüfung im Rahmen des Gefragten die engere Auswahl trifft. Kant beschreibt mit diesen Worten den Prozeß der experimentellen Forschung mit überraschender Genauigkeit.

Seine Rede von den zwei Stämmen menschlicher Erkenntnis, seine Synthese des Rationalismus und Empirismus besagt, daß es *weder ein rein empirisches noch ein rein theoretisches Wissen von der Wirklichkeit gibt*. Die Idee einer rein theoretischen Erkenntnis würde die Annahme erfordern, daß es der Sinneswahrnehmung nicht bedarf, weil die gesamte Wirklichkeit bereits in unserem Intellekt vorhanden ist und durch Rückbesinnung hervorgeholt werden kann, sie leugnet damit das Faktum der Sinneserfahrung und des Lernens an der Sinneserfahrung, sie leugnet damit praktisch den Einfluß des Schicksals auf die geistige Entwicklung. Die Annahme der rein empirischen Erkenntnis übersieht, daß die reinen Daten der Erfahrung, um verstanden zu werden, einer Deutung bedürfen. Jede Erkenntnis ist eine mehrstellige Relation: Ich erkenne etwas als etwas. Ich muß in meiner Vorstellung etwas besitzen, als was ich das Neue und Unbekannte anspreche. Erkennen ist An- und Eingliedern des Neuen an bereits Bekanntes. Das Ergebnis der Erkenntnis sind Aussagen, aber *die Natur spricht nicht in Sätzen, die Daten an sich sind beziehungslos, sind sprachlos und nichtssagend*. Zum Prädizieren bedarf es der Prädikate. Daher auch die allgemeine Erfahrung, daß dasjenige, was jemand sieht, sehr stark von dem abhängt, was er schon weiß. Das bedeutet aber, daß die Ergebnisse des Erkennens Komposita sind aus dem, was das Subjekt mitbringt und was die Objektwelt dazu liefert.

Mit der Einsicht, daß die Erfahrung, um möglich zu sein, an bestimmte Voraussetzungen gebunden ist, daß Erkenntnis nicht ausschließlich Empfang ist, sondern daß das Subjekt Bedingungen mitbringen muß in Form vorgängiger Klassifikationen, hat Kant unsere Vorstellungen vom Erkenntnisprozeß auf eine neue Stufe gehoben, aber ein wesentliches Anliegen, das er mit seiner Erkenntniskritik verfolgte nämlich die Erkenntnis auf eine feste und unbezweifelbare Basis zu stellen, hat sich nicht erfüllt. Er betrachtete seine transzendentalen Kategorien als die Bedingungen jeder Erkenntnis, als die denknotwendigen Formen des Bewußtseins überhaupt, so daß er *a priori als allgemeingültig verstand.* Es hat sich aber gezeigt, daß *die Bedingungen für die Möglichkeit der Erfahrung keineswegs allgemeingültig und ihrerseits auch von der Erfahrung nicht unabhängig sind.* So waren z. B. Kants Kategorien von Raum und Zeit dem historischen Kenntnisstand der Newtonschen Physik entnommen und sind heute aufgrund unserer Kenntnis der Relativitätstheorie nicht mehr als allgemeingültig akzeptierbar. Damit stellt sich erneut sehr dringlich die Frage: Wo finden wir die Wahrheit, die wir als das Ziel der Wissenschaft bezeichnet hatten, die Sinneserfahrung allein liefert sie nicht, da sie der Deutung bedarf; die Deutung ihrerseits aber erweist sich nicht unabhängig von der geistesgeschichtlichen Situation und vom jeweiligen Kenntnisstand. Das Ganze erinnert etwas an ein Legespiel: man beginnt nach bestimmten Prinzipien die Daten zu ordnen und sieht, wie man zurechtkommt. Und wenn die Anordnung nicht aufgeht oder Neues dazukommt, was nicht hineinpaßt, modifiziert man mehr oder weniger das System oder baut es unter Umständen auch völlig um. Es ist nun der begreifliche Wunsch jeder Wissenschaftstheorie, diesen Erkenntnisprozeß selbst so methodisch und wissenschaftlich wie möglich zu betreiben, damit man wenigstens eine Ahnung davon hat, welchen Zipfel der Wahrheit man jeweils in Händen hält. – Verfolgen wir kurz den weiteren Gang der Wissenschaftsgeschichte.

Die Idee vom dualen Charakter der Erkenntnis hat sich im Anschluß an Kant zunächst keineswegs durchgesetzt. Es hat sich vielmehr auf der einen Seite mit dem deutschen Idealismus eine spekulative Bewußtseinsphilosophie entwickelt und auf der anderen Seite ein engagierter Empirismus, getragen vom Aufstieg der Naturwissenschaften. Die daraus resultierende Spannung zwischen Naturwissenschaft und Philosophie ist heute noch spürbar. In scharfer Ablehnung aller Spekulation bezeichnet Comte 1844 nur diejenigen Aussagen als positives Wissen, die auf Tatsachen zurückführbar sind (Comte, S. 27). Allem, was nicht in diesem Sinne durch die Sinneserfahrung verifizierbar ist, wird der Charakter der Wissenschaft abgesprochen. Erst Karl Popper – selbst aus der Schule des Neopositivismus stammend – hat mit seinem klassischen Werk „Logik der Forschung" den positivistischen Empirismus überwunden und das duale Modell der Erkenntnis wieder aufgegriffen: wir machen Annahmen – sagt er –, die unserer Phantasie, unseren Vorbegriffen und Vorkenntnissen, unserer Intuition und der geistesgeschichtlichen Situation entstammen, leiten aus diesen Hypothesen deduktiv singuläre Aussagen ab und prüfen letztere durch das Experiment. Das ist das Verfahren von Versuch und Irrtum. Aus diesem Ansatz folgt, daß alle Theorien nur einen vorläufigen, hypothetischen Charakter haben, es sind Annahmen, die durch die Beobachtung zwar geprüft, aber nicht wirklich verifiziert werden können, weil sie einen nicht aus der Beobachtung stammenden, vom Subjekt mitgebrachten Anteil enthalten. Und dieser Subjektanteil, der nun nicht mehr, wie Kant annahm, denknotwendig und für alle denkenden Subjekte der gleiche ist, hat weiterhin zur Folge, daß die gleichen Erfahrungsdaten verschieden gedeutet werden können. Schon Boltzmann hatte geäußert: „Es sind sogar Möglichkeiten zweier ganz verschiedener Theorien denkbar, die beide gleich einfach sind und mit den Erscheinungen gleich gut stimmen, die also, obwohl sie total verschieden, beide gleich richtig sind" (May, S. 27). Dies ist das Problem der äquivalenten Theorien. Die Unmöglichkeit der Verifikation kommt logisch in der Tatsache zum Ausdruck, daß Theorien Allsätze sind, die experimentellen Ergebnisse aber nur singuläre Aussagen liefern und daß man von „es gibt" nicht auf „alle sind" schließen kann. *Die experimentelle Bestätigung ist nur eine notwendige, aber keine hinreichende Bedingung für die Wahrheit einer Theorie*, und sie läßt noch einen Spielraum verschiedener Möglichkeiten offen (Sachsse, 1967, S. 170ff.; 1969, S. 176ff.).

Wenn aber nun weder der Entwurf noch das Experiment für die Wahrheit einer Theorie bürgen, so stellt sich erneut die Frage: nach welchen Kriterien soll man die Wahl zwischen äquivalenten Theorien treffen? Sind sie dann absolut gleichwertig oder können sie doch mehr oder weniger über die Wirklichkeit aussagen? Popper antwortet darauf: Allsätze kann man zwar nicht experimentell verifizieren, aber man kann sie falsifizieren. Um den Satz ‚Alle Raben sind schwarz' zu beweisen, müßte man alle Raben, auch die ungeborenen, vorweisen; um ihn zu widerlegen, genügt der Ausweis eines einzigen weißen Raben. Die experimentelle Prüfung einer Theorie ist der Versuch ihrer Falsifikation, je leichter sie prüfbar ist, um so leichter ist sie falsifizierbar. Eine Theorie, die überhaupt nicht falsifizierbar ist, ist auch nicht prüfbar, und das bedeutet: die Wirklichkeit liefert für sie nicht nur nicht hinreichende, sondern auch nicht notwendige Bedingungen, eine solche Theorie bereichert nicht unser Wissen über die Wirklichkeit, und man hat sie daher auch als eine „metaphysische Aussage" bezeichnet. Je größer die Falsifizierbarkeit, um so größer ist offenbar der empirische Anspruch, die empirische Aussagekraft einer Theorie. Bei allen seinen Aussagen soll der Forscher stets überlegen, woran sie scheitern können, da er auf diesem Wege zu wirklich gehaltvollen Aussagen kommt.

Popper führt also an die Stelle der Verifizierbarkeit ein neues Kriterium für den Wert einer Theorie ein, ihre Falsifizierbarkeit, die ein Maß für ihren Aussagegehalt, für ihre Verwurzelung in der Realität ist. Im Hintergrund steht die Idee Pate, daß die umfassendere Theorie auch der Wahrheit näher kommt, daß sie wahrheitsähnlicher ist. In der Tat wird man einer Theorie, die trotz scharfer Prüfmöglichkeit nicht gescheitert ist, in der Regel auch größeres Zutrauen entgegenbringen. Aber auch der Falsifikationalismus hat sich in dieser Form nicht durchhalten lassen: die Theorie von den schwarzen Raben ist durch das Aufweisen eines weißen Raben nur dann widerlegt, wenn man sich zuvor einig ist, was das Prädikat ‚Rabe' bedeutet. Die Anhänger der „schwarzen Theorie" werden sagen: dieses weiße Tier ist kein Rabe. Und das zeigt wieder, daß selbst *aus dieser singulären Aussage der theoretische Anteil nicht elimi-*

nierbar ist, nämlich das Vorverständnis, welche Bedeutung das Prädikat Rabe hat. Es gibt eben keine reinen Tatsachen.

Von Popper und seiner Schule sind zahlreiche Verfeinerungen vorgeschlagen worden, um doch noch eine wissenschaftliche Methodologie der Forschung sicherzustellen. Imre Lakatos setzt an die Stelle des „naiven Falsifikationismus" den „methodischen Falsifikationismus", bei dem durch Entscheidung festgelegt wird, welche Beobachtungssätze — auch Basissätze genannt — zugelassen werden. Das ist ohne Zweifel eine Konzession an den Konventionalismus, aber Basissätze sind der Beobachtung doch näher als abstrakte theoretische Gebäude, so daß hier die Entscheidung weniger problematisch ist. Daß Holz schwimmt und brennen kann, Stein aber nicht schwimmt und nicht brennen kann, wird kaum jemand in Frage stellen, weil hier Prädikate verwendet werden, die dem Apriori der Alltagssprache entstammen, während man in bezug auf Elementarteilchen, die weder Masse noch Ladung haben und sich mit Lichtgeschwindigkeit bewegen, schon eher verschiedener Meinung sein kann. Popper zitierend spricht Lakatos von unproblematischen Hintergrundkenntnissen, die wir probeweise als unproblematisch akzeptieren und verwenden, um eine Theorie zu prüfen (Lakatos, 1974, S. 104). Lakatos geht noch einen Schritt weiter und führt die Methode des „raffinierten Falsifikationismus" ein, der dadurch gekennzeichnet ist, daß statt einzelnen Theorien ganze Forschungsprogramme verglichen werden und zwar mit dem Kriterium, wie weit diese Programme zur Erkenntnis größerer Zusammenhänge führen. Lakatos knüpft damit an die Forderungen von Fruchtbarkeit und Einfachheit von Theorien an. Er schreibt: „Diese Bedingung ständigen Wachstums ist meine rationale Rekonstruktion der allgemein anerkannten Forderung der ‚Einheit' und ‚Schönheit' der Wissenschaft" (Lakatos, 1974, S. 169). Lakatos setzt damit *an die Stelle der Wahrheit ein instrumentales Kriterium, aber es geht doch um Instrumente zur Gewinnung der Wahrheit*: Theorien sind um so „besser", je umfassendere Zusammenhänge sie vermitteln, wobei allerdings die Meinung dahinter steht, daß der umfassendere Zusammenhang der Wahrheit näher ist. An Hand seines Fortschrittskriteriums des Wachstums und Gehaltsüberschusses unterscheidet Lakatos zwischen progressiven und degenerativen Problemverschiebungen und läßt in diesem Zusammenhang auch „metaphysische Theorien" zu, wenn sie seiner Bewertung gerecht werden.

Der Wunsch, die Entwicklung der Wissenschaft selbst als einen systematisch wissenschaftlich gesteuerten Prozeß zu verstehen, der von rationalen Kriterien geleitet zu ständiger Vermehrung und Vervollkommnung unseres Wissensbesitzes führt, ist ein verständliches Anliegen der Wissenschaftstheorie. Aber entspricht diese Vorstellung eigentlich der Wirklichkeit? Um diese Frage zu entscheiden, muß man nicht untersuchen, wie es sein sollte oder sein könnte, sondern wie es gewesen ist. Es ist das Verdienst von Thomas S. Kuhn mit seinem Buch „Die Struktur wissenschaftlicher Revolutionen" die historische Betrachtungsweise in die wissenschaftstheoretische Diskussion eingebracht zu haben. Seine Thesen sind zusammengefaßt die folgenden:

1. *Noch niemals ist eine Theorie der Falsifikation zum Opfer gefallen.* Wenn experimentelle Ergebnisse einer Theorie widersprechen, pflegt man sie durch ad hoc Hypo-

thesen, durch besondere Randbedingungen zu erklären oder die Angelegenheit auf sich beruhen zu lassen in der Hoffnung, daß es sich noch aufklären wird. Kuhn spricht von dem rastlosen und hingebungsvollen Versuch, die Natur in die von der Fachausbildung gelieferten Begriffsschubladen hineinzuzwängen (Kuhn, 1967, S. 22). Das Festhalten an einer Theorie den Experimenten zum Trotz ist keineswegs grundsätzlich ein Fehler. Im Jahre 1815 äußerte Prout die Vermutung, daß der Wasserstoff die Grundsubstanz aller Atome sei und daß demzufolge die Atomgewichte aller chemischen Elemente ganze Zahlen sein müßten. Die Anhänger der Proutschen Theorie erklärten die zahlreichen Abweichungen von der Ganzzahligkeit durch Verunreinigungen. Ein Jahrhundert hat man sich, begleitet von zahlreichen Kontroversen, um immer bessere analytische Methoden bemüht, ohne die Unstimmigkeiten beseitigen zu können, aber auch ohne die Proutsche Hypothese aufzugeben, deren Einfachheit suggestiv war. 1911 entdeckte man dann, daß die gebrochenen Zahlen in der Tat durch Gemische, aber auch Gemische von Isotopen zustandekommen, die die gleichen chemischen Eigenschaften haben und daher durch die klassischen Methoden der analytischen Chemie nicht zu trennen sind. — Der Forscher ist sich häufig der Tatsache nicht bewußt, ein wieviel größeres Gewicht seine Grundüberzeugung gegenüber seiner Beobachtung hat.

2. *Häufen sich die Anomalien, so erfolgt irgendwann ein revolutionärer Umbruch, ein neues Paradigma — ein Leitbild, ein Prinzip, ein apriorisches Schema — wird geboren.* Das geschieht über Nacht, „kein üblicher Sinn des Ausdrucks ‚Interpretation' paßt zu diesen Eingebungsblitzen" (Kuhn, 1967, S. 166). Eine alte Theorie wird erst aufgegeben, wenn sie auf diese Weise von einer neuen verdrängt wird. Der Geburt eines neuen Paradigmas geht eine Krise voran. Im dreizehnten Jahrhundert wuchs die Kompliziertheit der Astronomie schneller als ihre Exaktheit. Alfonso X. konnte verkünden: Hätte Gott ihn bei der Erschaffung des Universums konsultiert, er hätte guten Rat geben können (Kuhn, 1967, S. 99).

3. Die Bezeichnung Revolution für den Umbruch ist angebracht, *da es für zwei Paradigmen keinen überinstitutionellen Rahmen gibt,* denn ähnlich den politischen Revolutionen ist hinterher gerade das erlaubt, was vorher verboten war. Ein Konsens ist nicht erreichbar, da jede Gruppe zur Verteidigung ihres Paradigmas ihr eigenes Paradigma verwendet (Kuhn, 1967, S. 130).

4. *Von einem Paradigma zu seinem Nachfolger führt kein logischer Weg.* Paradigmata sind inkommensurabel, weil sie mit verschiedenen Sprachen, mit verschiedenen Begriffen arbeiten. Bisweilen bleiben zwar die Worte erhalten, aber die Bedeutungen der Worte ändern sich. Wenn Einstein von Zeit spricht, meint er etwas anderes als wenn Newton von Zeit spricht (Lakatos, 1974, S. 258 ff). Vor Kopernikus gehörte die Sonne zu den Wandelsternen. Seine Theorie hat dazu geführt, daß das Wort Planet eine andere Bedeutung erhielt und daß nicht nur die Sonne, sondern alle Himmelskörper mit anderen Augen gesehen wurden. Da kein logischer Weg von einem Paradigma zu seinem Nachfolger führt, gleicht ein Wechsel bezüglich des Akzeptierens eines Paradigmas einem Akt der Bekehrung.

5. Dies alles hat zur Folge, daß *die Entwicklung der Wissenschaft kein bewußt gesteuerter, kein linearer und kumulativer Prozeß ist,* sondern eine Kette von Ereig-

nissen, die wie alle historischen Prozesse von einer großen Zahl von bekannten wie von unbekannten Faktoren bestimmt werden.

Kuhn meint, daß die Abwertung historischer Tatsachen wahrscheinlich funktionell in der Ideologie des naturwissenschaftlichen Berufs verwurzelt sei. Was Lakatos als Geschichte begreife, sei keineswegs Geschichte, sondern eine Philosopie, die Beispiele fabriziere, und er zitiert Lakatos, der mit bezug auf die rationale Rekonstruktion schreibt: „Das ist natürlich nicht genau das, was wirklich passiert ist; vielmehr ist es das, was geschehen wäre, wenn sich die Leute rational benommen hätten, wie sie es eigentlich hätten tun sollen." (Lakatos, 1974, S. 318). Aber hätten sie es wirklich anders machen können, als wie sie es getan haben? Der Mathematiker und Wissenschaftshistoriker J. R. Ravetz bezweifelt es und schreibt in seiner sehr genauen und ausführlichen Untersuchung über die Handhabung der wissenschaftlichen Arbeit: „. . . daß die tatsächlich vor sich gehenden Entscheidungs- und Assimilierungsvorgänge zu kompliziert sind, als daß man sie auf plausible einfache Modelle reduzieren könnte; und wenn auch der echte Fortschritt nicht bloß vom Zufall abhängt, ist er doch von menschlichen Einschätzungen abhängig, für die man keine einfachen und sicheren Regeln niederlegen kann." (Ravetz, S. 303).

Trotz der Bedenken der Historiker hat sich Wolfgang Stegmüller nicht abschrecken lassen, doch noch einmal den Versuch der rationalen Rekonstruktion der Kuhnschen Darstellung zu unternehmen, die das historische Material von Kuhn durchaus würdigt, aber trotzdem an dem von rationalen Kriterien gesteuerten systematischen Fortschritt festhält. Stegmüller, zutiefst von der Notwendigkeit rationaler Maßstäbe für den wissenschaftlichen Fortschritt überzeugt, findet es beispiellos, daß Kuhn den Vertretern der exakten Naturwissenschaften — und ausgerechnet diesen! — ein irrationales Verhalten zu unterstellen scheine (Stegmüller, Bd. II. D, S. III). Bei seiner sehr sorgfältigen und subtilen Darstellung stützt er sich weitgehend auf den Non-Statement-View von Theorien, den J. D. Sneed in seinem Werk „The Logical Struktur of Mathematical Physics" entwickelt hat. Dabei haben sich noch einmal interessante, neue Gesichtspunkte ergeben.

Stegmüller räumt ein, daß von einer alten Theorie zur neuen, sie verdrängenden kein logischer Weg führt, weil die Theorien verschiedene Sprachen verwenden, aber er sagt, wenn sie auch logisch nicht aufeinander reduzierbar sind, so kann man sie trotzdem auf Grund rationaler Kriterien vergleichen, bewerten und die bessere auswählen. Dazu ist allerdings erforderlich, daß man eine neue Vorstellung davon gewinnt, was eine Theorie eigentlich ist. Nach der klassischen Vorstellung sind Theorien Systeme von Aussagen, und diese Systeme können in der Tat nur dann vergleichbar sein, wenn sie in derselben Sprache abgefaßt sind. Demgegenüber kann man Non-Statement-View übersetzen als eine Betrachtungsweise, die Theorien nicht mehr als Systeme von Aussagen auffaßt. Man kann es auch positiv ausdrücken: *Sneed versteht Theorien als Prädikate.* Was sind Prädikate? Es sind Bezeichnungen für Eigenschaften und Beziehungen, für Bedeutungen und Sinngehalte, für Einteilungsschemata aufgrund von Bewertungen. Wenn wir Theorien als Prädikate verstehen, kommen wir zu interessanten Konsequenzen. Zunächst: die Frage, ob wahr oder falsch, entfällt, sie läßt sich nur in bezug auf Behauptungen, auf Aussagen, stellen. Prädikate kann man nur danach beurteilen, ob sie brauchbar sind, ob sie passen, ob sie ein Ausdruck dessen sind, was man meint. Der Begriff der Entelechie des Aristoteles als eine Ursache der Bewegung ist im Rahmen des cartesischen Paradigmas der mechanischen Naturauffassung nicht brauchbar, weil die aristotelische Entelechie keine res extensa ist, die Bewegung durch Berührung und Stoß überträgt. Das Prädikat demütig im Sinne von tugendhaft wird im modernen Sprachgebrauch kaum noch verwendet, da man heute zumeist die Demut nicht als eine geforderte Verhaltensweise versteht. Deswegen werden die genannten Begriffe nicht falsch, und sie verlieren auch nicht ihren Sinn, sondern sie kommen außer Gebrauch, weil uns der Sinn, den sie bezeichnen, vielleicht nicht mehr so wichtig ist wie andere Bedeutungskomplexe, die wir unserer Erfahrungs- und Erlebniswelt abgewinnen. Indem man bezüglich der prädikativen Theorien nicht mehr von wahr oder falsch sprechen kann, bedarf es auch keiner konventionalistischer Tricks mehr zur sogenannten Immunisierung (Stegmüller, Bd. II, D, S. 8).

Wir legen uns nun die Frage vor: Wie kommen wir zu den Prädikaten? Ein Großteil übernehmen wir mit der Muttersprache, und davon ist wieder ein großer Teil genetisch vorgegeben durch das Unterscheidungsvermögen unserer Sinnesorgane und die Struktur unserer vitalen Bedürfnisse wie Hunger, Durst, Neugier, Fortpflanzungstrieb, Ruhebedürfnis usw. Ein weiterer Teil besteht aus tradierten, über die Sprache vermittelten Bedeutungskomplexen und kennzeichnet kulturell verschiedene Welthaltungen. Und darüber hinaus werden im Rahmen der geistesgeschichtlichen Entwicklung und insbesondere auf dem Wege der Forschung neue Prädikate entdeckt. So entdeckt Einstein als bislang nicht genügend berücksichtigtes Prädikat objektiver Sachverhalte die Unabhängigkeit vom Beobachtetwerden, die Invarianz gegenüber dem Koordinatensystem, wie er es ausdrückt, und die exakte Anwendung dieses Invarianzprinzips führt ihn zu seiner Relativitätstheorie. Die Quantenmechanik entdeckt zur Bezeichnung bestimmter mikrophysikalischer Sachverhalte mathematisch konstruierte Prädikate, deren Besonderheit darin besteht, daß sie sich den aus der Newtonschen Mechanik bekannten Prädikaten von Ort, Zeit und Geschwindigkeit nicht mehr eindeutig zuordnen lassen. So betrachtet besteht die theoretische Arbeit im Entdecken von bezeichnenden Eigenschaften, im Herausfinden von Merkmalen, die als besonders bedeutungsvoll angesehen werden, *in einer neuartigen Sicht dessen, was als wichtig bewertet wird.* Daher sind verschiedene Paradigmata auch logisch inkommensurabel, weil sich mit der Einführung eines neuen Paradigmas die Weise der Bewertung ändert, und das hat weiterhin zur Folge, daß häufig das Problem eines verdrängten Paradigmas durch das nachfolgende nicht gelöst wird, sondern entfällt. Driesch hat sich große Mühe gegeben, die Wirkungsweise der Entelechie bei der Entwicklung der Organismen zu erklären und sah sich am Ende sogar genötigt, dabei auf die Parapsychologie zurückzugreifen, aber im Rahmen des cartesischen Paradigmas, das auch heute noch weitgehend unser Naturverständnis beherrscht, ist diese Frage eben sinnlos geworden, ebenso wie es sinnlos geworden ist, im Rahmen der Quantenmechanik nach dem genauen Ort und der genauen Geschwindigkeit eines Elektrons zu fragen, weil die Quantenmechanik gar nicht die zur Beantwortung dieser Frage geeigneten Prädikate zur Verfügung stellt.

Wir sehen, daß dieser Non-Statement-View von Theorien, dieser Auffassung der Theorien als Prädikate, zahlreiche Eigenschaften des Paradigmabegriffes, die Kuhn bei seinen historischen Untersuchungen herausgeschält hat, gut wiedergibt. Es wird auch verständlich, warum die Kontroversen um neue Theorien oft unfruchtbar sind, eben weil die Disputanden bei den Begriffen, die sie verwenden, Verschiedenes meinen. Man sagt auch, sie reden aneinander vorbei. Und sie reden deshalb aneinander vorbei, weil ihnen gar nicht zum Bewußtsein kommt, daß sie von verschiedenen Prädikaten-Ensembles, von verschiedenen Bewertungssichtweisen ausgehen. Und es kommt häufig deswegen nicht zum Bewußtsein, weil gerade diese Voraussetzungen des Naturverständnisses und der Weltauffassung sehr eingefleischt sind, es sind in der Regel die Selbstverständlichkeiten, eben das gerade nicht zu Bezweifelnde. Durch Sneeds Non-Statement-View werden die zumeist als sicher unterstellten Elemente einer Theorie thematisiert, und das erschließt in der Tat den Zugang zu einer vertieften Reflexion, die geeignet ist, Verständigungsschwierigkeiten zu überbrücken, und die auch den Prozeß der „Bekehrung" einer rationalen Argumentation näher bringt.

Nun dürfen wir uns Stegmüllers Prädikate allerdings nicht zu einfach vorstellen. Es handelt sich um völlig abstrakte Konstrukte, mit dem Buchstaben „S" bezeichnet, „wobei das Prädikat ‚S‘ die mathematische Fundamentalstruktur der fraglichen Theorie zum Inhalt hat." (Stegmüller, Bd. II, S. 12). Das Prädikat bezeichnet Klassen von modelltheoretischen Entitäten, die in Klassen von Modellen, von potentiellen Modellen und von partiellen potentiellen Modellen unterteilt sind (Bd. II. S. 14). Dabei spielen der stabile Kern und die zeitlich variierenden Erweiterungen eine Rolle.

Zur Sicherung der Rationalität hat sich Stegmüller der gewissenhaften und minutiösen Ausarbeitung einer formalisierten Darstellung seiner Gedanken unterzogen, und hat uns dabei dankenswerterweise die Überlegungen Sneeds zugänglich gemacht, die — wie Stegmüller sagt — in einer nicht leicht verständlichen Form dargestellt sind.

Es stellt sich nun die Frage: Wenn wir uns schon damit abfinden müssen, das Paradigmata logisch inkommensurabel sind, welch anderen Maßstab gibt es dann, um sie zu vergleichen? Die Antwort lautet: *der Maßstab der Brauchbarkeit*. „Die Theorie — heißt es — ist ein kompliziertes Gerät, das man benützt, um zu sehen, wie weit man damit kommt. Man kann es verstehen, daß ein solches Gerät nicht weggeworfen wird, solange kein besseres da ist." (Stegmüller, Bd. II, E, S. 246). Und an anderer Stelle: „Über eine Theorie verfügen heißt, ein kompliziertes, begriffliches Gerüst (und nicht Sätze oder Propositionen) zur Verfügung haben, nämlich einen Strukturkern, von dem man weiß, daß er einige Male erfolgreich für Kernerweiterungen benutzt wurde, und von dem man hofft, daß er in Zukunft für noch bessere Erweiterungen wird benutzt werden können." (Stegmüller, Bd. II, D, S. 22). Hier wird die Theorie, das Prädikat, der Begriff als Werkzeug verstanden. Wir erinnern uns daran, daß die Sprache bereits bei der ersten Erfindung der Symbolisierung den Charakter des technischen Hilfsmittels hatte (S. 38 ff.). Und ein Werkzeug kann man sehr gut bewerten, ein Schraubenzieher ist zwar nicht wahr oder falsch, sondern er ist gut oder schlecht, je nachdem wie er geeignet und brauchbar ist.

Aber wovon hängt die Brauchbarkeit einer Theorie ab? Die Antwort lautet hier: von ihrer Leistungsfähigkeit für den Fortschritt der Erkenntnis. Es geht dabei um die

„intendierten Anwendungen", um „präzisierte Begriffe von bewährten Erfolgen, geglückter Erfolgsverheißung und Fortschrittsglauben" (Stegmüller, Bd. II, D, S. 15). Die Brauchbarkeit einer Theorie hängt davon ab „. . . mit welchem Erfolg sie von ihren Schöpfern zur Systematisierung der Erfahrung: der systematischen Beschreibung, Erklärung und Voraussage benützt wird." (Stegmüller, Bd. II, E, S. 253). Als Ziel der Wissenschaft wird hier vorsichtigerweise nicht mehr die Entdeckung der Wahrheit genannt, sondern der damit verwandte Begriff des Auffindens von Zusammenhängen, und die Theorien werden pragmatisch verstanden als Hilfsmittel zur Erreichung dieses autonomen wissenschaftlichen Zieles. Den Wechsel der Paradigmata betreffend vertritt Stegmüller den Standpunkt, daß dabei das Alte bewahrt wird und sein Geist im Leib der neuen Theorie seine Reinkarnation, seine Wiederauferstehung erfahre, so daß alle Leistungen der überwundenen Theorie übertragen werden, „. . . der Übergang ist nicht bloßer Wandel, sondern echter revolutionärer Fortschritt" . . . „kein bloßer Wandel in den Überzeugungen, sondern echtes Wachstum des Wissens nach objektiven Maßstäben." (Stegmüller, Bd. II, E, S. 253). Der Kern dieser Idee ist, daß im Fortschritt der Wissenschaft immer geeignetere apriorische Voraussetzungen aufgrund einer objektiven Bewertung in bezug auf ihre Brauchbarkeit für die Stiftung von Zusammenhängen ausgewählt werden. Stegmüller schreibt: „Kant hatte für seine Theorie in Anspruch genommen, Rationalismus und Empirismus, die apriorische und die empirische Komponente im Wissenschaftsprozeß, miteinander versöhnt zu haben. Die Rekonstruktion der Kuhnschen Theoriedynamik im Begriffsgerüst von Sneed ist vielleicht ein besserer Kandidat für einen solchen Anspruch." (Stegmüller, Bd. II, E, S. 252). Der Begriff des Apriori hat sich im Laufe der Geschichte gewandelt. Verstehen wir darunter ganz allgemein eine notwendige Voraussetzung, die der Erfahrung zugrunde liegt, von dieser aber nicht unmittelbar geprüft wird, so lassen sich die folgenden Deutungen dieses Phänomens unterscheiden: a) transzendentale Kategorien des Bewußtseins überhaupt (Kant); b) phylogenetisch erworbene Strukturen der Erkenntnis als ontogenetisch angeborene Formen möglicher Erfahrung (Konrad Lorenz); c) Schematisierungen beim Aufbau von Ich und Umwelt bei der ontogenetischen Interaktion des Individuums mit seiner Umgebung (S. 73, Piaget); d) selbstverständliche Grundannahmen, zum Bewußtsein kommende Adaptationsschemata und innere Modelle; e) Paradigmata, Leitbilder der Erkenntnis (Th. S. Kuhn); f) Prädikate, erratene oder entdeckte Sinngebilde (Sneed).

Ohne Zweifel verdanken wir der Deutung der Paradigmata als Prädikate im Sinne von Sneed ein besseres Verständnis der logischen Beziehungen von Theorien zueinander sowie zu ihren empirischen Daten. Aber bezüglich der These des echten Wachstums nach objektiven Maßstäben lassen sich Bedenken nicht unterdrücken. Wer persönlich in Forschung und Entwicklung tätig war, bringt den Eindruck mit, daß es dort recht anders zugeht. Bereits die Interpretation von Meßdaten hängt schon stark von der „historischen Reaktionsbasis" vom bewußten und unbewußten geistigen Besitz des betreffenden Forschers ab. Das gilt verstärkt bezüglich der Konsequenzen, die aus den Daten gezogen werden und die die weitere Versuchsstrategie bestimmen. Dabei sind die Beurteilungen sehr verschieden. Was dem einen Forscher als sicheres Fundament für den weiteren Ausbau erscheint, bezeichnet ein anderer als abwegige Spekulation. Da werden ständig von Vermutungen, Ahnungen und Hoffnungen getragene Entscheidungen gefällt, da gibt es Glücksfälle und Pechsträhnen, und es gibt Experimentatoren, die sozusagen nachtwandlerisch den richtigen Ansatz finden und andere, die sich totüberlegen und totrechnen und keinen Schritt weiterkommen. In den Lehrbüchern stehen die Ergebnisse als logisch geschlossenes System dargestellt, aber gerade diese Darstellung deckt den Weg des Auffindens zu. Es ist ein Irrtum zu meinen, *weil das Ergebnis der Wissenschaft ein rationales System sei, müsse das Verfahren, das zu diesem Ergebnis führe, ebenso beschaffen sein.* Wir möchten der Meinung von Ravetz zustimmen, der die Forschung als eine „hochspezialisierte und sehr delikate handwerkliche Tätigkeit" bezeichnet (Ravetz, S. 24), handwerklich deshalb, weil die Details des Vorgehens nicht in einer formalen Darlegung beschrieben werden können (Ravetz, S. 88 ff). Das bedeutet, daß diese Prozedur gar nicht begrifflich zu übermitteln ist, daß der Lehrer nicht verbal darüber verfügt und daß der Schüler diese Technik des Forschungsprozesses abgucken und selbst ausprobieren muß.

Auch die These, daß das Alte bewahrt und daß beim Übergang von einem Paradigma zum Folgenden nichts verloren geht, ist sehr kühn. Einem Paradigma liegen Wertvorstellungen zugrunde, und diese hängen von der geistesgeschichtlichen Entwicklung ab und auch, wie Marx durchaus richtig gesehen hat, von den technischen Möglichkeiten. Dabei kann es durchaus vorkommen, daß Werte außer Kurs kommen, vergessen oder verdrängt werden, ohne deshalb aufhören, Werte zu sein. Die perspektivische Sicht war der pompejanischen Wandmalerei geläufig, ist dann für 1400 Jahre vergessen worden, bis sie in der Frührenaissance neu entdeckt wurde. Beim Übergang vom aristotelisch-organologischen Paradigma zu dem cartesisch-mechanischen wurde zwar ein großer Fortschritt bezüglich der Mathematisierung erreicht, aber auf Kosten einer starken Einengung des Begriffs der Wissenschaftlichkeit, einer Beschränkung, der weite menschliche Bereiche zum Opfer gefallen sind. Die Quantenmechanik schließlich hat jeden Anspruch auf Anschaulichkeit aufgegeben, ihre Prädikate sind lebensferne abstrakte Konstrukte. Das ist angesichts der optischen Orientierung des Menschen in seiner Welt ein einschneidender Verzicht, dessen soziale Rückwirkungen uns noch beschäftigen werden (S. 90 f. und Kap. 7). Bei der Entwicklung der neuzeitlichen Wissenschaft wurde im ganzen der Wert der Exaktheit — wohl nicht ohne Rücksicht der technischen Verwendbarkeit wissenschaftlicher Ergebnisse — dem Wert umfassenden Umfangs vorgezogen, so daß heute der wissenschaftlich-technische Aspekt mit allgemein menschlichen Bereichen in Konflikt geraten kann. So gesehen erscheint die Rede vom stetigen wissenschaftlichen Fortschritt, bei dem alle früheren Einsichten inkarniert wieder lebendig werden, als eine nicht ungefährliche Illusion. Wir dürfen uns wohl der Einsicht nicht verschließen, daß *Fortschritte ihren Preis kosten und mit Verlusten bezahlt werden* und daß wir keinen gesicherten Weg zur Wahrheit oder zu immer vollkommenerer Systematisierung und Erkenntnis der Zusammenhänge besitzen. Allerdings kann man trotz der Unsicherheit in der Deutung doch von einem Fortschritt im primitiven Faktenwissen sprechen. Auch wenn es strenggenommen keine Aussagen über reine Tatsachen gibt, da jede Aussage, jede Prädizierung schon vom Vorwissen abhängt und daher einen theoretischen Gehalt mitbringt (S. 110 f.), so unterscheiden sich doch die Erfahrungsaussagen immerhin noch durch den Umfang ihres theoretischen Gehaltes. Es gibt Alltagserfahrungen, deren Deutung so wenig umstritten ist, daß man ihren theoretischen Gehalt praktisch vernachlässigen kann. Daß man an harte Gegenstände stoßen, daß man hinfallen kann, daß trockenes Holz auf Wasser schwimmt und daß es brennen kann, und vieles andere mehr, das so oder so in jede Theorie eingeht, wollen wir *primitives Faktenwissen nennen, und dieser Erfahrungsschatz der Menschheit nimmt bestimmt kumulativ zu.* Diese Tatsache wird auch bestätigt durch den kumulativen Fortschritt der Technik, der auf theoretische Deutungen nicht angewiesen ist.

Blicken wir zurück auf diese langwierige, selbstkritische Untersuchung der Wissenschaft, auf diese dornenvolle Bemühung um die Wahrheit, so müssen wir feststellen, daß sie zu mancher Erschütterung vermeintlicher Gewißheit geführt hat, daß selbst im Bereich der Naturwissenschaften eine wahre und unzweifelhafte Erkenntnis dem Menschen nicht möglich ist. Auch für die Nähe zur Wahrheit besitzen wir kein sicheres Kriterium, es gibt Umbrüche, denen bislang Unbezweifeltes zum Opfer fällt. *Auch die physikalische Wirklichkeit ist transzendent.* Aber wenn dem so ist, jagen wir dann mit dem Streben nach Wahrheit nicht einem Phantom nach? Sollten wir uns nicht doch für eine pragmatische Theorie der Wissenschaft entscheiden, bei der es nur noch um die Nützlichkeit des Wissens geht? Und hat es überhaupt noch Sinn, von der Wissenschaft als einer selbständigen und unabhängigen menschlichen Tätigkeit mit einer eigenen Zielsetzung zu reden? Diese Frage wird heute kontrovers beantwortet, und oft entscheidet man sich für den Pragmatismus. Wir möchten trotzdem dem Streben nach Wahrheit seinen Eigenwert nicht aberkennen, auch wenn es unsicher ist, inwieweit man Wahrheit erreichen und besitzen kann. Die Erkenntnis bemüht sich, etwas zunächst Fremdes zu verstehen, seiner teilhaftig zu werden. Die Wahrheit hat man dabei als das Widerstrebende bezeichnet, weil sie häufig anders ist, als man sie erwartet und als man sie sich wünscht. Alle externen Gesichtspunkte wie die Frage nach der Nützlichkeit oder der logischen Kohärenz blenden die Offenheit, die Empfangsbereitschaft des Erkennenden ab. Die Erkenntnis, die sich nicht um das Gegenüberstehende um dessen selbst willen bemüht, ist in Gefahr, den Dingen Gewalt anzutun, weil sie sich von Wünschen und Bedürfnissen steuern läßt, statt von dem zu Erkennenden.

Ein bedeutsames Symbol in der japanischen Tradition ist der Bambus, und zwar weil er innen hohl ist, weil nur was hohl ist, auch dem Empfang geöffnet sein kann (S. 47). Erkennen bedeutet Bekanntes hinter sich lassen und um Unbekanntes werben. Es verlangt Selbstentäußerung und Hingabe. Bertrand Russel, der englische Mathematiker und Wissenschaftstheoretiker, hat gesagt, daß die ionischen Naturphilosophen – die Begründer unserer Wissenschaft – die Natur wie eine Braut geliebt hätten, sie hätten die seltsame Schönheit der Welt fast wie eine Besessenheit im Blute gefühlt (Russel, S. 230). Wir bezeichnen es daher ebenso als ein erkenntnistheoretisches wie als ein ethisches Gebot, sich bei der Intention des Erkennens soweit wie möglich aller anderen Interessen zu entäußern bis auf das Interesse, auf das zu Erkennende einzugehen.

4.2.3 Der Fortschritt der Technik

Die vertiefte Reflexion, die Fortschritte der Wissenschaftstheorie führen, wie wir gesehen haben, immer mehr zur Erschütterung von Gewißheiten. Ganz im Gegensatz dazu sind wir aber Zeuge der unwahrscheinlichen Präzision, mit der wissenschaftliche Kalkulationen zutreffen können, von der Raumfahrt bis zu den Versorgungs-, Verkehrs- und Kommunikationsverhältnissen, die bis in das Detail unser heutiges Leben tragen. Wie ist zu verstehen, daß etwas so exakt funktionieren kann, wenn wir doch nicht im sicheren Besitz der Wahrheit sind? Zur Klärung dieser Frage müssen wir die wissenschaftliche und die technische Entwicklung schärfer einandergegenüberstellen.

Zunächst: in beiden Fällen handelt es sich um Suchprozesse, die nach dem dualen Schema vom probierenden Abtasten der Möglichkeiten, von Entwurf und Prüfung von Versuch und Irrtum vorgehen. Aber beim Entwerfen der Konzeptionen zeigen sich schon die Unterschiede. Der Wissenschaftler ist bemüht, seine Erfahrungen zu ordnen, das Neue passend einzureihen, Zusammenhänge zu stiften. Der Anlaß seines Entwurfes sind äußere Erfahrungen, deren Begründung, deren Einordnung er sucht. Demgegenüber wurzelt der technische Entwurf *nicht in der äußeren Welt, sondern in der inneren, im Wunsche nach noch nicht Dagewesenem, und er ist um so bedeutsamer und kühner, je mehr er im Widerspruch zu allem bislang Bekannten steht.* Im Rahmen der Kreativitätsforschung unterscheidet man zwischen konvergentem und divergentem Denken (Landau, 1971). In Tabelle 9 sind dazugehörige Begriffsfamilien einander gegenübergestellt. Angesichts dieser Einteilung liegt die Wissenschaft mehr auf der Seite der Konvergenz, die Technik auf der der Divergenz, und seit ihren Anfängen ist der Technik der optimistische und der revolutionäre Zug eigen. Die Weisen des Denkens hängen wesentlich vom Temperament und der Veranlagung ab, und es gibt natürlich auch unter den Wissenschaftlern stärker divergente und unter den Technikern stärker konvergente Denker. Was den Kontakt mit der Wirklichkeit und den Anteil der Phantasie betrifft, so hat der technische Entwurf eine gewisse Verwandtschaft zu dem des Künstlers. Im übrigen ist es eine Grundregel aller Kreativitätsmethoden, Vorschlag und Prüfung möglichst zu trennen, damit das Ungewöhnliche nicht vorschnell gewohnter Kontrolle zum Opfer fällt. Schiller hat gesagt, der Verstand solle die zuströmenden Ideen nicht an den Toren schon allzusehr mustern.

Tabelle 9. Konvergentes und divergentes Denken

konvergent	divergent
Sicherung	Wagnis
begriffliche Ordnung	Umbruch
folgernd, logisch	spontan, irrational
induktiv	antithetisch, dialektisch
skeptisch	optimistisch
konservativ	revolutionär

Ist auch die technische Konzeption unabhängiger von der Erfahrung, so ist doch ihre Prüfung dafür um so schärfer. Das wissenschaftliche Experiment liefert niemals ein eindeutiges Urteil; zwischen die unmittelbare Wahrnehmung und ihre Deutung schieben sich theoretische Vormeinungen, die einen Spielraum für verschiedene Deutungen offen lassen. Es gibt kein experimentum crucis, und eine Theorie ist noch niemals an einer ihr widersprechenden Beobachtung gescheitert (S. 112 ff.). Demgegenüber zeigt die Prüfung bei der Technik unzweideutig und für alle Zeiten, ob die technische Idee zutreffend war, das heißt, ob sie sich hat verwirklichen lassen, ob es sich bei ihr um eine Vorausahnung realer Möglichkeiten gehandelt hat oder nur um einen lebhaften Traum. Was der Wissenschaftler mit so großer Mühe sucht und was sich einem Phantom gleich doch immer wieder seiner Hand entwindet, die sichere Verifikation, – der Techniker kann sie vollziehen, *er kann eine Idee wirklich wahrmachen,* und was er sich in der Phantasie ausgedacht hat, das steht nach bewährter Prüfung konkret vor seinen Augen und Händen. Ein *derartiges Wirklich-Machen von Vorstellungen und Gedanken ist eine faszinierende Erfahrung und auch ein staunenswertes anthropologisches Phänomen.* Man kann verstehen, daß von diesem Vermögen ein Reiz ausgeht, der sich bis zur Leidenschaft steigern kann.

Wie kommt es – wird man fragen ? daß der Techniker sozusagen automatisch die Verifikation beziehungsweise Falsifikation seiner Vorstellungen erlebt, während sich doch der Wissenschaftler trotz all seiner Mühe diese Gewißheit nicht verschaffen kann? Der Grund ist, daß die Technik zwar mit Worten und Begriffen umgeht, daß sie sich der Hypothesen und Theorien als heuristischer und prognostischer Instrumente bedient, und über Mitteilung und Bericht ihr Zusammenhandeln organisiert, daß aber doch *Wort und Begriff gerade nicht ihr Wesen ausmachen, daß sich ihre eigentliche Leistung außerhalb des verbalen Bereichs vollzieht.* Wort und Wissenschaft leben in der gedeuteten Welt. Die Deutung aber ist ein endloser geistesgeschichtlicher Prozeß, von einer nicht absehbaren Menge menschlicher Meinungen und Wertschätzungen bestimmt und einschneidenden historischen Wandlungen unterworfen, gewiß auch stark von den äußeren Lebensbedingungen abhängig, aber doch auf so komplexe Weise, daß er aus diesen nicht ableitbar ist. Jeder Begriff, den wir verwenden, und jeder Satz, den wir sprechen, ist das Ergebnis tausendjähriger Auseinandersetzungen der Menschheit mit ihren jeweiligen Gegebenheiten, und dieses vielgestaltige Geschehen kann keinen Abschluß finden, solange die Menschheit existiert. Die Aussagen, die in Schrift und Dokumentation ihren Niederschlag gefunden haben, kann man verstehen als Momentaufnahmen vom unabsehbaren Fluß des Denkens. Die Technik hat es einfacher. Sie befaßt sich nicht mit den Deutungen, den Bewertungen, den Beurteilungen der Dinge, *sondern mit den Dingen selbst. Ihr Feld liegt eine Metastufe tiefer* (S. 105), sie ist sozusagen in der Lage, die ganze *Kompliziertheit der Bewußtseinsprozesse zu unterlaufen und zur konkreten Wirklichkeit selbst vorzustoßen.*

Der präverbale Charakter ist der Technik von ihrem Ursprung her eigen. Sie ist einige 100 000 Jahre vor der Sprache entstanden, sie hat sich in der Kommunikation durch Hinweis und Vorzeigen vor der symbolischen Abbildung der Wirklichkeit entwickelt. Sie war es, die die Entwicklung der Sprache erst hinter sich her gezogen hat, gleich einer Zielmutation, die eine Folgeentwicklung selektiv prämiert (S. 38 f.). Aber nicht nur während der prähistorischen Zeit, sondern auch in der Epoche der Agrarkulturen hat die begriffliche Übermittlung des technischen Könnens nur eine verschwindende Rolle gespielt. Der Meister unterweist den Lehrling nicht durch Erklärungen, sondern durch Zeigen, durch Vormachen, und zwar deshalb, weil er selbst gar nicht zu erklären weiß, was er macht. Der Wortstamm von Lehren ist der gleiche wie von Leisten, und Lehren meint allgemein Leistend-Machen. Und das gelingt im Wechselprozeß von Vormachen und Nachmachen, von Zeigen und Einüben. Auch heute wird keine Kunstfertigkeit auf anderem Wege erworben. Auch der Erfinder benötigt zur Verwirklichung seiner Idee nicht das begriffliche Gerüst, er besitzt es in der Regel auch nicht, sondern tastet sich von Ahnungen geleitet vorwärts. Er kann sogar das Erlebnis des Einfalls haben, daß etwas „gehen" wird, ohne daß er sagen kann, wie. Friedrich Dessauer, ein engagierter Freund der Technik, berichtet von „Stephensons rührender Hilflosigkeit, als sie ihn im Parlament ins Kreuzverhör nahmen. Auf die meisten Fragen antwortete er: I cant't say ist, but I'll make it." Und Dessauer fügt hinzu: „Das ist ein Techniker in seinem Adel." (Dessauer, 1958, S. 215). Eine Lehre im begrifflichen Sinne vom Machen-Können gehört erst der jüngsten Geschichte an, wir nannten Johann Beckmann als den ersten Autor einer „Technologie" (S. 88). Heute hat nun in der Tat der technische Lehrstoff außerordentlich zugenommen, die Wissenschaft ist zu einem sehr wichtigen Hilfsmittel der Technik geworden, aber sie ist trotzdem keineswegs ausschlaggebend für die Technik, denn man kann technisch sehr vieles produzieren, auch wenn man es wissenschaftlich nicht versteht. Die großen Verfahren der technischen Chemie, die katalytischen Prozesse, die Kunststoffpolymerisation, die pharmazeutische Chemie sind dem wissenschaftlichen Verständnis dieser Prozesse weit vorausgeeilt und sind teilweise auch heute, obwohl schon lange in Gebrauch, noch nicht in den Einzelheiten geklärt.

Ein gutes Beispiel für die Funktion der Sprache bei der Mitteilung technischer Verfahren bietet die *Patentliteratur,* die bisher aber noch wenig das Interesse der Wissenschaftstheoretiker gefunden hat. Patent bedeutet wörtlich Veröffentlichung, litterae patentes sind die offenen Briefe. Das Patent ist der Vertrag eines Erfinders mit einem Staat: der Erfinder verpflichtet sich, seine Erfindung wahrheitsgemäß und vollständig zu veröffentlichen, und als Gegenleistung räumt der Staat ihm innerhalb seines Territoriums das Monopol zur alleinigen Ausnutzung der Erfindung für einen bestimmten Zeitraum, meist für 18 Jahre, ein. Auf der Welt werden im Jahr rund eine Million Patente angemeldet, aber die Patentliteratur führt trotz ihres Umfangs ein Eigenleben, in den wissenschaftlichen Publikationen in Zeitschriften, Monographien und Lehrbüchern wird nicht allzu viel bezug darauf genommen, da diese Literatur aus einer systematisch nahezu unübersehbaren Fülle nicht zusammenhängender Details besteht.

Patentierbar sind nicht Erkenntnisse an sich, sondern nur gewerblich verwertbare Erfindungen, die dazu drei weitere Voraussetzungen erfüllen müssen: sie müssen neu sein, einen technischen Fortschritt darstellen und erfinderisches Niveau aufweisen. Da diese Begriffe justikabel sein müssen, bedürfen sie genauerer Definition. Als neu gilt, was nicht vom Zeitpunkt der Anmeldung gerechnet in öffentlichen Druckschriften aus den letzten 100 Jahren bereits derart beschrieben oder bereits so offenkundig benutzt ist, daß danach die Benutzung durch andere Sachverständige möglich erscheint. Bei den Druckschriften kommt es nicht auf die Verbreitung, sondern auf die prinzipielle Zugänglichkeit an, eine Mitteilung in einem internen Vereinsrundschreiben ist nicht neuheitsschädlich, wohl hingegen etwa eine Annonce in der Neuseeländer Fischereizeitung. Unter technischem Fortschritt wird auch die Bereicherung der Technik durch eine grundsätzlich neue Methode verstanden, auch wenn diese nicht billiger ist. Fortschritt bedeutet schlicht, daß man etwas kann, was man vorher nicht konnte, wobei es sich um etwas gewerblich Verwertbares handeln muß. Die Erfindungshöhe wird verstanden als die schöpferische Leistung. Sie kann das Ergebnis eines glücklichen Griffes, aber auch der systematischen Arbeit sein. Wichtig ist, daß es sich um *etwas Unwahrscheinliches, Unerwartetes handelt.* Auch die Erfindung des besonders Einfachen kann schöpferisch sein, wenn die Fachwelt zuvor achtlos daran vorbeigegangen ist. Die Erfindungshöhe wird immer am Stand externer Technik gemessen, der interne Stand der Technik innerhalb von Produktionsunternehmungen ist in der Regel höher.

Die hier genannten Voraussetzungen bestimmen den traditionellen, viergliedrigen Aufbau der Patentschrift. Ein erster Abschnitt schildert den Stand der Technik auf dem betreffenden Gebiet. Ein zweiter Abschnitt, eingeleitet mit den Worten „Wir haben nun gefunden . . .“ erläutert den technischen Fortschritt des angemeldeten Verfahrens. Im Gegensatz zur wissenschaftlichen Publikation, bei der der Autor bemüht ist, seine Aussagen durch Argumente zu begründen, weist der Erfinden gerade auf das Unerwartete und Unwahrscheinliche seiner Mitteilung hin, da er hierdurch die schöpferische Leistung beim Auffinden des Neuen hervorheben kann. Hier tritt der divergente Zug technischen Denkens im Gegensatz zum konvergenten der Wissenschaft in Erscheinung (S. 121). Ein dritter Abschnitt enthält eine Reihe durchnumerierter Beispiele mit Zahlenangaben nach dem Schema: Wenn du das und das tust, wirst du das und das beobachten können. Der vierte Abschnitt schließlich enthält die Ansprüche unter Angabe der Aufgabenstellung „Verfahren zu dem und dem Zweck“ und nachfolgender Angabe der besonderen Maßnahmen, die Gegenstand der Erfindung sind, eingeleitet durch die Formel „dadurch gekennzeichnet, daß . . .“.

Die Patentschrift bedient sich zwar zum Zwecke der Mitteilung der Worte und Begriffe, *aber sie vermeidet doch im Rahmen der Begründung ausdrücklich die logische Argumentation.* Sie ist daher mit wissenschaftlichen Argumenten auch nicht widerlegbar. Würde bei Einspruch gegen die Anmeldung geltend gemacht, daß die und die Aussagen den Naturgesetzen widersprechen, so würde der Erfinder dem Einsprechenden antworten: „Gerade darin besteht meine schöpferische Leistung, daß ich etwas gefunden habe, was man allgemein für unmöglich gehalten hat. *Aber wenn Du es nicht glauben willst, so sieh es Dir an, ich habe ja Beispiele gegeben*“. Die Beispiele müssen so vollständig beschrieben sein, daß der mit dem Stand der Technik Vertraute sie nacharbeiten kann, und wenn in dieser Beziehung Zweifel vorhanden sind, kann im Gerichtsverfahren das Vorführungsexperiment verlangt werden. Das bedeutet, daß bei einer *Patenschrift die Letztbegründung nicht von einer Aussage getragen wird, sondern durch das Vorzeigen von etwas Beobachtbarem.* Gewiß hat auch bei den experimentellen Wissenschaften das Aufweisen von Beobachtungen eine wichtige Funktion, aber doch immer nur als Zeichen für etwas, als Glied in einem argumentativen Zusammenhang, jedoch nicht als das sich selbst genügende Faktum. Der Erfinder braucht keinen Satz auszusprechen, sondern es genügt, daß er während der Vorführung sagt: „Jetzt, da!"

Die große Zahl und Vielfalt der Patentanmeldungen, die aus einer Fülle wenig zusammenhängender Behauptungen und Beispielen bestehen, stellt der Dokumentation dieses Materials besondere Aufgaben bezüglich der Einteilung und Anordnung des Stoffes. Aber diese Klassifikationsprinzipien bedürfen keiner philosophischen Überlegung, da sie allein dazu dienen, daß der Computer den Ort, an dem die Anmeldung registriert ist, schnell auffinden kann. Die Sektionen, Klassen, Unterklassen, Hauptgruppen und Untergruppen sind daher weitgehend konventionell festgelegt, sie sind aus historischen Unterscheidungen hervorgegangen, stellen aber nicht die Wiedergabe eines systematischen Zusammenhangs des eingespeicherten Stoffes dar.

Nun gibt es in der Technik aber zahlreiche Fälle, bei denen die Weisen, wie man handelt, selbst durch die vom wissenschaftlichen Zusammenhang abgelösten Handlungshinweisungen und Beispiele der Patentschrift nicht ausreichend mitteilbar sind. Häufig kommt es bei größeren technischen Verfahren auf eine große Anzahl von diffizilen Teilschritten an, die im Detail in Form von Beispielen gar nicht exemplifizierbar sind. Auch dieses Können, das die Summe zahlreicher Einübungen und Erfahrungen ist, ist ein wertvoller Besitz, der auch zum Gegenstand von Kauf und Verkauf werden kann. Dies nennt man das know how. Patentmäßig ist dieser Besitz nicht mehr abzusichern, aber einen gewissen Schutz bietet die Schwierigkeit seiner Übermittlung. Will nun eine Firma das know how einer anderen Firma kaufen, so ist es nicht mehr mit dem relativ lakonischen Text wie bei einer Patentschrift getan, sondern es müssen ausführliche Beschreibungen, Anweisungen und Veranschaulichungen geliefert werden, und auch diese reichen in der Regel nicht aus, sondern der Käufer schickt Fachleute zum Verkäufer, die bei den Einzelschritten der Durchführung des Verfahrens in concreto zusehen. Der Handel mit dem know how unterscheidet sich von anderen Handelsgeschäften dadurch, daß man die Ware, bevor man sie kauft, nicht besichtigen kann, da die Besichtigung schon eine Besitzergreifung ist. Man muß also buchstäblich eine Katze im Sack kaufen. Daher kann nur jemand know how verkaufen, der über eine besondere Reputation verfügt, möglichst begründet im Aufweis des Erfolges seiner Arbeit. Um das Risiko beim Kauf von know how etwas zu vermindern, haben die Amerikaner noch die Zwischenstufe des „look and see" eingeführt, das heißt, der Käufer kann kommen und sich umsehen und bekommt etwas gezeigt, was zur Nacharbeit des Verfahrens zwar nicht ausreichend ist, dem Käufer aber doch einen besseren Eindruck vermittelt, was das know how seines Partners wert sein mag.

Meist spricht man bei all diesen Formen der Mitteilung von der Übertragung von Technologien, von technischem Wissen, aber man sollte besser von der Übertragung technischen Könnens sprechen, da das Können, wie gezeigt, auch averbal übertragen wird. Charakteristisch für diesen Umgang mit technischem Vermögen ist nun, daß Merkmale, die philosophisch außerordentlich problembeladen sind wie „was ist neu?", „was ist Fortschritt?", „was ist schöpferisch?", beim Prüfungsverfahren und bei Einspruchs- und Nichtigkeitsprozessen ihre unzweideutige juristische Klärung erfahren. Die vieldiskutierte Frage, ob es einen kumulativen Fortschritt ohne Umsturz gibt, ist — was das technische Können betrifft — den Kontroversen der Historiker und Philosophen entzogen, denn bei der Prüfung der Anmeldung entscheidet das Patentamt und bei strittigen Fällen nach sorgfältiger Untersuchung die Gerichte, ob jeweils ein Fortschritt über das bislang Bekannte hinaus vorliegt. *Jedes erteilte und von Einsprüchen nicht zu Fall gebrachte Patent stellt daher eine additive Vermehrung des technischen Könnens dar.* Und dieser Fortschritt ist juristisch feststellbar, weil es sich dabei um eine Entscheidung über die Existenz von Methoden und Objekten handelt und nicht um eine Entscheidung über die Deutung von Phänomenen. Hier wird es deutlich: der technische Fortschritt wird zwar von zahlreichen wissenschaftlichen Beobachtungen und Erkenntnissen getragen, aber in seiner konkreten Verwirklichung ist er von wissenschaftlicher Deutung unabhängig. So ist es zu verstehen, daß die technische Handhabung klappt, auch wenn wir der naturwissenschaftlichen Theorien niemals sicher sein können.

Es ist offenbar ein *rationalistisches Vorurteil zu meinen, daß man das, was man selbst macht, auch besonders gut verstehen muß.* Das mag bei primitiven mechanischen Anordnungen mehr oder weniger anschaulich der Fall sein, aber schon unsere Organe verwenden wir mit großer Sicherheit zur Wahrnehmung, zur Fortbewegung, und die Hand greifend und tastend zum „Handeln", ohne diese Wirkungsmechanismen zu durchschauen. Begonnen mit Essen, Trinken und Schlafen hat uns die Natur zahlreiche wertvolle Verhaltensmöglichkeiten geschenkt, ohne daß wir diese Prozesse im Detail verstehen und auch ohne daß wir sie verstehen müßten. Das gleiche gilt von der Technik, die wir als eine in der Evolution des Menschen erworbene Organerweiterung auffassen konnten (S. 56). Wir hatten bereits bei der wissenschaftlichen Forschung festgestellt, daß die Art und Weise, wie ihre Ergebnisse gewonnen werden, auch wenn sie anschließend einer scharfen rationalen Kontrolle unterliegen, selbst eher einem komplizierten Handwerk zu vergleichen ist als einem rationalen System (S. 119). Das gilt erst recht für den *technischen Entwicklungsprozeß, bei dem nun auch die Ergebnisse nicht mehr in bezug auf ihre Verstehbarkeit, sondern vielmehr nur in bezug auf ihre Brauchbarkeit bewertet werden.* — Tabelle 10 gibt noch einmal eine Gegenüberstellung der wissenschaftlichen und der technischen Entwicklung.

Nun führt aber die große Leichtigkeit des von der Wissenschaft so geförderten, aber doch nicht kontrollierten technischen Fortschritts zu speziellen Problemen. Die Additivität und Kumulation technischen Könnens, von der wir profitieren, bringt den Nachteil mit, *daß dieser Prozeß nicht korrigierbar ist.* Erkenntnisse lassen sich zurücknehmen und revidieren, Konkreta sind da. Das Verwirklichen bedeutet die Wirklichkeit verändern, und wenn sie verändert ist, ist und bleibt sie anders als sie vorher war. Als wesentlich kommt hinzu, daß der Techniker bei der Verwirklichung seiner Idee den Raum seiner Vorstellungen verläßt und unmittelbar nach wirklichen, konkreten Gegenständen greift. Mit diesen konkreten Wirklichkeitselementen stellt er einen konkreten Sachverhalt her, der die gewünschten Eigenschaften seiner Idee

Tabelle 10. Vergleich der wissenschaftlichen und der technischen Entwicklung

	Wissenschaft	Technik
das Ziel:	Wissen-Wollen	Machen-Können
	Zusammenhang der Erkenntnis	unbekannte neue Produkte
Kriterium:	Verstehbarkeit	Brauchbarkeit
geistige Ausrichtung		
auf:	Konvergenz	Divergenz
das Ergebnis:	Aussagen, Abstrakta	Artefakte, Konkreta
allgemeine Merk-	keine Verifizierbarkeit	Verifizierbarkeit
male:	verbale Form	unabhängig von der verbalen Form
		präverbal
	nur ein partiell kumulativer Prozeß	ein kumulativer Prozess
	handelt von dem, was möglich ist	betrifft und verändert die Wirklichkeit
	leichter korrigierbar	schwerer korrigierbar

aufweist. Aber das Konkrete – wörtlich das Zusammengewachsene – besitzt immer eine unendliche Anzahl von Eigenschaften, es enthält die gewünschten Eigenschaften, wenn die Verwirklichung der Idee gelungen ist, aber es enthält abgesehen davon auch noch andere Eigenschaften, die nicht geplant, nicht gewünscht und nicht vorhergesehen waren. Das technische Produkt, aus der Hand seines Herstellers entlassen, geht seine eigenen Wege und kann die Wirklichkeit verändern in einer Weise, die sich der Hersteller nicht hat träumen lassen. Als Henry Ford sich vornahm, das billige Auto für jedermann herzustellen, hat er nicht geahnt, daß er damit die amerikanische Gesellschaftsstruktur, die Formen des Familienlebens, des Brauchtums, die Werbung und das Verhältnis der Geschlechter, die Kindererziehung, die Landschaft, das Aussehen der Städte, daß er damit die Luft verändern würde. Ähnliche Wirkungszusammenhänge mag man sich vorstellen ausgelöst durch die Einführung der Kühlschränke, des Fernsehens, der Klimaanlagen, der Ovulationshemmer, der Radarsysteme.

Bis vor kurzem war das Verhältnis zur Technik weitgehend naiv, man findet Möglichkeiten wie Geschenke und verwendet sie, wo man nur kann. *Es galt das Prinzip, alles, was man machen kann, auch zu machen.* Voll Entdeckerfreude hat man die Vorteile der Konkretisierung wahrgenommen, ohne genauer zu bedenken, was alles an den Konkreta noch dran hängt. Und da *das Verwirklichen leichter ist und schneller geht, als das Verwirklichte zu verstehen, kommt es dazu, daß die Wirklichkeit immer mehr dem Verständnis davonläuft.* Das führt zu dem paradoxen Ergebnis, daß wir uns trotz immer intensiverer wissenschaftlicher Bemühung in einer Welt, die wir immer mehr nach unseren Wünschen herstellen, doch immer weniger zurechtfinden. In der Tat sind nahezu alle Schwierigkeiten, mit denen sich der moderne

Mensch auseinandersetzen muß, solche, die er selbst verursacht hat. Unter Natur-
katastrophen haben wir nur noch selten zu leiden. Aber Machtdisproportionierung,
Kriegsgefahr, Verkehrsprobleme, Umweltschäden, Geldentwertung, Ausbildungs-
schwierigkeiten bis zu den Süchten nach Arbeit, nach Zerstreuung, nach Genuß-
mitteln und zu den Magenkrankheiten, Herzinfarkten und psychischen Defekten
sind das alles selbst hergestellte Schwierigkeiten. Hier stellt sich sehr dringlich die
Frage nach der ethischen Bewältigung der Technik, eine Frage, die weder mit den
Mitteln der Wissenschaft noch mit denen der Technik allein zu beantworten ist. Wir
werden sie im Schlußkapitel aufgreifen, müssen aber zunächst noch weitere Aspekte
zum Phänomen Technik erörtern.

4.2.4 Theorie und Praxis

Wir haben uns in diesem Kapitel bemüht, den logischen Unterschied von Wissenschaft und Technik, allgemeiner gesagt von Theorie und Praxis, ungeachtet der
gegenseitigen engen Verflechtung möglichst klar herauszuarbeiten. Wir wollen aber
dieses Kapitel nicht abschließen, ohne auf die marxistische Position einzugehen, die
die These von der Einheit von Theorie und Praxis, oder zumindest die Forderung
nach der Einheit von Theorie und Praxis als wesentliches Element ihrer Philosophie
vertritt. Grundlage dieser These ist die Konzeption Hegels von der Identität von Idee
und Wirklichkeit. Hegel versteht die Wirklichkeit, die Natur als eine Weise der Idee,
nämlich als ihr Anders-Sein, als die Entäußerung der Idee. Im dialektischen Prozeß,
der im Zusammenhang der Geschichte mit dem Fortschritt des philosophischen
Denkens zum Ausdruck kommt, holt die Idee ihr Anders-Sein ein und bringt die
Wirklichkeit wieder zu sich selbst, zu ihrer Wahrheit. Die Wirklichkeitstreue des
Denkens — daß alles Vernünftige wirklich und alles Wirkliche vernünftig ist —, diese
Einheit ist dadurch gegeben, daß die Idee die Entäußerung überwindet und in der
vermeintlich fremden Wirklichkeit sich selbst wiedererkennt und begreift. Die Einheit von Idee und Wirklichkeit ist die logische Konsequenz der monistischen Grund-
auffassung Hegels (S. 194 ff.).

Marx hat das dialektische Prinzip als den Vollender der Einheit mit der monistischen
Grundauffassung von Hegel übernommen. Aber im Gegensatz zu Hegel versteht er
nicht die Idee, sondern die Wirklichkeit, die Praxis wie er sagt, als die Kategorie, die
die Einheit letztlich bestimmt und trägt. In dreierlei Beziehung ist nach Marx die
Praxis bestimmend für die Theorie. Erstens ist die Praxis die Ursache der Theorie, die
technisch-wirtschaftlich-sozialen Verhältnisse bestimmen das Denken; das gesellschaftliche Sein bestimmt das Bewußtsein. Die Praxis ist zweitens die Kontrolle der
Theorie; ein Denken, das mit dem gesellschaftlichen Sein in Widerspruch steht, ist
irrig. Und die Praxis ist drittens die Rechtfertigung der Theorie, denn eine Theorie,
die nicht ihre Anwendung in der Praxis findet, ist sinnlos und leer, sie befaßt sich
mit „rein scholastischen Fragen", wie Marx sagt. Die Einheit folgt wie bei Hegel
notwendig aus der monistischen Grundauffassung, aber die Praxis als die tragende
Kategorie ergibt sich gemäß dem grundlegenden materialistischen Ansatz aus der
Priorität des Seins gegenüber dem Bewußtsein. Die Priorität des Seins schließt jedoch nicht aus, daß das Bewußtsein auf das Sein zurückwirkt. Diese Beziehung von
Sein und Bewußtsein wird als dialektisch bezeichnet. Aber gemäß dem materialisti-

128

schen Ansatz helfen zur Änderung des Bewußtseins nicht Einsichten oder Appelle, sondern es ist erforderlich, die wirtschaftlich-sozialen Verhältnisse zu ändern, die ihrerseits dann als der Wurzelgrund der Erkenntnisse die Veränderung des Bewußtseins hinter sich herziehen.

Die historische Leistung der marxistischen Philosophie besteht darin, daß sie erstmalig dem Einfluß der technisch-wirtschaftlich-sozialen Verhältnisse auf das Denken genügend Beachtung geschenkt hat, ihre Schwäche besteht in der monistischen Überspitzung dieser Auffassung. Die Idee von der Einheit ebnet alle Unterscheidungen ein. Bereits die Unterscheidung von Dingen und Aussagen fällt dieser Einheit zum Opfer. Die Anwendung des Begriffes der Dialektik auf das Naturgeschehen bedeutet, daß man Naturobjekte als Aussagen behandelt, daß man Naturprozesse wie etwa die Evolution nach dem Modell der dialektischen Bewegung des Denkens auffaßt, das über Aussagen deren Verneinung und Einschränkung durch die Gegenthese den Weg zur Übereinstimmung sucht. Nach dem dialektischen Prinzip treiben die Gegensätze die Entwicklung vorwärts. Diese Deutung auf Naturprozesse übertragen wirkt ein wenig animistisch, denn bei Naturprozessen kompensieren sich gerade die Gegensätze der Kräfte und führen zu Gleichgewichten, die um so stabiler sind, je stärker die gegeneinandergespannten Kräfte sind (S. 33). Nun ist allerdings seit Marx und Engels die Dialektik der Natur in den Hintergrund getreten, obwohl sie nach wie vor zu den fundierenden Elementen des Systems gehört.

Aber der Idee von der Einheit fällt auch die Unterscheidung von dem handelnden Subjekt und seinem Gegenüber zum Opfer, da das Subjekt selbst als Produkt der Objektwelt verstanden wird, und da umgekehrt dieses Subjekt die Objektwelt wieder ergreift, sich zu eigen macht und sich in ihr und mit ihr verwirklicht. „Durch diese Produktion – schreibt Marx – erscheint die Natur als sein (des Menschen) Werk und Wirklichkeit" (MEW, Erg. Bd. 1, S. 517). Woher aber die Orientierung nehmen, wenn alles zur Einheit verschmolzen wird und das Subjekt es letztlich nur noch mit sich selbst zu tun hat? Die Antwort lautet: das handelnde Subjekt ist der Mensch als Gattungswesen, und die Praxis dieses Gattungswesens, die Praxis der Gesellschaft ist es, die als Orientierung für das Individuum gilt. Damit wird die Frage nach der Orientierung zurückgeführt auf die Frage nach der Art und Weise, wie sich das Handeln der Gesellschaft in den jeweiligen institutionellen Strukturen der marxistischen Gesellschaftssysteme realisiert. Wir kommen auf diese Frage zurück bei der Behandlung der Technik im sozialen Bezug (S. 164 ff., 200 ff.). Die These von der Einheit wollen wir hier aus zwei Gründen nicht weiter verfolgen. Einmal handelt es sich um eine sehr anspruchsvolle metaphysische Forderung. Es ist sehr zweifelhaft, ob die Trennung von Subjekt und Objekt in der Selbsterkenntnis überwunden werden kann, ob nicht doch das erkennende Subjekt immer dem, was es von sich erkennt, voraus ist und nur das Kielwasser betrachtet. Vieles spricht dafür, daß das Selbst das allerproblematischste Objekt der Erkenntnis ist. Die Überwindung der Subjekt-Objekt-Spaltung ist aber die Prämisse für die These oder die Forderung von der Einheit von Theorie und Praxis. Der zweite Grund ist ein pragmatischer: der Abbau der Unterscheidungen erschwert dem Individuum die selbständige Orientierung im Dasein und steht gerade im Gegensatz zu unserer Bemühung, möglichst für jedermann einsichtige Gesichtspunkte zur Klärung und Unterscheidung aufzufinden.

5 Technik als soziales Phänomen

5.1 Organisationsformen technischer Zusammenarbeit in der Geschichte

Wir haben im vorigen Kapitel geschildert, wie die Technik individuell erlebt wird und haben beim Vergleich des wissenschaftlichen und des technischen Handelns den sozialen Bezug der Technik ausgeklammert. Nun ist aber gerade die Wechselbeziehung zwischen der Technik und den sozialen Strukturen von hervorragender Bedeutung. Die bahnbrechende Arbeit auf dem Gebiete der Kunst, der Wissenschaft oder der Philosophie ist oft das Werk von Einzelnen, *demgegenüber ist das technische Werk immer eine Gemeinschaftsleistung,* und mit seinem Umfang und seiner Entwicklungsgröße nimmt die Anzahl und die Untergliederung derer, die unmittelbar daran mitgewirkt haben, zu. Man kann noch einen Schritt weitergehen und feststellen, daß die Technik, diese Fähigkeit des Menschen, die Welt gemäß seinen Wünschen und Bedürfnissen zu verändern, die er seinem situativ angepaßten, individuellen Lernvermögen verdankt, daß diese Fähigkeit nicht nur die Gemeinschaft zur Voraussetzung hat, *sondern umgekehrt auch der Träger der Sozialisation ist.* Wir hatten bereits die Sprache als ein Kind der Technik bezeichnet, als ein Instrument, das von der Evolution herausgezüchtet worden ist aufgrund der biopositiven Überlegenheit des koordinierten, funktional unterteilten, technischen Handelns. Der große biologische Vorsprung des Menschen beruht auf der Möglichkeit der Bildung situationsgerechter überindividueller Systeme auf der Basis von Spezialisierung und Ergänzung. Mit dieser Form der technisch-sozialen Daseinsbewältigung kommt *eine neue biologische Qualität ins Spiel,* der die Spezies Mensch ihre vitale Kraft verdankt. Hier wird, lernend erworben, eine Arbeitsteilung praktiziert, die die Natur genetisch bereits vielfach, insbesondere bei der geschlechtlichen Differenzierung mit Erfolg herausgebildet hat. Das führt zu einem tiefgreifenden Einfluß auf alle Lebensverhältnisse. Marx ist durchaus Recht zu geben, wenn er so nachdrücklich betont, daß die Produktivkräfte, das ist die Technik, die Produktionsverhältnisse, das ist die Gesellschaftsstruktur, bestimmen. Die Marxsche These kann nur dort auf Kritik stoßen, wo die Ausschließlichkeit dieser Bedingung beansprucht wird.

Die soziale, die zwischenmenschliche Bedeutung der Technik kommt in der außerordentlich engen Verflechtung von Technik und Wirtschaft zum Ausdruck. Dabei verstehen wir unter Wirtschaft entsprechend der ursprünglichen Bedeutung des Wortes die Verwaltung der Hausgemeinschaft oder allgemeiner, wie der Duden sagt „die Gesamtheit der Einrichtungen und Maßnahmen zur Deckung des menschlichen Bedarfs an Gütern und persönlichen Leistungen." Diese Definition deckt sich weitgehend auch mit dem, was wir unter der abendländischen, extravertierten Technik verstehen (S. 46, 53), wenn wir hier davon absehen, daß es auch Technik ohne das Interesse an bestimmten Gütern und Leistungen gibt, aus purer Lust am

Machen-Können (S. 17). Wirtschaft und Technik haben weiterhin gemeinsam, daß es sich *um Verfahrensweisen handelt, die Zwecken außerhalb von Wirtschaft und Technik dienen.* Sie sind nicht nur Träger des materiellen, sondern auch des geistigen Bedarfs, auch ein Theaterbesuch und eine Seelenmesse müssen wirtschaftlich und technisch ermöglicht werden. Aber auch der Qualitätsmaßstab zur Beurteilung des wirtschaftlichen wie des technischen Vorgehens ist der gleiche. Der Wirtschaft geht es um den planenden Umgang mit knappen Gütern. Wo Überfluß vorhanden ist, braucht man nicht zu wirtschaften. Der *Maßstab für die Qualität des Wirtschaftens, die Wirtschaftlichkeit, ist daher das Verhältnis von Aufwand zu Erfolg.* Aber auch die Technik besitzt kein anderes Kriterium bei der Entwicklung und Auswahl ihrer Methoden. Und selbst dort, wo es der Technik nicht auf die Produktion von Wirtschaftsgütern ankommt, sondern wo es ihr rein spielerisch nur um das Machen-Können geht, hängt das Urteil, was als technisch befriedigend, gut oder auch als elegant bezeichnet wird, von diesem Verhältnis ab. Dieser Maßstab ist der Technik nicht von der Wirtschaft aufgezwungen, sondern es ist ein Optimierungsprinzip, das der Technik von ihrem Ursprung her eigen ist und das die Wirtschaft als Maxime rationalen Handelns übernommen hat. Daher gilt dieser methodische Effizienz-Maßstab auch unabhängig von den verschiedenen Gesellschaftssystemen. Diese unterscheiden sich vielmehr vor allem dadurch, von wem und aufgrund welcher Institutionen der Katalog und die Priorität der zu befriedigenden Bedürfnisse, also der außerhalb von Wirtschaft und Technik gelegenen Ziele, festgesetzt werden, wobei sich dann allerdings Rückwirkungen auf die Art der verwendeten Methoden ergeben. Auch ist die praktische Ermittlung von Aufwand und Erfolg einschließlich aller Neben- und Folgewirkungen, also die Feststellung der Effizienz im ganzheitlichen Sinne, nicht immer unproblematisch.

Die Frage, die wir nun in diesem Kapitel zu behandeln haben, lautet: In welchen sozialen Formen organisiert sich die technisch-wirtschaftliche Zusammenarbeit, welchen Beitrag leisten diese Strukturen zur Entfaltung der Technik und inwieweit werden die sozialen Formen umgekehrt durch technische Sachbedingtheit geprägt? Hier ist nun zunächst festzustellen, daß der Zusammenschluß zu Gemeinschaften, die Bildung überindividueller Systeme, *ohne Verzichte überhaupt nicht möglich ist, jede Gemeinschaft hat eine Bindung zur Voraussetzung,* und diese Bindung bedeutet eine Einschränkung persönlicher Verhaltensfreiheit. Das zeigt sich bereits nachdrücklich bei der die Gemeinschaft konstituierenden Arbeitsteilung. Was veranlaßt das Glied einer Gemeinschaft zu solchem Verzicht? Hier lassen sich drei Formen der Bindung unterscheiden: die erste nennen wir *traditionsgeleitet,* hier wird die Bindung unreflektiert aufgrund von Sitte oder Religion akzeptiert; die zweite Form ist die mit *Gewalt aufgezwungene Bindung;* die dritte Form ist der *freiwillige Verzicht,* weil er durch andere Vorteile, die die Gemeinschaft bietet, kompensiert wird. Die dritte Form läßt sich noch unterteilen, je nachdem ob es sich bei den Kompensationen um ideelle Güter handelt, die zum Teil auch nur versprochen werden, oder um materielle Güter, und in diesem letzten Fall sind wir dann bei Formen der Zusammenarbeit angelangt, die auf dem *Tauschprinzip* beruhen. Das sind idealtypische Unterscheidungen, in Wirklichkeit treffen wir eine große Vielfalt von Kombinationen und Mischformen an, man kann zwischen nicht weniger als 20 Unternehmungsformen und etwa 100 Marktformen unterscheiden (Hensel, S. 19, 20). Wir sind daher auf eine vereinfachte Klassifikation angewiesen. Bereits diese Vielfalt zeigt, daß die technisch-wirtschaftlichen Gegebenheiten nur die Rahmenbedingungen liefern, innerhalb derer noch Spielraum für verschiedenartige Organisationsformen offen ist.

In der Frühzeit der Menschheit herrscht offenbar die traditionsgeleitete Organisationsform vor. Bereits aus der Verschiedenheit der Geschlechter ergibt sich eine biologisch nahegelegte Arbeitsteilung, die auch keineswegs nur auf das Fortpflanzungsgeschäft beschränkt ist (S. 65). Weitere Differenzierung und Hierarchie ist bedingt durch die Unterschiede an körperlicher Kraft, manueller Geschicklichkeit, intellektueller Veranlagung und angesammelter Lebenserfahrung. Die hohe Wertschätzung des Alters in den frühen Kulturen ist ein Beweis für die große Bedeutung des individuell Gelernten. Die Entwicklung der außerordentlichen Kunstfertigkeit bei der Herstellung des Steinwerkzeugs während der Wildbeuterzeit zeigt, daß es auch in dieser Epoche im Rahmen von kleinen Gruppen schon hohe Spezialisierung gegeben hat (S. 63 f.). Traditionsgeleitete technisch-wirtschaftliche Organisationsformen haben sich bis heute erhalten. Bei dem indischen Joint-family-system leben drei Generationen der Großfamilie als wirtschaftliche Einheit in völliger Gütergemeinschaft zusammen, wobei die Großmutter das Regiment führt. Die israelischen Kibutzim sind Lebensgemeinschaften mit landwirtschaftlicher und kleingewerblicher Produktion auf der Basis traditionsgeleiteter Gemeinwirtschaft. In der japanischen Großindustrie haben sich aus der vorindustriellen Zeit gewisse tradierte Formen und Treueverhältnisse erhalten, so daß der Arbeiter, der einmal eingestellt ist, vielfach bei der Firma sein zu Hause hat und nicht entlassen wird und daß er auch bereit ist, den Gürtel enger zu schnallen, wenn es seiner Firma schlecht geht (Fürstenberg, Japanische Unternehmensführung). Aber auch abgesehen von derart prägnanten Fällen findet sich häufig ein Einschlag der traditionsgeleiteten Form bei den anderen Bindungsstrukturen.

Die ältesten und gleich sehr imponierenden Werke traditionsgeleiteter Gemeinwirtschaft sind die ägyptischen Pyramiden. Man hat sie häufig als typisches Beispiel für die Sklaverei bezeichnet. In der Tat hat es sich hier um eine ganz ungewöhnliche Organisation von Arbeitskraft gehandelt (S. 74, 75). Aber zur Zeit des Cheops lebten die Ägypter noch ziemlich für sich im Niltal und führten noch keine Kriege, die ihnen diese Anzahl von Gefangenen eingebracht hätten. Die Pyramiden sind von ägyptischen Bauern gebaut worden, die zum Frondienste für 3 Monate ihre Höfe verlassen haben (S. 74). Frondienst ist ursprünglich der Dienst für den Gott, dann für den Herrscher, der als Pharao mit dem Gott identisch ist, und das Thema dieser ungeheuren Fronarbeit ist die *Errichtung magischer Symbole in der kollektivistischen Auseinandersetzung mit der Vergänglichkeit* (S. 79). Die Frondienstleistenden wurden auch von keiner Militärkaste zu dieser Arbeit gezwungen, sondern die ägyptische Hierarchie war eine priesterliche Institution, hervorgegangen aus der religiösen Verarbeitung der Koordination und Untergliederung eines Volkes zur Bewältigung einer alle betreffenden Aufgabe, nämlich der Bewässerung des Landes. Im Rahmen dieser großartigen technischen Gemeinschaftsleistung bildet sich ein Kollektivgefühl und ein Lebensverständnis, das ebenso in der Organisation der Gesellschaft wie in sakralen Werken seinen Ausdruck findet. Es ist bemerkenswert, zu welch *gestaffelter Hierarchie die technische Zusammenarbeit schon auf dieser frühen, noch instinktbefangenen Stufe geführt hat.*

Aus diesen technischen Gemeinschaftsleistungen sind die theokratischen Despotien hervorgegangen, die zu einer beispiellosen Zentralisation der Macht geführt haben, und die langsam ihren religiösen Charakter verloren haben, so daß an die Stelle der traditionsgeleiteten Bindung das Zwangsregiment tritt. Wittfogel hat den *orientalischen Despotien, diesen Produkten der zentralen Bewässerungswirtschaft,* eine ausführliche Studie gewidmet. Als Formen technisch verursachter Machtdisproportionierung und im Vergleich zu modernen totalitären Strukturen verdienen sie heute unser Interesse.

Die Despotie oder Gewaltherrschaft ist gekennzeichnet durch die Zentralisation totaler Macht über Leib und Leben, gegenüber der keine gesetzliche Regelung, keine Einspruchsmöglichkeit existiert. Der Untertan bringt seine völlige Unterwerfung konkret zum Ausdruck indem er sich bei der Prostration, beim Kotau vor dem Herrscher flach auf den Boden wirft. Der Fürst übt seine Macht mit Hilfe eines tief untergliederten Apparates von Beamten aus, und von jeder Stufe wird totaler Gehorsam gegenüber der nächsthöheren gefordert. Das greift durch bis zur Familie, und die Autorität des Familienvaters, dessen Funktion der eines Polizisten seiner Sippe gleicht, wird behördlich untermauert (Wittfogel, S. 159).

Die hohen Beamten, die Satrapen dieses Systems, verfügen einerseits über große Macht, befinden sich aber andererseits in absoluter Abhängigkeit. Ihre Macht hängt völlig vom Willen des Herrschers ab, der seinerseits von Höflingen, Dienern, Ratgebern und Konkubinen beeinflußt wird. Die Erzählungen von Tausend-und-einer-Nacht spiegeln die große Selbstverständlichkeit wieder, mit der die krassesten und grausamsten Launen der Könige hingenommen werden. Die Stellung der Beamten ist daher um so gefährdeter, je höher sie auf der Stufenleiter der Hierarchie stehen, da der Wille des Herrschers schwer vorhersehbar ist. Ihren Einfluß verdanken sie ihrer Geschicklichkeit im Umgang, den ihnen zugänglichen Informationen und ihrer Verschlagenheit, die sie brauchen, um sich in diesem fluktuierenden irrationalen Netz von Beziehungen zu behaupten. An den Schaltstellen der Macht entwickeln sich besondere Methoden, das System zu verwenden, aber auch persönlich auszunutzen. Die Arthasastra, das klassische Werk indischer Staatskunst aus dem dritten nachchristlichen Jahrhundert, ganz auf die Person des Fürsten zugeschnitten, zählt nicht weniger als vierzig verschiedene Arten auf, wie Staatsgelder veruntreut werden können.

Aber das System verdankt *seine Stabilität dem Zwang zum totalen Gehorsam durch die grausame Bestrafung derer, die von ihm ausgestoßen werden,* durch die verschiedenen Methoden des physischen und psychischen Terrors und durch die allgemeine Atmosphäre des Mißtrauens, die jedem die Sicherheit nimmt und ihn vereinsamt. Auch der Herrscher tut gut, niemandem zu trauen, und liquidiert diejenigen, die sein Mißtrauen erregt haben. Immer ist das Spiel ein Spiel mit totalem Einsatz. Der Ritter des Mittelalters konnte auf dem Schlachtfeld sein Leben verlieren, aber seine Ehre blieb unangetastet, der Kaufmann kann sein Eigentum an einen Konkurrenten verlieren ohne Leben und Ehre einzubüßen. Wer aber im Wirkungsgefüge der bürokratischen Despotie unterliegt, verliert gleichzeitig Leben, Ehre und Eigentum und unter Umständen noch Weib und Kind.

Eine spezielle Rolle spielt das *Eigentum* in den Despotien, es gibt das Privateigentum, und hohe Beamten konnten sich große Reichtümer verschaffen. Aber das Eigentum hatte keine politische Bedeutung, es war keine Basis für die Macht, es diente vielmehr dem verschwiegenen Genuß, denn die Macht beruhte allein auf der vom Willen des Herrschers bestimmten Position im Schaltgefüge der Hierarchie. Das Eigentum wurde vielmehr klugerweise versteckt — die unscheinbaren Straßenfronten von Palästen zeugen davon —, weil sein Besitz gefahrvoll war. Wittfogel spricht von einem „*bürokratischen Hedonismus*" als „der Kunst, bürokratischen Besitz zu geniessen, ohne den Neid hoher Beamter oder den vernichtenden Zorn des Despoten zu erregen", (Wittfogel, S. 376). Zu leicht hatte der Reichtum Konfiskation und Todesstrafe zur Folge.

Der Begriff des Eigentums, insbesondere des Privateigentums, löst heute im öffentlichen Bewußtsein ein ganzes Bündel von Gefühlen aus. Das Christentum hat mit dem Reichtum das Gefühl der Schuld verknüpft, „Ein Reicher wird schwer in das Himmelreich kommen", heißt es bei Matthaeus, 19, 23, und Marx hat mit größtem Engagement allen gesellschaftlichen Mißstand gerade dem Privateigentum angelastet. Aber wir müssen und klarmachen, daß *Eigentum je nach den sozialen Strukturen, in die es eingebettet ist, eine sehr verschiedene Bedeutung haben kann.* Eigentum ist an sich eine Sache, die einer Person eigen ist und über die sie frei verfügen kann. Aber da die Verfügung über Sachen immer im sozialen Zusammenhang steht, und da mein Recht die Abgrenzung gegen die Rechte anderer ist, so stellt das Eigentum praktisch eine zwischenmenschliche Rechtsbeziehung dar. Diese Rechtsbeziehung kann aber sehr verschiedenartige Gestalt haben. Die Verfügungsfreiheit kann nach Art der Sachen — z. B. ob es sich um bewegliche oder unbewegliche handelt — oder nach Art der Verwendung verschieden weit reichen oder eingeschränkt seien, und sie kann auch neben anderen zwischenmenschlichen Rechtsbeziehungen eine mehr oder weniger ausschlaggebende Bedeutung haben. Man kann zwischen starkem und schwachem Eigentum unterscheiden, wobei das Eigentum um so stärker ist, je unabhängiger der Eigentümer darüber verfügen kann. In diesem Sinne hat der Despot des stärkste Eigentum, da er von überhaupt niemanden abhängig ist, aber das betrifft auch nur ihn allein. Dagegen ist auch in den Gesellschaftssystemen, die die Stärke des Eigentums ausgesprochen schützen, diese Stärke doch nicht uneingeschränkt. So ist z. B. auch bei uns das Eigentum gewissen Einschränkungen unterworfen; §14, 2, des Grundgesetzes lautet: „Eigentum verpflichtet. Sein Gebrauch soll zugleich dem Wohle der Allgemeinheit dienen". Demgegenüber ist das Eigentum in den Despotien ein ausgesprochen schwaches Eigentum, da es für die zwischenmenschlichen Beziehungen und Abhängigkeitsverhältnisse nahezu überhaupt keine Rolle spielt. Der Wert des Eigentums für seinen Besitzer hängt eben davon ab, was er damit anfangen kann.[1]

Nun müssen wir bedenken, daß die Gesellschaftssysteme, bei denen die Gewaltherrschaft von untergeordneter Bedeutung ist, die Ausnahmen in der Geschichte bilden. Marx hat es leider unterlassen, die Funktion und den Wert des Eigentums in Abhängigkeit von den Gesellschaftsstrukturen einer umfassenden historischen Analyse zu unterziehen, so daß ihm entgangen ist, daß mit der Umwandlung des Privateigentums in das Gemeineigentum, das immer ein schwaches Eigentum ist, keineswegs notwendig alle menschlichen Abhängigkeitsverhältnisse und Mißstände beseitigt sind. Kann man doch umgekehrt in der Geschichte feststellen, daß die *Beamten in der Regel die härteren Ausbeuter waren als die Eigentümer.* Das ist auch verständlich, da der Eigentümer schon aus egoistischen Motiven mehr an der Pflege und Erhaltung seines Besitzes interessiert ist.

Wohl ebenso alt wie die Gewaltherrschaften sind die auf dem Tauschprinzip beruhenden Formen technischer Kooperation. Aufgrund der Verbreitung von Herstellungstechniken und Gerätetypen kann man bereits im Altpaläolithikum auf einen Kontinente überspannenden Tauschverkehr schließen (S. 65). Zur vollen Entfaltung kommt das Tauschprinzip mit dem Neolithikum, mit der Bildung von Märkten an der Kreuzung von Verkehrswegen. Der freiwillige Tausch bildet die Grundlage derjenigen Form der Zusammenarbeit durch Ergänzung, bei der keine weiteren persönlichen Bindungen und gesellschaftlichen Abhängigkeiten existieren. *Der Tauschver-*

Fußnote von S. 134

1. Thomas von Aquin hat ein sorgfältig abgewogenes Urteil über das Eigentum, das aber die Verfügungsfreiheit des Eigentümers deutlich begrenzt. Er spricht von einem doppelten Recht des Menschen an den äußeren Dingen. Das erste Recht ist die potestas procurandi et dispensandi, die Befugnis, sie zu erwerben und zu verwalten. Für dieses Recht auf Eigentum führt er drei Argumente an: a) weil jeder für das, was ihm allein gehört, mehr Sorge trägt als für das, was allen oder vielen gemeinsam ist, b) weil sich die menschlichen Angelegenheiten viel ordentlicher abwickeln lassen, wenn dem Einzelnen die Sorge für bestimmte Dinge als für sein Eigentum überlassen wird, und c) weil sich unter Leuten, die etwas ungeteilt und gemeinsam besitzen, viel häufiger Streitigkeiten ergeben. – Das zweite Recht an den äußeren Dingen ist ihr Gebrauch. In dieser Hinsicht darf der Mensch sie nicht als sein persönliches Eigentum, sondern er muß sie als allen gemeinsam ansehen, so daß er sie leicht mit der Not der anderen teilt. Deshalb sagt auch der Apostel (I Tim, 6–17, 18): „Den Reichen dieser Welt schreibe vor, leicht Abgaben zu leisten und an ihrem Besitz die anderen teilhaben zu lassen". (Thomas, Summe der Theologie, II, II, LXVI, art 2).

Demgegenüber schränkt das BGB – noch der Tradition der Aufklärung folgend – die Befugnisse des Eigentümers kaum ein, er „kann, soweit nicht das Gesetz oder die Rechte Dritter entgegenstehen, mit der Sache nach Belieben verfahren und andere von jeder Einwirkung ausschließen". (BGB, § 903). Hier ist auch im Gegensatz zum Grundgesetz vom Wohl der Allgemeinheit nicht die Rede.

Auch bei dem Gemeineigentum lassen sich verschiedene Formen unterscheiden. Den geringsten Einfluß hat der Einzelne auf das Staatseigentum, demgegenüber kann er schon über genossenschaftliches Eigentum in gewissem und wechselndem Umfang durch die Wahl von Treuhändern verfügen. Bei den Aktiengesellschaften ist die Befugnis der Aktionäre als der Besitzer der Anteilscheine in den jeweiligen Ländern durch die Aktiengesetze geregelt (S. 151 f.). – Eigentum kann daher, je nach der sozialen Struktur, etwas sehr Verschiedenes bedeuten.

kehr ist die Form der Arbeitsteilung unter Selbständigen. Der klassische Treffpunkt
für den konkreten Tausch ist der Markt (von lat. mercator, der Kaufmann), auf dem
sich die Nachfragenden durch den Vergleich der Anbieter und die Anbieter durch
den Vergleich der Nachfragenden jeweils den besten Tauschpartner aussuchen. Der
Vergleich bedarf einer Bezugsgröße, einer Recheneinheit, und ferner wird die Durchführung des Tausches außerordentlich erleichtert, wenn ein gut unterteilbares und
möglichst wenig verderbliches Tauschgut immer zum Eintauschen zur Verfügung
steht. Beide Funktionen erfüllt das Geld, das im Laufe der Geschichte in vielerlei Gestalt verwendet worden ist, in Form von Muscheln, von Edelmetallen, von Zigaretten
auf dem Schwarzmarkt, von Schuldverschreibungen etc. Hier zeigt sich, daß das Geld,
in welcher Form auch immer, ein wesentliches Element technischer Zusammenarbeit
ist. Es schafft die Grundlage für den Vergleich und die Bewertung verschiedener technischer Methoden, und es ermöglicht als allgemein verwendbares Tauschgut den *Austausch bei der ergänzenden Kooperation.* Auch Gesellschaftssysteme, die die Marktwirtschaft ablehnen, können diese Funktion des Geldes nicht entbehren.

Während die technische Leistung der Zwangssysteme in der Konzentration auf
wenige umfassende Projekte bestand, hat das Tauschprinzip die ganze Vielseitigkeit
handwerklicher Möglichkeiten befruchtet und gefördert. Der Markt wird zum Mittel-
punkt der Siedlung und dabei auch zum sozialen Zentrum. Aber der Handel, dieses
Scharnier des technischen Wirkungsgefüges, ermöglicht auch eine den Raum überbrückende Arbeitsteilung, die *Leistung des Händlers besteht darin, den Zusammenhang zwischen den speziellen Bedürfnissen und den oft weit entfernten Erzeugern
zu erkennen und zu vermitteln.* Und die Zeit überbrückt der Handel durch die Lager-
haltung, durch die Vordisposition. Das sind Funktionen, die unter Umständen mit
einem hohen Risiko verbunden sind, ein Zeichen, wie sehr sie realen Bedürfnissen
entsprechen. Es gab die berühmten Krawanenwege: über die Seidenstraße kamen die
Seide und die Gewürze von China nach Westen, Glas und Edelmetalle nach Osten.
Eine Karawanenreise vom Mittelmeer nach China dauerte sechs bis acht Jahre! Der
wirtschaftliche und der damit verbundene geistige Austausch führten zum Aufblühen
der Städte und zu einer sprunghaften Steigerung und Vergesellschaftung des Lebens.
Die Handelsvölker des Altertums, namentlich die Phönizier und die Griechen verdanken *ihren Wohlstand wie ihren geistigen Horizont dem Tauschverkehr.*

Diese Form der Ergänzung führt gleichzeitig zu einer starken Arbeitsteilung und Spezialisierung des Handwerks. Im Rom der Kaiserzeit gab es, um nur einige Beispiele
zu nennen, die Innungen der Stiefelmacher, der Sandalenmacher, der Pantoffel- und
Frauenschuhmacher, es gab Schlosser, Messerschmiede, Sichelmacher und Schwert-
feger, es gab neben den Gold- und Silberarbeitern noch besondere Ringmacher, Gold-
schläger und Vergolder (Friedländer, Bd. 1, S. 162). Meist wohnten die Handwerker
derselben Gattung kolonienweise zusammen, und häufig wurde die Straße nach
ihnen benannt. Offenbar ist es für den Anbieter einer Ware von Vorteil, wenn er dem
Käufer die Möglichkeit des Vergleichs erleichtert.

Trotz seiner unbestreitbaren kulturellen Leistungen ist das Tauschprinzip im Laufe
der Geschichte doch in Verruf gekommen. Mit Verachtung wird vom Schachern und
Feilschen der Händlerseele gesprochen. Wir erwähnten schon, daß der Techniker viel-

fach auf den Kaufmann und Händler herabsieht (S. 99). Haftet schon am Geld überhaupt das christliche Schuldgefühl, so doch ganz besonders an dem durch den Handel erworbenen Geld. „Nullus christianus debet esse mercator", „Kein Christ kann ein Kaufmann sein", hieß es im Mittelalter (Zimmermann, S. 17). Mit geradezu alttestamentarischem Zorn hat Marx den Handel und den Schacher, insbesondere den der Juden verurteilt (MEW, Bd. 1, S. 347ff.), und er hat im Tauschwert besonders eine Weise der Entartung des eigentlichen Wertes der Ware gesehen. Nun enthalten alle höheren menschlichen Leistungen die Möglichkeit des Mißbrauchs. Der Tausch verführt ja leicht zur Ausnutzung von Zwangslagen, zur Irreführung und Übervorteilung. Es kann schon nachdenklich machen, daß die Worte tauschen und täuschen denselben Wortstamm haben. Aber das Fehlverhalten ist doch eher ein Zeichen für die menschlichen Unzulänglichkeiten überhaupt als für die Unbrauchbarkeit des Tauschprinzips. Andererseits zeigt sich aber auch eindeutig, daß *kein Markt sich selbst überlassen funktioniert, sondern daß er vielmehr der Marktaufsicht, der Marktregelung und der Martkgesetze bedarf.*

Eine besondere Rolle hat in der antiken Welt eine Mischform von Tausch- und Zwangswirtschaft gespielt, die Sklavenwirtschaft. Die antiken Volksreligionen kannten ethisches Verhalten praktisch nur gegenüber der eigenen Gemeinschaft, der Fremde wurde als eine Sache betrachtet. Wie Herodot berichtet, wurden die Kriegsgefangenen ursprünglich getötet, aber dann kam man darauf, sie als Arbeitssklaven zu verwenden. Dadurch wurde die Sklavenarbeit in einem solchen Umfange vorherrschend, daß man die körperliche Arbeit für unvereinbar mit der Würde des freien Mannes betrachtete, der Freie war derjenige, der nicht arbeiten mußte. Unter anderem hat diese soziale Deklassierung der Handarbeit zu einer nachteiligen Abwertung der Technik geführt, deren Nachwirkung auch heute noch spürbar ist. Plutarch schreibt über Archimedes: „Er hielt die praktische Mechanik und überhaupt jede Kunst, die man der Notwendigkeit wegen betriebe, für niedrig und handwerksmäßig", und Seneca nennt die Künste, bei denen es auf Handgeschick ankommt und die dem Bedarf des Lebens dienen, niedrig und wenig geachtet (Klemm, S. 8, 9).

Wenn auch die menschliche Arbeitskraft in der Sklavenhalterwirtschaft teilweise rücksichtslos ausgenutzt wurde, etwa in den Bergwerken oder auf den Galeeren, so darf man doch die Sklavenwirtschaft in der Antike nicht generell als Menschenschinderei ansehen. Bei ihr handelte es sich *um Abhängigkeitsverhältnisse, die das Altertum nicht als unnatürlich empfand.* Das griechische Wort oikétes bedeutet gleichzeitig Sklave wie Hausgenosse. Sklaven haben sich aufgrund ihrer Dienstleistungen durch ihre Fachkenntnisse nicht selten Macht und auch Reichtum erworben. Caesar hat Sklaven zu Vorstehern der Münze eingesetzt. Bei der Verwaltung der kaiserlichen Haushaltungen spielten Sklaven als Dispensatoren, Rechnungsprüfer, Zahlmeister und Intendanten eine wichtige Rolle. Auch die Senatoren führten große Häuser mit Tausenden von Sklaven und Freigelassenen, die es teils zu großem Einfluß auf die Verwaltung brachten (Friedländer, Bd. 1, S. 35, 69, 123). Die Hauslehrer waren oft Sklaven oder Freigelassene. Freilassungen gab es häufig, und das Motiv war in der Regel der Wunsch, sich von der Sorge um den Unterhalt zu entledigen. Im Rahmen der Sklavenwirtschaft entwickelten sich umfangreiche Manufakturen, die arbeitsteilig stark untergliedert waren und die es zu hoher Kunstfertigkeit gebracht haben. Aber im Gegensatz zu den orientalischen Despotien handelte es sich nicht um isolierte, monolithische Blöcke, sondern um relativ kleine Einheiten, die in eine Tauschwirtschaft eingebettet sinnvoll funktionieren mußten und an deren Pflege und Erhaltung der Patron interessiert war. Und wenn auch der Sklave juristisch als Sache behandelt wurde, so hat doch die Idee der Demokratie in der mediterranen Welt diese Zwangsbetriebe, von Auswüchsen abgesehen, in Grenzen gehalten. Auch kann man nicht sagen, daß die Sklavenwirtschaft den technischen Fortschritt aufgehalten habe, wenn allerdings die kraftsparenden Maschinen wie die Wasser- und Windmühlen auch erst im Mittelalter, als die menschliche Arbeitskraft kostbarer geworden war, Verbreitung gefunden haben (Kiechle, S. 106ff.).

Im Laufe der Spätantike haben sich die orientalischen Einflüsse mehr und mehr durchgesetzt. Demgegenüber hat im europäischen Mittelalter im Rahmen der Regenwirtschaften der Feudalismus mit weitgehend traditionsgeleiteter Bindung zu ausgesprochen polyzentrischen Strukturen geführt (S. 74 f.). Die deutschen Kaiser benötigten diplomatisches Geschick und Mühe für die Behandlung ihrer Vasallen, und die englischen Barone haben 1215 in der Magna Charta die Verfahrensordnung ihrer Rechte, die Rule of Law, dem König Johann abgetrotzt. Aber mit dem Zerfall des scholastischen Universalismus im Anschluß an die Renaissance, mit dem Verschwinden der Naturwirtschaft und der Entfaltung und Verflüssigung der Geldwirtschaft, mit dem Anbruch des industriellen Zeitalters, setzen sich im 17. Jahrhundert erneut zentralistische Tendenzen durch. Jean Bodin (1529–1596) entwickelt den Begriff der Souveränität, der Unabhängigkeit der staatlichen Gewalt von jeder gesetzlichen Bindung. Allerdings ist diese Unabhängigkeit nicht schrankenlos wie bei der Despotie, sondern bleibt an Sitte, Religion und Vernunft gebunden. Aber in diesem Rahmen hat der absolute Herrscher — von Gott beauftragt — unumschränkte Machtfülle. Auf dieser Basis entwickelte sich im Rahmen von Territorialstaaten das merkantilistische System: die staatliche Lenkung von Wirtschaft und Gewerbe mit dem Ziel eines maximalen Ausfuhrüberschusses zur Füllung der fürstlichen Kassen. So gelangt der Fürst in die Rolle des wirtschaftlich-technischen Unternehmers, er fördert die Ertragskraft und Besteuerungsfähigkeit seiner Untertanen, schützt die einheimischen Betriebe durch Schutzzölle und Privilegien und müht sich in wirtschaftlichem Nationalismus um eine positive Handelsbilanz. *Jetzt wird zum erstenmal die Technik nicht als Waffenlieferant, sondern als Produzent von Wirtschaftsgütern zum Träger der Staatsmacht.* Friedrich der Große verstand sich in seiner Sorge um diese merkantilistische Wirtschaftspolitik als der erste Diener des Staates, er bekämpfte den Konservativismus der Zünfte und unterstützte durch Kabinettserlasse und Edikte sowie durch Zuwendungen das aufkommende Maschinenwesen, insbesondere in der Textilindustrie, wobei er aber sorgfältig darauf achtete, daß durch die Maschinen nicht die Steuerfähigkeit seiner Untertanen beeinträchtigt wurde (Ergang, S. 78ff.). Der Merkantilismus entwickelte eine wissenschaftliche Verwaltungslehre, immer mit der Zielsetzung, das Steueraufkommen durch Förderung der Wirtschaft zu erhöhen. Die kameralistische Buchführung, der es um die Einhaltung der Planzahlen geht, rechnet nicht die Einnahmen gegen die Ausgaben ab, sondern führt getrennt über Einnahmen und Ausgaben Buch, aber jeweils unter Gegenüberstellung der Ist-Werte und der budgetierten Soll-Werte. Der Merkantilismus, die im Interesse der Fürsten staatlich gelenkte Förderung der nationalen Ertragskraft, war für den Start der gewerblichen Wirtschaft recht nützlich. Die weitere technische Entwicklung hat diese territorialen Regulierungen und Bindungen, die die internationale Arbeitsteilung einschränken, wieder gesprengt.

Die neue von Bacon, Galilei und Descartes eingeleitete technische Epoche ermöglichte es jedem, der Geschick, Phantasie und Unternehmungslust besaß, Erfindungen zu machen, die sich auch wirtschaftlich auszahlten. Er brauchte dazu noch nicht einmal über eigene Mittel zu verfügen, sondern die Beweglichkeit des Geldverkehrs gestattete es ihm, die Mittel zu borgen, wenn er über eine Leihgebühr den Geldgeber am Erfolg seiner Arbeit beteiligen konnte. Hier begegnen wir zum erstenmal der Differenzierung und Zusammenarbeit zweier für die moderne Industriewirtschaft entscheidender Faktoren: *des Geldes, der Betriebsmittel, des Werkzeugs, kurz des Kapitals einerseits und der Fertigkeit im Umgang mit diesen Hilfsmitteln, des know-hows, der Information andererseits.* Diese Form arbeitsteiliger Ergänzung von Eigentum und Fertigkeit durch Ausleihen des Eigentums gegen Entgelt in Form des Leihkapitals ist für die weitere Entfaltung der Technik sehr wichtig geworden: Wir haben mehrfach festgestellt, daß mit dem Fortschritt der Technik der Aufwand an Hilfsmitteln zunimmt. Die Form des Leihkapitals macht nun die Hilfsmittel beweglich und macht sie über den Austausch demjenigen zugänglich, der sie am besten zu verwenden weiß, das heißt, der die beste Gewinnbeteiligung dafür zu entrichten weiß. Und das bedeutet, daß nun auf dem Markt nicht nur Fertigprodukte, sondern auch Hilfsmittel – in Form von Kapital – angeboten werden, und auch nicht nur zum Kauf, sondern auch zur leihweisen gebührenpflichtigen Überlassung.

Bei dem Leihen handelt es sich um eine besondere Art des Tausches, es werden keine materiellen Güter getauscht, sondern Möglichkeiten und Rechte. Diese durch das *Leihgeschäft ermöglichte Form der Arbeitsteilung hat in der doppelten Buchführung ihren Niederschlag gefunden.* Dieses Buchungssystem – in den Renaissance-Städten Italiens erfunden – gliedert das ertragserzeugende Vermögen eines Unternehmens, dieselbe Summe, zweimal, nach zwei verschiedenen Gesichtspunkten auf: einmal gemäß der faktischen Verfügbarkeit, des unmittelbaren Besitzes, und zweitens gemäß des rechtlichen Anspruchs, des Eigentums. Es wird also in der Bilanz (von bilancia, italienisch die Waage) das gleiche Inventar nach zwei verschiedenen Aspekten klassifiziert, und zwar unter der Annahme, daß der faktisch Verfügende die gesamten Betriebsmittel ausgeliehen hat und sie einem Eigentümer schuldet. Das hat zur Folge, daß in der Bilanz die Aktiva als Schuld erscheinen. Tabelle 11 bringt eine Gegenüberstellung der Bilanzbegriffe sowie eine begriffliche Unterteilung der Aktiva und Passiva. Auch dann, wenn der Unternehmer nicht ausschließlich mit geliehenen Mitteln, sondern auch mit persönlichem Eigentum arbeitet, hält die doppelte Buchführung diese Unterscheidung durch unter der Fiktion, daß der Unternehmer als Geschäftsführer sich von sich selbst als dem Eigentümer Mittel ausleiht. Aber bei den Aktiengesellschaften ist das Eigenkapital das Eigentum der Aktionäre, das sie der Geschäftsführung zur Verfügung gestellt haben und für das sie in Form der Dividende

Tabelle 11. Gegenüberstellung der Bilanzbegriffe

Produktionsvermögen an ertragbringenden Hilfsmitteln	Abstrakte Wertsumme; das von den Gläubigern zur Verfügung Gestellte
Aktiva	Passiva
Soll	Haben
doit	avoir
debit	credit
Schuld	Forderung
Verpflichtung	Anspruch
faktisch Verfügbares	rechtlich Verfügbares
wo es ist	wem es gehört

Begriffliche Unterteilung der Aktiva und Passiva

Aktiva	*Passiva*
1. Anlagevermögen	1. Eigenkapital
1.1 Sachanlagen Grundstücke Bauten Apparate Patente	Grundkapital Rücklagen
1.2 Finanzanlagen Beteiligungen langfristige Ausleihungen	
2. Umlaufvermögen	2. Fremdkapital
2.1 Vorräte 2.2 flüssige Mittel Wertpapiere Guthaben, Kasse	2.1 Rückstellungen für Pensionen für Reparaturen für Steuern 2.2 langfristige Verbindlichkeiten 2.3 kurzfristige Verbindlichkeiten
	3. Gewinn

ihren vom Geschäftserfolg abhängigen Gewinnanteil erhalten. Daher gehört der Gewinn in der Bilanz auch auf die Passivseite, es ist die an den Eigentümer abzutragende Schuld. Das Fremdkapital sind festverzinsliche Verbindlichkeiten. Die Trennung von Verwalter und Inhaber, von Manager und Eigentümer, von Information und Kapital war für die weitere produktive und revolutionäre Entfaltung der Technik von maßgebender Bedeutung: *der neue technische Zugang zur Güterwelt ist nicht mehr wie der traditionelle Landbesitz an Stand und Herkommen gebunden, sondern steht jedem offen, der Intelligenz, Wissen und Unternehmungsgeist besitzt.* Angesichts der Wertschöpfung der Technik erscheint auch die Leihgebühr, der Zins, ethisch in einem neuen Licht. Die jüdische und die christliche Kirche haben den Zins verboten, weil sich damit der Gläubiger seinen Vorteil aus der Not des Schuldners verschaffen konnte, und in seiner heftigen Kritik am jüdischen Wucher sehen wir auch hier wieder Marx auf den Spuren altjüdisch-christlicher Tradition (S. 137). Aber die technische Verwendung des Geldes als Produktionshilfsmittel hat dem Kredit eine neue Funktion und damit eine neue Bedeutung verliehen. Man hat gelernt, *zwischen Konsumtiv- und Produktivkredit zu unterscheiden.* In der Tat ist es ein Unterschied, ob man einen in Not Befindlichen mit der Hilfe, die man ihm gewährt, gleichzeitig erpreßt, oder ob man für ein Werkzeug, das man ausleiht, von dem Gewinn, den das Werkzeug erbringt, einen Anteil erhält, so wie es ein Unterschied ist, ob man Schulden macht, um besser leben zu können oder ob man mit dem Leihgut neue Güter erzeugt und den Gläubiger an dem mit seiner Hilfe Erzeugten partizipieren läßt. Allerdings hat das katholische Kirchenrecht einige Zeit benötigt, bis es diesen Unterschied wahrgenommen hat.

Das Handelsvolk der Engländer, weltoffen durch seine Insellage und traditionell dem Zentralismus abgeneigt, hat als erstes die neuen Möglichkeiten entdeckt, die sich der privaten Initiative aufgrund der Technik und der Verflüssigung der Geldwirtschaft durch das Leihkapital bieten. Die Untersuchung von Adam Smith „Über die Natur und die Ursache des Wohlstandes der Nationen" ist der Markstein für die Überwindung des dirigistischen Merkantilismus. Die Quelle des Wohlstandes — schreibt er — sei nicht Grundbesitz oder Geldvorrat, sondern die Arbeit, und zwar die Teilung der Arbeit. Arbeitsteilung profitiert aber von großen Märkten und verlangt daher den Freihandel. Aufgabe des Staates sei es allein, den freien Wettbewerb zu ermöglichen und zu garantieren. Das Gleichgewicht aller privaten, in wohlverstandenem Eigennutz betriebenen Interessen stelle sich, wie von einer invisible hand, von einer unsichtbaren Hand geleitet, im Wettbewerb von selber ein. Freies Unternehmertum und Freihandel, free enterprise und free trade, werden nun zu Leitbegriffen der Wirtschaftspolitik.

Adam Smith war von Haus aus Moralphilosoph und hat auch ein Buch über „Die Theorie moralischer Gefühle" geschrieben (1759). *Die Marktwirtschaft ist ein Kind der Aufklärung, es ging ihr um die intellektuelle Entwicklung und Befreiung des Individuums von der Führung durch die Obrigkeit,* von der Engstirnigkeit der Verwaltungen. Die Meinung von Smith, daß das freie Spiel der Kräfte zu einem automatischen Ausgleich aller Eigeninteressen führe, hat sich allerdings nicht bestätigt, — wir kommen auf die Analyse dieses Regelsystems im nächsten Abschnitt zurück —, aber ohne Zweifel gehört diese neue nationalökonomische Konzeption über technisch-wirtschaftliche Zusammenarbeit aus dem Jahre 1776 neben den Erfindungen der Dampfmaschine 1765 und der Jennyspinnmaschine 1767 sowie der französischen Enzyklopädie 1751—1780 zu den maßgebenden Voraussetzungen für die Entfaltung der modernen Technik: mit der Ablösung des privaten Unternehmers von allen Bindungen des Standes und des Herkommens wird sprunghaft ein Vorrat an technischer Intelligenz freigesetzt, der die traditionellen Schranken durchbricht und die weitere schnelle Entwicklung der Technik bestimmt. Die Flüssigkeit des Geldes ermöglicht dem technisch Tüchtigen auch den Erwerb von Eigenkapital, und dies selbstverdiente Eigentum gewährt ihm unternehmerische Selbständigkeit und Initiative. Damit wird das tradierte Klassensystem aufgebrochen, und es entsteht gleichzeitig eine neue unternehmerische Gesinnung, die zum Träger der technisch-wirtschaftlichen Entwicklung wird. Wir haben uns nun im Folgenden mit den Strukturen auseinanderzusetzen, die aus dieser Dynamik hervorgegangen sind.

5.2 Die moderne Technik I: Wettbewerbssysteme

5.2.1 Das Modell der Marktwirtschaft

Wir wollen in diesem Abschnitt das System der Marktwirtschaft modellmäßig entwerfen und darauf im folgenden Abschnitt die Voraussetzungen und Probleme seiner Verwirklichung untersuchen.[2] Dabei müssen wir uns auf die Darstellung grundsätzlicher Merkmale beschränken, ohne aber zu vergessen, daß es im Rahmen dieser allgemeinen Charakteristika eine große Vielzahl verschiedenartiger marktwirtschaftlicher Strukturen gibt. Als Ziel der Marktwirtschaft fassen wir noch einmal zusammen: Die optimale Befriedigung aller individuellen und allgemeinen Bedürfnisse durch arbeitsteilige Produktion auf der Basis freiwilligen Tausches von Gütern, Hilfsmitteln und Methoden, wobei unter optimal zu verstehen ist die Optimierung des Ertrages im Verhältnis zum Aufwand. Dabei wollen wir *unter Bedürfnis das Gefühl des Mangels verstehen, verbunden mit dem Streben nach dessen Beseitigung, eines Mangels an dem, was ein Lebewesen zur Erhaltung und Steigerung seines Lebens braucht.* Hier stellen sich vier Fragen, auf die wir im Folgenden eingehen wollen: 1. Wie lassen sich die Bedürfnisse feststellen, um deren Befriedigung es ja geht? 2. Wie gelingt die Optimierung der Produktion und der Verteilung in bezug auf diese Bedürfnisse? 3. Wer erntet den Erfolg der Optimierung, wo bleibt der Gewinn? 4. Wer steuert das System?

Beginnen wir mit dem ersten Punkt: Wie sind Bedürfnisse feststellbar? Die Marktwirtschaft hält sich an die Nachfrage, genauer an die Tauschbereitschaft, an den Preis, den der Käufer zum Erwerb des Produktes zu zahlen bereit ist. Wovon hängt der Preis ab? Davon, was die Ware wert ist, wird man antworten. Und wovon wird der Wert bestimmt? Hier muß man zwischen der objektiven und der subjektiven

---

2   Zu den wirtschaftskundlichen Überlegungen siehe vor allem Otto Veit, Reale Theorie des Geldes, insbesondere S. 19ff.

Wertlehre unterscheiden. Die objektive Arbeitswerttheorie – in gewissen Abwandlungen vertreten von Adam Smith (1723–1790), David Ricardo (1772–1823) und Karl Marx – geht davon aus, daß der Wert einer Ware eine ihr inhärente objektive Eigenschaft ist, die mit dem Maßstab der für das Produkt aufgewendeten Arbeit zu messen ist. Hier kommt gewiß eine wichtige Eigenschaft des Produktes zum Ausdruck, aber sie sagt uns nichts über die Bedürfnisse des Käufers, denn dieser objektive Wert ist nicht maßgebend für den Kaufentschluß, der Kauf hängt vielmehr davon ab, was der Käufer haben möchte und was er gebrauchen kann, was die Ware ihm subjektiv wert ist. Diese subjektiven Bestimmungsgrößen für den Kauf einer Ware, die in weiten Grenzen schwanken können, die aber für die Preisbildung maßgebend sind, sind das Thema der subjektiven Wertlehre[3].

Wir zählen im Folgenden die vier maßgebenden Faktoren auf, von denen es abhängt, welchen Preis der Käufer für ein bestimmtes Gut zu zahlen bereit ist.
1. Der persönliche Geschmack, der Ort des betreffenden Gutes auf der subjektiven Wertrangskala des Käufers.
2. die Geldsumme bzw. die Vermögenswerte, die insgesamt dem Käufer für den Tausch zur Verfügung stehen,
3. der Sättigungsgrad, die Menge, die der Käufer von dem betreffenden Gut bereits besitzt,
4. der Sättigungsgrad seiner übrigen Bedürfnisse bzw. das Vermögen, die der Käufer für die Befriedigung seiner übrigen Wünsche noch benötigt.

Man sieht: welchen Preis der Käufer für die Ware zu zahlen bereit ist, hängt nur sehr mittelbar von dem objektiven Wert der Ware ab, bestimmend sind vielmehr seine jeweiligen Wünsche und Bedürfnisse, die sehr verschiedenartig sein können. Einer hält Camping und Wandern für wertvoller, ein anderer klassische Musik und Schallplatten. Die Bedürfnisse ändern sich auch mit der Zeit und der Mode, es gab eine

---

3   Subjektiv bedeutet in diesem Zusammenhang, daß der Wert der Waren oder Dienstleistungen danach bemessen wird, was sie für die Subjekte, für die Verbraucher wert sind. Nun gibt es Bedürfnisse, die ganzen Kollektiven eigen sind und die einzelnen Subjekten nur mehr oder weniger klar bewußt sind. Sie betreffen etwa die Infrastruktur, die Daseinsvorsorge, die Lebensqualität (S. 158). Ihrem Umfang entsprechend fallen sie weitgehend in den Aufgabenbereich des Staates, und wie alles wirtschaftliche Handeln erfordern sie sorgfältige Planung, und dies in besonderem Maße, weil es sich bei ihrer Befriedigung um umfassende und folgenreiche Maßnahmen handelt. Man bezeichnet sie in diesem Zusammenhang bisweilen auch als objektive Bedürfnisse, weil sie, wie man sagt, durch ein allgemeines und daher objektives Defizit verursacht sind. Wir möchten diesen Sprachgebrauch aber nicht übernehmen, da es auch bei diesen Bedürfnissen um *den Wert für das Subjekt geht* und da bei einer demokratischen Verfassung auch die Subjekte es sind, die zu entscheiden haben, was sie jeweils für Energieproduktion, für schnellen Verkehr, für medizinische Versorgung, für Erholungsgebiete, für freundliche Umwelt, für Lebensqualität einzutauschen bereit sind. Auch diese Bedürfnisse ergeben sich ebenso wie die nach Kühlschränken, Fernsehapparaten und Autos aus der Summierung subjektiver Entscheidungen, die bei den um die Bedürfnisbefriedigung bemühten Institutionen einlaufen. Den Begriff der objektiven Bedürfnisse bzw. Werte wollen wir demgegenüber im Sinne von Smith, Ricardo und Marx entsprechend der objektiven Arbeitswerttheorie verwenden.

„Freßwelle", eine „Einrichtungswelle" und heute spricht man von einer „Reise-welle". Entscheidend sind der Besitzstand und die Situation. „Ein Pferd, ein Pferd, ein Königreich für ein Pferd", ruft Richard III., weil er in seiner Situation bereit ist, ein Königreich gegen ein Pferd einzutauschen. Die Subjektivität des Wertes hat auch zur Folge, daß beim Tauschakt die getauschten Güter entgegen einer gängigen Vor-stellung keineswegs den gleichen Wert haben, sonst würde ja auch jedes Motiv für das Tauschen fehlen. Beim normalen Handelsgeschäft sind beide Partner zufrieden, weil für beide das empfangene Gut einen höheren Wert hat als das eingetauschte. *Die Tat-sache, daß getauscht wird, ist ein unmittelbarer Beweis für die Richtigkeit der sub-jektiven Werttheorie.* Und schließlich zeigt sich, das der Wert der Güter allgemein von den zur Verfügung stehenden Mengen abhängt und mit dem Mangel sehr in die Höhe schnellen kann. Für das, was im Überfluß vorhanden ist wie die Luft und frü-her das Wasser, wird niemand etwas eintauschen wollen.

Es fragt sich nun, wie es bei solcher Vielfalt der subjektiven Wünsche und Bedürf-nisse doch zu Preisen kommen kann, die für alle Marktteilnehmer die gleichen sind und die auch eine gewisse zeitliche Konstanz besitzen und die daher der Ausdruck von allgemeinen Bedürfnissen sind. Der Begründer der subjektiven Wertlehre ist Hermann Heinrich Gossen (1810–1858), der 1854 zwei grundlegende Theoreme, die Gossenschen Gesetze veröffentlichte. Seine Lehre blieb zunächst unbeachtet. Sie wurde aber 1870 von verschiedenen nationalökonomischen Schulen wieder aufge-griffen und fand dann unter dem Namen der Grenznutzenlehre eine weite Verbrei-tung[4]. Das erste Gossensche Gesetz bringt die Tatsache zum Ausdruck, daß der Nutzen jedes Gutes – dem entspricht der Preis, den der Käufer dafür zu zahlen bereit ist – abnimmt mit der Menge, die der Käufer von diesem Gut besitzt. Diese Sättigungskurven haben für verschiedene Güter eine verschiedene Gestalt, Bild 12

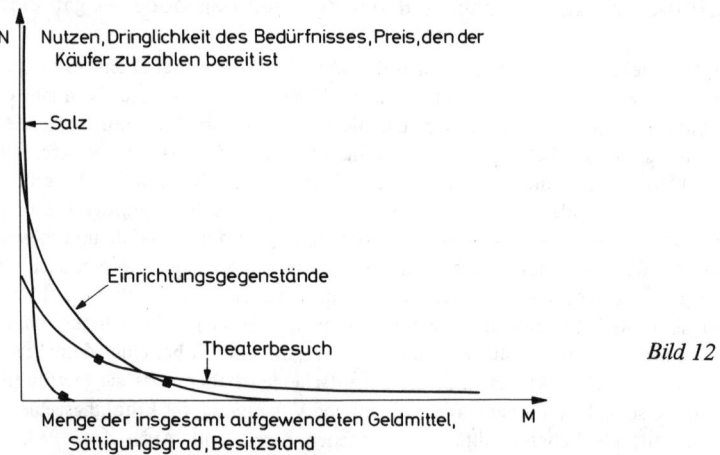

Bild 12

4   H. H. Gossen veröffentlichte 1854 seine Schrift „Entwicklung der Gesetze des menschlichen Verkehrs und der daraus fließenden Regeln für das menschliche Handeln." Die Wiederent-deckung erfolgte von Carl Menger 1871 und J. B. Clark 1881, auf dessen Ausdruck mar-ginal utility die Bezeichnung Grenznutzen zurückgeht.

zeigt einige Beispiele. Es gibt lebenswichtige Güter, die einen sehr hohen Wert haben, bei denen die Sättigung aber schnell erreicht ist. Das typische Beispiel für ein Gut mit einer derart steil abfallenden Sättigungskurve ist das Salz. Andere Güter, wie etwa Einrichtungsgegenstände oder Theaterbesuch, haben flachere Sättigungskurven. Nun haben diese Kurven, von Anomalien abgesehen, das Gemeinsame, daß auch der Zuwachs des Nutzens mit dem Aufwand der Mittel, bezogen auf diesen Zuwachs, abnimmt[5]. Je mehr einer besitzt, um so weniger macht eine additive Steigerung des Besitzes für ihn aus. Das steht in Analogie zur Weberschen Regel der Sinnesphysiologie, welche besagt, daß die Empfindungsstärke, die durch Steigerung eines Reizes bewirkt wird, nicht der additiven, sondern der prozentualen Reizsteigerung entspricht. Hier zeigt sich die Verwurzelung des Gossenschen Gesetzes im nervalen Wirkungsgefüge[6].

5   Bisweilen treten Anomalien auf, so zum Beispiel, wenn durch erste Befriedigungen das Bedürfnis noch gesteigert oder auch erst geweckt wird. Ferner gibt es Anomalien, wenn die Qualität der Produkte sich im Verlauf der Sättigung ändert oder Substitutionsprodukte mit verbesserten Eigenschaften an die Stelle der ursprünglichen Produkte treten. Aber am Ende kommt es immer zu Sättigungserscheinungen, bei denen dann der Effekt der Steigerung in bezug auf den Aufwand abnimmt.

6   Eine mathematische Formulierung hat dieser Zusammenhang als das Weber-Fechnersche Gesetz gefunden:

$$dE = k \cdot dR/R \qquad \text{oder} \qquad E = k \cdot \log R,$$

wobei dE die Zunahme der Empfindungsstärke bei der Zunahme der Reizstärke dR bedeutet. Man hat diesen Zusammenhang auch als das psychophysische Grundgesetz bezeichnet und ihn für die psychisch-physische Interdependenz als charakteristisch angesehen, sozusagen als Bindeglied von der objektiven Sinnesphysiologie zur subjektiven. Die weitere Forschung hat aber gezeigt, daß diese logarithmische Abhängigkeit bereits voll im objektiven Bereich erfüllt ist. In der Rezeptorzelle wird die Reizstärke bzw. das ihr proportionale Generatorpotential in eine nervale Erregungsgröße, in das Aktionspotential, umgesetzt, dessen Größe durch die Frequenz der durch die Nervenfaser wandernden Erregungsspitzen, der Spikes, gemessen werden kann. Zahlreiche Untersuchungen haben nun gezeigt, daß dieses Aktionspotential, die nervale Antwort auf den äußeren Reiz, bereits proportional dem Logarithmus der Reizstärke ist, und ferner, daß die Empfindung direkt proportional der nervalen Erregung ist (R. F. Schmidt, S. 10, 22, 33, 35; Fuortes, S. 279ff.). Die logarithmische Abhängigkeit ist also nicht charakteristisch für die Beziehungen zwischen Physis und Psyche, sondern diese Umsetzung vollzieht sich bereits vollständig im physischen Bereich. Ferner haben genauere Untersuchungen gezeigt, daß die logarithmische Abhängigkeit nur in einem kleinen Bereich exakt erfüllt ist und daß sich der allgemeine Zusammenhang besser durch die Potenzfunktion Stevens' darstellen läßt:

$$E = k \cdot (R - R_0)^n$$

R_0 ist der Schwellenwert des Reizes, der überschritten werden muß, damit überhaupt eine Reaktion eintritt. Der Exponent n kann in dieser Formel wechselnde Größen annehmen. Es gibt ferner noch zeitliche Abhängigkeiten, Induktionszeiten und Adaptationsprozesse, die in der obigen Gleichung nicht berücksichtigt sind. Verursacht sind diese Abhängigkeiten durch die Mechanismen der chemischen Reaktionskinetik in der Rezeptorzelle, die aber in den Einzelheiten noch nicht aufgeklärt sind. Man kann jedoch feststellen, daß diese Mechanismen von der Evolution je gemäß ihrer biopositiven Qualität herausgezüchtet worden sind: bei der Wahrnehmung geht es um das Unterscheidungsvermögen, und zwar innerhalb eines breiten Bereichs

Da sowohl die Vorräte an Gütern als auch die Mittel zum Erwerb der Güter begrenzt sind, stößt der Sättigungsvorgang auf Grenzen. Der Vorrat an einem betreffenden Gut kann so knapp werden, daß der Käufer aufgrund seines Sättigungsgrades und dementsprechend der Intensität seines Bedürfnisses die Mittel zum Tausch nicht mehr aufbringen will oder daß er andere Bedürfnisse hat, für deren Befriedigung er seine Mittel dringlicher benötigt. Den *Zuwachs des Nutzens an dieser Grenze im Verhältnis zu den dafür aufgewendeten Mitteln nennt man den Grenznutzen.* Der Grenznutzen ist also bestimmt einerseits durch die Begrenztheit der Vorräte und andererseits durch die Begrenztheit der für den Eintausch zur Verfügung stehenden Mittel. Es ist der Nutzen der letzten Gütereinheit, die der letzte Konsument noch erwirbt und die der Produzent noch abzugeben bereit ist. Das erste Gossensche Gesetz besagt demnach, daß der *Grenznutzen mit der Sättigung abfällt.* Da nun der Grenznutzen den Zuwachs des Nutzens im Verhältnis zu den für diesen Zweck aufgewendeten Mitteln angibt, ist er gleich dem Maß für das Gefälle der Sättigungskurven, also gleich dem Differentialquotient dN/dM, und die Tatsache, daß dieses Gefälle wie bei der Weber-Fechnerschen Regel mit der Sättigung abnimmt, bedeutet, daß *die Sättigungskurven nach der Ordinate hin durchgebogen sind.* Das zweite Gossensche Gesetz gibt Auskunft darüber, wie ein Verbraucher bei begrenzten Mitteln das, was ihm zur Verfügung steht, für den Erwerb verschiedener Güter aufteilen muß, um insgesamt zur besten Befriedigung seiner Wünsche zu gelangen. Es besagt, daß die optimale Bedürfnisbefriedigung dann erreicht wird, *wenn der Grenznutzen der aufgewendeten Mittel für alle Güter der gleiche ist.* Das heißt, daß das Gleichgewicht der Bedürfnisse dann hergestellt ist, wenn die einzelnen Bedürfnisse jeweils bis zu dem Punkt befriedigt sind, an dem die Gefälle für alle Kurven die gleichen sind (Bild 12). Je mehr Mittel insgesamt zur Verfügung stehen, um so mehr verschieben sich diese Punkte gemäß den jeweiligen Kurven nach rechts.

Das zweite Gossensche Gesetz läßt sich aus dem ersten mathematisch ableiten (Müller-Merbach, S. 80ff.). Aber es läßt sich auch intuitiv verstehen: Ist der Grenznutzen für alle Güter nicht der gleiche, so bedeutet das, daß bei der einen Wunscherfüllung noch eine weitergehende Perfektion erreicht wird, während bei einer anderen noch eine empfindliche Lücke vorhanden ist. Der Abfall des Grenznutzens mit

Fußnote 6, Fortsetzung von Seite 145

von Absolutwerten. Unterscheiden beruht aber auf Vergleichen, und dabei kommt es nicht auf die Absolutwerte an, sondern um deren Verhältnis zueinander. Unsere gesamte Wahrnehmungsapparatur orientiert sich daher wesentlich an relativen Größen. Bei der Befriedigung von Bedürfnissen ist das nicht anders. Schon um den Zuwachs der Mittel jeweils mit gleicher Aufmerksamkeit zu bemerken, muß er in Relation zu dem bereits Vorhandenen stehen. Das gilt z. B. auch für Gehaltserhöhungen. Beim Ausgleich von Spannungen, bei der Sättigung von Bedürfnissen kommt noch hinzu, daß die Ist-Soll-Differenz, die Dringlichkeit des Bedürfnisses mit der Annäherung an das Gleichgewicht, an die Sättigung, abnimmt, so daß der Gleichgewichtszustand in der Regel asymptotisch erreicht wird. Schon bei dem Grundphänomen der Sättigung, bei der Absättigung chemischer Valenzbindungen, liegt ein derartiger Verlauf des Anziehungspotentials vor.

der Sättigung, *die Durchbiegung der Kurve gegen die Ordinatenachse, hat aber zur Folge, daß der gleiche Aufwand für weitergetriebene Erfüllung niemals so effektiv ist wie der zur Behebung eines relativ größeren Mangels.* Die optimale Befriedigung entsprechend optimalem Spannungsausgleich, entsprechend optimalem Gleichgewicht wird bei gleichem Grenznutzen für alle Güter erreicht, weil unter dieser Bedingung die *Summe aller Ist-Soll-Differenzen ein Minimum ist.*

Wir kommen nun zum zweiten Punkt: wie gelingt die Optimierung der Produktion in bezug auf diese Bedürfnisbefriedigung, wie kommt der Produzent seinerseits auf die Befriedigung seines Bedürfnisses: Sein Ziel ist die Steigerung des Gewinns, und er ist daher bemüht, die Produktion zu steigern. Je stärker er aber mit seinen Produkten den Markt absättigt, um so weniger erreicht er mit einer weiteren Steigerung, da er den Preis, um die Absatzsteigerung zu erreichen, reduzieren muß. Das bedeutet, daß es auch für die weitere Produktionssteigerung einen Grenznutzen gibt, der dann erreicht ist, wenn sich eine weitere Steigerung infolge der Preisreduktion nicht mehr lohnt[7]. *Der Preis, den der letzte Käufer für das Produkt noch zu zahlen bereit ist und den bei der Umsatzsteigerung mitzunehmen für den Produzenten gerade noch lohnend ist, ist der Marktpreis.* Die Möglichkeit des Vergleichs auf dem Markt bewirkt, daß dieser Marktpreis jetzt für alle Käufer gilt, auch diejenigen Käufer, die entsprechend ihren Wünschen und ihrer Situation durchaus mehr zu zahlen bereit wären, haben das nicht nötig, weil das Produkt zu diesem Preis angeboten wird. Dieser Mechanismus hat zur Folge, daß der *Marktpreis der Anzeiger eines allgemeinen Bedürfnisses ist, einer allgemeinen Mangellage bezüglich des betreffenden Produktes.*

Nun hat aber der Produzent das Bedürfnis, auch bei gegebenem Marktpreis den Gewinn zu steigern, und das kann er, wenn es ihm gelingt, die Herstellungskosten zu reduzieren, indem er den Aufwand im Verhältnis zum Ertrag minimiert. Das bedeutet, daß im Modell der Marktwirtschaft *jeder einzelne Produzent unmittelbar ein technisches Interesse hat* denn das Verhältnis von Aufwand und Erfolg ist ja der allgemeine Maßstab zur Beurteilung der Qualität technischer Verfahren (S. 131). Die Optimierung des Produktionsprozesses erfolgt nun auf dem Wege von trial and error: der Produzent plant gemäß seiner technischen Möglichkeiten und seiner Preis-Absatz-Erwartung die unter Umständen das Ergebnis weit ausholender Marktforschung ist, sein Herstellungsverfahren, er tastet eventuell mit Vorprodukten den Markt ab, und er investiert, indem er sich die Hilfsmittel beschafft und die Produktionsmittel erstellt. Nach fertiggestellter Produktion ist das Verkaufsergebnis die Prüfung von Plan und Investierung und je nachdem, wie diese Prüfung ausfällt, setzt die technische Arbeit wieder ein, um die Verfahren zu modifizieren und noch besser den Absatzmöglichkeiten anzupassen. Hier zeigt sich die unmittelbare Verkoppelung technischen und wirtschaftlichen Handelns: Wirtschaften bedeutet ursprünglich Haushalten, Planen, und dasjenige, was dabei geplant wird ist letztlich immer die Verwendung technischer Wege. Die gesamte geistige Leistung, die das Wirtschaften trägt, ist die geistige Leistung des richtigen, sorgfältigen und möglichst langfristigen Planens. Der

---

7 Auch abgesehen von der Preisreduktion reduziert sich mit steigender Produktion der Grenznutzen, da von einem gewissen Punkt an Rohstoffe, Arbeitskräfte und Kapital mit wachsendem Bedarf knapper werden, so daß sich die Herstellkosten erhöhen (Schneider, Bd. 2, S. 108ff.).

Maßstab für die Prüfung aber ist letztlich der erzielbare *Marktpreis, eine Indexzahl, in der gemäß den Gesetzen von Gossen die Summe aller subjektiven Wünsche und der derzeitige Stand aller technischen Möglichkeiten ihren zahlenmäßigen Ausdruck finden.* Und als Ausdruck für den Marktwert zeigt der Preis nach dem ersten Gesetz von Gossen die Knappheit eines Produktes an und sagt daher dem Produzenten, wie hoch angesichts der Dringlichkeit des Marktbedürfnisses seine Herstellkosten sein dürfen, wenn er mit seiner Rechnung noch zurechtkommen will. In diesem Sinne richtet sich die Güterproduktion nach dem Marktbedürfnis aus und optimiert sich in bezug auf die Minimierung des Aufwands im Verhältnis zum Ertrag durch den Wettbewerb, der seinerseits wieder im Marktpreis zu Buche schlägt.

Wir kommen nun zum dritten Punkt: Wo bleibt der Gewinn? Gewinn ist, was dem Produzenten übrig bleibt, wenn er die Rohstoffe, die Löhne und Gehälter, die Abgaben und Steuern an den Staat und die Zinsen für das geborgte Geld bezahlt hat. Diesem Gewinn schuldet er – wie in der Bilanz ausgewiesen (s. Tabelle 11) – dem Eigentümer der Betriebsmittel. Tabelle 12 zeigt, wie eine solche Ertragsverteilung bei einigen unserer großen Aktiengesellschaften zahlenmäßig aussieht. Die Prozentzahlen zeigen an, wie sich der Rohertrag nach Abzug der Rohstoffkosten prozentual auf Arbeitnehmer, Staat und Anteilseigner aufteilt. Wie man sieht, ist der auf die Aktionäre entfallende Anteil nicht sehr groß.

Tabelle 12. Zahlen zur Ertragsverteilung im Geschäftsjahr 1975 (in Millionen DM)

	BBC AG	Siemens AG	Bayer AG	Hoechst AG
Personalkosten	870 88,8%	6166 90,7%	2394 81%	2223 80%
Steuern	90 9,15%	397 5,8%	291 9,9%	326 11,6%
Dividenden	20 2,05%	240 3,5%	267 9,1%	238 8,4%
Mitarbeiter				90208
Aktionäre				420000
Durchschnittsbesitz pro Aktionär, nominal				4270,– DM
Durchschnittsbesitz pro Aktionär, effektiv				6400,– DM
Durchschnittseinkommen pro Aktionär im Jahr				600,– DM
Einkommen- und Vermögenssteuer, etwa				300,– DM
Durchschnittsnettoeinkommen pro Aktionär im Jahr				300,– DM
Anteil des Staates an der Summe von Steuern und Dividenden	91%	81%	76%	79%

Würde man die Eigentümer enteignen und den Gewinn der Lohnsumme zuschlagen, so würde das größenordnungsmäßig nicht viel mehr ausmachen als eine einzige heute jährlich übliche Lohnerhöhung. Dieser Gewinn verteilt sich auf einen Personenkreis, der vier- bis fünfmal so groß ist wie der der Mitarbeiter und im wesentlichen aus kleineren Sparern besteht. Bei der Hoechst-AG sind 40 000 Mitarbeiter zugleich Aktionäre. Von der Gesamtsumme, die das Unternehmen nach Abzug der Stoffkosten und der Aufwendungen für Löhne und Gehälter erwirtschaftet, gehen rund 80% an den Staat und nur 20% an die Eigentümer. Unter unseren heutigen Verhältnissen ist die *Gesellschaft in Form des Staates ein sehr viel größerer Nutznießer des wirtschaftlichen Gewinns als die Eigentümer,* die das Geld für die Investierungen zur Verfügung gestellt haben. Wir haben hier die Rechnung für die anonymen Gesellschaften durchgeführt. Nicht weniger wird der private Unternehmer besteuert, und hier geht die Besteuerung vornehmlich auf Kosten der Selbstfinanzierung der Investierungen, so daß der Staat Gefahr läuft, das Huhn zu schlachten, das die Eier legen soll.

Wir kommen schließlich zum vierten Punkt: Wer steuert das System? Fragen wir zunächst, wie die innerbetrieblichen Entscheidungen zustandekommen. Entscheidungen, die nicht blind erfolgen oder nur auf vagen, gefühlsmäßigen Vermutungen gegründet sind, erfordern spezielle Kenntnisse, eine adäquate Information und deren sachgerechte Verarbeitung. Das bedeutet, daß auch *die Entscheidungsfindung der Arbeitsteilung bedarf.* Hier bietet sich für die betriebliche Organisation ein Kaskadenschema an, demgemäß die Informationsverarbeitung bei biologischen Systemen erfolgt und dem das Prinzip zugrundeliegt: so peripher wie möglich und so zentral wie nötig (Bild 13). An der Peripherie des menschlichen Körpers kommen eine Milliarde bit pro Sekunde an, aber nur der zehnmillionste Teil davon dringt bis zur Zen-

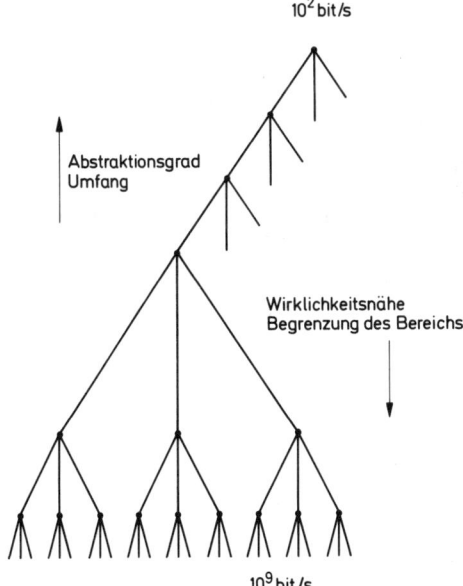

10^2 bit/s

Abstraktionsgrad
Umfang

Wirklichkeitsnähe
Begrenzung des Bereichs

Bild 13

10^9 bit/s

trale, bis zur bewußten Entscheidung des Großhirns vor, alle anderen werden auf der zwischengeschalteten Hierarchie der Schaltstellen in unbewußten Reaktionen mehr oder weniger peripher verarbeitet. Es ist zweckmäßig, Entscheidungen möglichst auf der Ebene zu fällen, auf der sie anfallen, da diese Stelle die genaueste Information über den Sachverhalt besitzt. Jedoch muß das Problem an die höhere Schaltstelle zur Entscheidung weitergereicht werden, wenn das Funktionsfeld der peripheren Stelle überschritten wird. Die Information kann aber nicht in voller Ausführlichkeit nach oben weitergeleitet werden, sondern nur in verkürzter, verdichteter, abstrahierter Form. Das bedeutet, daß zur Zentrale hin die konkrete Wirklichkeitsnähe abnimmt, die Mannigfaltigkeit des Umfangs an Informationen aber zunimmt. Ein wichtiges Prinzip für die Stabilität von Systemen – das in der Betriebspraxis allerdings nicht immer befolgt wird – ist es, die *Entscheidungsüberlastung der Zentrale zu vermeiden.* Sie soll in der Tat nur das entscheiden, was keine andere Schaltstelle entscheiden kann. Dieses Prinzip liefert eine gute Untergliederung der Entscheidungsbefugnis, da jeder für den Bereich einzustehen hat, in dem er sich am besten auskennt. Für viele Fälle ist das Kaskadenschema (Bild 13) zu einfach, da der Erfahrungsbereich einer Person und damit die Position im Schema ja nach der angesprochenen Thematik verschieden sein kann. Fachfragen erfordern in der Regel einen spezielleren und eingeengteren Informationsbereich als allgemeine Probleme, die etwa die Arbeitsorganisation, die sozialen Einrichtungen, die Interessenvertretungen etc. betreffen. Auch haben häufig einzelne Mitarbeiter spezielle Erfahrungs- und Kenntnisbereiche. Das bedeutet, daß die hierarchische Untergliederung je nach der Problemlage eine verschiedene sein kann und flexibel gehandhabt werden muß. Da aber adäquate Information eine unerläßliche Voraussetzung für sachgerechte Entscheidungen in dem immer komplizierter gewordenen System technisch-wirtschaftlicher Zusammenarbeit geworden ist, *ist insgesamt eine Staffelung der Entscheidungsfunktionen nach Verantwortungsbereichen unvermeidbar.*

Die nächste Frage lautet: Nach welchem Prinzip werden die Positionen in der Hierarchie besetzt? Die Entscheidungen über die personelle Erneuerung und Vergrößerung müssen im Rahmen der gleichen Arbeitsteilung getroffen werden wie alle übrigen Entscheidungen: die zentraleren Stellen entscheiden über die Besetzung der jeweils mehr an der Peripherie befindlichen. Das nennt man das *Kooptionsprinzip, das Prinzip der Zuwahl der Nachfolger.* Der Vorteil dieses Prinzips ist die Wahrung der Kontinuität und Stabilität, der Nachteil ist eine starke Machtfixierung in der Spitze. Wie sind solche Systeme noch kontrollierbar? Die Antwort lautet: *Durch Vergleich untereinander. Wir nennen das die laterale Kontrolle.* Das ist der Sinn des Wettbewerbs. Diese laterale Kontrolle hat den großen Vorzug, daß sie *nicht an der schweren Durchschaubarkeit technischer Zusammenhänge scheitert.* Betriebe, die miteinander im Wettbewerb stehen, haben ein sehr fundiertes Urteil über das, was der Konkurrent macht. Im Wettbewerb kontrollieren sie sich gegenseitig in bezug auf Leistung und Wirtschaftlichkeit, da ihre wirtschaftlichen Maßnahmen von selbst auch mit ihrem wirtschaftlichen Gewicht zu Buche schlagen. Wie unbeholfen sind demgegenüber die Rechnungshöfe, die die Aufgabe haben, die Haushalts- und Wirtschaftsführung der öffentlichen Hand zu überprüfen. Sie können nur über ungefähre Fachkenntnis verfügen, sind angewiesen auf das, was ihnen vorgelegt wird und sind

150

geneigt, das am schärfsten zu prüfen, was am leichtesten abzählbar ist, so daß die Prüfung leicht am Unwesentlichen hängenbleibt. Der Wettbewerb ist aber auch das Mittel, um die Spitze der Hierarchie von der Basis her zu kontrollieren, wobei aber die Voraussetzung *für die Arbeitnehmer die freie Wahl des Arbeitsplatzes ist*. In einem echten polyzentrischen marktwirtschaftlichen System mit Betriebseinheiten im Wettbewerb ist *nicht nur der Arbeitnehmer vom Arbeitgeber, sondern auch der Arbeitgeber vom Arbeitnehmer abhängig.*

Wir kommen nun zu der vieldiskutierten Frage, welchen Einfluß die Eigentümer auf die Geschäftsführung einer Aktiengesellschaft haben. Wir erläutern das am Beispiel der Bundesrepublik, die entsprechende Gesetzgebung kennt in den verschiedenen Staaten verschiedene Formen. Es gibt zwei Wege, wie der Aktionär seinen Einfluß wahrnehmen kann. Der eine Weg besteht darin, daß er auf der Hauptversammlung seine Interessenvertreter, den Aufsichtsrat, wählt, der als Aufsichtsorgan der Geschäftsführung den Vorstand einsetzt und abberuft. Darüber hinaus legt die Geschäftsführung alljährlich auf der Hauptversammlung vor allen Beteiligten Rechenschaft ab, und jeder Aktionär hat hier das Recht, über alles, was er wissen will, befriedigende Auskunft zu erhalten, und es gibt Aktionäre, die bei dieser Gelegenheit Listen von zwanzig, dreißig und mehr Fragen vorlegen. Manche Aktionäre schließen sich zu Wertpapiervereinigungen zusammen und lassen sich durch Rechtsanwälte vertreten.

Den größten Teil der Vertretung des Aktienkapitals auf den Hauptversammlungen übernehmen die verschiedenen Großbanken, denen die einzelnen Aktionäre ihr Geld zur Verwaltung anvertraut haben. Wenn also auch der Einfluß des einzelnen Aktionärs aufgrund seines kleinen Anteils gering ist, so ist doch schon der Zwang zu diesem umfangreichen, öffentlichen Rechenschaftsbericht eine wirksame Kontrolle. Allerdings ist der Einfluß der Aktionäre auch im Aufsichtsrat begrenzt, da der Aufsichtsrat keineswegs nur eine Vertretung der Anteilseigner ist, sondern gemäß dem Betriebsverfassungsgesetz in einem knapp paritätischen Verhältnis Vertreter der Belegschaft und der überregionalen Arbeitnehmerorganisationen, der Gewerkschaften, enthält. Ferner werden häufig in die Aufsichtsräte noch einzelne Persönlichkeiten aufgrund ihrer wissenschaftlichen Qualifikation berufen, die weder Kapital- noch Arbeitnehmer-Interessen vertreten.

Nächst der Kontrolle durch Aufsichtsrat und Hauptversammlung besitzt der Aktionär noch einen zweiten, vom ersten völlig unabhängigen Weg zur Realisierung seines Einflusses auf die Geschäftsführung. Die Aktien als solche sind nämlich ebenfalls Güter im Sinne der Marktwirtschaft und werden gehandelt, und der Preis, den sie auf dem Aktienmarkt, auf der Börse erzielen, ist ein Indikator für das Urteil des Aktionärs über das betreffende Unternehmen. Je höher die Gewinnerwartung für den Augenblick und auf lange Sicht, je größer das Vertrauen in die Geschäftsführung, um so mehr wird der Käufer bereit sein, für ein Anteilsrecht an dem Unternehmen auszugeben. Das hat zur Folge, daß die Preise für die Aktien, die Kurse, von den Unternehmungen, die bei dem Verfahren von Versuch und Irrtum gut und technisch richtig planen, nämlich mit Minimierung des Aufwandes im Verhältnis zum Ertrag, daß diese Kurse hoch stehen. Die Höhe des Kurses ist daher einerseits soviel wie eine *öffentliche Zensur für die Geschäftsführung des Unternehmens,* sie wirkt sich aber auch unmittelbar für das Unternehmen finanziell günstig aus, da bei einer Kapitalerhöhung die jungen Aktien zu einem höheren Kurs auf dem Markt placiert werden können[8]. Das bedeutet, daß nach diesem marktwirtschaftlichen Regelmechanismus *diejenigen Unternehmungen am günstigsten an Produktionsmittel, eben an Kapital gelangen, die es am besten im Verhältnis von Aufwand und Ertrag zu verwenden wissen.* Der Aktionär hat also durchaus eine individuelle und unmittelbare Möglichkeit, seinen Einfluß auf die Geschäftsleitung wahrzunehmen, indem er Aktien kauft oder verkauft. Die optimale Steuerung der Hilfsmittel ist der marktwirtschaftliche Sinn der Gewinnverteilung durch die Dividenden.

Auch bei den Privatunternehmen, die den Aktienmarkt nicht in Anspruch nehmen, wird der Zugang zu den Produktionshilfsmitteln durch die wirtschaftlich-technischen Erfolge bestimmt. Die privaten Unternehmer decken ihren Kapitalbedarf entweder durch Eigenfinazierung, das heißt durch das unmittelbare Geschäftsergebnis, so daß der, der besser wirtschaftet, auch das bessere Werkzeug hat, oder sie nehmen Bankkredite in Anspruch, die davon abhängen, wie die Bank als neutraler Dritter den Wirtschaftserfolg, die Kreditwürdigkeit ihres Unternehmens beurteilt.

Zusammengefaßt ergibt sich, daß es recht verschiedenartige Faktoren gibt, die auf das marktwirtschaftliche System steuernd einwirken. Auf die Funktion des Staates in diesem Zusammenhang kommen wir noch im nächsten Abschnitt zu sprechen. Gesteuert wird aber in allen Fällen durch den Vergleich im Wettbewerb. Hier wirkt aber keine „unsichtbare Hand", wie Adam Smith es geannt hat, noch steckt die Automatik eines geheimnisvollen Harmoniegesetzes dahinter, sondern in der Wettbewerbswirtschaft sind die *Willensäußerungen aller an diesem System Beteiligten konkret wirksam, und zwar sowohl in bezug auf das, was sie haben wollen als auch in bezug auf die Fähigkeit derjenigen, die die Güter für alle herstellen.* Das Bemerkenswerte an diesen Willensäußerungen ist aber, daß sie nicht in Leitsätzen und Proklamationen bestehen und auch nicht durch Meinungsfragungen ermittelt werden, sondern daß sie *präverbal in Handlungen* zum Ausdruck kommen. Das hat den Vorteil, daß die Bedürfnisse unmittelbar und unzweideutig in Erscheinung treten. Fragt man nämlich die Menschen, was sie wünschen, so wissen sie es oft nicht richtig zu sagen, da in der Vorstellung oft verschiedene und nicht gegeneinander abgeklärte Wünsche existieren und der Befragte der konkreten Entscheidung enthoben ist, weil es bei der Befragung nur um Möglichkeiten der Erfüllung geht. Erst in der aktuellen Situation vor die Alternative gestellt, was und wieviel bist Du bereit, für dieses Gut einzutauschen, kommt es noch vor einer begrifflichen Formulierung zu einer faktischen Entscheidung, die als Tatbestand der Willensäußerung Wirklichkeit ist. Desgleichen sind die Leistungen der Hersteller, wie sie in Angebotspreisen, Börsenkursen und in der Einschätzung seitens der Mitarbeiter ihren Niederschlag finden, Fakten, die auch

---

8 Die Kurse hängen allerdings nicht nur vom Ergebnis des Unternehmens, sondern auch von der allgemeinen Konjunkturlage ab, so daß man zur Beurteilung der Geschäftsführung die Kurse ähnlich gelagerter Unternehmungen vergleichen muß. — Bei Kapitalerhöhungen werden die jungen Aktien zu einem Kurs auf den Markt gebracht, der in der Nähe des Kurses der alten Aktien liegt. Wenn dieser z. B. 300% des Nominalwertes beträgt, so erhält das Unternehmen auf 100 DM nominale Kapitalerhöhung 300 DM effektiv.

unabhängig von jeder begrifflichen Deutung und Erklärung bereits als Tatbestände ihre realen Konsequenzen haben. Hier zeigt sich unter anderem wieder, daß das marktwirtschaftliche Verfahren eine unmittelbare Weiterführung des technischen Vorgehens ist: beiden Methoden *ist im Gegensatz zu der wissenschaftlichen Forschung die Eigenschaft der faktischen, präverbalen Verifikation eigen* (S. 122 f.).

Es zeigt sich, die Marktwirtschaft ist ein System, bei dem Versuch und Irrtum, Entwurf und Prüfung, Theorie und Praxis eng und streng miteinander verknüpft sind. Indem der Produzent wirtschaftet, muß er planen, muß vorausahnen, welche Sorte, welche Qualität, welche Menge eines Gutes die Verbraucher haben wollen und mit welchem Aufwand er selbst und seine Wettbewerber das Gut herstellen können. Die Bilanz am Ende der Produktionsperiode ist die unerbittliche und unzweideutige Prüfung dieses Entwurfes, denn sie zeigt durch faktische Zahlen, was die Verbraucher wirklich gewollt und die Konkurrenten wirklich gekonnt haben. In diesem Sinne sind die Preise und die Geschäftsergebnisse, wie sie bei den Aktiengesellschaften in Form der Geschäftsberichte auch der Öffentlichkeit zur Verfügung stehen, ein umfassendes empirisches Indexmaterial angesichts der Aufgabe, Bedürfnisse optimal zu befriedigen.

Nun wird vielfach die Auffassung vertreten, daß das ganze System trotzdem verwerflich ist, weil einziger Steuerungsfaktor nur das Interesse am Eigentum, das Profitstreben sei. Auf die weltanschaulichen Probleme im Zusammenhang mit dem Eigentumsbegriff kommen wir noch zurück (S. 163, 202), hier sei nur die Auffassung dargelegt, daß der letztlich Steuernde in der Wettbewerbsmarktwirtschaft nicht der Eigentümer, sondern der Fachmann ist, *nicht das Geld, sondern die Fertigkeit, nicht das Kapital, sondern die Information* (S. 139 f.). Einzelheiten veranschaulichen wir wieder am Beispiel der Bundesrepublik. Die Eigentümer üben neben dem Staat und den Arbeitnehmervertretungen eine Kontrollfunktion aus, und sie werden bei dieser Kontrollfunktion im wesentlichen von den Großbanken vertreten. Aber bereits die Großbanken üben diese Kontrollfunktion nicht aufgrund ihres Eigenbesitzes aus, sondern aufgrund des Vertrauens, das der einzelne Sparer zu ihrer Vertretung und Geschäftsführung hat. Das führt dazu, daß die Großbanken ihrerseits marktwirtschaftlich im Wettbewerb stehen, und in den Aufsichtsräten sind daher in der Regel, je nachdem wie der Aktienbesitz auf die verschiedenen Bankdepots verteilt ist, verschiedene Großbanken vertreten. Also selbst bei Großbanken hängt der wirtschaftliche Einfluß, den sie ausüben, nicht an ihrem eigenen Besitz, sondern an ihrer Fähigkeit, ihr Unternehmen zu führen, die ihnen das *Vertrauen der Depotkunden* verschafft, deren Interessen sie zu vertreten haben.

Aber insgesamt nimmt der Aufsichtsrat, wie jedes andere beaufsichtigende Gremium, nur eine Kontrollfunktion wahr, die Entscheidungen im einzelnen trifft die Geschäftsführung mit ihrem weitläufigen Mitarbeiterstab, und diese Entscheidungen nimmt niemand der Geschäftsführung ab, da niemand sonst die dazu erforderliche intime Fachkenntnis besitzt. Das *Schlagwort von der Herrschaft der Manager trifft den Kern.* Im Wettbewerb gelangen diejenigen an die Schaltstellen der Macht, die gemäß dem Prinzip von der Minimierung des Aufwandes den größten Erfolg haben, und das sind nicht diejenigen, die das meiste Kapital besitzen, sondern diejenigen, die es am besten einzusetzen verstehen. Das gilt auch für die großen Vermögen, die sich zur Zeit noch in Privatbesitz befinden. Diese Vermögen der Krupp, Bosch oder Thyssen verdanken ihre Existenz nicht wie der Grundbesitz des Adels standesmäßiger Herkunft, sondern der Fähigkeit ihrer Gründer, häufig einer speziell technischen Fähigkeit. *Nun vererbt sich zwar das Vermögen, nicht jedoch die Fähigkeit im Umgang mit dem Vermögen.* Und das hat zur Folge, daß längstens in der dritten Generation Beauftragte und Verwalter über den Einsatz dieser Mittel, über die Geschäftsführung bestimmen. Erstmalig in der Geschichte entsteht in der Neuzeit mit den Industriezivilisationen in großem, systembedingtem Umfange *eine Macht, die nicht erblich ist,* sondern die an das jeweils spontan auftretende Vermögen technisch-wissenschaftlichen Könnens gebunden ist.

Was mit abwertendem Tonfall als Profitstreben bezeichnet wird, ist nichts anderes als das technisch-wirtschaftliche Prinzip, alle Mittel mit maximalem Nutzeffekt einzusetzen, als die in der Wirtschaftlichkeit selbst gelegene Maxime, nichts zu verschwenden, sondern mit knappen Mitteln zu einer maximalen Befriedigung zu kommen. Da der Kapitalbesitz im industriellen System keineswegs Einfluß und Macht garantiert, ist die Vermehrung des persönlichen Eigentums nur ein Motiv unter mehreren anderen, das häufig gerade an den Schaltstellen der Macht — oberhalb eines gewissen „Grenznutzen des Eigentums" kann man sagen — nur noch eine untergeordnete Rolle spielt. Es kommt hinzu, daß der private Unternehmer seinen Gewinn zur Selbstfinanzierung seiner Investierungen benötigt, zur Stärkung der Kapitalkraft seines Unternehmens, wenn er dem Wettbewerb standhalten will. Der Motor dieses Getriebes ist die Möglichkeit des naturwissenschaftlich-technischen Fortschritts und seine Verwendung zur Befriedigung von Bedürfnissen. Zusammenfassend können wir feststellen: Es ist kein Zufall, daß Adam Smith' Schrift über den Freihandel und die Marktwirtschaft und die Erfindung der Dampf- und der Spinnmaschine und die französische Enzyklopädie der Wissenschaften, Künste und Gewerbe auf einen Zeitraum von wenigen Jahrzehnten zusammenfallen, denn es ist der technische Maßstab von Aufwand zu Erfolg, der in der Wettbewerbswirtschaft wirksam wird. So wird verständlich, daß sich die ungeheure Entfaltung der Technik gerade im Rahmen der Marktwirtschaft vollzogen hat.

5.2.2 Probleme der Marktwirtschaft

Wir haben uns bei der Darstellung des Modells der Marktwirtschaft recht unbekümmert über Probleme und Einwände, über Fragen nach der Verwendbarkeit des Modells hinweggesetzt. Das ist jetzt nachzuholen. Wir wollen dabei zwischen praktisch-organisatorischen und weltanschaulich-philosophischen Problemen unterscheiden. Vorweg ist festzustellen: Die Wettbewerbswirtschaft ist kein System, das sich automatisch von selbst herausbildet und selbständig erhält. Das Prinzip Laissez faire hat sich als Irrtum erwiesen. Es bedarf vielmehr zahlreicher staatlicher Maßnahmen, um den Wettbewerb zu ermöglichen, zu kontrollieren und zu begrenzen, es bedarf einer ordnungspolitischen Strukturplanung, um die Art und Weise der Marktwirtschaft im einzelnen festzulegen. Hierzu dient eine umfangreiche Normierung wie etwa die Gewerbeordnung, das Vertragsrecht, das Arbeitsrecht, das Aktien- und GmbH-Recht, die Konkursordnung, die Wechsel- und Scheckgesetze, das Patentgesetz, das Wettbewerbs- und Kartellgesetz, die Sicherheitsbestimmungen, die Steuergesetze, das Strafgesetzbuch. Die Entfaltung der Technik mit ihren immer langfristigeren Auswirkungen verlangt eine ständige Weiterentwicklung der kontrollierenden und eingrenzenden Rahmenbedingungen und Restriktionen (S. 157). Diese Strukturplanung, soweit sie im Rahmen der Marktwirtschaft bleibt, betrifft aber *nur die formalen Bedingungen, das Wie, nicht den materialen Inhalt, das Was von Wirtschaft und Produktion*[9]. – Wir behandeln im Folgenden zunächst die praktisch-organisatorischen Fragen und greifen vier Aspekte heraus:

1. Voraussetzung für das Funktionieren des Marktes ist der freiwillige Tausch (S. 135), und der erfordert ein Gleichgewicht von Anbietenden und Nachfragenden. Die freie Wahl von seiten des Partners ist aber eine so unerbittliche Leistungskontrolle, daß ein starkes Bedürfnis besteht, sich dem Wettbewerb durch Absprachen, durch Monopole, Kartelle und Syndikate zu entziehen. Ein Großteil der Kritik an der Marktwirtschaft betrifft *gerade nicht die Marktwirtschaft, sondern Zustände, die auf einer Verletzung marktwirtschaftlicher Bedingungen beruhen.* So haben zum Beispiel die Mißstände aus der Zeit des Beginns der Industrialisierung in England ihre Ursache in dem Ungleichgewicht zwischen Arbeitnehmern und Arbeitgebern, in dem Nachfragemonopol der industriellen Unternehmer. Generell widerspricht Ausbeutung der Idee der Marktwirtschaft als dem Prinzip des freiwilligen Tausches. Hier ist es die Aufgabe des Staates, für die Aufrechterhaltung des Gleichgewichtes Sorge zu tragen. Der Arbeitsmarkt bedarf dabei noch besonderer Regelung. Ein Überschuß von Sachgütern, für den keine Nachfrage vorhanden ist, kann und soll vom Markt verschwinden. Die Existenz von Menschen ist aber nach unserer heutigen Auffassung auch dann zu sichern, wenn das Angebot an Arbeitskraft die Nachfrage übersteigt. Das bedeutet, daß die Löhne Mindestbeträge nicht unterschreiten dürfen und daß die Existenz auch im Falle der Nichtbeschäftigung durch Arbeitslosenunterstützung gesichert wird.

Für die Aushandlung dieser Mindesbeträge, der Tariflöhne und der dazu im Verhältnis stehenden Arbeitslosenunterstützung stehen sich heute zwei Monopole, die Gewerkschaften und die Arbeitgeberverbände, gegenüber. Dadurch ist der *Wettbewerb auf dem Arbeitsmarkt auf den übertariflichen Bereich beschränkt,* auf das Entgelt von Leistungen durch nicht tarifgebundene Gegenleistungen an Löhnen, Prämien, Gehältern, Sozialleistungen, Aufstiegschancen usw. Dadurch können sich diejenigen, die von vornherein auf diese übertariflichen Leistungen verzichten, der Kontrolle durch den Wettbewerb entziehen, und das hat praktisch zur Folge, daß sich diese Leistungskontrolle mehr und mehr von der Basis der Arbeitshierarchie nach oben

---

9 Die Planung des Rahmens, des Wie, läßt sich nicht in allen Fällen von der Planung des Inhalts, des Was, scharf abgrenzen. Bestimmte Restriktionen treffen einzelne Produktionszweige schärfer als andere. Strengere Grenzwerte für die Emissionen von Kohlenoxyd in die Luft betreffen in erster Linie die Automobilindustrie. Ein gewisser Einfluß der Rahmenbedingungen auf das Produktionsprogramm darf daher nicht übersehen werden.

verschiebt. Und weiterhin sind die Arbeitnehmermonopole, die Gewerkschaften grundsätzlich bemüht, diese Leistungskontrolle weiter abzubauen durch die Einbeziehung der übertariflichen Entgelte in den Tarif. Nicht weniger bemühen sich natürlich auch die Produzenten, die Kontrolle des Wettbewerbs durch organisatorische Zusammenschlüsse zu überwinden. Die wichtige Aufgabe des Kartellgesetzes ist es, diese Bestrebungen möglichst zu verhindern. Dabei ist zu bedenken, daß jedes Nachlassen der Kontrolle immer auf Kosten der Allgemeinheit geht, denn was kontrolliert wird, ist immer die Wirtschaftlichkeit, ist immer der Aufwand im Verhältnis zum Ertrag, und jede Verschwendung ist ein gesamtwirtschaftlicher Verlust. Verschwendung ist Vernichtung von Gütern, die letztlich zu Lasten eines jeden geht. — Das Problem der Marktwirtschaft besteht nun darin, daß sie keineswegs beliebt ist, sie erfordert eine große ordnungspolitische Anstrengung, es nimmt zwar jeder gerne ihre Leistungen in Anspruch, aber jeder neigt auch dazu, sich der Kontrolle des Wettbewerbs auf Kosten der anderen zu entziehen.

2. Ein weiteres Problem der Marktwirtschaft besteht darin, daß *beim Tauschprozeß die jeweils aktuellen Bedürfnisse stark im Vordergrund stehen.* Das gilt insbesondere für den Konsumenten, der sich weitgehend je nach der konkreten Situation entscheidet. Der Produzent denkt bereits langfristiger, er muß über längere Perioden planen und ist an der Ausnutzung und Erhaltung seiner Betriebsmittel interessiert. Aber auch er befaßt sich in der Regel nur mit Auswirkungen, die ihn unmittelbar betreffen. Nun gibt es aber bei dem Regelmechanismus von Produktion und Verbrauch Wirkungen mit Verzögerungszeiten, die teilweise erst recht langfristig zur Geltung kommen. Derart verzögerte Rückführungen sind in der Kybernetik gefürchtet, weil sie die Stabilität der Systeme gefährden, sie führen zu Schwankungen, die im Grenzfall den Regelbereich überschreiten und zum Zusammenbruch des Systems führen können (S. 33). Schon lange vor der kybernetischen Theorie waren in der Wirtschaftswissenschaft solche Pendelprozesse als Hausse und Baisse, als Konjunkturschwankungen, bekannt. In der Kybernetik stabilisiert man Systeme, die solche Verzögerungszeiten besitzen, mit Hilfe von Hilfsregel- und Hilfsstellgrößen. Hilfsregelgrößen sind Anzeigen über sich anbahnende Auswirkungen, bevor diese eingetreten sind, etwa im Sinne von Vorwarnungen. In der Wirtschaft handelt es sich dabei z. B. um Informationen über im Ausbau befindliche Produktionsanlagen, die eine Abschätzung eines künftigen Angebots erlauben, bevor dieses effektiv auf dem Markt ist. In diesem Sinne sind alle Prognosen über mehr oder weniger langfristige Auswirkungen des Produktonsprozesses, mit denen sich heute die Wissenschaft so intensiv befaßt, als Hilfsregelgrößen zu verstehen.

Hilfsstellgrößen sind provisorische Eingriffe in eine Regelstrecke, um Schwankungen zu vermeiden oder abzufangen. In der Wirtschaft bestehen sie vielfach in Maßnahmen der Gegensteuerung, etwa in einer Verteuerung der Hilfsmittel durch Anhebung des Diskontsatzes seitens der Notenbank, um Investierungen abzubremsen oder in der Bereitstellung von „billigem Geld", um die Konjunktur anzustoßen. Auch ein antizyklisches Verhalten des Staates als Arbeitgeber gehört zu diesen Maßnahmen. So zeigt sich, daß auch eine optimal funktionierende Marktwirtschaft infolge der Verzögerungszeiten in ihrem Regelmechanismus der wirtschaftspolitischen Steuerung bedarf. Man spricht in diesem Zusammenhang heute von Globalsteuerung. Der Erfolg dieser Steuerung, dieser Anwendung von Hilfsregel- und Hilfsstellgrößen, beruht dabei vollständig auf der Kenntnis der technisch-wirtschaftlichen Zusammenhänge. Nun hat zwar das Verständnis dieser Zusammenhänge mit dem Fortschritt der Wirtschaftswissenschaften wesentlich zugenommen, so daß man heute sehr viel feinere Methoden besitzt, um mit Konjunkturschwankungen fertig zu werden, andererseits wird aber mit der Entwicklung der Technik das wirtschaftlich-technische Gesamtsystem immer komplizierter, so daß man vor unvorhergesehenen Ereignissen doch niemals sicher ist. Allein die Kontroversen darüber, in welchem Umfang die Maßstäbe für den Umtausch der verschiedenen Landeswährungen konstant zu halten sind oder ihrerseits auch fluktuieren sollen, sind ein auffälliges Zeichen für widersprechende Meinungen bei der Beurteilung des technisch-wirtschaftlichen Gefüges.

Eine besondere Gruppe verzögerter Rückwirkungen ist uns praktisch erst im letzten Jahrzehnt zum Bewußtsein gekommen. Die technische Umgestaltung der Welt und die damit verbundene Vermehrung der Bevölkerung hat solche Ausmaße angenommen, daß die Begrenztheit der Rohstoffe für die Produktion fühlbar wird und daß die Beseitigung der Abfälle auf Schwierigkeiten stößt. Damit wird sehr viel stärker als früher deutlich, daß der technische Fortschritt einen Preis kostet und daß der *Regelprozeß Produktion-Verbrauch restriktiven Bedingungen unterworfen werden muß.* Die Entfaltungsmöglichkeiten der Technik müssen derart eingegrenzt werden, daß Leben und Gesundheit der Menschen dabei nicht leiden. Nun hat es derartige Eingrenzungen schon immer gegeben, etwa durch das Verbot der Kinderarbeit, durch die Einführung des Zehnstunden- und dann des Achtstundentages, durch Schutzbestimmungen für schwangere Frauen, durch die gesamten Sicherheitsbestimmungen, die Vorschriften des Dampfkesselüberwachungsvereins etc. Neuartig ist jedoch, daß wir gegenwärtig mit Verzögerungszeiten rechnen müssen, die sich nicht über Jahre und Jahrzehnte erstrecken, sondern mehrere Generationen in Mitleidenschaft ziehen können. Wir müssen uns heute hüten, daß wir nicht durch unsere technische Produktion Veränderungen des Klimas, des Wassers, der Luft, der ökologischen Gleichgewichte verursachen, deren Auswirkungen erst unsere Enkel auszukosten haben. Es wird daher heute vielfach die Frage aufgeworfen, ob die Marktwirtschaft grundsätzlich in der Lage sei, mit diesem Problem des Umweltschutzes und anderer langfristiger gesellschaftlicher Auswirkungen der Technik fertig zu werden. Aber die Frage, ob man den augenblicklichen Genuß von Gütern vorzieht oder sich in Vorsorge für die Zukunft zu einer gewissen Askese entschließt, ist kein Problem speziell der Wettbewerbswirtschaft, sondern hängt davon ab, welche Rahmenbedingungen, welche Restriktionen eine Gesellschaft überhaupt ihrem wirtschaftlich-technischen Handeln auferlegt. Solche Restriktionen heben die Marktwirtschaft nicht auf, sondern ermöglichen sie erst. Es hat sie auch immer schon gegeben. Wer im Wettbewerb gegen die guten Sitten verstößt, kommt mit dem Strafgesetzbuch in Kollision. Leichtfertigkeit angesichts langfristiger Folgen ist auch ein Verstoß gegen die guten Sitten. Für den Schutz vor langfristig-negativen Folgen der technischen Entwicklung ist es jetzt erforderlich, die *Normen des Zulässigen festzu-*

legen, eine heute umfangreiche und schwierige, gesetzgeberische Aufgabe, die ebenso wissenschaftlich-technische Detailuntersuchungen wie moralische Entscheidungen erfordert. Aber diese Maßnahmen treffen nicht die Wettbewerbswirtschaft selber, sondern stellen nur eine wichtige Weiterentwicklung des ordnungspolitischen Strukturrahmens dar. Es gibt bei gleichzeitiger Schonung des Wettbewerbsprinzips genügend Steuerungsmechanismen und Restriktionsmöglichkeiten, um alle in dieser Hinsicht erforderlichen Normierungen mitvollziehen zu können. Die Schwierigkeiten, mit denen wir heute auf diesem Gebiet zu kämpfen haben, beruhen nicht auf dem System der Marktwirtschaft, sondern auf der sehr komplizierten Vorausschätzung und Bewertung und auch auf der recht kontroversen Beurteilung dieser langfristigen Folgen. Die Methoden der Technik-Folgen-Abschätzung, von Technology Assessment, sind inzwischen zu einem umfangreichen System entwickelt worden, um die wirtschaftliche Entscheidung in derart schwierigen Fällen zu erleichtern (S. 102).

3. Wir kommen nun zu einer dritten Schwierigkeit bei der Wettbewerbswirtschaft. Die *freie Wahl hat zur Voraussetzung, daß es eine Mehrzahl von Anbietern gibt.* Dem organisatorischen Zusammenschluß der Anbieter zum Zwecke der Marktbeherrschung kann man zwar gesetzgeberisch entgegenwirken (S. 155). Aber häufig ist die Bildung größerer Einheiten auch sachlich gerechtfertigt, weil die Integration eine Steigerung der Rationalisierung und Spezialisierung erlaubt (S. 90). Es gibt ferner Aufgaben, die aufgrund ihres Umfangs dem Wettbewerb nicht mehr unterliegen, weil sie die Leistungsfähigkeit von Wirtschaftsunternehmungen übersteigen, und die gleichzeitig derart im allgemeinen Interesse liegen, daß die öffentliche Hand sie übernehmen muß. Beispiele sind Eisenbahn und Post, das Bildungswesen, die Versorgungsbetriebe der Städte und Gemeinden, ferner Großobjekte, etwa auf dem Gebiete der Raumfahrt, der Elektronik, der Entwicklung neuer Verkehrsmittel oder der Verteidigung. Dem Staat – sagt man – obliegt die Aufgabe der Daseinsvorsorge. Die Grenze, was zum Bereich der öffentlichen Hand gehört und was besser privatwirtschaftlich zu betreiben ist, liegt nicht fest, und verschiedene Staaten haben sich verschieden entschieden. Das Fernsehen wird in den Vereinigten Staaten völlig privat betrieben, und auch in der Bundesrepublik steht es nicht unter staatlicher Direktive, aber es ist durch eine spezielle Konstitution an öffentliche Kontrolle gebunden. Die Eisenbahnen sind in USA Privatunternehmungen und ebenfalls die Universitäten. Aber angesichts der umfassenden Aufgaben der Daseinsvorsorge gibt es unzweifelhaft Grenzen für die Wettbewerbswirtschaft.

Es ist jedoch ein allgemeines Merkmal der Staatsbetriebe, daß die Disponenten nur sehr indirekt von ihren Dispositionen und Fehldispositionen betroffen sind, und dieser sehr *verzögerte Feedback führt leicht zu einer Verkümmerung des haushälterischen Sinnes.* Infolge mangelnder Vergleichbarkeit, mangelnder lateraler Kontrolle (S. 151) sind Staatsbetriebe häufig besonders aufwendig und ineffizient wie Bahn, Post und Ausbildungsinstitutionen, und sie enthalten ein erhöhtes Risiko von Unwirtschaftlichkeit und Fehlinvestitionen. Daher sollte der Staat nur dort einspringen, wo die Bewältigung der Aufgaben anders nicht möglich ist, und er sollte auch bei der Erfüllung seiner Aufgaben so marktwirtschaftlich wie möglich denken.

Bisweilen wird das Ende der Marktwirtschaft als Konsequenz eines technisch bedingten Zentralisierungszwanges prophezeit. Aber dem liegt eine falsche Vorstellung von der Wirklichkeit zugrunde. Die Großunternehmen und Großobjekte stehen zwar im Vordergrund der öffentlichen Diskussion, aber man darf ihren Anteil an der Bedarfsdeckung doch nicht überschätzen. Es gibt in der Bundesrepublik 3 Millionen wirtschaftliche Betriebe, 95 % davon sind kleine und mittlere Unternehmen, und diese stellen zwei Drittel der Arbeitsplätze und leisten die Hälfte des Sozialproduktes. Es gibt nämlich auch *einen Grenznutzen für die Größe von Unternehmungen,* es gibt optimale Betriebsgrößen. Dem Vorteil der Rationalisierung und des längeren Atems aufgrund der größeren Kapitalkraft stehen Nachteile gegenüber: die wachsende Umständlichkeit der Informationsverarbeitung und Bürokratie, die Anonymität, das Entfremdungsproblem im Betrieb und die Starrheit der internen Kostenrechnung, die den realistischen Vergleich der verschiedenen Produktionszweige erschwert. Auch läßt sich nicht bestreiten, daß häufig gute Ideen und Erfindungen gerade von kleineren Außenseitern hereinkommen, da diese oft dazu neigen, unbeschwerter und vorurteilsfreier an die Dinge heranzugehen. Erfahrung hilft zwar viel, kann aber auch hemmen. Zur Verbesserung der Übersicht und der internen Kontrollen sind inzwischen manche Konzerne dazu übergegangen, ihre Gesamtaktivität in Sparten aufzugliedern, die auch getrennt verkaufen und als selbständige Einheiten abrechnen. Hier wird auf eine Unterteilung der Betriebseinheit in einzelne Wettbewerbsbereiche zurückgegriffen, um das Problem der Größe zu bewältigen. Auch sollte man bei wichtigen Projekten auf Parallelarbeit, auf laterale Kontrolle (S. 151) nicht verzichten. Generell gilt, daß ein *Großbetrieb nur das tun solte, was ein Kleinbetrieb nicht machen kann, weil der Kleinbetrieb einfacher, persönlicher und flexibler arbeitet.* Es kommt hinzu, daß bei den mittleren und kleinen Betrieben die Geschäftsführung häufig in der Hand des Eigentümers liegt, der ein unmittelbares Interesse am technisch-wirtschaftlichen Fortschritt und am guten Betriebsklima hat, und der die Verantwortung für seine Entscheidungen ungeschmälert zu spüren bekommt, so daß die Gefahr der Verbeamtung vermieden wird. Sagt doch bereits schon Thomas von Aquin, daß jeder für das, was ihm alleine gehört, mehr Sorge trägt (Thomas, Summe der Theologie, II, II, LXVI, art 2). Es ist nicht nötig, die Zentralisierung wie ein Schicksal oder wie ein Naturgesetz zu akzeptieren, die wirtschaftliche Devise lautet: So *zentral wie nötig und so dezentral wie möglich.* Auch angesichts der technisch bedingten Zentralisierung bleibt immer noch ein weites Feld für den Wettbewerb übrig.

4. Die vierte Grenze für die Marktwirtschaft liegt dort, wo die Gesellschaft Ziele verfolgt, die nicht im Rahmen einer Bedürfnisdeckung liegen, die gemäß dem Maßstab von Aufwand und Erfolg optimiert ist. So würde z. B. dieses marktwirtschaftliche Prinzip verlangen, daß die körperliche und geistige Arbeit danach bewertet und entlohnt werden, was sie im Prozeß der Güterproduktion und der Dienstleistungen erbringen. Wir hatten bereits gesehen, daß der Arbeitsmarkt nicht so verfährt (S. 155), da aus menschlichem Solidaritätsgefühl einem jeden eine gewisse Versorgung zugesprochen wird, ob er etwas leistet oder nicht. Darüber hinaus gibt es umfassende steuerliche und gesetzgeberische Maßnahmen, die einen Ausgleich der Einkommen

und eine leistungsunabhängige Versorgung zum Ziele haben. Man spricht von dem Netz der sozialen Sicherheit[10]. Aber daß auch die Daseinsvorsorge des Staates die Wirtschaftlichkeit nicht außer acht lassen darf, zeigt z. B. die Kostenentwicklung des Gesundheitswesens. Die Leistungen der gesetzlichen Krankenversicherung sind von 2,5 Milliarden im Jahre 1950 auf 69,2 Milliarden, 1976, also auf das 27,2-fache angestiegen (Die Zeit, 18. 2. 1977), aber offenbar sind die Menschen heute in der Bundesrepublik nicht 27mal kränker als vor 26 Jahren. Der Grund ist, daß die einzelne Behandlung den Patienten nichts kostet, sondern aus einem gemeinsamen Topf bezahlt wird, in den Gesunde wie Kranke einzahlen müssen, Beiträge, die über die Arbeitgeber abgeführt werden. Nun kann eine Versicherung nur funktionieren in bezug auf Ereignisse, auf die der Versicherte keinen Einfluß hat. Die Krankenversicherung, die jemand in Anspruch nimmt, hängt aber keineswegs ausschließlich von Schicksalsschlägen ab. Indem der Preis als Index für die Wirtschaftlichkeit bei diesen Leistungen abgeschafft ist, kann die Folge des „Nulltarifs" nur die Verschwendung sein. Durch eine angemessene Selbstbeteiligung der Patienten könnte dem abgeholfen werden. Auch diese Lösung ließe sich entsprechend dem Einkommen staffeln und sie ist sozialer, da sie verhindert, daß der Eine auf Kosten des Anderen krank ist, ganz davon abgesehen, daß die Verschwendung auf Kosten aller geht.

Desgleichen ist Vorsicht bei staatlichen Subventionen am Platz, wenn sie auch bisweilen im Rahmen der Daseinsvorsorge nicht vermeidbar sind. Subventionen bedeuten immer Privilegien für bestimmte Gruppen, aber da sie das Marktgefüge verzerren, kosten sie häufig einen höheren Aufwand als den Privilegierten selbst zugute kommt. In hohem Maße wird heute bei uns das Ausbildungswesen subventioniert. Dabei hat sich an unseren Universitäten ein Mißverhältnis von der Nachfrage nach Studienplätzen und deren Angebot herausgebildet, und man versucht vergeblich, mit behördlichen Maßnahmen wie Zulassungsbeschränkungen, Numerus clausus und abrupter Ausweitung der Lehre auf Kosten der Forschung des Mißstandes Herr zu werden. Die Universitäten vermitteln nämlich ein hochwertiges Wirtschaftsgut, die Befähigung für höhere Positionen, aber sie geben es ab zum Nulltarif. Das *ist nicht nur unwirtschaftlich, sondern auch unsozial, weil diejenigen später den größten Gewinn von ihrem Studium haben, für die die Gemeinschaft der Steuerzahler die größten Zuschüsse beigesteuert hat.* Das Motiv für diese Subventionierung ist die Idee, daß das Wissen allen, die es begehren, in gleicher Weise zur Verfügung stehen sollte. Aber eine solche Auffassung verkennt die wirtschaftlichen und sozialen Verhältnisse. Was die Universitäten vermitteln, ist im wesentlichen Ausbildung, und das sind wirtschaftlich wie sozial wichtige Fertigkeiten, die auch von der Masse der Studenten um des wirtschaftlichen und sozialen Aufstiegs willen erstrebt werden. Wenn man daran geht, diese hochwertigen und kostspieligen Güter zu verschenken, so kann das nur zu Gedränge und zu Ungerechtigkeit führen. Ein Nutzungsentgelt für Universitätsabsolventen — das über Darlehen refinanziert werden könnte — würde die Studienzeiten verkürzen, die Ausnutzung der universitären Einrichtungen — etwa die Belegung

10 Adam Smith hat in seiner Theorie der Gleichgewichtsbildung auf den Arbeitsmärkten auch das Aussterben von Arbeitskräften infolge sinkender Löhne erwähnt, ohne hieraus aber ordnungstheoretische und politische Folgerungen zu ziehen (Hensel, S. 66).

von Hörsälen zu Beginn und zu Ende des Semesters — wesentlich verbessern, würde den Etat entlasten und damit die gefährlichen Einsparungen, die zur Zeit den Aufstieg des wissenschaftlichen Nachwuchses blockieren, reduzieren (Watrin, 1976). Dies eine Beispiel mag genügen, um zu zeigen, mit welcher Vorsicht Subventionen gehandhabt werden müssen.

Ohne Zweifel gibt es für eine Gesellschaft nicht quantifizierbare Ziele, die sich daher auch dem wirtschaftlichen Aspekt entziehen. Aber bei allem Respekt vor dem Bereich des Nicht-Quantifizierbaren ist es doch legitim, so weit zu quantifizieren, wie es eben möglich ist, da dasjenige, was einer bekommt, immer einem anderen weggenommen wird. So ist man z. B. sehr zu Recht bemüht, den vagen Begriff der Lebensqualität mit Hilfe sozialer Indikatoren möglichst zu quantifizieren. Es ist die Gerechtigkeit, die zur Quantifizierung drängt, stellen wir doch die Justitia mit verbundenen Augen und mit einem Meßgerät, mit der Waage dar. — Nächst den pragmatisch-organisatorischen Problemen gibt es eine Kritik an der Marktwirtschaft, die sich vornehmlich gegen ihre Grundlagen richtet und sich auf weltanschauliche und moralische Argumente stützt. Wir wollen auch hier vier Aspekte aufzählen, die letzlich aber Perspektiven des gleichen Sachverhaltes sind.

1. Der erste Einwand lautet: Die optimale Befriedigung aller individuellen Bedürfnisse auf der Basis des freiwilligen Tausches führt zu *einer Heranzüchtung falscher und verzerrter Bedürfnisse,* denn das System ist nicht nur an einer Befriedigung, sondern auch an einer Erzeugung von Bedürfnissen interessiert. Die menschlichen Wünsche reichen bekanntlich bis in ein beliebiges Märchenland, und die Bedürfnisse richten sich daher weitgehend nach der Erfüllbarkeit der Wünsche, das heißt nach dem Angebot von Gütern und Leistungen. Der Produzent hat seinerseits den begreiflichen Wunsch zu produzieren, also Abnehmer für seine Produkte zu finden. Daher spürt er der Erfüllbarkeit von Bedürfnissen nach, die noch gar nicht zum Bewußtsein gekommen sind, und erzeugt sie erst durch sein Angebot. Und auch die Tauschbereitschaft, den Markt schafft er sich durch zur Schaustellen, durch Werben, wobei eine wissenschaftliche Psychologie auch die geheimen und verdrängten Wünsche des Käufers miteinkalkuliert. Zahlreiche Kritiker der Marktwirtschaft stehen weiterhin noch auf dem Standpunkt, daß der Mensch das Produkt seiner gesellschaftlichen Verhältnisse ist und bestreitet damit die Freiwilligkeit des Tausches. Gemäß dieser Auffassung ist der Einzelne dem Angebot, dem Markt, dem, was m a n sich so kauft, hilflos ausgeliefert, ein Zustand, der als Konsumterror bezeichnet wird. Aber auch von dieser radikalen Zuspitzung abgesehen muß man feststellen, daß die menschlichen Wünsche keineswegs immer sinnvoll und vernünftig sind, daß der Mensch leicht verführbar ist und daß dasjenige, was bei der Marktwirtschaft als Güterangebot auf dem Markt erscheint, einem komplizierten Wechselspiel des technisch Möglichen und des kurz- und langfristig Wünschbaren entstammt. Zur Ordnungspolitik des Staates gegenüber der Marktwirtschaft gehört es, die *Täuschung beim Tausch, auch wenn sie sich diffiziler tiefenpsychologischer Methoden und Manipulationen bedient, möglichst zu unterbinden.* Im übrigen sagt uns die Marktwirtschaft nicht, was wir wollen sollten, sondern sie ist allein ein System, das dazu dient, auf der Basis außerordentlich zahlreicher individueller Willensentschei-

dungen Güter und Leistungen zu erbringen und zu verteilen. Dabei ist nicht zu bestreiten, daß das reiche Angebot der Marktwirtschaft auche eine Versuchung darstellt. Aber indem das Tauschprinzip dem Einzelnen die Entscheidung zuschiebt, *muß es zu Mißständen führen, wenn man dem Einzelnen das Vermögen abspricht, sinnvoll für sich zu entscheiden.*

2. Der Fortschritt, die Produktion des Neuen ist ein wichtiges Moment der Marktwirtschaft. Erst im Rahmen der Marktwirtschaft ist es zur schnellen Entfaltung der modernen Technik gekommen (S. 139 ff.). Der *Fortschritt enthält aber immer ein destruktives Element,* er lebt von der Veränderung, von der Überwindung, der Zerstörung des Vorhandenen. Die Produktion braucht den Verbrauch, das Neue nennt sie daher das grundsätzlich Bessere, und sie nährt das menschliche Bedürfnis nach Veränderung. Diesem Drang und Zwang zum Neuen dient die Mode, die sich nächst der Bekleidung unsere gesamte Umweltgestaltung unterworfen hat. Neue Begriffe werden erfunden, um ein neues „Wohngefühl" zu schaffen. Was man schlicht einen Polstersessel nannte, bezeichnet man heute als ein „Hochlehnvollpolsterelement", Element deshalb, um dem Verbraucher zum Bewußtsein zu bringen, daß er mit dem Sessel allein nichts anfangen kann, sondern daß dieser nur als Bestandteil der heute üblichen Wohnraumsitzkombination seinen Sinn erfüllt. Damit die Deckung des Bedarfs nicht dem neuen Bedarf im Wege steht, wird nicht nur auf die Haltbarkeit, sondern mehr oder weniger ausdrücklich auch auf die Verbrauchbarkeit der Produkte bei der Produktion geachtet. Die Marktwirtschaft tendiert zum Umsatz, zum Durchsatz, und zwar sowohl beim Konsumenten, der die Veränderung genießen will, wie beim Produzenten, dem an Wachstum und Erfolg gelegen ist, wie beim Staat, der an der Erhaltung der Arbeitsplätze und an Steuern interessiert ist. Wohlstand ist Vollproduktion und Umsatzsteigerung mit der Hoffnung auf weitere Verbesserung des Lebensstandards. Und auch die Unordnung, die Destruktion heben, sofern sie das System nicht sprengen, den Umsatz. Rechtsstreitigkeiten, Vertragsbrüche, Ehescheidungen, unerwünschte Schwangerschaften, Familienkonflikte, selbstverursachte Krankheiten, Zivilisationsschäden bis zur Kriminalität, das alles erhöht den Verbrauch, bewirkt, daß die Räder sich schneller drehen und erzeugt Bedürfnisse an Einrichtungsgegenständen, an Ortsveränderungen und Umzügen, an Dienstleistungen aller Art bis zu den Veranstaltungen der Sozialfürsorge, des Gesundheitswesens und des staatlichen Ordnungsdienstes. Durch den Innovationsdruck erhalten der Durchsatz, das Neue, die Veränderung einen Eigenwert. Die durch die moderne Technik so augenfällig eröffnete Möglichkeit der Herstellung von noch nicht Vorhandenem bleibt nicht ohne Einfluß auf das Zeitgefühl des Menschen: an die Stelle der hervorragenden Bewertung des Dauerhaften und Beharrenden während der Agrarkulturen (S. 79 ff.) tritt die Hoffnung, das Streben, die Wertschätzung des Kommenden, Zukünftigen. Dieser Prozeß ist notwendig mit einer laufenden Entwertung alles vorhandenen Besitzes an Gegenständen wie an Erfahrungen verbunden. Die philosophische und ethische Bedeutung in diesem Wandel des Zeitgefühls wird uns noch beschäftigen (S. 228 ff.). Hier geht es nur darum, festzustellen, daß die Marktwirtschaft als Trägerinstrument bei der Entfaltung der Technik zur allseitigen individuellen Bedürfnisbefriedigung angesichts ihres maßgebenden Anteils an dem umfassenden materiellen und geistigen Innovationsprozeß die damit zusammenhängende destruktive Seite

nicht verleugnen kann. Hier stellt sich die Frage: *Gibt es auch Innovation ohne Destruktion?* Das ist ein ethisches Problem, zu dem die Marktwirtschaft keine Antwort hergibt. Wir werden bei der Frage nach der ethischen Bewältigung der Technik darauf eingehen (S. 258 ff.).

3. Der dritte Einwand besagt, daß die Marktwirtschaft grundsätzlich auf einem menschlichen Fehlverhalten beruht, auf dem Gewinnstreben, auf dem Egoismus, der im Begriff des Eigentums seinen eindeutigen und klassischen Ausdruck findet. Hier setzt die umfassende Kritik von seiten des Marxismus ein, die uns im folgenden Kapitel ausführlicher beschäftigen wird. An dieser Stelle beschränken wir uns darauf, festzustellen, daß der Eigennutz in der Marktwirtschaft keine speziell ausschlaggebende Rolle spielt, bei vorurteilsfreier Betrachtung jedenfalls keine stärkere als bei anderen gesellschaftlichen Organisationsformen. Wir hatten schon darauf hingewiesen, daß die Steuerung des Systems nicht in der Hand der Eigentümer, sondern in der Hand der Manager liegt (S. 153 f.). Auch die Motivation für die technisch-wirtschaftliche Arbeit ist nicht speziell die der Bereicherung: der vielumstrittene Profit gelangt nur zum kleineren Teil in die Hand der Eigentümer, den Löwenanteil erhält bei den meisten Industrienationen der Staat für seine gesamtgesellschaftlichen Aufgaben (S. 148 f.). Daß schließlich jedes Vorhaben nach dem Maßstab der Wirtschaftlichkeit beurteilt wird, hat mit Egoismus überhaupt nichts zu tun. Die Wirtschaftlichkeit ist vielmehr ein genereller Maßstab rationalen Handelns (S. 131), da jeder Verstoß gegen diesen Maßstab Verschwendung, Gütervernichtung und Verlust ist, der auf alle zurückfällt. Auch werden die Entscheidungen bezüglich der Wirtschaftlichkeit, vor die jeder Mitarbeiter täglich gestellt ist, zumeist von Personen getroffen, die mit fremdem Eigentum umgehen und auch nicht unmittelbar gewinnbeteiligt sind. Und schließlich: soll es eigentlich verboten sein, auch eigene Interessen wahrzunehmen? Wenn man schon ein System wählt, bei dem möglichst ungeschmälert alle individuellen Bedürfnisse zum Ausdruck kommen sollen, so ist es unlogisch, den Menschen zu untersagen, daß sie diese Interessen auch äußern. Keine unsichtbare Hand wandelt hier Eigennutz in Gemeinnutz, sondern das Prinzip freiwilligen Tausches führt auf der Basis gegenseitiger Ergänzung ein Gleichgewicht von Leistungen und Interessen herbei.

Allerdings geht vom Eigentum immer eine verführerische Kraft zum Mißbrauch aus, und im Rahmen des modernen technisch-wirtschaftlichen Systems kann sich das Ärgernis am Eigentum noch besonders steigern, weil in dem komplizierten modernen Wirkungsgefüge leicht der Zusammenhang zwischen Leistung und Lohn verlorengeht, so daß nicht selten Zufall, Glück, Geschicklichkeit und Täuschung zu unverdientem und unangemessenem Eigentum führen. Trotzdem stammt die Sorge vor der Gefährdung des Menschen und der zwischenmenschlichen Beziehungen durch den Reichtum mehr aus der religiösen Tradition als aus dem Regelmechanismus der Marktwirtschaft, da in diesem System die Einnahmen aus dem Eigentum als Risikoprämie, als Leihgebühr für Hilfsmittel und zur Steuerung der Hilfsmittel an den, der sie am ergiebigsten zu verwenden weiß, eine sinnvolle Teilfunktion haben (S. 151), da vor allem aber das System insgesamt nicht vom Eigentum, sondern von der technischen Fertigkeit gesteuert wird.

4. Der vierte Einwand gegen die Marktwirtschaft präsentiert sozusagen die Quittung für das Fehlverhalten: der Wettbewerb – heißt es – treibt die Leistung in die Höhe, aber für was eigentlich, für einen Konsum, zu dem der Mensch sozial gezwungen ist, der ihn aber nicht glücklicher macht! So produziert das System nicht nur den „Konsumterror", sondern auch den „Leistungszwang", und das sogar unter Zerstörung der Lebensbedingungen auf unserer Erde. Die Wettbewerbssituation, die wir als Qualitätskontrolle bewertet haben, wird aus dieser Sicht als Repression verworfen. Hier meldet sich angesichts der Bedürfnisbefriedigung eine uralte Weisheit wieder zu Wort: *daß die Erfüllung der Wünsche nicht befriedigt, sondern im Gegenteil gesteigerte Wünsche bewirkt.* 500 Jahre vor Christi Geburt hat Buddha gelehrt, daß derjenige, der verblendet der Befriedigung seiner Wünsche nachjagt, sich gleich einem Drogensüchtigen immer tiefer in den unheilvollen Kreislauf des Daseins verstrickt. Die moderne Opposition gegen das Leistungsprinzip beruft sich allerdings nicht auf Buddha, und sie nimmt auch keineswegs so konsequent wie der Buddhismus alle Konsequenzen in bezug auf das äußere Leben, die sich aus diesem Verzicht ergeben, in Kauf, aber immerhin steht doch eine Mentalität dahinter, die den Weg der technischen Umweltgestaltung nicht mehr bedingungslos bejaht und die eine aktuelle philosophische Besinnung herausfordert (Kap. 7). Dieser wie die übrigen weltanschaulichen Einwände gegen die Marktwirtschaft treffen nicht die Marktwirtschaft, sondern vielmehr eine Form der Wunscherfüllung, die durch die Marktwirtschaft mit Hilfe der Technik ermöglicht wird. Das Problem der Marktwirtschaft sind nicht ihre Mängel, sondern gerade ihre Leistungsfähigkeit in bezug auf diese Wunscherfüllung. Das bedeutet aber, daß es in der Tat zur Fehlentwicklung führt, wenn sich der Mensch einseitig der Dynamik dieses wirtschaftlich-technischen Prozesses überläßt. – Wir wollen jetzt die Frage untersuchen, welche Alternative gegenüber der Marktwirtschaft die Zentralverwaltungswirtschaft liefert.

5.3 Die moderne Technik II: Zentralverwaltungswirtschaft

Die Stellungnahme zur Wettbewerbswirtschaft oder Zentralverwaltungswirtschaft wird heute weitgehend durch die politischen Systeme und durch weltanschauliche Positionen bestimmt, und die enge Verzahnung von Technik, Wirtschaft und geistiger Haltung wird auch daran wieder deutlich, daß diese Streitfrage es ist, die heute die Haltung des Menschen zum Dasein bestimmt und die moderne Welt in zwei Lager spaltet. Von den Parteigängern wird häufig der Sollwert des eigenen Systems mit dem Istwert des abgelehnten verglichen. Wir wollen uns demgegenüber bemühen, von der Zentralverwaltungswirtschaft zunächst wieder das Modell darzustellen und anschließend das Für und Wider zu diskutieren. Und bei der Besprechung der Probleme werden wir wieder zunächst die organisatorisch-pragmatischen und anschließend die weltanschaulich-philosophischen behandeln.

Als Gegenbegriff zur Marktwirtschaft wird häufig an Stelle von Zentralverwaltungswirtschaft auch von Planwirtschaft gesprochen, aber bei dieser Wortwahl kommt der charakteristische Unterschied nicht deutlich zum Ausdruck, da *auch die Marktwirt-*

schaft von planendem Vorgehen bestimmt ist. Wirtschaften heißt Haushalten, und das bedeutet immer Vorsorge treffen und planen. Der Unterschied zwischen den beiden Systemen besteht nicht darin, ob geplant wird oder nicht, sondern *wer* plant. Dieser Unterschied ist aber erheblich. Planen bedeutet Entscheidungen treffen, bedeutet Macht ausüben, und je zentraler die Planung, um so unkontrollierter ist die Macht. Bei der Marktwirtschaft planen die einzelnen Produzenten, und zwar auf Grund von Informationen über getätigte und zu erwartende Kaufentscheidungen der Verbraucher, und sie müssen sehr sorgfältig planen, da häufig nicht nur der Geschäftserfolg, sondern auch die Existenz von der Richtigkeit der Planung abhängt. Demgegenüber erfolgt bei der Zentralverwaltungswirtschaft die Planung von der Zentrale des Wirtschaftssystems, die mit der staatlich-politischen Zentrale identisch ist. Ferner ist festzuhalten, daß es auch bei der Marktwirtschaft eine zentrale Planung gibt, bei der es um die Festlegung der Rahmenbedingungen und die Steuerung der Konjunktur geht (S. 155, 156 f.). Aber diese Planung betrifft nur die formalen Bedingungen, das *Wie,* nicht den materialen Inhalt, das *Was* von Wirtschaft und Produktion (Fußnote S. 155). Eine derart zentrale Strukturplanung und globale Steuerung ist geradezu eine Voraussetzung für die Wettbewerbswirtschaft. Wenn der einzelne Unternehmer planen will, muß er wissen, womit er fest rechnen kann, planen läßt sich nur unter der Voraussetzung konstanter Rahmenbedingungen, wenn Verträge eingehalten werden, wenn sich voraussehen läßt, wie sich der Geldwert, wie sich die Wechselkurse entwickeln werden, wenn Klarheit über Änderungen der Steuer- und Wirtschaftsgesetze besteht, bevor der Produzent seine Entscheidungen zu treffen hat; kurz alles dieses, was wir unter dem Begriff der Strukturplanung zusammenfassen, steht nicht im Gegensatz zur Wettbewerbswirtschaft, sondern bedarf der zentralen Bearbeitung, um den Spielraum zu schaffen, innerhalb dessen Wettbewerbswirtschaft allein möglich ist. Demgegenüber ist es für die Zentralverwaltungswirtschaft charakteristisch, daß nicht die einzelne Produktionsstätte, *sondern die Zentrale mit einem System von Planvorgaben und Auflagen entscheidet, was produziert werden soll.*

Auch bei den Zentralverwaltungswirtschaften gibt es zahlreiche Modelle und Mischformen. Als prägnantes Beispiel betrachten wir im Folgenden das System des *Demokratischen Zentralismus,* das Lenin eingeführt hat und das in der Sowjetunion und in der DDR zum Leitbild technisch-wirtschaftlich-gesellschaftlicher Ordnung geworden ist. Wir halten uns an die Darstellung des Kybernetikers Georg Klaus aus Ost-Berlin (Klaus, VEB, S. 93, 362). Bild 14 zeigt die Entstehung des Staatsplans. Die staatliche Planungskommission macht einen Entwurf und gibt diesen an die VVB, die Vereinigungen Volkseigener Betriebe, sowie über einige Zwischenstellen an die ausführenden Instanzen. Von der Peripherie werden die Vorschläge modifiziert und ergänzt an den Volkswirtschaftsrat zurückgegeben, von der Plankommission überarbeitet und dem Ministerrat zur Beschlußfassung vorgelegt (Bild 15). Daraufhin erfolgen die Direktiven von der Zentrale bis an die Peripherie. Klaus legt Wert auf die Feststellung, daß auf der Ebene der VVB keine Konkretisierung des Staatsplans aufgrund gegenseitiger Abstimmung der verschiedenen VVB stattfindet, so daß die Subsysteme im Rahmen des Gesamtsystems noch über eine gewisse Autonomie verfügen. Demokratisch heißt

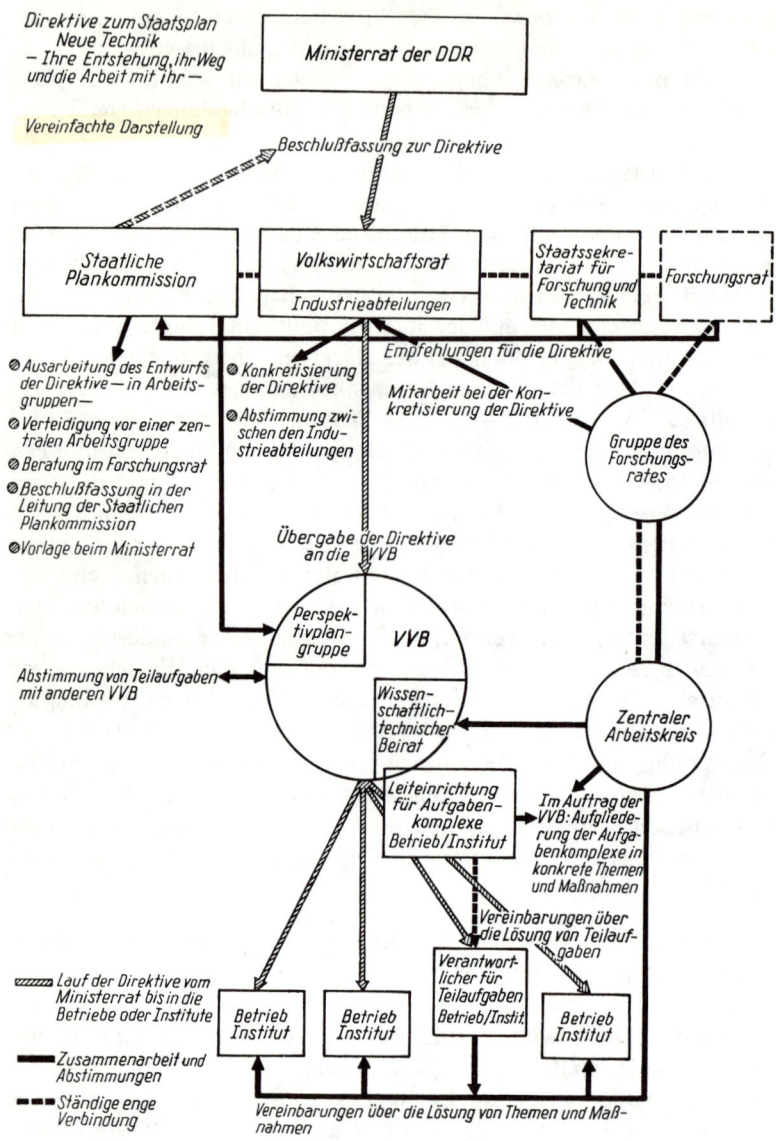

Direktive zum Staatsplan
Neue Technik
– Ihre Entstehung, ihr Weg
und die Arbeit mit Ihr –

Vereinfachte Darstellung

Ministerrat der DDR

Beschlußfassung zur Direktive

Staatliche
Plankommission

Volkswirtschaftsrat

Industrieabteilungen

Staatssekre-
tariat für
Forschung und
Technik

Forschungsrat

⊘ Ausarbeitung des Entwurfs
der Direktive – in Arbeits-
gruppen –

⊘ Verteidigung vor einer zentralen Arbeitsgruppe

⊘ Beratung im Forschungsrat

⊘ Beschlußfassung in der
Leitung der Staatlichen
Plankommission

⊘ Vorlage beim Ministerrat

⊘ Konkretisierung
der Direktive

⊘ Abstimmung zwi-
schen den Indu-
strieabteilungen

Empfehlungen für die Direktive

Mitarbeit bei der Kon-
kretisierung der Direktive

Gruppe des
Forschungs-
rates

Übergabe der Direktive
an die VVB

Perspek-
tivplan-
gruppe

VVB

Wissen-
schaftlich-
technischer
Beirat

Abstimmung von Teilaufgaben
mit anderen VVB

Zentraler
Arbeitskreis

Leiteinrichtung
für Aufgaben-
komplexe
Betrieb/Institut

Im Auftrag der
VVB: Aufglide-
rung der Aufga-
benkomplexe in
konkrete Themen
und Maßnahmen

Vereinbarungen über
die Lösung von Teilauf-
gaben

Verantwort-
licher für
Teilaufgaben
Betrieb/Institut

▨ Lauf der Direktive vom
Ministerrat bis in die
Betriebe oder Institute

▬ Zusammenarbeit und
Abstimmungen

▬▬ Ständige enge
Verbindung

Betrieb
Institut

Betrieb
Institut

Betrieb
Institut

Vereinbarungen über die Lösung von Themen und Maßnahmen

Bild 14

dieses System, weil die ausführenden Organe in Form von Vorschlägen am Entwurf
des Staatsplans beteiligt sind, und zentralistisch ist es, weil die Direktiven der Zentrale vorbehalten sind.

Für Lenin ist im Sinne von Marx die *Technisierung der Weg zum Kommunismus,* und
er fordert zu diesem Zweck eine streng hierarchische Gliederung der Zusammenar-

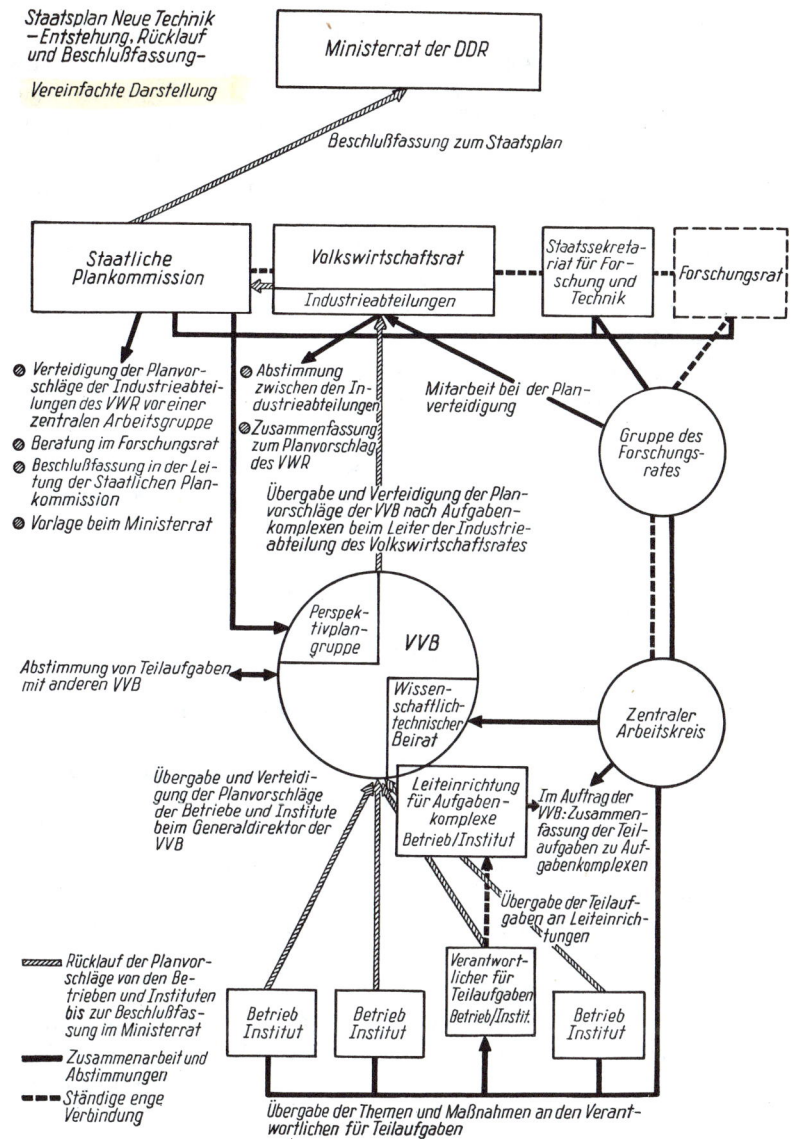

Bild 15

beit gemäß wissenschaftlich-rationaler Produktions- und Investitionsplanung. „Sozialismus — schreibt er — ist undenkbar ohne großkapitalistische Technik, die nach dem letzten Wort moderner Wissenschaft aufgebaut ist, ohne planmäßige staatliche Organisation, die Dutzende Millionen Menschen zur strengsten Einhaltung einer einheitlichen Norm in der Erzeugung und Verteilung der Produkte anhält" (Lenin, Bd 32,

S. 346). Und an anderer Stelle fordert er die „Umwandlung des ganzen staatlichen Wirtschaftsmechanismus in eine einzige große Maschine, in einen Wirtschaftsorganismus, der so arbeitet, daß sich Hunderte Millionen Menschen nach einem einzigen Plan richten" (Lenin auf dem VII. Parteitag, 1918). Lenins Konzept von der wissenschaftlich organisierten Technisierung als Weg zum Sozialismus ist zur Richtschnur für die Wirtschafts- und Gesellschaftspolitik der Sowjetunion und der DDR geworden. In den Thesen der Sekton Philosophie der Akademie der Wissenschaften zum Philosophenkongreß 1965 „Marxistisch-leninistische Philosophie und technische Revolution" heißt es: Nr. 2 „Aufbau der sozialistischen Gesellschaftsordnung und Verwirklichung der technischen Revolution bilden eine untrennbare Einheit". Nr. 9 „Die Wissenschaft ist nicht nur unmittelbare technische Produktivkraft, sondern auch das Verfahren zur Lenkung und Leitung der Gesellschaft. Sie beschleunigt die Errichtung der Herrschaft des Menschen über sein gesellschaftliches Zusammenleben." Nr. 17 „Mit der Leitung der gesamten gesellschaftlichen Entwicklung übernimmt die Partei der Arbeiterklasse auch die Führung der Wissenschaft." Nr. 23 „Die entscheidenden Lebensfragen des Volkes werden nach den Prinzipien des Demokratischen Zentralismus entschieden."

Bei der Zentralverwaltungswirtschaft stellen sich nun die gleichen Fragen wie bei der Marktwirtschaft: Wie lassen sich die Bedürfnisse, die es zu befriedigen gilt, ermitteln, wie läßt sich der Prozeß optimieren, wo bleibt der Ertrag, und wer steuert das System? – Die Bedürfnisse im Sinne von Mangellagen werden bei der Zentralverwaltungswirtschaft nicht durch die Preise angezeigt, da in diesem System die Preise nicht als Marktpreise, als Indikatoren von Angebot und Nachfrage fungieren, sondern – wie wir noch näher sehen werden – von der Zentrale festgelegt werden, um als Stellglieder die Verwirklichung von Direktiven zu erleichtern. Die Bedürfnisse müssen also auf einem anderen Wege ermittelt werden. Hier kann man grob zwischen zwei Kategorien von Bedürfnissen unterscheiden. Da gibt es einmal die allgemeinen Grundbedürfnisse Nahrung, Kleidung, Wohnung etc. und zweitens die über das Grundniveau hinausreichenden Bedürfnisse. Die Grundbedürfnisse werden aufgrund von Vorausschätzungen des mutmaßlichen Bedarfs ermittelt, gestützt auf Vorschläge von der Basis und auf Mengensalden und Verbrauchsstatistiken der früheren Jahre. Die zweite Kategorie der Bedürfnisse wird unabhängig von den Willenskundgebungen der Verbraucher von der Lenkungszentrale bestimmt. Dabei geht man von der Vorstellung aus, daß diese in der Gesellschaftsverfassung konstituierte Zentrale besser weiß, was für alle Beteiligten gut ist, als es die Beteiligten selber wissen oder in der Tauschbereitschaft zum Ausdruck bringen können. Denn – so sagt man – der Einzelverbraucher lebt oft in einem Milieu falscher Vorstellungen und weiß nicht, was für ihn wirklich gut ist, er kennt seine wahren Bedürfnisse nicht, und deswegen bedarf es dieser Institution des demokratischen Zentralismus, die über diese wahren Bedürfnisse, die „entscheidenden Lebensfragen des Volkes" – wie es heißt – zu entscheiden hat. Diese Zentrale ist mit einem wissenschaftlichen Apparat ausgestattet und verfolgt die gesellschaftspolitischen und außenpolitischen Ziele durch die Festsetzung und Steuerung der Produktion im Sinne des von dieser Institution konzipierten Bedürfnisses der Gesellschaft. Dabei ist im Sinne zu behalten, daß sich hier der

Begriff des Bedürfnisses verschiebt von dem, was man als Mangel empfindet und was man zu ändern wünscht zu dem, was man haben und wie man leben soll.

Wir kommen zum zweiten Punkt: wie gelingt die Optimierung der Produktionsprozesse? Dabei geht es einmal um die Erstellung eines optimalen Gesamtplanes und zweitens um die Methoden seiner Verwirklichung. Bei der Erstellung des Plans ist im Rahmen der gesellschaftlichen Ziele wieder der Maßstab von Aufwand zu Ertrag bestimmend, das heißt, man stellt bei Innovationsprozessen und bei der Auswahl von technischen Alternativen Vergleichskalkulationen an. Da keine Marktpreise für die Bewertung der Rohstoffe, Zwischenprodukte und Investitionsgüter zur Verfügung stehen, werden bei diesen Vergleichskalkulationen geschätzte Preise eingesetzt. — Für die Verwirklichung des Planes steht einmal die staatliche Direktive zur Verfügung, die Auflagen, mit Bestrafung bei Nichterfüllung und Belohnung durch Beförderung und Ehrung, und ferner die ökonomischen Hebel, das sind finanzielle Anreize bei Lohn und Gewinn. „Ökonomische Hebel — schreiben Apel und Mittag — bringen gesetzmäßige Beziehungen zwischen den objektiven gesellschaftlichen Erfordernissen und den materiellen Interessen der Menschen zum Ausdruck. . . . Bei richtiger Gestaltung des Systems ökonomischer Hebel bedeutet die Einsicht in das gesellschaftlich Notwendige nicht zugleich auch die Zurücksetzung der persönlichen Interessen. Und umgekehrt bedeutet das Geltendmachen der persönlichen materiellen Interessen nicht notwendigerweise einen Gegensatz zu den gesellschaftlichen Erfordernissen" (Apel/Mittag 1964, S. 60f.). Wichtig für die Gestaltung der ökonomischen Hebel ist die Preisplanung. Es gibt Festpreise, namentlich für Grundstoffe und Standarderzeugnisse, Höchstpreise für Produkte, die einer schnellen technischen Entwicklung unterliegen und schließlich Vertragspreise aufgrund gegenseitiger Übereinkunft bei Einzelanfertigungen und Reparaturen. *Geldwirtschaft und Handel sind bei diesem System keineswegs ausgeschlossen,* der einzelne Arbeitnehmer erhält ja auch in Geld seinen Lohn und verwendet diesen zur Deckung seines persönlichen Bedarfs, aber der Handel wird durch die Preise gesteuert. Nun muß bei der Preisplanung aber doch berücksichtigt werden, daß die Beziehung der so vorgeschriebenen Preise zu den effektiven Mangellagen — also zu den Marktpreisen, die sich bei marktwirtschaftlichem Verfahren einstellen würden — nicht ganz verlorengeht, weil die Preise bei der Aufstellung des Plans in die Kostenvorausschätzung eingehen und der Plan nur dann brauchbar ist, wenn dabei die Abstimmung der effektiven Mangellagen richtig erfolgt. Das heißt, daß *die Preisplanung sich gleichzeitig an vermuteten Marktpreisen, wie an der gewünschten Lenkungsfunktion orientieren muß.*

Die beiden letzten Fragen, wo bleibt der Ertrag und wer steuert das System, erledigen sich schnell: alleiniger Unternehmer ist der Staat, ihm fallen die Einnahmen zu und er steuert das System, und zwar in beiden Fällen repräsentiert durch die Verwaltungsspitze des demokratischen Zentralismus. Zur Bildung dieser Hierarchie ist noch zu sagen, daß sie sich konsequent nach dem Kooptionsprinzip aufbaut (S. 150), die höheren Positionen dieser gewaltigen Pyramide bestimmen die tieferen, und da bei der Bestimmung der „wahren" Bedürfnisse weltanschauliche und politische Gesichtspunkte eine wichtige Rolle spielen, erfolgt die Auswahl nicht allein entsprechend den technisch-wirtschaftlich-sachlichen Gegebenheiten, sondern naturgemäß auch aufgrund ideologischer Übereinstimmung mit der von der Spitze angegebenen Richtung. Im Gesetzbuch der Arbeit der DDR vom 12. 4. 1961 heißt es bezüglich des demokratischen Zentralismus: „Der Betriebsleiter ist nicht nur Verwalter von Sachen, sondern in erster Linie Leiter eines Kollektivs von Werktätigen, für deren politisch-ideologische Erziehung er mit verantwortlich ist" (Arbeitsrecht, Schriftenreihe, Heft 10, Berlin 1961, S. 203f.). Das ist eine logische Konsequenz aus der Tatsache, daß die Wirtschaftsführung sich nicht nach den empirisch angezeigten und unmittelbar geäußerten Bedürfnissen der Verbraucher richtet, sondern *Ziele setzt, die von diesen unmittelbaren Wünschen abweichen.* – Da man im wirtschaftlichen und gesellschaftlichen Leben bezüglich der Unterschiede des Besitzes, der Benachteiligung von Gruppen und Klassen und der Machtkämpfe der Interessenten ohne Zweifel sehr vielen Mißständen begegnet, geht von der Idee einer wissenschaftlichen Produktions- und Gesellschaftsplanung und Lenkung eine große suggestive Kraft aus. Aber wir müssen uns nun fragen, worin die praktischen und die philosophischen Probleme der Zentralverwaltungswirtschaft bestehen.

Ein wesentliches Merkmal der zentralen Produktionsplanung ist das *starke Übergewicht der Theorie über die Praxis.* Da man auf die Information der Marktpreise als Knappheitsanzeiger weitgehend verzichten muß, muß das System die zukünftigen Bedürfnisse vorausschätzen oder theoretisch berechnen. Bezüglich der unmittelbaren Konsumbedürfnisse sind solche Methoden noch praktikabel, der Konsument muß sich dann einfach dem anpassen, was er bekommen kann. Schwierig wird aber die Planung der Mengenproduktion der zahlreichen wirtschaftlichen Zwischenprodukte, denn hier ist kein Freiheitsgrad für die Anpassung mehr vorhanden, weil der Bedarf an den Zwischenprodukten kausal durch die Menge der Endprodukte bedingt ist. Dieses naturgesetzlich bestimmte Abhängigkeitsgefüge ist aber so weit verzweigt, daß es in einem Produktionsplan nicht mehr ausreichend berücksichtigt werden kann. *Ein Betrieb wie Daimler-Benz hat nicht weniger als 23 000 Zulieferanten* (Binder, S. 53)! Aber wenn diese Details auch im Plan nicht mehr erfaßbar sind, so ist doch unter Umständen das ganze Auto unbrauchbar, wenn ein einziges Detail fehlt. Erschwerend kommt hinzu, daß häufig die aufeinander angewiesenen Bestandteile eines Endproduktes ganz verschiedenen Wirtschaftssektoren angehören. Man bezeichnet solche Güter, die zusammenwirken müssen, um den gewünschten technischen Erfolg zu erzielen, auch als *komplementäre Güter,* etwa wie Feder und Tinte oder Tabak und Pfeife. Nun verlaufen aber diese wirtschaftlich-technischen Abhängigkeitsbeziehungen ganz anderes als die logische Einteilung der Produktionsbetriebe, die der Planung zugrundeliegt. Will man z. B. dem Weinbau helfen, so sind dazu auch Weinflaschen aus dem Sektor Steine und Erden erforderlich. Da die Produktionsplanung auf einen gewissen Abstraktionsgrad angewiesen ist, kann es ihr kaum gelingen, derartige Querbeziehungen, die aber technisch ausschlaggebend sein können, hinreichend zu berücksichtigen. Hier ist die Strukturplanung, die auf die Festlegung der formalen Bedingungen beschränkt ist, in einer grundsätzlich einfacheren Lage, da sie von inhaltlichen Details unabhängig ist.

Aber selbst wenn ein Totalplan der Produktion, der alle Details enthielte, etwa mit Hilfe von Computern, herstellbar wäre, so wäre doch noch *nicht der Fluß der Zeit berücksichtigt.* Man hätte allein die Momentaufnahme des technischen Beziehungsgefüges für die Planungsperiode fixiert. Aber eine einzige Verbesserung bei den Zulieferanten verschiebt bereits das Gefüge der komplementären Zwischenprodukte etwa für Daimler-Benz. Der Plan ist wie jede Theorie ein statisches Gebilde, und genaugenommen ist er schon falsch, wenn er fertig ist. Er ist auch schwer korrigierbar, da seine logische Struktur die kausale Verflechtung nicht widerspiegelt. Die Forderung, ihn a jour zu halten, ist unerfüllbar. In der Bundesrepublik gibt es über drei Millionen Betriebe, deren Betriebsleiter täglich die Wirtschaftsnachrichten studieren, die Informationen über Angebot und Nachfragen, über neue Projekte und Produkte, über die Börsenkurse als Indizien für den Gang der Wirtschaft und für die Geschäftsführung einzelner Unternehmungen, und die täglich entsprechend diesen Informationen ihre Dispositionen treffen und dies mit größter Sorgfalt, da sie von Fehldispositionen unmittelbar betroffen sind. Kein Planungsstab ist nur entfernt in der Lage, sich mit dieser Flexibilität dem technisch-wirtschaftlichen Fluß und Fortschritt anzupassen.

Da es aber auch dem besten Plan nicht gelingt, die Mengensalden der Vor- und Zwischenprodukte richtig zu berücksichtigen, erzeugt die Produktionsplanung in der Regel *einen schwarzen Markt: um das Produktionssoll zu erfüllen,* müssen die Betriebsleiter unter der Hand Zwischenprodukte, die reichlich eingeplant sind, gegen solche eintauschen, die ihnen fehlen. Während des Zweiten Weltkrieges hatten wir in Deutschland eine Zentralverwaltungswirtschaft, die im wesentlichen durch den Hauptengpaß, durch das Eisen, gesteuert wurde. Je nach der Dringlichkeitsziffer der verschiedenen Rüstungsaufträge wurden die Eisenkontingente zugewiesen. Der zweite Engpaß in der Rüstungsindustrie waren die Schlosser, und das führte dazu, daß nun heimlich Eisenzuweisungen gegen Schlosser getauscht wurden, und zwar zu einem Wechselkurs, der vom jeweiligen Knappheitsgrad dieser beiden Haupthilfsmittel abhing. Da es nicht möglich ist, das Planungsmodell dem fließenden Prozeß im Detail anzupassen, läßt es sich nur dann *an bestimmten Punkten erfüllen, wenn es an anderen übertreten wird.* Es gibt Systeme, die diesen Sachverhalt geradezu verwenden, um die Abhängigkeit der unteren Stellen von den oberen noch zu verstärken.

Man wird fragen: wenn die Produktionsplanung so problematisch ist, wie ist es dann möglich, daß sie trotzdem von sehr verschiedenartigen Seiten doch mit so großem Engagement gefordert wird. Ein gewichtiges Argument sind hier die Reibungen und Mißhelligkeiten, die auch die Marktwirtschaft nicht vermeiden kann. Leider erleichtert der technische Fortschritt — ganz unabhängig vom Wirtschaftssystem — keineswegs die soziale Gerechtigkeit, und er führt auch nicht automatisch zu einer Harmonisierung der Wünsche unter den Menschen. Der Anblick solcher Unzuträglichkeiten legt die Idee nahe: man hätte das besser einrichten sollen. Aber es kommt noch ein weiterer Umstand hinzu. Das Planen befriedigt ebenso den Intellekt wie die schöpferischen Bedürfnisse des Menschen: von der Vernunft geleitet wird eine Ordnung geschaffen, die Vollkommenheit wird theoretisch antizipiert. *Der Idee der Totalplanung liegt der Glaube an die vollkommene wissenschaftliche Erfassung der Wirklichkeit zugrunde, der Scientismus, der aus der Aufklärung stammt.* Aber Irren ist menschlich. Jeder, der einmal unter einer Zentralverwaltungswirtschaft gearbeitet hat, wird erfahren haben, wie sich die Wirklichkeit dem theoretischen Zugriff – voll Schabernack, könnte man sagen – immer wieder entzieht. Da werden ganze Fabriken an die falsche Stelle gebaut, da fehlt irgendwo der letzte Tropfen Schmieröl, und da stapeln sich Zündkerzen und Getriebe an einem Platz, wo sie niemand brauchen kann. Wie kann man eigentlich verstehen, daß Rußland mit seinen weiten fruchtbaren Ebenen seit der Verplanung der Landwirtschaft auf Getreideimporte aus den Vereinigten Staaten angewiesen ist?! Der Plan befriedigt die Theoretiker, er ist das *liebste Kind der Intellektuellen, man sieht die erdachte Ordnung wie zum Greifen vor Augen, aber eben doch nur in der Theorie.*

Der Überhang der Theorie bei der Produktionsplanung hat zur Folge, daß die Hauptschwierigkeit der Wettbewerbswirtschaft, das Auftreten verzögerter Rückwirkungen (S. 156 ff.) nicht behoben, sondern verstärkt wird. Während der Betriebsführer in der Wettbewerbswirtschaft seine Fehler sehr schnell zu spüren bekommt, treten Mängel der zentralen Planung erst mit großen Verzögerungen in Erscheinung und oft in einer Auswahl, die nicht ihrem realen Gewicht entspricht. Hinzukommt, daß die Verursachung unerwünschter Konsequenzen häufig nicht leicht identifizierbar ist. Ein wesentlicher Grund für die Verzögerung und Verunklärung des Feedback ist die Tatsache, daß Entwurf und Prüfung des planenden Vorgehens nicht wie bei der Wettbewerbswirtschaft in einer Hand liegen, sondern daß die Planer bezüglich ihres Erfahrungsfeldes, ihres Wissens, ihrer Ausbildung, ihres sozialen Status und ihrer Entscheidungsbefugnis weit getrennt sind von denen, die den Plan auszuführen haben. – Betrachten wir die praktisch-organisatorischen Probleme der zentralen Planung zusammenfassend, so ergibt sich: So wichtig und so wesentlich wie eine zentrale ordnungspolitische Strukturplanung ist, so wenig gelingt es einer Zentralverwaltungswirtschaft durch eine totale Produktionsplanung, die Schwierigkeiten zu beseitigen, die die Wettbewerbswirtschaft mit sich bringt. Der zentralen Verwaltung fehlt die Flexibilität, das geschmeidige Anpassungsvermögen ans Detail. Ferner drängt das Kooptionsprinzip, ohne Gegenkontrolle und Alternative gehandhabt, zur Herausbildung neuer Klassen und deren konservativer Fixierung. – Wir haben nun weiter nach den philosophisch-weltanschaulichen Problemen der Zentralverwaltungswirtschaft zu fragen.

Dem demokratischen Zentralismus geht es darum, die „wahren" Bedürfnisse der Gesellschaft optimal zu befriedigen, und die Festsetzung der Güterproduktion durch zentrale Direktive ist deswegen erforderlich, weil diese „wahren" Bedürfnisse häufig den aktuellen individuellen Wünschen der Verbraucher, wie sie in der Tauschbereitschaft zum Ausdruck kommen, zuwiderlaufen. Daher ist die Zentrale gezwungen, ihre Entscheidungen durch geistige Beeinflussung wie durch Zwang durchzusetzen. Das hat zur Folge, daß *Zentralverwaltungswirtschaften nur durchführbar sind innerhalb abgeschlossener Territorien mit Staatsmonopol und Binnenwährung und mit einem Kooptionsprinzip, das Auswahl und Aufstieg in der Hierarchie nicht nur gemäß der Fähigkeit, sondern auch gemäß der Gesinnung kontrolliert.* Wenn man Menschen nicht nur durch Polizei zwingen, sondern ihre Arbeit auch durch geistige Führung motivieren will, so ist man gezwungen, das Territorium auch vom Informationsaustausch mit der Außenwelt mehr oder weniger abzusperren. Zentrale Produktionsdirektive hat zentrale Macht im Sinne der vollständigen Abhängigkeit des Einzelnen zur Voraussetzung, nicht nur wirtschaftliche Macht, sondern auch geistige Macht gemäß der Formel der Glaubenskriege: Cuius regio, eius religio. Das bedeutet, daß der Einzelne völlig zum Eigentum der Staatsführung wird, er wird entlohnt mit einer Währung, die nur seinem Arbeitgeber gegenüber Geltung hat, er bekommt seinen Arbeitsplatz zugewiesen und darf das Territorium seines Arbeitgebers bei Todesstrafe nicht verlassen. Und die Einschränkung bzw. die Beseitigung des Privateigentums ist für diese Systeme charakteristisch, da das Privateigentum die Voraussetzung für einen Bereich persönlicher Handlungsfreiheit ist. Derartige Führungssysteme hat es in der Geschichte vielfach gegeben, das Neue heute ist, daß sie im Verband mit der modernen Technik und mit ihren Machtinstrumenten ausgerüstet auftreten.

Nun hat eine solche Zentrale durchaus die Möglichkeit, durch sinnvolle Konsumsteuerung Auswüchse in der Bedarfsdeckung zu vermeiden und langfristige Vorsorge zu treffen. Die Frage lautet aber: Werden die Entscheidungen dadurch besser, daß sie von wenigen und nicht von allen getroffen werden? Das System der Zentralverwaltungswirtschaft führt zu einer außerordentlichen Disproportion der Macht. Ihrer Natur nach verschafft die Technik bereits dem Überlegenheit, der sie besitzt, und sie vergrößert daher die sozialen Unterschiede. Der demokratische Zentralismus löst dieses Problem nicht, sondern verfestigt und steigert es noch durch die institutionelle Verankerung. Die Idee des Volkseigentums an Stelle des Privateigentums verschleiert nur die Disproportion der Macht. Das Volkseigentum ist ein äußerst schwaches Eigentum (S. 134), mit dem der Einzelne gar nichts anfangen kann; praktisch handelt es sich dabei um eine generelle Enteignung zugunsten der Zentrale, die allein verfügen kann. Nun ist gewiß ein Land glücklich, wenn die Herrschenden die Macht weise verwenden. Aber je größer die Macht, je geringer die Kontrolle, um so größer die Versuchung! Wer die Macht besitzt, wünscht zumeist auch, sie zu behalten und trifft dementsprechend die außen- und innenpolitischen Entscheidungen zur Sicherung und Stärkung seiner Macht. Das bedeutet unter anderem forcierte Technisierung und Industrialisierung, und zwar durchaus unter Leistungsdruck. Von der Einheit des Aufbaus der sozialistischen Gesellschaft und der Verwirklichung der technischen Revolution handelt die zweite These der Akademie der Wissenschaften 1965 (S. 168), und A. A. Kusin schreibt: „W. J. Lenin schuf die Lehre über die Elektrifizierung, die ein Teil der marxistisch-leninistischen Theorie vom sozialistischen Aufbau darstellt." (Kusin, 1970, S. 94). Von Lenin selbst stammt das Wort: „Kommunismus – das ist Sowjetmacht plus Elektrifizierung des ganzen Landes." (Werke, Bd. 31, S. 510ff.) Und das geht nicht ohne die Forderung nach Leistung. Im Gegensatz zu der Idee der Befreiung des Menschen durch die Technik heißt es in der 19. These der Akademie der Wissenschaften: „Die technische Revolution wird vielseitige Erleichterungen des Arbeitsprozesses bringen, führt aber nicht zur Beseitigung der körperlichen Arbeit überhaupt. Die Arbeit wird immer verdammtester Ernst und intensivste Anstrengung sein."

Die Zentralverwaltungswirtschaft befreit keineswegs von Wachstumsdruck und Leistungszwang. Im Gegenteil: die Technisierung zur Konsolidierung der Macht wird zum zentralen Anliegen von Staat und Gesellschaft. Die Bemühung um den technischen Fortschritt wird derart mit der Gesinnung und Einstellung zum Gesamtsystem identifiziert, daß dieser Trend jeder Kritik entzogen ist. Zur Erreichung dieses Ziels wird auch durchaus der Eigennutz, der Egoismus in Dienst gestellt, wie die Verwendung der „ökonomischen Hebel" und des Beförderungssystems zeigen (S. 169). Zu welchen Gefahren darüber hinaus für Moral, Freiheit und Leben die Zentralisierung der Macht führt, lehrt die Geschichte der asiatischen Despotien (S. 133 ff.).

Bei der Frage nach der Zentralisierung der Entscheidungsbefugnis können wir schließlich das philosophische Problem nicht außer acht lassen, ob der einzelne Mensch zur eigenen freien Entscheidung fähig ist, und ob er sie will. Dostojewski hat sich in der Legende vom Großinquisitor und der Wiederkunft Christi mit dieser Frage tiefgreifend auseinandergesetzt. Im 16. Jahrhundert, zur Zeit der Ketzerverbrennung in Spanien wandelt *Er* — wie es heißt — durch die Straßen von Sevilla, und alle erkennen *Ihn*. Der Großinquisitor erfährt es, läßt *Ihn* verhaften und sucht *Ihn* in der Nacht in der Gefängniszelle auf. Und dann folgt die heftige und eindrucksvolle Anklage des neunzigjährigen Greises: *Du* hast die Menschen unglücklich gemacht, weil *Du* mehr von ihnen verlangst, als sie leisten können. Aber „sie werden mit Freuden unserer Entscheidung glauben, denn sie wird sie von der großen Sorge und den furchtbaren gegenwärtigen Qualen einer persönlichen und freien Entscheidung erlösen." Der Versucher sprach zu *Dir* ‚Gib ihnen Brot, und sie werden *Dir* nachlaufen'. Und *Deine* Antwort war: ‚Der Mensch lebt nicht vom Brot allein'. Aber weißt *Du* auch, daß im Namen dieses Erdenbrotes der Erdgeist sich gegen *Dich* erheben, mit *Dir* kämpfen und *Dich* besiegen wird? . . . Und wenn *Dir* um des himmlischen Brotes willen Tausende und Zehntausende nachfolgen, was soll dann mit den Millionen und Milliarden von Wesen geschehen, die nicht die Kraft haben, das Erdenbrot um des Himmelsbrotes willen zu verachten?" Und *Er* schaut — wie es heißt — schweigend dem Greis in die Augen und küßt ihn. Der greise Inquisitor „öffnet die Tür des Verlieses und sagt zu *Ihm* ‚Gehe und komme nie wieder, komme überhaupt nicht mehr, niemals, niemals'!" So wurde es geschrieben 1880. Die Frage hat in den vergangenen 100 Jahren ihre Zuspitzung erfahren. Das technische System ist allumfassender und undurchschaubarer geworden. In dem anonymen Gefüge ist die Entscheidung für den Einzelnen sehr viel schwerer geworden. Vom Verzicht auf die Freiheit geht ein suggestiver Reiz aus, eine Entlastung in schwer zu bewältigenden Situationen, es gibt eine Flucht vor der Freiheit (Veit, 1957). Es ist ein Irrtum zu glauben, daß die Freiheit allgemein gewollt wird, sie ist vielmehr eine nicht leicht zu bewältigende Chance, und man kann sich schon überlegen, ob unter den heutigen Verhältnissen das Vermögen zur Freiheit nicht abgenommen hat. Jedenfalls ist es nicht unter allen Umständen und in allen Fällen in gleicher Weise vorhanden.

Zusammenfassend können wir feststellen, daß die Probleme der Industrialisierung, der Leistungsdruck, die Arbeitsteilung und Entfremdung, die langfristig verzögerten Folgen und Rückwirkungen des technisch-wirtschaftlichen Prozesses und die Tendenz zur Disproportionierung und Konzentrierung der Macht von der Zentralverwaltungswirtschaft nicht besser gelöst werden als von der Marktwirtschaft, sondern zum Teil noch schlechter. Gerade dem Grundproblem der neuzeitlichen Technik, wie die

Entscheidungsbefugnisse im Rahmen der Gesellschaft verteilt und kontrolliert werden können, so daß die Versuchung zum Mißbrauch reduziert wird, steht die Zentralverwaltungswirtschaft völlig hilflos gegenüber. Daher stellt sich jetzt die Frage: Gibt es noch dritte Wege?

5.4 Dritte Wege?

Die Suche nach dritten Wegen ist insbesondere aus der Opposition gegen die Bürokratie der Zentralverwaltungswirtschaft hervorgegangen. Wir wollen daher zunächst in Stichworten die Entwicklung verfolgen, die dahin geführt hat. – *Die Zentralverwaltungswirtschaft ist nicht die Gesellschaftsform, die Karl Marx im Sinne hatte.* Er hat zwar von einer Diktatur des Proletariats – als von einem vorübergehenden Zustand – gesprochen, aber damit war nicht eine nach dem Kooptionsprinzip organisierte, zentralistische Funktionärsherrschaft gemeint. Nach der marxistischen Geschichtstheorie ereignen sich proletarische Revolutionen nur in kapitalistischen Gesellschaften, in denen die Industriearbeiterschaft bereits die überwältigende Mehrheit besitzt. Die Kommunisten aber vertreten nach dem Verständnis von Marx die Interessen aller Arbeiter. „ . . . sie sind keine besondere Partei gegenüber den anderen Arbeiterparteien. Sie haben keine von den Interessen des ganzen Proletariats getrennten Interessen. Sie stellen keine besonderen Prinzipien auf, wonach sie die proletarische Bewegung modeln wollen." (MEW, Bd. 4, S. 474.) *Marx und Engels verstanden die Diktatur des Proletariats als eine Herrschaft der Mehrheit.* Vorbild war für sie die Pariser Kommune mit der Bildung von Arbeiter-, Soldaten- und Stadträten bestehend aus allgemein gewählten und jederzeit abberufbaren Vertretern aufgrund eines, wie wir heute sagen, imperativen Mandates. In seiner Einleitung zu Marxens „Bürgerkrieg in Frankreich" schreibt Engels, die Pariser Kommune habe „die erdrückende Macht der bisherigen, zentralisierten Regierung, Armee, politischen Polizei, Bürokratie" überwunden (MEW, Bd. 22, S. 197). Auch bezüglich der Produktionsmittel dachten Marx und Engels nicht an eine Verstaatlichung, sondern an assoziative und genossenschaftliche Zusammenschlüsse freier Produzenten. Engels schreibt: Die Gesellschaft wird „nicht nur auf der Assoziation der Arbeiter in jeder Fabrik beruhen, sondern auch alle diese Genossenschaften zu einem großen Verband vereinigen." (MEW, Bd. 22, S. 196).

Lenin hat der Idee von der Diktatur des Proletariats einen neuen Sinn gegeben. Er schafft das Organisationsprinzip des Demokratischen Zentralismus. Es bedeutet „die Freiheit der Kritik, vollständig und allerorts, wenn dadurch die Einheit einer bestimmten Aktion nicht gestört wird, und die Unzulässigkeit jedweder Kritik, welche die Einheit einer von der Partei beschlossenen Aktion untergräbt oder erschwert," (Lenin, Werke, Bd. 10, S. 447), und er verlangt ferner, daß „Parteien, die zur Kommunistischen Internationale gehören, auf dem Prinzip des Demokratischen Zentralismus begründet sein müssen." (Lenin, Werke, Bd. 31, S. 197). Hier ist an die Stelle der Arbeiterklasse die Partei getreten, und deren Beschlüsse sind der Kritik entzogen. Die Partei hat die Aufgabe, heißt es, „die Macht zu ergreifen und das ganze Volk zum Sozialismus zu führen, die neue Ordnung zu leiten und zu organisieren, Lehrer, Leiter, Führer aller Werktätigen und Ausgebeuteten zu sein." (Lenin,

Werke, Bd. 25, S. 416.) Dazu ist „strengste, wahrhaft eiserne Disziplin in unserer Partei" erforderlich (Lenin, Werke, Bd. 31, S. 8). Lenin verstand unter Partei eine Elite von Berufsrevolutionären. „Gebt uns eine Organisation von Revolutionären, und wir werden Rußland aus den Angeln heben", schreibt er bereits 1902 (Lenin, Werke, Bd. 5, S. 483). Bei der Organisation von Menschen, „deren Beruf die revolutionäre Tätigkeit ist . . . muß jeder Unterschied zwischen Arbeitern und Intellektuellen, von den beruflichen Unterschieden der einen wie der anderen ganz zu schweigen, völlig zurücktreten." (Lenin, Werke, Bd. 5, S. 167).

Lenin hat sich den russischen Verhältnissen angepaßt. Er wollte nicht die Entwicklung Rußlands zum Industriestaat abwarten, und da die Arbeiterschaft nur 1 % der Bevölkerung ausmachte, war in der Tat für die Oktoberrevolution 1917 eine entschlossene Minorität erforderlich. Das nächste Ziel Lenins zur Konsolidierung seiner Macht war — gemäß der marxistischen Maxime, daß die Technik den Menschen frei macht — die Industrialisierung und Elektrifizierung Rußlands. Auch hierzu benötigte er in dem großen, teils noch in einer mittelalterlichen Gesellschaftsverfassung lebenden Lande wieder eine streng zentralistisch gegliederte Organisation. Sein realistischer, pragmatischer Sinn hat ihn zu dieser Veränderung der Ideen Marxens veranlaßt, und er begründet sein neues Konzept mit der Berufung auf Marxens Rede von der Diktatur des Proletariats und bezeichnet demgemäß die Organisation des Demokratischen Zentralismus auch nur als Zwischenstufe auf dem Wege zur klassenlosen Gesellschaft, wobei aber nun — ganz im Gegensatz zu Marx — das Endziel in „weite Ferne" rückt. Er spricht davon, daß der Übergang zur klassenlosen Gesellschaft „eine ganze geschichtliche Epoche" umfaßt (Lenin, Bd. 28, S. 252). Diese Übergangsperiode, in der jeder nach seiner Leistung entlohnt wird, bezeichnet er als Sozialismus, im Gegensatz zum eigentlichen Kommunismus, bei dem die Technik so weit entwickelt ist, daß Überfluß an allen Dingen herrscht, so daß jeder nach seinen Bedürfnissen leben kann. Auf diese Weise gelingt es Lenin, am kommunistischen Ideal festzuhalten, aber die bürokratische Zentralisation als Vorbedingung dieses Ideals zu legitimieren. Offenbar hat Lenin etwas anderes getan, als Marx gedacht hat, aber unter seiner Führung ist Rußland zur modernen Großmacht geworden.

Stalin hat diese pragmatische Entwicklung zur zentralisierten Macht mit sehr viel größerer Härte und Unbedenklichkeit fortgesetzt. Er hat mit größtem Nachdruck die Industrialisierung, namentlich die Schwerindustrie und die Rüstung gefördert, er hat die Landwirtschaft kollektiviert und im Rahmen seiner organisatorischen Ziele ganze Völkerschaften verschleppt und Millionen von Menschen getötet. Erlebnisberichte von Wolfgang Leonhard und Alexander Solchenizin bringen hierzu zahlreiche und erschütternde Details (Leonhard, 1955, S. 25ff., S. 518ff.; 1970, S. 199ff.; Solchenizin 1968, S. 682ff.; 1974, S. 35ff.). In der Folge dieses Zentralismus *haben sich in Rußland Verhältnisse herausgebildet, die von den asiatischen Despotien her bekannt sind* (S. 133 ff.) und die im Verfolgungswahn des Diktators ihren Gipfelpunkt finden. Davon wird besonders die nähere Umgebung des Alleinherrschers betroffen, Stalin hat es nicht unterlassen, in großem Umfange ehemalige Kampf- und Gesinnungsgenossen zu liquidieren. Chruschtschow teilte in seiner historischen Rede auf dem 20. Parteitag 1956 mit, „daß von den auf dem 17. Parteikongreß 1934 gewählten 139 Mitgliedern und Kandidaten des Zentralkomitees der Partei 98 Personen, das sind 70 %, in den Jahren 1937–1938 verhaftet und liquidiert wurden." (Ostprobleme, Bonn, Nr. 25, 26.)

Mit Stalins Tod 1953 kam es in Rußland zu einer Reaktion, und drei Jahre später auf dem 20. Parteikongreß lieferte Chruschtschow *mit seinem sogenannten Geheimbericht eine große Abrechnung mit Stalin.* Er forderte dabei unter anderem Abschaffung des Personenkults, wahrheitsgetreue und selbstkritische Berichterstattung bei ideologischen Fragen und Liberalisierung der Wirtschaft. Aber auch schon vor dem 20. Parteitag hat es nicht an marxistischer Kritik des bürokratischen Zentralismus gefehlt. Bereits 1904 kritisierte Rosa Luxemburg das Leninsche Konzept: „Der von Lenin befürwortete Ultrazentralismus scheint uns in seinem ganzen Wesen nicht vom positiv schöpferischen, sondern vom sterilen Nachtwächtergeist getragen zu sein." (Fröhlich, 1949, S. 111.) Trotzkij, den Stalin 1929 des Landes verwies und 1940 in Mexiko ermorden ließ, nannte in den 20er Jahren das russische Regime „Verrat an der Arbeiterklasse" und gründete 1938 im Exil die Vierte Internationale, die vom Ideal einer entbürokratisierten Selbstverwaltung der Werktätigen getragen war. Weitere Merksteine der marxistischen Opposition gegen die Zentralverwaltungswirtschaft russischer Prägung sind die Absage der jugoslawischen Kommunisten 1948 an Stalin, der polnische Oktober 1958, der ungarische Aufstand 1958 und der Prager Frühling 1968. Wolfgang Leonhard hat diese reformkommunistischen Bewegungen ausführlich und mit großer Sachkenntnis aus der Sicht des eignen Erlebens beschrieben (Leonhard, 1955, 1963, 1970). Als 14jähriger ist er mit seiner Mutter nach Rußland eingewandert, er wurde von 1935 bis 1945 auf einer Kominternschule zum höheren Funktionär erzogen, war von 1945 bis 1949 im Kreis von Ulbricht in Berlin tätig und ist dann in Opposition zum Stalinismus 1949 über Jugoslawien in den Westen ausgewandert. Seine Darstellung ist ebenso nüchtern wie erregend.

In Rußland selber ist es nach einer starken internen Auseinandersetzung und einer weichen Welle doch nicht zu einer eigentlichen Reform der Zentralverwaltungswirtschaft gekommen, man hat sich zwar von den Auswüchsen der Stalinära distanziert, aber das zentralistische System nicht geändert und auch nicht den Anspruch des Moskauer Zentralkomitees auf die autoritäre Führung des Weltkommunismus aufgegeben. In diesem inneren Kampf hat der Parteiapparat die Oberhand behalten. 1964 wurde Chruschtschow gestürzt, und die reformkommunistischen Bewegungen wurden dort, wo es möglich war, in Polen, in Ungarn in der Tschechoslowakei, mit Gewalt niedergeschlagen.

Fragen wir nun nach dem theoretischen Gehalt des Reformkommunismus, so geht es um die *Abkehr vom Stalinismus, um den Rückgriff auf das humanistische Anliegen der Ideen von Marx und Engels sowie um eine eigenständige marxistische Entwicklung, unabhängig von einer Oberaufsicht in Moskau oder Peking.* Leonhard gibt als die wesentlichen Merkmale des neuen Modells an: „Trennung der Gewalten, Demokratisierung und Diskussionsfreiheit innerhalb der Partei, die Abkehr von der zentralistisch-bürokratischen Planung der Wirtschaft und der Übergang zu einer sozialistischen Marktwirtschaft, die Unabhängigkeit der Gewerkschaften von Staat und Partei, Pressefreiheit, Organisationsfreiheit, Rechtssicherheit und freie Ausreisemöglichkeit aller Bürger" (Leonhard, 1970, S. 472).

In der Praxis hat sich der *Reformkommunismus nirgends durchgesetzt.* Der konsequente Wettbewerb im Rahmen ordnungspolitischer Spielregeln einerseits und der straffe Zentralismus andererseits haben sich bislang immer noch als überlegen erwiesen. Alle Versuche, in dem hochvernetzten technisch-wirtschaftlichen System unter Umgehung des Zentralismus zu einer Koordination der Verhaltensweisen zu kommen, laufen auf Abstimmung untereinander hinaus: wenn nicht befohlen wird, muß verhandelt werden. Und das geschieht ohne Zweifel am sachlichsten, rationalsten und gerechtesten, wenn dasjenige, um was verhandelt wird, quantifiziert wird. Und dann ist man wieder beim Verfahren des Tausches auf der Basis der Geldeinheit, die nun einmal der allgemeine Vergleichs- und Bewertungsmaßstab ist für die verschiedenartigsten Güter, die das Herz des Menschen begehrt. Das bedeutet aber: der Reformkommunismus ist kein eigentlich dritter Weg, sondern nur *der Versuch einer Kombination von Marktwirtschaft und Zentralverwaltungswirtschaft.* Nach den bösen Erfahrungen mit dem russischen Zentralismus handelt es sich hier um eine mehr oder weniger partielle Rehabilitierung des Wettbewerbs, des Tauschverkehrs und des Eigentums. Hier gibt es sicher noch eine Menge pragmatisch nützlicher Kombinationsformen, aber sie lösen alle nicht die Aufgabe der Bewältigung der Technik, die bei beiden Systemen der Kern der Problematik ist.

Im ursprünglichen kommunistischen Ansatz war mehr enthalten. Wir dürfen nicht vergessen, daß *der Begriff des Kommunismus aus dem religiösen Bereich stammt,* wir kennen den Kommunismus der Urchristen und der israelischen Kibutzim. Marx hat den Begriff von Moses Hess (1812–1975) übernommen, dessen politisch-religiös-sozialistische Vorstellungen nicht ohne Einfluß auf den Zionismus waren. Dank seiner religiösen Herkunft ist der Kommunismus, der vom Menschen den ungeheuren Verzicht auf das persönliche Eigentum verlangt, auch nur soweit praktizierbar, wie die religiöse oder weltanschauliche und ideologische Klammer reicht. Aber bei aller Pflege der Ideologie hat sich schon Lenin auf diese nicht mehr ganz verlassen können; 1921 stellt er fest, daß der „aus der großen Revolution geborene Enthusiasmus" allein nicht ausreicht, man muß daher „jeden großen Zweig der Volkswirtschaft auf der persönlichen Interessiertheit aufbauen." (Lenin, Werke, Bd. 33, S. 50.) Trotzdem ist die Geschlossenheit der Weltanschauung ein wesentliches Element dieses Systems, und es ist daher verständlich und im System selbst begründet, daß kommunistische Staaten ihre Grenzen auch dem Austausch von Informationen verschließen, da jeder Pluralismus, jede Diskussion und *alles das, was wir als geistige Freiheit bezeichnen, die Einheit der Ideologie erschüttern, so daß zur Aufrechterhaltung der Koordination im System an die Stelle der Überzeugung die Polizei treten muß.*

Das zentrale Problem für Karl Marx war die Entfremdung, und wir haben gesehen, wie tief dieses Problem in der Entwicklung und Entfaltung der Technik verwurzelt ist (S. 91). Weder die Marktwirtschaft noch die Zentralverwaltungswirtschaft lösen dieses Problem, so daß auch Kombinationen dieser beiden Organisationsformen hier nicht weiterführen werden.

Kommen wir zum Abschluß dieses Kapitels auf die eingangs gestellten drei Fragen (S. 131) zurück und geben zusammenfassend eine vorläufige Antwort. Die Fragen lauteten:

1. Zu welchen sozialen Strukturen hat die Technik geführt?
2. Welchen Einfluß haben diese Strukturen auf die Entwicklung der Technik?
3. Inwieweit sind die sozialen Strukturen durch die Entwicklung der Technik determiniert?

Es hat sich gezeigt: aus dem Stadium verschiedenartiger Zwischenformen sind mit der neuzeitlichen Technik zwei Systemgruppen hervorgegangen, die Wettbewerbssysteme und die Zentralverwaltungssysteme, die sich weltweit durchgesetzt haben und die sich nach Umfang und Bedeutung ziemlich die Waage halten. Ihnen entsprechen verschiedene Lebenshaltungen und Ideologien. Beide haben zu einer außerordentlichen Steigerung der Interkommunikation, der sozialen Verknüpfung und der sozialen Abhängigkeit geführt. Parallel damit hat eine wachsende Isolierung und Entfremdung des Einzelnen stattgefunden. Die Ausprägung dieser beiden Formen hängt wohl auch damit zusammen, daß die Technik zu ihrer erfolgreichen Entwicklung zwei verschiedenartige menschliche Fähigkeiten benötigt: einerseits das geordnete, koordinierte Handeln mit untergliederter Arbeitsteilung auch in den Entscheidungsfunktionen und andererseits den freien, ursprünglichen und regellosen Einfall, die selbständige, unbeschwerte und unkonventionelle Aktion. Was die zweite Frage betrifft, so ist es bekanntlich kontrovers, welchem der beiden Wege der Vorzug gegeben wird. Aber aus der Darstellung dieses Buches geht hervor, daß wir bei den Wettbewerbssystemen einen freieren Spielraum für beide Möglichkeiten sehen als bei den Zentralverwaltungssystemen. Aus dem Start der modernen Technik in der Neuzeit ist die Befreiung vom zentralen Reglement nicht wegzudenken (S. 141). In der Geschichte hat die Freisetzung der individuellen Initiative, des privaten Unternehmers die Technik besser gefördert als die zentrale Planung. Was schließlich die Determination unseres Lebens durch die Technik betrifft, so zeigt sich, daß der Lebensanspruch des modernen Menschen ungewöhnlich stark und einseitig von den Möglichkeiten geprägt ist, die die neuzeitliche Technik bietet. Der deutsche Wahlkampf im September 1976, das neue russische Produktionsprogramm, die Orientierung Chinas nach Maos Tod zeigen, daß im Osten wie im Westen unabhängig von Partei und Ideologie gesteigerte Industrialisierung als der Weisheit letzter Schluß gefordert wird, obwohl es unmittelbar einsichtig ist, daß das gegenwärtige Wachstums- und Industrialisierungstempo, um dessen Steigerung man allenthalben noch bemüht ist, aus äußeren wie aus inneren Gründen unmöglich durchgehalten werden kann. Aber die moderne Welt hat noch keine praktikable Alternative zur technischen Lebensbewältigung geliefert und unterwirft sich noch völlig den von der Technik ausgehenden Sachzwängen. Bis jetzt ist noch kaum ein Standpunkt außerhalb dieses Zirkels erkennbar. Die neuzeitliche Technik als soziales Problem ist eine ungewöhnliche philosophisch-ethische Herausforderung der Menschheit, die eine radikale Umbesinnung erfordern wird. Um hierzu Ansätze zu finden, müssen wir uns nun die Wechselbeziehung der neuzeitlichen Philosophie zur Technik vergegenwärtigen, die im Marxismus einen gewissen Gipfelpunkt erreicht hat. Wir werden in diesem Zusammenhang auch auf den chinesischen Marxismus eingehen, der, wie sich zeigen wird, vorerst — zumindest bis zu Maos Tod — der Idee des Kommunismus etwas treuer geblieben ist.

6 Der Technizismus der Neuzeit

6.1 Die technizistische Philosophie von Descartes bis Feuerbach

Was Technik ist, tritt im Laufe der Geistesgeschichte erst langsam in das Bewußtsein. Zunächst wächst die Technik dem Menschen mehr unbemerkt und unbewußt zu. Daher ist sie auch erst relativ spät zum Gegenstand philosophischer Reflexion geworden. Aber da die Technik dem Menschen erweiterte rezeptive und motorische Organe verleiht, die seinen Zugang zu der Welt vermitteln, beeinflußt sie mit den jeweiligen Möglichkeiten, die sie bietet, auch die Weise, wie der Mensch die Welt und wie er sich versteht. Dabei entwickelt sich im Laufe der Neuzeit eine Einstellung, die sich nicht darauf beschränkt, die Technik als ein wertvolles und vorzügliches Werkzeug zu betrachten, sondern die von dem Glauben getragen ist, daß *alle Lebensprobleme durch die wissenschaftlich-technische Veränderung der Welt zu lösen sind*. Wir bezeichnen diese Einstellung, die, aus der Entwicklung der Technik hervorgegangen, für das neuzeitliche Denken dominant geworden ist, als *Technizismus*. Der Prozeß der technizistischen Daseinsbewältigung hat unsere Geistesgeschichte von der Renaissance über die Aufklärung, über Kant, über den Deutschen Idealismus, über das geschichtsträchtige System des Marxismus bis zum modernen Scientismus in diffiziler Weise geprägt und ist umgekehrt von dieser getragen worden. Folgen wir dem Gang dieser Entwicklung.

Gemäß den Worten von Francis Bacon ist die Erkenntnishaltung und Technik der Neuzeit dadurch gekennzeichnet, daß sie systematisch forschend ihre Hilfsmittel und Werkzeuge entwickelt, daß die Möglichkeit des „Machen-Könnens" zum Bewußtsein kommt, so daß es nun, nachdem Wissenschaft und Technik 2000 Jahre lang getrennte Wege gegangen sind, zu ihrer Symbiose kommt, so daß jetzt die *Technik die Wissenschaft in ihren Dienst stellt.* (S. 86, 94) Wir fragen uns: Wie kommt es mit dem Anbruch der Neuzeit zu dieser gegenseitigen Durchdringung?

Aus dem Schoße der Agrarkulturen heraus hat sich eine Geräte- und Maschinentechnik entwickelt, die in der Landwirtschaft, im Hausbau, im Schiffsbau und im Militärwesen steigende Bedeutung erhalten hat und die schließlich mit dem ausgehenden Mittelalter den Rahmen der Agrartechnik gesprengt hat. Aus dem 15. Jahrhundert sind uns Namen und Entwürfe der Mechaniker und Ingenieure reichlicher erhalten. Erwähnt seien hier Filippo Brunelleschi, 1377−1446 aus Florenz, der die Kuppel des Florentiner Doms gebaut hat, eine für seine Zeit erstaunliche Leistung. Durch eine Doppelschalenkonstruktion gelang es ihm, die weitgespannte Wölbung ohne Gerüst in die Höhe zu führen. Ferner: Jacopo Mariano, genannt Taccola aus Siena, Militäringenieur, gestorben 1458; Francesco di Giorgio Martini, 1439−1502, aus Siena, Erfinder der zahlreicher Maschinen, unter anderem des Fliehkraftreglers; Leonardo da Vinci 1452−1519, aus Florenz; Albrecht Dürer, 1471−1528; Nicolo Fontana, genannt Tartaglia, 1499−1557, aus Brescia bekannt geworden als Ballistiker.

Der Hauptwerkstoff für diese Mechanik ist nach wie vor das Holz. Vielgestaltig werden nun Hebel, Schrauben, Zahnräder, Getriebe, Kurbelantriebe, Bohr-, Schleif- und Schneidemaschinen konstruiert zum Bau von Kranen, Mühlen, Häusern, Schiffen, Uhrwerken und Automaten, Schleuder- und Wurfmaschinen, Rammböcken, Sturmleitern, Belagerungstürmen, fahrbaren Schutzdächern und Kanonen. Leonardo entwirft unter anderem einen Schwimmbagger, ein Hebewerk mit archimedischer Schraube, eine Maschine zum Streichen von Tuch und befaßt sich mit dem Entwurf von Flügeln und Unterwasserbooten. Das Militärwesen spielte bei den Renaissanceingenieuren eine große Rolle. In seinem Brief an Lodovico Sforza in Mailand bietet Leonardo seine Dienste und Fertigkeiten an, unterteilt in zehn Positionen. Neun davon betreffen die Militärtechnik: Mauerbrecher, Sturmleitern, Bombarden, Kampfwagen, Katapulte und Geräte für Seeschlachten. Die zehnte Position betrifft die Technik im Frieden, Leonardo nennt die Errichtung von öffentlichen und privaten Bauten, Anlagen zur Weiterleitung und Verteilung des Wassers, Herstellung von Bildwerken in Marmor, Bronce und Ton und Leistungen in der Malkunst. Leonardos Name ist uns, wie der von Brunelleschi, Giorgio oder Dürer vor allem aus der Kunstgeschichte bekannt. Aber wie B. Gille festgestellt hat, hat sich Leonardo in seinem Leben sehr viel mehr mit der Ingenieurtechnik als mit der Malerei befaßt (Gille, S. 210ff.). Über dem Ruhm der Künstler wird leicht der Durchbruch der neuen Technik übersehen, der sich hier vollzieht (Büchel, S. 54f.). Allerdings gab es in jener Zeit noch nicht die Trennung von Technik und Kunst wie heute. Die Ingenieure standen im Dienste der Fürsten und hohen Herren, und deren Wünsche betrafen nicht nur das Kriegsgerät, sondern auch die Entfaltung von Kunst und Pracht sowie die Veranstaltung von höfischen Festen und deren Ausschmückung mit Dekorationen, mit Wundermaschinen und Automaten zur Unterhaltung der Gäste. Hier sind Technik, Kunst und Spiel noch eng verschwistert.

Bei diesen neuen mechanischen Künsten treten nun Probleme auf, die mit Hilfe der *aristotelischen Physik nicht lösbar waren, weil diese keine quantitativ überprüfbaren Regeln lieferte.* So wollte man wissen, wie die Reichweite und wie die Wirkung von Kanonenkugeln von der Neigung des Geschützrohres abhängen. Und es mußten auch die zahlreichen konstruierten Maschinen das leisten, was man von ihnen erwartete, und die Schiffe, auf denen Columbus und Vasco da Gama die Ozeane befuhren, durften nicht zu plump und nicht zu leicht gebaut sein und mußten dem Sturm standhalten können. Hier wird das Bedürfnis nach genauen, praktikablen Konstruktionsregeln dringlich. Die berühmten Discorsi des Galilei, die man als die Geburtsstunde des neuen physikalischen Denkens bezeichnet hat, finden in dem *Schiffsarsenal von Venedig* statt, und die Debatte beginnt mit der Frage, ob und wie sich mathematisch zeigen läßt, daß größere Maschinen, obwohl „aus gleichem Material und in genauester Proportion hergestellt", doch weniger widerstandsfähiger seien als kleinere (Gallilei, S. 5). Hier ist der historische Augenblick, wo die Bedingungen für die Begegnung von Technik und Wissenschaft, von konkreter Arbeit und abstrakter Erkenntnis, gegeben sind: Die Maschinenkunde hat es mit besonders einfachen, grundsätzlichen Beziehungen zu tun; indem diese Maschinen in genauester Proportion – wie Galilei sagt – angefertigt werden können, streifen sie die *Kompliziertheit und Vielfalt des Konkreten weitgehend ab, aufgrund ihrer möglichst exakten Reproduzierbarkeit verlieren sie ihre Singularität und werden — wie man sagen kann — verwirklichte Allgemeinheiten, gegenständliche Abstrakta!* Daher kommen diese Artefakte, diese Maschinen, ein Stück der Mathematik entgegen und bieten sich besser als alle natürlichen Objekte der Mathematisierung an. Die Mathematik als formale Wisschenschaft — man möchte sagen als intellektueller Sport — hatte bereits eine lange Geschichte hinter sich. In der *Maschinenkunde findet sie nun eine optimale Entsprechung zur Realität,* und sie hebt gleichzeitig diese neue Technik aus dem Bereich zufälliger Einzelerfindungen auf das Niveau gesetzlicher Allgemeinheit. Dabei erhält sie eine Fülle neuer Anregungen, hervorgegangen aus den Schwierigkeiten der Mechaniker, und indem sie die Probleme nach der Sicht grundsätzlicher Regel löst, beflügelt sie gleichzeitig den Fortschritt der Technik.

Die Menschen der Renaissance müssen es wie ein überraschendes Glück erlebt haben, daß das für sie so wichtige Verhalten der Maschinen zahlenmäßig genau begrifflichen Zusammenhängen entspricht, so daß man mit deren Hilfe konstruieren und prognostizieren kann. „*Die Mechanik ist das Paradies der Mathematik*", sagt Leonardo da Vinci voll Begeisterung. Und damit vollzieht sich jetzt die gegenseitige Durchdringung von Technik und Wissenschaft, die solange auf sich hat warten lassen, weil die verfilzte und konkrete Praxis des Lebens der Mathematisierung erst das brauchbare Material, nämlich Gegenstände hinreichender Einfachheit und genauer Reproduzierbarkeit, zur Verfügung stellen mußte. *Die Mechanik ist das Paradies der Mathematik, weil der geübte Handwerker seine Artefakte dem Begriffsgefüge annähern kann.*

Man kann verstehen, welchen Eindruck die Einfachheit und Sicherheit dieser mathematischen Aussagen über die Realität auf die Menschen damals gemacht haben muß — nach dem Meinungsstreit der Scholastik endlich nachprüfbare und genaue Gewißheiten! Nun dringt der forschende Geist weiter und sucht solche Entsprechungen, solche Naturgesetze, auch dort, wo es nicht um Artefakte geht und wo der unmittelbare praktische Anstoß fehlt. Vom Prinzip der Einfachheit geleitet vermutet Galilei, daß die Beschleunigung beim freien Fall konstant bleibt. Durch Versuche mit Kugeln, die er über schräge Rinnen laufen ließ, konnte er seine Vermutung mehr oder weniger genau bestätigen. Ganz genau gelingt so etwas allerdings niemals, da alle Messungen immer mit „Fehlern" behaftet sind. Aber diese „Fehler" versucht man von nun an zu beseitigen, indem man sich von der unbefangenen Naturbeobachtung immer mehr entfernt und durch technisch sehr speziell hergerichtete Versuchsanordnungen die von der begrifflichen Erfassung geforderte Einfachheit möglichst weitgehend herstellt. Und was dann noch an Streuungen unvermeidbar ist, wird „vernachlässigt" — wie man sagt — mit der Begründung, daß das Gesetz eben nur für den idealisierten Fall, daß heißt nach Abstraktion von allen Störeffekten, gelten kann. Diese, aus der Mathematisierung der Mechanik hervorgegangene Methodik hat sich als überraschend und staunenswert erfolgreich erwiesen, und die so gefundenen Gesetzmäßigkeiten entsprachen so sehr dem Ideal der Einfachheit, Sicherheit und Genauigkeit, daß Galilei zu dem Ausspruch kam, das Buch der Natur sei in der Sprache der Mathematik geschrieben. — Das ist der Geist jener Zeit, der Descartes angehört.

Descartes wird vielfach als der Vater der neuzeitlichen Philosophie bezeichnet, und man denkt dabei daran, daß der die Philosophie aus der Bindung an die Religion gelöst hat, daß es ihm um die Eigenständigkeit und Letztbegründung des philosophischen Denkens ging und daß er mit reflexiver Rückbesinnung die Philosophie des Bewußtseins und die Theorie der Erkenntnis zu einem zentralen Anliegen gemacht hat. Weniger wird demgegenüber die Naturphilosophie des Descartes beachtet, obwohl sie in seinem Werk über „Die Prinzipien der Philosophie" 90 % des Platzes einnimmt mit den Abschnitten „Über die Prinzipien der körperlichen Dinge", „Über die sichtbare Welt" und „Von der Erde". Und wir werden noch sehen, daß er mit *seiner Philosophie der Natur nicht minder stark die abendländische Geistes- und Sozialgeschichte beeinflußt und ausgerichtet hat als mit seiner Philosophie des Bewußtseins.* Auch war er sich selbst des revolutionären Umbruchs seiner neuen, „wahren" Philosophie bewußt, schreibt er doch an Picot im Vorwort zu seinem Werk: „daß, wer am wenigsten von dem gelernt hat, was man bisher als Philosophie bezeichnet hat, am geeignetsten ist, die wahre Philosophie zu lernen" (Descartes, 1955, S. XXXVII).

Wie ist Descartes zu seinem neuartigen Verständnis von Welt und Mensch gekommen? Alle Erkenntnis schreitet über Entwurf und Prüfung vorwärts, auch Descartes macht, wie er sagt, Hypothesen und untersucht, was aus ihnen folgt (Descartes, 1955, S.81). Die wesentliche Prüfung der Annahmen ist aber — wie er fordert —, *daß sie klar und deutlich sind,* denn „sicherlich werden wir niemals etwas Falsches für wahr halten, wenn wir nur dem klar und deutlich Erkannten beistimmen." (Descartes, 1955, S.14). „Klar und deutlich' betrifft hier nicht die *Sinneserfahrung, sondern das Urteil der Vernunft.* „Selbst wenn die Erfahrung das Gegenteil uns zu zeigen schiene, würden wir trotzdem genötigt sein, unserer Vernunft mehr als unseren Sinnen zu vertrauen", erklärt er im Anschluß an die Darstellung seiner Stoßgesetze (Descartes, 1955 S. 56). Über die Natur des Menschen schreibt er nun: „ . . . wir sehen deutlich, daß weder die Ausdehnung noch die Gestalt, noch die Ortsbewegung, noch ähnliches, was man dem Körper zuschreibt, zu unserer Natur gehört, sondern nur das Denken." (Descartes, 1955, S. 3). Dieser denkenden Substanz, der res cogitans, stellt er in schwer überbrückbarer Trennung die ausgedehnte Substanz, die res extensa, gegenüber, so sehr geschieden, daß er unseren Körper nicht mehr zu „unserer Natur" rechnet! Die Natur der Körper bestimmt er wie folgt: „So bildet die Ausdehnung in Länge, Breite und Tiefe der Natur der körperlichen Substanz." (Descartes, 1955, S. 18) Daraus folgert er: wirklich klar und deutlich erkennbar sind in der sichtbaren Welt nur die Regeln der Mechanik, reduziert auf die Grundprinzipien der Ausdehnung und Bewegung. Und das führt zu seiner fundamentalen Aussage: „ . . . daß die Regeln der Mechanik die gleichen sind wie die Regeln der Natur." (Descartes, 1960, S. 89)

Jeder Erkenntnis liegt eine leitende Vorstellung, von der man ausgeht, ein Vergleich, ein Paradigma — wie Thomas S. Kuhn es genannt hat — zugrunde. Das naturphilosophische Paradigma des Descartes ist die Maschine, der Automat. Er gibt dafür zahlreiche Beispiele (S. 87). Bei der Erkenntnis der Natur — schreibt er — „ . . . haben mich die durch Kunst gefertigen Werke nicht wenig unterstützt; denn ich fand nur den Unterschied zwischen ihnen und den natürlichen Körpern, daß die Wirkungen der Maschinen . . . . stets so groß sind, daß ihre Gestalten und Bewegungen leicht wahrgenommen werden können; dagegen hängen die natürlichen Wirkungen beinahe immer von gewissen so kleinen Organen ab, daß sie nicht wahrgenommen werden können." (Descartes 1955, S. 245). Wir müssen uns vergegenwärtigen, daß in der damaligen Zeit Maschinen und Automaten nicht etwas Alltägliches waren wie heute, wo sie in jedem Kinderspielzeug eingebaut sind, sondern diese Technik war etwas Neuartiges, Außerordentliches und geradezu Wunderbares! So versteht dann Descartes auch Gott selber als den perfektioniertesten Techniker, und er nennt den Leib der Tiere „eine Maschine . . ., die aus den Händen Gottes kommt und daher unvergleichlich besser konstruiert ist und weit wunderbarere Getriebe in sich birgt als jede Maschine, die der Mensch erfinden kann." (Descartes, 1960, S. 91).

Descartes hat die Frage, ob das Prinzip von Ausdehnung und Bewegung ausreicht, um alle Naturerscheinungen zu erklären, ausführlich in seinem Werk über die Prinzipien der Philosophie untersucht. Er befaßt sich dabei mit einem umfangreichen Katalog von Themen, mit der mechanischen Erklärung des Lichtes, des Feuers, der Wärme, der Schwere und Festigkeit der Körper, der Bewegung der Gestirne, mit der Natur des Magnets mit der Weise der Sinnesempfindungen und mit vielem anderen mehr. Da die Bewegung mechanisch nur durch Berührung übertragen werden kann, nimmt er, um die Bewegung der Gestirne zu erklären, eine unsichtbare Materie, die materia subtilis, die Himmelskügelchen an, die die Sterne mit sich führen (Descartes, 1955, S. 74). Auch die Schwere der Materie ist keine dem Körperlichen anhaftende Eigenschaft, sondern wird aus Ausdehnung und Bewegung abgeleitet: aufgrund der ihnen bei Erschaffung der Welt zugeteilten Bewegungsweise streben die Himmelskügelchen von den Zentren weg, so daß sie „bei ihrem Aufsteigen andere irdische Körper, an deren Ort sie eintreten, unter sich drücken und herabstoßen." (Descartes, 1955, S. 158). Das ist die Erklärung der Erdanziehung. Um die Härte der Körper aus dem Bewegungszustand abzuleiten, schließt Descartes, daß Körper, „deren sämtliche Teilchen ruhig beieinander liegen, hart sind. Auch kann man sich nicht ausdenken, daß es einen Leim gibt, der, fester als ihre Ruhe, die einzelnen Teilchen harter Körper miteinander verbände." (Descartes, 1955, S. 57). Aus den Himmelskügelchen, die sich in Wirbeln von ihren Zentren, den Sternen, entfernen, besteht auch das Licht, es heißt, „daß das Licht auf das genaueste durch diese Wirbel, ohne solche aber in keiner Weise erklärt werden kann." (Descartes, 1955, S. 95). Es kann in dieser Mechanik — es ist die Mechanik der Renaissance-Ingenieure! — *den Begriff der Kraft nicht geben, da die Kraftwirkung eine Funktion des Abstands ist und daher immer über kleinere oder größere Entfernungen hinweg wirkt* (S. 243 ff.). Die wenigen Beispiele mögen zeigen, mit welcher Konsequenz Descartes alle Erscheinungsweisen dieser bunten Welt auf Ausdehnung und Bewegung materieller Teilchen zurückführt. Aus der maschinentechnischen Entwicklung des 15. Jahrhunderts zieht er in der Mitte des 16. Jahrhunderts die metaphysische Konsequenz: Die Natur ist eine Maschine — sagt er —, so einfach verstehbar wie Uhren und Automaten, wenn man sie nur genau genug untersucht. Sie folgt den Gesetzen der Mathematik, ist berechenbar und wie eine Maschine zu steuern. Der denkenden Substanz, der res cogitans, dem Menschen als ihrem Herren und Besitzer ist sie zugesprochen und als Material in seine Hand gegeben — das ist der technizistische Ansatz der cartesianischen Naturphilosophie. Er ist vielfach kritisiert und auch korrigiert worden, aber er hat bei der Entfaltung der modernen Technik Pate gestanden und hat sich in seiner Grundtendenz bis auf den heutigen Tag durchgesetzt. Descartes Naturphilosophie ist eine terrible simplification mit ihren Vor- und Nachteilen, mit der praktischen Durchschlagskraft und Suggestivität des Einfachen, aber auch mit der schrecklichen Einseitigkeit und Blindheit solcher Vereinfachung.[1]

Indem wir nun den Weg dieser technizistischen Philosophie weiter verfolgen, zitieren wir zunächst zwei ihrer Kritiker, Pascal und Leibniz, die übrigens beide wie Descartes dem Rationalismus zugezählt werden. Aus der Tatsache, daß eine Idee klar und deutlich ist, folgt für Pascal nicht, daß sie zutrifft und noch nicht einmal, daß sie methodisch sinnvoll ist. Gegen die Annahme der materia subtilis wendet er in seinem Briefe an Pater Noél ein: „Fordert man aber von diesen wie von Ihnen, daß sie uns diesen Stoff zeigen möchten, so antworten sie, er sei unsichtbar. Verlangt man, daß er klingen solle, so sagen sie, er wäre unhörbar, und so für jeden Sinn, und sie glauben, sehr viel erreicht zu haben, wenn sie den anderen unmöglich machen zu beweisen, daß es ihn nicht gibt, weil sie sich selbst jeder Möglichkeit beraubten, zu beweisen, daß es ihn gibt.“ (Pascal, 1950, S. 41). Pascal kritisiert hier, wie wir es heute nennen, die *Immunisierungsstrategie der Cartesianer, den Versuch, eine Theorie dadurch unangreifbar zu machen, daß man sie unprüfbar macht.* Dieses Vorgehen ist aber methodisch sinnlos, da eine Theorie, wenn sie nicht mehr prüfbar ist, auch nichts mehr über die Erfahrungswelt aussagt. Lothar Schäfer hat überzeugend dargestellt, wie Pascal im Sinne eines kritischen, an der Erfahrung orientierten Rationalismus gegen den Dogmatiker Descartes argumentiert und methodische Überlegungen, die heute im Anschluß an Popper weitgehend Allgemeingut der Wissenschaftstheorie geworden sind, vorweggenommen hat (Schäfer, S. 314ff.).

Anders als Descartes identifiziert Pascal die Natur nicht mit der Maschine. Die Geheimnisse der Natur seien verborgen und könnten nur von Zeitalter zu Zeitalter entdeckt werden, schreibt er (Pascal, 1950, S. 28). Auf die Behauptung, es gebe den leeren Raum nicht, weil das Licht, aus leuchtenden Körperchen bestehend, hindurchdringe, entgegnet er, daß man über die Natur des Lichtes nichts wisse, ja daß das Licht uns vielleicht ewig unbekannt bleiben werde, so daß man auch nicht schließen könne, „die Natur des Lichts sei derart, daß es in einem leeren Raum nicht bestehen kann.“ (Pascal, 1950, S. 37, 38). Auf dem Gebiete der Mathematik und Mechanik gehörte Pascal zu den führenden Köpfen, er ist einer der Begründer der Wahrscheinlichkeitsrechnung, und wir verdanken ihm eine der bedeutendsten technischen Entdeckungen, die Erfindung und Konstruktion der ersten Rechenmaschine (1642). Er hat damit einen tiefen Spürsinn für *die Entsprechung mechanischer Prozesse und begrifflichen Denkens verraten, aber sein Scharfsinn hat es ihm ermöglicht,*

---

1 Die Primitivität der cartesianischen Naturphilosophie hat Goethe in seinen „Materialien zur Geschichte der Farbenlehre“ treffend beschrieben: „Er (Descartes) — heißt es dort — scheint nicht ruhig und liebevoll an den Gegenständen zu verweilen, um ihnen etwas abzugewinnen... Er findet keine geistigen, lebendigen Symbole, um sich anderen, schwer aussprechbaren Erscheinungen anzunähern. Er bedient sich, um das Unfaßliche, ja das Unbegreifliche zu erklären, der krudesten, sinnlichen Gleichnisse. So sind seine verschiedenen Materien, seine Wirbel, seine Schrauben, Hacken und Zacken niederziehend für den Geist, und wenn dergleichen Vorstellungsarten mit Beifall aufgenommen wurden, so zeigt sich daraus, daß eben das Roheste, Ungeschickteste der Menge das Gemäßeste bleibt.“ (Goethe, Bd. 16, S. 439)

anders als Descartes die Grenzen dieser abstrahierenden Methodik angesichts der konkreten Wirklichkeit zu erkennen. „Die Rechenmaschine — schreibt er — zeigt Wirkungen, die dem Denken näher kommen als alles, was die Tiere vollbringen, aber keine, von denen man sagen könnte, daß sie Willen haben wie die Tiere." (Pascal, 1940, S. 168).

Wir haben im Vorangehenden Pascal im wesentlichen als Wissenschaftstheoretiker zitiert, aber es ist schon deutlich geworden, daß er aus einem anderen Weltverständnis heraus argumentiert als Descartes. Noch nachhaltiger kritisiert Leibniz die metaphysische Grundidee des Descartes. In seinem Bericht über sein „Neues System" beschreibt Leibniz, wie er zu seiner Auffassung gekommen ist, und wir erfahren, daß er von dem mechanischen Konzept nicht unbeeindruckt war: „Mich bezauberte die schöne Art, die Natur auf mechanische Weise zu erklären . . . Später aber, nachdem ich versucht hatte, die Prinzipien der Mechanik selbst zu vertiefen . . . erkannte ich, daß die Betrachtung der ausgedehnten Masse allein nicht ausreicht und daß man noch den Begriff der Kraft anwenden muß, der sehr verständlich ist, obwohl er in den Bereich der Metaphysik fällt. Es schien mir auch, daß die Meinung derer, die die Tiere zu reinen Maschinen verwandeln oder herabsetzen, obwohl sie möglich ist, doch über den äußeren Anschein hinausgeht und sogar gegen die Ordnung der Dinge verstößt." (Leibniz, 1965, S. 203). Die Substanz der körperlichen Dinge versteht Leibniz nicht als passiven Stoff, Descartes habe „die Natur der Substanz im ganzen nicht erkannt", Licht trage vielmehr zur Erkenntnis des wahren Begriffes der Substanz die Wissenschaft der Dynamik bei, da *die körperliche Substanz niemals zu wirken aufhören könne* (Leibniz, 1965, S. 197, 199), die Natur der Substanz fordere einen Fortschritt oder eine Veränderung notwendig und schließe das wesensmäßig ein (Leibniz, 1965, S. 221). Diese Wirksamkeit verdankt die Substanz „ursprünglichen Kräften", die Leibniz —Aristoteles zitierend — auch als erste Entelechien oder als „die heute so verrufenen substanziellen Formen" bezeichnet. Verrufen nennt er sie offenbar deshalb, weil sie den Cartesianern nicht in das Konzept von der ausschließlichen Stofflichkeit und Ausgedehntheit der Natur paßten. Die substanziellen Formen, die Formen, die die Substanz prägen, macht Leibniz also für die Wirksamkeit der Substanz verantwortlich, für die Weise ihrer Veränderung, etwa so, wie das Wasser aufgrund seiner Beweglichkeit und seiner Schwerkraft je seinen Weg sucht und wie das Samenkorn sich immer zu der Pflanze entwickelt, deren Anlage im Samen vorgegeben ist.

Wenn Leibniz auch keineswegs bereit ist, die aristotelische Physik als Ganzes zu übernehmen, so greift er doch auf die Idee der Entelechie zurück, die Aristoteles ebenso als Ursache der Bewegung wie als Form versteht. Driesch hat später den Begriff der Entelechie einengend verwendet, um eine besondere, außerphysikalische Naturkraft, eine vis vitalis zu bezeichnen, die das Wachstum, die Eigenständigkeit und Selbstdurchsetzung lebendiger Individuen reguliert und steuert. Handeln für andere und Moralität steht nach Driesch im Widerspruch zu dieser Entelechie, „in demselben Widerspruch, in dem die Entelechie selbst zur Mechanik steht." (Driesch, Bd. 2, S. 117). *Solche Spekulation liegt Leibniz fern.* Bei Leibniz wie bei Aristoteles ist die Entelechie nicht allein ein Attribut des Lebendigen, obwohl sie hier deutlicher in Erscheinung tritt, sondern ein *Wesensmerkmal aller körperlichen Substanz, die immer auch eine für das weitere Verhalten maßgebende Form aufweist.*

Die Grenze, die den Menschen von der Natur trennt, legt Leibniz an einen anderen Ort als Descartes. Zunächst ist Natur und Mensch gemeinsam eigen die Dynamik, die Tendenz zur Veränderung, die Intentionalität, und diese Eigenschaft bestimmt den Unterschied dieser beiden Bereiche gegenüber den Artefakten, die Descartes jedoch mit der Natur identifiziert hatte. Auch Pascal sieht diese Gemeinsamkeit von Mensch und Natur, wenn er schreibt, daß die Tiere keine Automaten sind, da sie sich durch ihren Willen von den Rechenmaschinen unterscheiden (S. 257). Dieses verbindende Merkmal gemeinsamer Dynamik veranlaßt Leibniz auch dazu, in bezug auf die Natur bildlich Wörter zu verwenden, die der menschlichen Sphäre entnommen sind, so wenn er schreibt, daß das ,,Vermögen zu handeln in jeder Substanz ist." (Leibniz, 1965, S. 199). In diesem Sinne spricht er den körperlichen Substanzen auch eine ,,Seele" zu. Das spezifische und auszeichnende Attribut des Menschen ist demgegenüber die Vernunft, und er meint damit die *bewußte innere Wahrnehmung*, die ,,Apperzeption, die das Selbstbewußte oder die reflexive Erkenntnis dieses inneren Zustandes ist." (Leibniz, Vernunftprinzipien, § 4). Diese Apperzeption unterscheidet er streng von den unbewußten Prozessen und Tätigkeiten der Seele, von den Perzeptionen. So ist der Mensch einerseits deutlich von der nichtmenschlichen Natur geschieden und ihr gegenübergestellt, andererseits ist aber *seine Verbindung zur Natur und seine Verwurzelung in der Natur nicht abgerissen.*

Fragen wir uns nun, wie Leibniz zu diesem nicht-mechanischen, anti-cartesianischen Weltbild gekommen ist. Zunächst empfand er offenbar den Prozeß der Veränderung in der Natur, und zwar der *einsinnigen, nicht umkehrbaren Veränderung als erklärungsbedürftig.* Es überrascht, daß dieses Grundphänomen der Wirklichkeit Descartes gar nicht aufgefallen war. Und zweitens bekennt er sich als Kind seiner Zeit mit Überzeugung zum Rationalismus: *Nihil est sine ratione, nichts ist ohne Grund.* Unsere Vernunfterkenntnis, sagt er, beruht ,,auf dem Prinzip des zureichenden Grundes, kraft dessen wir annehmen, daß sich keine Tatsache als wahr oder existierend, keine Aussage als richtig erweisen kann, ohne daß es einen zureichenden Grund dafür gäbe, weshalb sie ebenso und nicht anders ist — wenngleich uns die Gründe in den meisten Fällen nicht bekannt sein mögen." (Leibniz, Monadologie, § 32). Leibniz nennt es das principium magnum, grande et nobilissimum und denkt es mit ganzer Konsequenz zu Ende. Aus dem Prinzip folgt, *es gibt nichts Zufälliges, es gibt keine Lücken, alles hängt zusammen.* Der Anfangszustand des Universums bestimmt den Endzustand und der Endzustand den Anfangszustand. Wenn das Vorhergehende für das Folgende zureichend und notwendig ist, gilt die gleiche logische Beziehung auch für die zeitliche Umkehrung. Das ist das deterministische Weltbild, es bedeutet Präformation, prästabilierte Harmonie: Wenn zu Anfang einmal alles zueinander gepaßt hat, so geht dieser Zusammenhang auch nie mehr verloren. Es folgt weiter, ,,daß jede einfache Substanz Beziehungen enthält, welche die Gesamtheit der anderen zum Ausdruck bringen, und daß sie infolgedessen ein lebendiger, immerwährender Spiegel des Universums ist." (Monadologie, § 56). Das ist ja nur eine andere Bezeichnung des totalen Zusammenhangs. Und es folgt schließlich, daß es nicht zweimal im Universum genau das Gleiche geben kann, da allein schon die Form des Zusammenhangs des Einzelnen mit dem Ganzen, diese repraesentatio mundi, durch den jeweiligen Ort des Einzelnen im Ganzen verschieden sein muß so „wie dieselbe Stadt, von verschiedenen Seiten betrachtet, immer wieder ganz anders und gleichsam in perspektivischer Vielfalt erscheint." (Monadologie, § 57). – So folgt aus dem Faktum einsinniger Veränderung in der Welt und aus dem mächtigen Prinzip vom zureichenden Grunde die durch ihre jeweilige Form gegebene Aktivität jeder körperlichen Substanz.

Leibniz bezeichnet sein „Neues System" als metaphysisch. Empirisch läßt sich das große Prinzip nicht beweisen, da der totale Zusammenhang des Ganzen für den endlichen menschlichen Verstand nicht durchschaubar sein kann. Zwar deckt die physikalische Experimentalkunst zahlreiche Zusammenhänge auf, aber dabei geht sie methodisch so vor, daß sie immer bestimmte, speziell interessierende Ereignisketten aus dem Gesamtzusammenhang isoliert, die übrigen Einflüsse, die „Störungen", möglichst eliminiert und, soweit das nicht möglich ist, bei der Abstraktion vernachlässigt. Auf diesem Wege werden in der Tat wichtige Ursachen aufgedeckt, aber *eben doch immer nur Hauptursachen und niemals der vollständige zureichende Grund.* Zureichend ist für ein konkretes Ereignis im Rahmen des Determinismus allein die Kollokation sämtlicher Realumstände, die wiederum durch das Wirkungsgefüge des gesamten Universums bestimmt ist. Dadurch verliert unter dem Aspekt des Determinismus der Begriff der Einzelursache seine Bedeutung. Er hat nur Sinn, wenn man Einzelprozesse aus dem Ganzen herausschneidet und dabei die durch Vernachlässigung der Nebenwirkungen auftretenden Ungenauigkeiten – die aber die auslösenden Ursachen erst zureichend machen! – in Kauf nimmt und vernachlässigt. Rechnet man aber mit einem zureichenden Grund, so muß dieser, um zureichend zu sein, den Zusammenhang des Universums von Anfang an festlegen, und wenn das der Fall ist, dann ist es in der Tat überflüssig, mit späteren Wirkungsverknüpfungen zu rechnen, da sie, wenn sie etwas Besonderes bewirken würden, nur damit beweisen würden, daß der Grund zu Beginn doch nicht zureichend war. So ist es zu verstehen, daß Leibniz im Laufe der Dynamik des Universums nicht mehr mit einer Wechselwirkung der individuellen Elemente, die er Monaden nennt, rechnet. Die Monaden haben keine Fenster, sagt er. Wenn von vornherein alles festliegt, bedarf es im Ablauf des Weltprozesses keiner Einzelursachen mehr, da alles bereits durch die allen gemeinsame Ursache bestimmt ist.[2]

2   Um zu veranschaulichen, daß es zur Erhaltung der Harmonie einer späteren Wechselwirkung nicht mehr bedarf, verwendet Leibniz das Uhrenbeispiel: Zwei Uhren können so genau aufeinander abgestimmt sein, daß sie auch ohne Wechselwirkung immer die gleiche Zeit anzeigen (Leibniz, 1965, S. 239). Das bedeutet, daß ein Zusammenhang durch Kausalketten hergestellt werden kann, die sich nicht im Ablauf der Zeit berühren, sondern ihre Verbindung vom Anfangszustand her besitzen. Demzufolge können durchaus gleichzeitige Ereignisse kausal verknüpft sein, auch wenn eine gegenseitige Beeinflussung im Ablauf des Geschehens ausgeschlossen werden kann. C. G. Jung hat diese Vorstellung verwendet, um das gleichzeitige Auftreten von Ereignissen zu deuten, deren Zusammenhang von uns ausdrücklich als sinnvoll erlebt wird, obwohl er naturwissenschaftlich unerklärlich ist. Er bezeichnet dieses Phänomen als Synchronizität und verweist in diesem Zusammenhang auch auf Leibniz (Bender, S. 749f.).

Stellen wir uns nun die Frage, was das System Leibnizens leistet. Vier Punkte seien hervorgehoben:

1. Leibniz leitet aus dem Prinzip vom zureichenden Grunde *eine Erklärung für die Individualität, für die unverwechselbare Eigenheit jedes natürlichen Dinges ab, gegründet in seiner Form, durch die es sich von jedem anderen unterscheidet.* Die Einzigartigkeit ist kein Vorrecht des Menschen, sondern kommt auch den Dingen der Natur zu. Das führt zu einem Respekt vor der Natur. Bezüglich der Cartesianer schreibt er: „Ich bin um alles in der Welt zuhöchst geneigt, den Modernen Gerechtigkeit widerfahren zu lassen. Indessen finde ich, daß sie die Reform zu weit getrieben haben, unter anderem dadurch, daß sie die natürlichen Dinge mit den künstlichen durcheinanderwarfen, weil sie keine genügend großen Ideen von der Majestät der Natur hatten." (Leibniz, 1965, S. 213).

2. Indem die Form dem Menschen wie der Natur eigen ist und in beiden Bereichen die Bewegung, die Ausrichtung, die Intention bestimmt, wird eine *enge Verbindung zwischen Mensch und Natur hergestellt, ohne daß doch die Sonderstellung des Menschen der Natur gegenüber aufgegeben wird.*

3. Leibniz schafft *erst die Voraussetzung für ein dynamisches Weltbild.* Das cartesianische System ist statisch, es sagt nicht, warum sich an den ausgedehnten Dingen und ihren Bewegungsformen etwas ändern sollte. Maschinen bleiben wie sie sind. Indem Leibniz nicht die tote Ausdehnung, sondern die Wirkkraft als Attribut der körperlichen Substanz versteht, schafft er das Verständnis für *den Entwicklungsbegriff, der aus dem mechanischen Modell nicht zu gewinnen ist.* Nun wird man angesichts des Determinismus fragen: Worin kann die Entwicklung noch bestehen, wenn zu Anfang der ganze Prozeß bis zum Ende schon feststeht? Die Antwort lautet, daß hier die Entwicklung als ein In-Erscheinung-Treten der Dinge zu verstehen ist, dem der Übergang von der unbewußten Perzeption über die verworrene Perzeption zur klaren Apperzeption entspricht. In der Tat ist jede rationale Deutung der Entwicklung, die sich nicht mit der Annahme von Wundern und Zufällen zufrieden gibt, darauf angewiesen, das Folgende als Konsequenz von Anfangsbedingungen und Gesetzen, als das In-Erscheinung-Treten von zuvor nicht sichtbaren Formen zu erklären (Kapitel 2.2 bis 2.4). Gemäß dieser Vorstellung von der Entwicklung ist der Mensch mit seiner Vernunft, mit seinem Bewußtsein nach dem Gesetz der Stetigkeit graduell aus der Natur hervorgegangen, ragt nun in zwar einzigartiger Weise aus der Natur heraus, bleibt ihr aber auch noch in weiten Bereichen verhaftet.

4. Indem Leibniz den Begriff der Seele von dem des Bewußtseins trennt und auch dort von Seele spricht, wo er mit keinem Bewußtsein rechnet, *erschließt er den großen Bereich der unbewußten psychischen Prozesse, der in der modernen Tiefenpsychologie und in der Tierverhaltensforschung große Bedeutung erlangt hat.* Auch der schwankende Bereich zwischen unbewußt und bewußt, zwischen verworren und klar im Zusammenhang mit der Aufmerksamkeit ergibt sich bei Leibniz einleuchtend aus dem Gesamtkonzept seiner Entwicklungstheorie.

Leibniz hat uns, auf das Prinzip vom zureichenden Grunde und auf das Phänomen des einsinnigen Zeitflusses gegründet, ein Weltbild hinterlassen, das zwar nicht beweisbar, aber auch nicht widerlegbar ist, das sich aber durch Scharfsinn und eine große innere Geschlossenheit und Erklärungskraft auszeichnet. Leibniz war wie Descartes und Pascal Rationalist. Er gehört in die Reihe der großen Mathematiker. Er entwickelte unabhängig von Newton die Infinitesimalrechnung und konstruierte unabhängig von Pascal eine Rechenmaschine. Er hatte die Idee einer „Mathesis universalis". Aber gerade das rationale Denken führt ihn weiter zur individuellen Form des Einzelnen, das er als eine Kombination einer unendlichen Zahl allgemeiner Eigenschaften versteht. Daher seine Ablehnung der ungemäßen Vereinfachung durch den Begriff der res extensa und durch die mechanische Metaphysik. Sein System zeigt, daß mathematische Beziehungen kein Beweis für das mechanische Weltbild sind, *da allgemeine Aussagen von allem Einzelnen möglich sind.*

Für die Entwicklung der Geistes- und Naturwissenschaften in den folgenden Jahrhunderten hat Leibniz manche wertvolle Anregung gegeben, aber es ist ihm nicht gelungen, das cartesianische Weltbild zu überwinden. Seine Philosophie ist wenig verstanden worden, man hat sie vielfach als allzu kühne Spekulation abgelehnt, und im ganzen ist wohl der Mensch der Neuzeit wenig geneigt, dem umfassenden Ordnungsdenken und dem Respekt Leibnizens vor Gott und der Natur beizupflichten. Daher hat sich die weitere Entwicklung weitgehend an das Vorbild des Descartes gehalten. Wir können den weiteren Verlauf nicht in den Einzelheiten verfolgen, sondern müssen uns auf die Hervorhebung markanter Punkte beschränken, die für die weitere Entwicklung bedeutsam sind. Descartes hatte mit seiner Lehre von Ausdehnung und Bewegung eine neue Vorstellung von der Realität in der Natur eingeführt. Man kann schließen – schreibt er – „daß das, was wir in den äußeren Gegenständen mit dem Namen des Lichts, der Farbe, des Geruchs, des Geschmacks, des Tons, der Wärme, der Kälte und anderer sinnlicher Eigenschaften bezeichnen, nur verschiedene Zustände jener Dinge sind, welche bewirken, daß unsere Nerven verschieden bewegt werden." (Descartes, 1955, S. 242). Das bedeutet, daß die Weise, wie wir die Natur erfahren und erleben, uns nichts über die Natur als solche sagt, sondern nur ein subjektiver Vorgang in unserem Bewußtsein ist, ausgelöst durch Berührung und Stoß von der res extensa. Um die gleiche Zeit – 1623 – schreibt Galilei: „Ich glaube nicht, daß, um in uns Geschmacks-, Geruchs- oder Geräuschempfindungen hervorzurufen, in den (verursachenden) äußeren Körpern etwas anderes nötig ist wie Größen, Formen, Zahlen und langsame oder schnelle Bewegung." (Galilei, Il Saggiotore, § XLVIII, S. 197–200).

Diese Vorstellung hat sich weitgehend durchgesetzt. Locke gründet darauf seine *Unterscheidung von den primären und sekundären Sinnesqualitäten.* Primär nennt er Festigkeit, Ausdehnung, Gestalt und Bewegung, sekundär Farben, Töne, Geschmacksarten. Die sekundären Qualitäten „gleichviel welche Realität wir ihnen irrtümlicherweise zuschreiben ... hängen von den primären Qualitäten, nämlich von Größe, Gestalt, Beschaffenheit und Bewegung der Teilchen ab." Daraus ergibt sich, „daß die Ideen (Vorstellungen) der primären Qualitäten der Körper Ebenbilder der letzteren sind, und daß ihre Urbilder in den Körpern real existieren, während die durch die sekundären Qualitäten in uns erzeugten Ideen mit den Körpern überhaupt keine Ähnlichkeit aufweisen." (Locke, S. 150). Hume schlägt vor, alle Bücher, etwa über Gotteslehre oder Schulmetaphysik, die keinen abstrakten Gedankengang über Größe und Zahl enthalten, ins Feuer zu werfen (Hume, S. 193). Die Unterscheidung von primären und sekundären Sinnesqualitäten, die ein *mechanisches Weltbild zur Voraussetzung hat, hat sich im allgemeinen Bewußtsein weitgehend eingebürgert* und wird heute von vielen Menschen als ganz „natürlich" und selbstverständlich empfunden, ohne daß den Betreffenden zum Bewußtsein kommt, daß die Vorstellung von der Ausdehnung ebenso aufgrund der Interaktion unserer Sinnesorgane mit der Umwelt zustandekommt wie die der Farbe und daß es eine metaphysische Hypothese ist, der einen Vorstellung ein größeres Realitätsgewicht zuzusprechen als der anderen.

Nach Bacon und Descartes hat es noch gute 100 Jahre gedauert, bis das wissenschaftlich-technische Konzept zur Bewältigung des Daseins zur Entfaltung gekommen ist. Erst das 18. Jahrhundert, die Epoche der Aufklärung, bringt die Lösung des Menschen von transzendenten Gegebenheiten, und die neue Zeit ist nun gekennzeichnet durch den optimistischen Glauben an die menschliche Vernunft, an die wissenschaftliche Erkenntnis, an den Fortschritt, an die rationale, wissenschaftlich-technische Weltgestaltung (S. 88). Kant nannte die Aufklärung den „Ausgang des Menschen aus seiner selbstverschuldeten Unmündigkeit" (Kant, Bd. VI, S. 53), und gemäß diesem Glauben der Aufklärung ist es der Gebrauch der Wissenschaft als des praktischen Instrumentes der Lebensgestaltung, der zur Mündigkeit, zur Selbstbestimmung, zur Autonomie führt. *Mit der Aufklärung entfaltet sich der Technizismus der Neuzeit zu einer breiten Strömung im öffentlichen Bewußtsein.*

Aus der Epoche der Aufklärung ist auch Kant hervorgegangen, aber mit seiner Deutung der Erkenntnisleistung gelangt er noch zu einer wesentlichen Vertiefung und Erweiterung des cartesianischen Ansatzes. In seiner Lehre vom Menschen unterscheidet er in klarer Gegenüberstellung eine physiologische und eine pragmatische Hinsicht. „Die physiologische Menschenkenntnis geht auf die Erforschung dessen, was die Natur aus dem Menschen macht, die pragmatische auf das, was er, als frei handelndes Wesen, aus sich selber macht, oder machen kann und soll." Wer den Naturursachen nachgrübele, worauf z. B. „Das Erinnerungsvermögen beruhen möge" . . . müsse „sich dabei gestehen", daß . . . „indem er die Gehirnnerven und Fasern nicht" kenne . . . „alles theoretische Vernünfteln hierüber reiner Verlust sei" (Kant, Bd. VI, S. 399). Und Kant schreibt nun, daß es ihm bei seiner Anthropologie nicht um die physiologische, sondern um die pragmatische Hinsicht gehe. *Nicht die Naturverwurzelung des Menschen verdient sein Interesse, sondern das, was er als frei handelndes Wesen aus sich selber macht.* Damit löst er wie Descartes den Menschen aus dem Gefüge der Natur, er übernimmt den cartesianischen Dualismus. Als Person mit seiner Vorstellung von seinem Ich sei der Mensch „ein von Sachen, dergleichen die vernunftlosen Tiere sind, mit denen man nach Belieben schalten und walten kann, durch Rang und Würde ganz unterschiedenes Wesen." (Kant, Bd. VI, S. 407).

Hier zeigt sich sogleich, wie mit der scharfen Gegenüberstellung von Mensch und Natur unmittelbar das Herrschaftsverhältnis des Menschen über die Natur verknüpft ist. Bei seinen Überlegungen zum Anfang der Menschengeschichte schildert Kant: „Das erstemal, daß er (der Mensch) zum Schafe sagte: der Pelz, den du trägst, hat dir die Natur nicht für dich, sondern für mich gegeben, ihm ihn abzog und sich selbst anlegte, ward er eines Vorrechtes inne, welches er, vermöge seiner Natur, über alle

Tiere hatte, die er nun nicht mehr als seine Mitgenossen an der Schöpfung, sondern als seinem Willen überlassene Mittel und Werkzeuge zur Erreichung seiner beliebigen Absichten ansah." Kant nennt dies den letzten Schritt, „den die, den Menschen über die Gesellschaft mit Tieren gänzlich erhebende, Vernunft tat" (Kant, Bd. VI, S. 90, 91). Die Natur als der Stoff in des Menschen Hand! Es läßt sich nicht verkennen, *daß Kant mit seinem Naturverständnis hinter die sehr viel differenziertere Auffassung von Leibniz wieder zurückgefallen ist.*

Der technizistische Ansatz, der sich bei Descartes durch die Stofflichkeit der Natur angeboten hatte, wird nun bei Kant in *zweierlei Hinsicht bedeutungsvoll erweitert.* Erstens: der Mensch wendet diese Haltung nun nicht nur auf die Umwelt, sondern auch auf sich selber an, er nimmt sich selbst als Objekt, als Stoff, er „schafft sich". Der Mensch ist so zu charakterisieren – heißt es –, „*daß er einen Charakter hat, den er sich selbst schafft*" (Kant, Bd. VI, S. 673). Und an anderer Stelle: „Die Natur hat gewollt: daß der Mensch alles, was über die mechanische Anordnung (!) seines tierischen Daseins geht, *gänzlich aus sich selbst hervorbringe* und keiner anderen Glückseligkeit oder Vollkommenheit teilhaftig werde, als *die er sich selbst, frei von Instinkt, durch eigene Vernunft verschafft hat.*" (Kant, Bd, VI, S. 36, im Original keine Hervorhebung).

Aber damit ist nicht genug, zweitens: Kant versteht nun auch das Phänomen der Erkenntnis, das bis dahin als Teilhabe, als Erleuchtung, als Einsicht, als Geschenk aufgefaßt worden ist, der *technischen Handlung entsprechend als eine Konstruktion.* Auf die Naturerkenntnis bezugnehmend schreibt er: „so ging allen Naturforschern ein Licht auf. Sie begriffen, daß die Vernunft nur das einsieht, was sie selbst nach ihrem Entwurfe hervorbringt" (Kant, Bd. II, S. 23). Kant ist sich der Tatsache wohl bewußt, daß seine neue Auffassung von der Erkenntnis der technischen Praxis entnommen ist und daß es sich dabei um ein technisches, eben um ein methodisches Prinzip handelt. „In jenem Versuche, das bisherige Verfahren der Metaphysik umzuändern, und dadurch, daß wir nach dem Beispiele der Geometer und Naturforscher eine gänzliche Revolution mit derselben vornehmen, besteht nun das Geschäft dieser Kritik der reinen, spekulativen Vernunft. Sie ist ein *Traktat von der Methode,* nicht ein System der Wissenschaft selbst." (Kant, Bd. II, S. 28). Die Methode geschieht aber derart, „um das Studium der Natur nach ihrem Mechanismus an demjenigen festzuhalten, was wir unserer Beobachtung oder den Experimenten so unterwerfen können, daß wir es gleich der Natur, wenigstens der Ähnlichkeit der Gesetze nach, selbst hervorbringen könnten; denn nur soviel sieht man vollständig ein, als man nach Begriffen selbst machen und zustandebringen kann." (Kant, Bd. V, S. 497, 498). Hier wird die cartesianische Naturphilosophie auf den Menschen übertragen und das *Denken selbst als technische Leistung verstanden.* Die Sinnlichkeit bietet allein den Stoff, dieser wird durch die transzendentalen Formen zu Vorstellungen geordnet, die ihrerseits wieder den Stoff für das Denken liefern. Das bedeutet *Handeln statt Empfangen*[3].

3   Kants subjektive Deutung des Erkenntnisprozesses ist verwandt mit dem Nominalismus des Mittelalters. Gemäß Peter Abaelard (1079–1142) sind die Allgemeinbegriffe Sache des mensch-

Am Ende des 18. Jahrhunderts waren die Auswirkungen der industriellen Zivilisation noch wenig spürbar. Die Technik war noch nicht zu einem Problem für die Philosophie geworden. Aber der Geist, aus dem heraus Kant philosophiert, ist der Geist der erwachenden Technik, der Geist der Aufklärung, der Befreiung des Menschen durch die Wissenschaften und Künste, den d'Alembert in seiner Einleitung zur Französischen Enzyklopädie beschwört (S. 88), der Geist der Befreiung aus der Unmündigkeit, die Kant bezeichnet als „das Unvermögen, sich seines Verstandes ohne Leitung eines anderen zu bedienen" (Kant, Bd. VI, S. 53). Dieser gestaltende, ordnende, konstruktive, technische Ansatz, der praktisch die ganze Wirklichkeit zum Material für die menschliche Leistung macht, verleiht dem Menschen große Macht, aber auch große Last! Kann der Mensch solcher Aufgabe gewachsen sein? Wie weit kann er sich denn wirklich seines Verstandes ohne Leitung eines anderen bedienen? Descartes verstand sich als res cogitans noch als Geschöpf Gottes, der kein Betrüger sei. Auch Kant hat noch einen Rückhalt, er vertraut der Vernunft, die dank ihrer regulativen Prinzipien den Menschen leitet. Seine Ethik gründet er auf einen Imperativ, auf einen Befehl, und das ist etwas, was der Mensch nicht macht, sondern empfängt. Aber selbst dieser kategorische Imperativ ist alles Inhaltlichen entkleidet und *verlangt allein die logische Kohärenz des Handelns.* Es gibt bei Kant keine ethische Erfahrung, sondern nur ein *strikt methodisches Verhaltensprinzip.* Immerhin findet Kant einen Rückhalt in seinem Glauben an die Vernunft, eine Vernunft aber, die dem Menschen keine letzten Einsichten mehr vermittelt, sondern nur noch eine praktische, auf das Handeln bezogene Funktion hat, die mit Imperativen, mit Postulaten, mit Forderungen zur Pflicht und Leistung an den Menschen herantritt. Alles auf den Menschen Zukommende ist auf ein Minimum reduziert. Das Beten — schreibt er — falls es kein Selbstgespräch sei, beruhe auf einer illusionären Personifikation, und „Kirchenbesuch und Sakramente sind passende Belebungsmittel des Gefühls, können aber gefährlich werden, wenn sie verleiten, denn allein richtigen Weg von der Tugend zur Begnadigung mit dem verkehrten, der Trägheit willkommenen zu vertauschen, der angeblich von der Begnadigung zur Tugend führt." (Erdmann, S. 30). Aber wird es *dem Begriff der Gnade gerecht, wenn man sie als den durch die Tugend verdienten Leistungslohn versteht?*

Hatte schon Kant der praktischen Vernunft den Primat vor der theoretischen eingeräumt, so erfährt die Wendung zum Handeln, zum Machen, zum Schaffen bei Fichte eine weitere Steigerung. Fichte geht es um eine voraussetzungslose Grundlage der gesamten Wissenschaftslehre. Er findet sie nicht in einer Einsicht, *sondern in einer „Tathandlung".* „Das Ich setzt ursprünglich schlechthin sein eigenes Sein", schreibt er (Fichte, S. 165). Hier ist nicht etwa von einem Bewußtwerden die Rede, sondern ausdrücklich von einer Tat. Nun heißt es weiter: „Das Ich kann sich nicht als be-

Fortsetzung Fußnote 3 von Seite 192

    lichen Geistes, nicht Sache des Seins „ad attentionem refertur, non ad modum subsistendi" (Hirschberger, Bd. 1, S. 413). Noch schärfer formulierend nennt Wilhelm von Ockham (1300 bis 1350) die Allgemeinbegriffe Schöpfungen des Verstandes, Gedankenkonzeptionen, keine Abbilder der Dinge, sondern nur Zeichen für sie. Daher auch die Bezeichnung Konzeptualismus (Vorländer, S. 105).

stimmt setzen, ohne sich ein Nicht-Ich entgegenzusetzen." (Fichte, S. 229). Und: „Das Ich und das Nicht-Ich bestimmen sich gegenseitig", „Das Ich setzt als bestimmt das Nicht-Ich", „Das Ich setzt sich als bestimmend das Nicht-Ich" (Fichte, S. 165). Damit *entfällt für das Andere der Begriff des Dings an sich.* Denn nun gibt es kein außerhalb des Ichs gelegenes Andere mehr, sondern dieses Andere ist auch im Ich enthalten und durch die Tathandlung des Ichs gesetzt. Das Ich gestaltet nicht nur die Welt, *sondern erzeugt sie auch.* Fichte hat, um dieses vom Ich verschiedene Andere als eine Tat des Ichs zu verstehen, den Begriff der *Dialektik in die neuzeitliche Philosophie wieder eingeführt.* Hierbei bekommt dieser Begriff den für das Abendland bezeichnenden aktiven Beiklang, durch den er sich von dem in Asien heimischen Begriff der Polarität abhebt. Aufgrund der dialektischen Beziehung, daß Ich und Nicht-Ich sich gegenseitig bedingen, wird von Fichte eine vom Ich unabhängige Realität bestritten, und so wird nun *in der Tat die Welt zum Werk des Ichs.* So wird auch der Primat der Moral vor der Theologie, der sich bei Kant bereits abzeichnet, von Fichte vollendet: Gott wird bestimmt als die durch das menschliche Handeln verwirklichte moralische Ordnung (Erdmann, S. 168). Hier wird bereits deutlich, daß Gott nicht mehr eine Gegebenheit ist, sondern etwas Hergestelltes. „Das ist der Mensch – schreibt Fichte – das ist jeder, der sich sagen kann: Ich bin Mensch. Sollte er nicht eine heilige Ehrfurcht vor sich selbst tragen und schaudern und erbeben vor seiner eigenen Majestät!" (Erdmann, S. 172). Das ist eine Apotheose des Menschen, und zwar doch wohl eine des homo faber.

Es bestand schon mehrfach Gelegenheit, auf den progressiven, den revolutionären Charakter der neuzeitlichen Technik hinzuweisen (S. 89). Bei Fichte tritt auch dieser revolutionäre Zug unübersehbar in Erscheinung. Voraussetzungslose Wissenschaftslehre auf der Basis der Tathandlung bedeutet schließlich Veränderung der Welt, abgelöst von allem Überkommenen. Schon die Frühschriften Fichtes atmen revolutionären Geist. In seinen „Beiträgen zur Berichtigung der Urtheile des Publikums über die französische Revolution" (1793) verteidigt er gegen Kant das Recht des Volkes, den Staatsvertrag zu verändern und polemisiert gegen Adel und Kirche. Johann Eduard Erdmann (1805–1892), der Historiker der deutschen idealistischen Philosophie, schreibt: „Eine solche Philosophie wie die Wissenschaftslehre Fichtes war auch die einzig mögliche Weltformel für eine Zeit, die ihrer Freiheit und Selbständigkeit nur bewußt wurde, wenn sie das Daseiende, bloß weil es da war, als eine Schranke ansah, die durchbrochen werden müsse. Die Zerstörung alles dessen, was gegolten hat, bloß weil es gegolten hat, ist im Praktischen, was Fichte im Theoretischen formuliert, daß die vorgefundene Welt die denkbar schlechteste ist. Daß der Urheber der Wissenschaftslehre mit den Jakobinern sympathisierte, ist erklärlich." (Erdmann, S. 47) „Der höhere Mensch – schreibt Fichte – reißt gewaltig sein Zeitalter auf eine höhere Stufe der Menschheit heraus; sie sieht zurück und erstaunt über die Kluft, die sie übersprang; der höhere Mensch reißt mit Riesenarmen, was er ergreifen kann, aus dem Jahrbuche des Menschengeschlechtes heraus." (Erdmann, S. 171). *An welchen höheren Menschen, an welche Zukunft mag Fichte dabei gedacht haben?!*

Das idealistische Konzept, daß das Ich sich selbst und das Nicht-Ich hervorbringt, erfährt *bei Hegel eine metaphysische Überhöhung,* die man als Übergang vom subjektiven zum absoluten Idealismus bezeichnet hat. Jetzt ist nicht mehr vom Ich die Rede, sondern von der Idee, vom Geist, und nicht vom subjektiven Geist, sondern vom objektiven Geist, vom absoluten Geist, vom Weltgeist. Der Setzung des Nicht-Ich durch das Ich entspricht bei Hegel die Entäußerung der Idee, die Entfremdung. Er nennt die Natur „die Idee in der Form des Andersseins", „die Idee als das Negative ihrer selbst". „Mit Recht – heißt es – ist die Natur überhaupt als Abfall der Idee von sich selbst bestimmt worden." (Hegel, Bd. 6, S. 147, 148). So tritt die Welt dem Geiste als ein ihm eigener, aber fremd gewordener Bestandteil gegenüber. „Die Welt hat die Bestimmung, ein Äußerliches, das Negative des Selbstbewußtseins zu sein." Aber „ihr Dasein ist das Werk des Selbstbewußtseins; aber ebenso eine unmittelbar vorhandene, ihm fremde Wirklichkeit, welche eigentümliches Sein hat, worin es sich nicht erkennt." (S. 128; Hegel, Bd. 2, S. 373).

Das Selbstbewußtsein leidet unter den Zwängen, unter der Notwendigkeit der ihm fremden Wirklichkeit. Die Befreiung vom Leiden ist die Aufhebung dieser Entfremdung, die Wiederaneignung des fremdgewordenen, eigenen Werks. Maß muß sich die ungeheure Sprengkraft dieses Systems vergegenwärtigen, das ein deutscher Gelehrter in seiner Studierstube konzipiert hat: Nun erhält alles Vorgefundene, jede Gegebenheit, jede Gesetzlichkeit, jede Notwendigkeit, kurzum alles Bestehende, die ganze Welt den Stempel des Entäußerten, Entfremdeten. Und daraus resultiert die Forderung, das alles wieder einzuholen, im Begriff zu ergreifen, als Eigentum wiederzuerkennen und darüber verändernd zu verfügen. Denn alles, was es gibt, ist verlorenes Eigentum des Geistes, der seine Freiheit erst dadurch gewinnt, daß er es sich im Begreifen wieder zu eigen macht.

Grundlage dieses Anspruchs, daß die Welt, die Natur ein zwar entfremdetes, aber ursprüngliches Eigentum des Geistes sei, ist der von Fichte eingeführt dialektische Schluß, daß das Ich das Nicht-Ich als bestimmt setzt. In der Tat bedarf das Ich zu seiner Bestimmung des Nicht-Ich, omnis determinatio est negatio. Aber durch diese Abgrenzung vom Negativen wird der Bereich des Negativen nicht seinerseits bestimmt, da er eine unendliche Menge umfaßt. Gewiß sind Tische keine Nicht-Tische, aber diese Aussage bestimmt nicht die Nicht-Tische, da diese alles Beliebige sein können. Daß Natur und Welt mit Hilfe dieses dialektischen „Schlusses" zum Werk des Selbstbewußtseins gemacht werden, das als eigenes Werk auch vollständig begreifbar ist und im Begriffenwerden als wiedererkanntes Eigentum vollständige und endgültige Freiheit von Zwang und Not schenkt, das ist eine arge romantische Übertreibung, die zu einem extremen Anthropozentrismus, zu einer Selbstvergötterung des Menschen geführt hat.

Da Hegel mit Hilfe des dialektischen Schlusses die Natur als Werk des Selbstbewußtseins betrachtet, das sich aber verselbständigt hat und dem Geiste fremd geworden ist, kann er für eine „Natur an sich" kein Verständnis aufbringen. Das „Spiel der Formen in der Natur" besitze eine „ungebundene zügellose Zufälligkeit", schreibt er (Hegel, Bd. 9, S. 55). Es sei der Mangel „der sinnlichen Vorstellungsweise, Zufälligkeit, Willkür, Ordnungslosigkeit für Freiheit und Vernünftigkeit zu halten". „Das Ungehörigste ist, von dem Begriffe zu verlangen, er solle dergleichen Zufälligkeiten begreifen" (Hegel, Bd. 9, S. 63). In seiner Entäußerung und seiner Entfremdung hat sich der Geist in der Natur verloren. „Der Geist, der sich erfaßt hat, will sich auch in der Natur erkennen, den Verlust seiner wieder aufheben ... Diese Befreiung von der Natur und ihrer Notwendigkeit ist der Begriff der Naturphilosophie." (Hegel, Bd. 9, S. 721).

Aus diesem Ansatz folgt gegenüber der Umwelt ein „absolutes Zueignungsrecht des Menschen auf alle Sachen". „Das von dem freien Geiste unmittelbar Verschiedene ist für ihn und an sich das Äußerliche überhaupt, − eine Sache, ein Unfreies, Unpersönliches und Rechtloses." (Hegel, Bd. 7, S. 95, 97). Auch von den Tieren heißt es, „sie haben kein Recht auf ihr Leben, weil sie es nicht wollen." (Hegel, Bd. 7, S. 101) Wollen ist hier als selbstbewußtes Wollen verstanden. Wie bei Kant und Fichte ist auch bei Hegel die Formung die Leistung des Subjektes: indem das Subjekt dem von ihm Verschiedenen die Form gibt, begreift und ergreift es dasselbe und eignet es sich an. „Denn wenn ich ein Feld in Besitz nehme und beackere, so ist nicht nur die Furche mein Eigentum, sondern das Weitere, die Erde, die dazu gehört. Ich will nämlich diese Materie, das Ganze in Besitz nehmen: sie bleibt daher nicht herrenlos, nicht ihr eigen. ... so ist denn die Form eben ein Zeichen, daß die Sache mein sein soll." (Hegel, Bd. 7, S. 107). *Erkenntnis gleich Aneignung durch Gestaltung als technischer Prozeß!*

Das gestaltende und Besitz ergreifende Subjekt ist bei Hegel der absolute Geist, und obwohl dieses Subjekt bei dem von Hegel dargestellten Prozeß, wie es zum Bewußtsein seiner selbst kommt, deutlich die Züge des menschlichen Intellektes trägt, läßt es sich doch auch wieder als eine übermenschliche Wesenheit verstehen, so daß man das Hegelsche System auch als eine verkappte Theologie bezeichnet hat. Hier geht nun Feuerbach einen Schritt weiter, indem er auf alle Vorstellungen von Religion und Gott selbst den Begriff der Entfremdung anwendet: er versteht nun eindeutig und explizit Gott als das Werk des Menschen, das ihm aber, weil entfremdet, als eine selbständige Macht entgegentritt, von der er sich abhängig glaubt. „Die Religion ist die erste und zwar indirekte Selbsterkenntnis des Menschen ... Der Mensch verlegt sein Wesen zuerst außer sich, ehe er es in sich findet." „Die Religion ... ist das Verhalten des Menschen zu sich selbst oder richtiger: zu seinem Wesen, aber das Verhalten zu seinem Wesen als zu einem anderen Wesen." (Feuerbach, 1976, Bd. 5, S. 31, 32). „Wir haben bewiesen − schreibt er − ... daß auch die göttliche Weisheit menschliche Weisheit, daß das Geheimnis der Theologie die Antropologie, des absoluten Geistes der sogenannte endliche subjektive Geist ist." (Feuerbach, 1976, Bd. 5, S. 317). Die Befreiung besteht nun darin, daß der Mensch *Gott als sein Werk wiedererkennt und sich im Begreifen aneignet.* Feuerbach artikuliert 1841, was Fichte 1799 offenbar vorschwebte, als er Gott als die durch das menschliche Handeln verwirklichte moralische Ordnung verstand (S. 194).

Zwei weitere Züge treten bei Feuerbach deutlich hervor: Erstens, es machen sich jetzt die sozialen Auswirkungen der neuzeitlichen Technik, der Industriezivilisation bemerkbar, und das führt dazu, daß das Zum-Bewußtsein-Kommen keineswegs mehr als eine erbauliche innere Erfahrung verstanden wird, sondern daß es jetzt dabei um die Befreiung von kirchlichem, obrigkeitlichem und sozialem Zwang geht. Im Anschluß an Feuerbachs Heidelberger Vorlesungen über das Wesen der Religion heißt es in der Dankadresse der Arbeiter: „ . . . soviel aber fühlen und erkennen wir, daß der Trug der Pfaffen und des Glaubens, gegen den Sie ankämpfen, die letzte Grundlage des jetzigen Systems der Unterdrückung, der Nichtswürdigkeit ist, unter welchem wir leiden." (Feuerbach, Religion, S. V). Und zweitens: bei Feuerbach verschiebt sich das *Gewicht von der Reflexion über die Handlung auf die Handlung selber,* er beginnt seine Heidelberger Vorlesungen mit den Worten: „Wir wollen uns unmittelbar handelnd an der Politik beteiligen . . . Wir haben uns lange genug mit der Rede und der Schrift beschäftigt und befriedigt; wir verlangen, daß endlich das Wort Fleisch, der Geist Materie werde; wir haben ebenso den philosophischen wie den politischen Idealismus satt; wir wollen jetzt politische Materialisten sein." (Feuerbach, Religion, S. 1). Damit soll also die technische Umgestaltung der sozialen Wirklichkeit konkret in Angriff genommen werden.

Wir haben die Entwicklung von Descartes bis Feuerbach unter dem Aspekt einer technizistischen Philosophie betrachtet, technizistisch im Sinne der abendländischen, nach außen gewendeten Technik, die gemäß dem cartesianischen Weltbild die Natur um uns wie die eigene Natur als Stoff, als Material für die technische Gestaltung durch das Subjekt versteht. Nun haben sich keineswegs die Ideen von Bacon und Descartes lückenlos durchgesetzt. Wir hatten schon auf die Kritik von Pascal und Leibniz hingewiesen. Es lassen sich noch mehr Namen nennen, auf die wir hier im einzelnen nicht eingehen konnten, etwa Schelling oder Schopenhauer. Aber über das Ganze betrachtet muß man feststellen, daß dieses technizistische Konzept doch dominant war, und zwar gerade bei den hervorragenden Vertretern der neuzeitlichen Philosophie, bei Kant, Fichte und Hegel. Damit haben wir den Hintergrund gezeichnet, vor dem wir nun das Werk von Karl Marx zu betrachten haben, – ein Werk, das zu Prinzipien der Daseinsbewältigung geführt hat, nach denen sich heute über ein Drittel der Menschen orientiert.

6.2 Der Marxismus als Antwort auf die industrielle Zivilisation

6.2.1 Karl Marx

Die vorangehenden Ausführungen haben gezeigt, wie radikal die Idee des technisch begreifend-ergreifenden und gestaltenden Vermögens das philosophische Denken der Neuzeit geprägt hat. Daneben, und weitgehend unabhängig von dieser Philosophie, ist erst langsam, dann aber mit steigender Geschwindigkeit die Entwicklung der neuen Produktionsmethoden mit ihren umwälzenden sozialen Konsequenzen angelaufen. Die Maschinentechnik, das anschwellende Arsenal der technischen Hilfsmittel, verlangt die *Trennung von Arbeitsplatz und Wohnstätte,* sie macht damit die Frau im Gegensatz zur Bäuerin und Handwerksmeisterin wirtschaftlich arbeitslos und zerreißt so die jahrtausendealte Gemeinsamkeit von Mann und Frau in der Sorge um die Existenz der Familie, so daß das Verhältnis der Geschlechter und der Generationen zueinander in einem Umbruch geraten ist, dessen Konsequenzen auch heute noch nicht bewältigt sind. Noch unmittelbarer zeigt sich, daß die Entwicklung und Anwendung der neuen Hilfsmittel und Methoden zu nachhaltigen Verschiebungen von Macht- und Herrschaftsverhältnissen führt, *zu Wucherungen von neuem Reichtum und neuem Elend*. Um nur wenige Zeugnisse zu nennen: von Vorahnungen bedrückt und ohne einen Ausweg zu sehen schreibt Goethe im Wilhelm Meister über die heraufkommenden Gefahren (S. 88). Dickens, in großer Armut aufgewachsen, schildert in kritischem und minutiösem Realismus nicht ohne bittere Satire die mitleidlose Härte dieser mit der Industrialisierung entstehenden Lebensformen. 1839 erscheint sein sozialkritischer Roman Oliver Twist.

Aber weder die Linie des philosophischen Denkens noch der Umbruch der gewerblichen und sozialen Verhältnisse haben sich auf ihren gemeinsamen Ursprung, auf die in der Renaissance inaugurierte, neuzeitliche, revolutionäre Technik, zurückbesonnen, sondern diese beiden, so eng miteinander verwandten Entwicklungen haben wenig Notiz voneinander genommen, sie haben sich in verschiedenen Gesellschaftsschichten abgespielt, die nicht allzuviel Berührung miteinander hatten. Die Philosophen wie Kant, Fichte oder Hegel waren Diener des preußischen Staates und lebten in bescheidenen, aber gesicherten, auskömmlichen Verhältnissen, sie gehörten dem dritten Sektor an – wie wir heute sagen würden –, ohne die Not der Arbeit für das tägliche Brot erfahren zu haben. Und wer mit den Händen arbeiten mußte, konnte die Sprache der hohen Schulen nicht verstehen. Auch Feuerbach, bei dem der Drang zur praktischen Aktivität spürbar wird, hat doch sein Leben nach der kurzen Zeit des Universitätslehrers in Zurückgezogenheit als Privatmann zugebracht. Karl Marx selbst war zutiefst dem Denken der deutschen idealistischen Philosophie verhaftet, aber bei ihm ereignet sich nun die geschichtliche Wende: er bringt die gesamte soziale Wirklichkeit mit Reichtum und Elend, mit Hunger und Not, mit Schweiß und Blut „auf den Begriff" – um diesen Ausdruck Hegels zu verwenden –, er nennt sie das „gesellschaftliche Sein", und er *macht dieses gesellschaftliche Sein jetzt zum Subjekt der Weltgeschichte.* Damit hat er zwei aus derselben Quelle stammende, aber getrennte Entwicklungsströme zusammengefaßt und verschmolzen, er hat das lange *in die Philosophie abgedrängte Tatbedürfnis entfesselt,* hat ihm die soziale Resonanz verschafft und damit eine historische Bewegung ausgelöst, die man im Vergleich zum Buddhismus, zum Christentum und Islam als eine vierte Universalreligion verstehen kann. Wir fragen uns: wer war Karl Marx?

Es ist nicht leicht, von diesem Menschen ein klares Bild zu bekommen. Die bedeutenden historischen Persönlichkeiten sind immer Gegenstand sehr widersprechender Deutungen. Bei Marx kommt hinzu, daß der Begriff der Dialektik, der die Grundlage seines Systems ist, häufig mehr in einem verwirrenden als einem klärenden Sinne verwendet wird. Aber auch aus den Berichten der Zeitgenossen und aus der umfangreichen hinterlassenen Korrespondenz ergibt sich das Bild einer Persönlichkeit mit starken Widersprüchen. Marx entstammte einer alten und angesehenen jüdischen Gelehrtenfamilie, die seit dem 17. Jahrhundert mehrfach in Trier das Rabbinat besetzt hatte. Sein Vater ist aus Zweckmäßigkeitsgründen zum Protestantismus übergetreten, aber seine Mutter hat sich niemals ganz von der jüdischen Tradition gelöst, und sein Onkel Samuel war wieder Oberrabbiner in Trier. Aber Marx hat sein Judentum immer verleugnet, ja, er hat im Juden geradezu eine Manifestation des Bösen gesehen und einen *Antisemitismus vertreten, der in der Schärfe der Ausdrücke an den Jargon*

Hitlers erinnert. „Welches ist der weltliche Kultus der Juden? Der Schacher. Welches ist der weltliche Gott? Das Geld", schreibt er. „Wir erkennen im Judentum ein allgemeines gegenwärtiges antisoziales Element" (MEW 1, S. 372). „Aus ihren eigenen Eingeweiden erzeugt die bürgerliche Gesellschaft fortwährend den Juden" (MEW 1, S. 374). „Die Emanzipation vom Judentum . . . ist eine allgemeine praktische Aufgabe der heutigen Welt, die bis ins innerste Herz jüdisch ist" (MEW 2, S. 116). In seinen Briefen an Engels macht er aus seinem Judenhaß kein Hehl. Am 25. 8. 1879 schreibt er aus dem Seebadeort Ramsgate: „Viel Juden und Flöhe hierselbst." Lazarus den Aussätzigen, nennt er den Urtyp des Juden (10. 5. 1861). „. . . der Jude Steinthal . . . dieser süßgrinsende Schacherer . . ." schreibt er am 16. 2. 1857. Von Ferdinand Lassalle heißt es „. . . Lazarus-Lassalle. Nur ist unserem Lazarus der Aussatz ins Gehirn geschlagen." (10. 9. 1861) „. . . der jüdische Nigger Lassalle . . . Die Zudringlichkeit des Burschen ist auch niggerhaft." (30. 7. 1862).

Marxens ätzende Kritik richtete sich nicht nur gegen Juden und gegen Ausbeuter und Kapitalisten, sondern auch gegen Gesinnungsgenossen und ehemalige Freunde, wenn sie seiner Meinung nicht mehr hinreichend entsprachen. Den alten Freund, den rheinischen Dichter der Revolution Ferdinand Freiligrath nennt er nach dem Zerwürfnis „Dickwanst" (28. 1. 1860), „Philisterwanst" (9. 2. 1860) und spricht von seinem „bepißten Pudelbewußtsein" (11. 1. 1860). Bakunin hatte das Kommunistische Manifest ins Russische übersetzt. Aber Marx bezeichnet seine Theorien als „abgeschmackt", „Absurditäten", „gedankenlose Schwätzereien", als einen „Rosenkranz von hohlen Einfällen" (MEW 16, S. 409 f.). In bezug auf die Emigranten schreibt er an Engels über das „System der gemeinen Emigrationsschweine, die ihren Rüssel in der ganzen Pressekloake haben . . . um nur ja ihrer eigenen Wichtigkeit keinen Abbruch zu tun." (1. 12. 1851).

Trotz dieser *abstoßend wirkenden Züge muß von seiner Person eine unwahrscheinliche Anziehungskraft, ein Charisma ausgegangen sein.* Das schönste Mädchen von Trier, Jenny von Westphalen, vier Jahre älter, gibt dem 18jährigen, leidenschaftlichen Studenten ihr Jawort. Sie identifiziert sich in hingebungsvoller Treue völlig mit Marx und geht den schweren Lebensweg an seiner Seite. Sie muß noch sechs Jahre warten, bis Marx heiratet. Marx hat in seinem ganzen Leben seinem Werk den Vorrang vor seiner familiären Existenz eingeräumt, so daß Jenny neben diesem hochbegabten Manne bitterste Armut und Not durchstehen mußte. Vor dem Tod ihres Söhnchens Guido schreibt sie 1850 an die befreundete Familie Weydemeyer: „Mein Mann ist hier fast erdrückt worden von den kleinlichen Sorgen des Lebens . . . Da die Ammen hier unerschwinglich sind, entschloß ich mich trotz beständiger schrecklicher Schmerzen in der Brust und im Rücken, mein Kind selbst zu nähren. Der arme kleine Engel trank mir aber soviel Sorgen und stillen Kummer ab, daß er beständig kränkelte . . . In diesen Schmerzen sog er so stark, daß meine Brust wund ward und aufbrach; oft strömte Blut in sein kleines bebendes Mündchen. So saß ich eines Tages da, als plötzlich die Hauswirtin erschien . . . Sie . . . forderte fünf Pfund, die wir ihr noch schuldeten, und als wir sie nicht gleich hatten, traten zwei Pfänder ins Haus, belegten all meine kleine Habe mit Beschlag . . . selbst die Wiege meines armen Kindes und die besseren Spielsachen der Mädchen, die mit heißen Tränen dastanden." (Künzli, S. 247).

Nicht nur Jenny, sondern auch sein Schwiegervater, der liberal gesinnte preußische Baron Ludwig von Westphalen war Marx in väterlicher Freundschaft zugetan, und Marx widmet ihm seine Doktordissertation, *obzwar sie mit einem Zitat prometheischen Gotteshasses schließt, „als Zeichen kindlicher Liebe".* (MEW, Erg.Bd. 262, 260) Auch seine drei Töchter haben sich völlig mit ihm identifiziert und bis auf die jüngste auch seinen scharfen, teilweise ausfallenden Antisemitismus übernommen. Ein seltenes Beispiel menschlicher Verbundenheit ist die Freundschaft mit Friedrich Engels, dem Wuppertaler Kaufmannssohn. Engels hat 32 Jahre lang für Marx und seine Familie wirtschaftlich gesorgt und ihn, als er dazu in der Lage war, durch eine Rente sichergestellt. Er hat sich in Bescheidenheit Marx untergeordnet, er habe immer die zweite Violine gespielt, sei aber froh gewesen, eine so famose erste Violine zu haben wie Marx, schreibt er an Kugelmann (28. 12. 1862). Um das Renommee von Marx zu wahren, hat Engels vor der Öffentlichkeit die Vaterschaft von Marxens unehelichem Sohn Frederick Demuth übernommen (Blumenberg, S. 115 ff.). Engels hat sein Leben lang mit und für Marx gearbeitet, die beiden haben sich zwanzig Jahre lang jeden zweiten Tag geschrieben, es war *eine Freundschaft, für die man in der Geschichte wohl kaum einen Vergleich findet* und die ihr Denkmal in dem gemeinsamen Werk erhalten hat.

Der Haß, die Revolution, die Destruktion, die Gewalt haben im Denken von Marx eine große Rolle gespielt. *Revolution verstand er als Gewaltanwendung.* Nach seiner Ausweisung aus Preußen schreibt er: „Wir sind rücksichtslos, wir verlangen keine Rücksicht von Euch, wenn die Reihe an uns kommt, werden wir den Terrorismus nicht beschönigen." (MEW 6, S. 505). In anderem Zusammenhang schreibt er an Engels: „Die Saupreußen agieren grad so, wie wir es wünschen müssen, ohne Köpfen geht das Ding nicht." (8. 12. 1866). Aber Marx war auch ein großer Kinderfreund. Seine Tochter Eleanor berichtet, wie er phantasievoll Märchen und Geschichten erzählen konnte, von Zwergen und Riesen, Königen und Königinnen, von Tieren so zahlreich wie in der Arche Noah, und immer mit unerschöpflichem Schwung, Witz und Humor (Eleanor Marx, S. 114). Und sie erzählt, wie ihr Vater gesagt habe: „Trotz allem, wir können dem Christentum viel verzeihen, denn es hat gelehrt, die Kinder zu lieben." (Eleanor Marx, S. 116). Ein Mann voller Widersprüche: der große Revolutionär hat auch auf bürgerliche Gepflogenheiten nicht verzichtet. Der engagierte Atheist ist niemals aus der Kirche ausgetreten und hat sich auch kirchlich trauen lassen. Auf den Visitenkarten seiner Frau stand: „Mme. Jenny Marx, née Baronesse de Westphalen" (8. 9. 1871). Sein Biograph Arnold Künzli hat umfangreiches Material über die Person und die Lebensverhältnisse von Marx zusammengestellt. Aber obwohl Künzli sich als ein Freund des Sozialismus versteht, kann er doch offenbar Marx nicht leiden, so daß trotz aller Mühe um Objektivität in seiner Darstellung die abstoßenden Züge ein Übergewicht haben. Wir wollen dieses Urteil hier nicht übernehmen, sondern uns auf die Aussage beschränken, daß *Marx ohne Maß und ohne Rücksicht auf andere von seinen Ideen besessen war.*

Worin besteht nun die historische Leistung dieses Mannes? Marx hat den philosophischen *Begriff der Entfremdung in einer Weise gedeutet, daß unzählige Menschen ihre eigene Not darin wiedererkannt haben.* Was die Idee in ihrer Entäußerung, in ihrem Anders-Sein bedeuten soll, ist nicht jedermann unmittelbar einleuchtend. Aber Marx spricht nicht von der Idee, sondern von der Arbeit des Menschen in der Fabrik: „Der Gegenstand, den die Arbeit produziert, ihr Produkt, tritt ihr als ein fremdes Wesen, als eine vom Produzenten unabhängige Macht entgegen." „Die Entäußerung des Arbeiters in seinem Produkt hat die Bedeutung, nicht nur, daß seine Arbeit zu einem Gegenstand, zu einer äußeren Existenz wird, sondern daß sie außer ihm, unabhängig, fremd von ihm existiert und eine selbständige Macht ihm gegenüber wird, daß das Leben, was er dem Gegenstand verliehen hat, ihm feindlich und fremd gegenübertritt." (MEW, Eg. Bd. S. 511, 512).

Am Beispiel der englischen Textilindustrie schildert Marx unter der Überschrift „Maschinerie und große Industrie" im 13. Kapitel des Kapitals höchst anschaulich, wie dem Arbeiter das Produkt seiner Arbeit, die Maschine, fremd und feindlich gegenübertritt. „In der Maschinerie verselbständigt sich die Bewegung und Werktätigkeit des Arbeitsmittels gegenüber dem Arbeiter", heißt es. (MEW 23, S. 425) Mit dem Webstuhl, der Spinnmaschine, dem Strumpfwirkstuhl, der Sägemaschine macht der Mechanismus die handwerkliche Kunst überflüssig (MEW 23, S. 392 f.). Damit wird auch das Niveau der Arbeit gesenkt, so daß die Frauen- und Kinderarbeit möglich wird. Der Arbeiter „verkauft jetzt Weib und Kind. Er wird Sklavenhändler." (MEW 23, S. 418). Die Maschine führt zur „maßlosen Ausdehnung des Arbeitstages", sie „erlaubt . . . die Arbeitskraft stets intensiver auszubeuten." (MEW 23, S. 441). Marx nennt den Maschinenbetrieb „ein mechanisches Ungeheuer, dessen Leib ganze Fabrikgebäude füllt und dessen dämonische Kraft, erst versteckt durch die feierlich gemeßne Bewegung seiner Riesenglieder, im fieberhaft tollen Wirbeltanz seiner zahllosen eigentlichen Arbeitsorgane ausbricht." (MEW 23, S. 402) „Die furchtbaren Eisenmassen aber, die jetzt zu schmieden, zu schweißen, zu bohren und zu formen waren, erforderten ihrerseits zyklopische Maschinen." (MEW 23, S. 405) „Das Arbeitsmittel erschlägt den Arbeiter." (MEW 23, S. 455)[4]

Mit der Darstellung des *Entfremdungsprozesses hat Marx das Kardinalproblem der technischen Zivilisation erfaßt*, das seinen Grund in der Spezialisierung, in der Arbeitsteiligkeit, in der Verlängerung der Produktionsumwege, in dem immer umfassenderen und komplizierteren Ausbau des Arsenals von Hilfsmitteln und Methoden und dem damit verbundenen Verlust an Anschaulichkeit und Transparenz hat, und das daher zur Verschiebung und Disproportionierung der Machtverhältnisse, zur Zerstörung der häuslichen und familiären Arbeitsgemeinschaft und zur Entwurzelung des Einzelnen führt. Die Sinnentleerung der Arbeit, die Abhängigkeit von selbstgeschaffenen Problemen bis zur Gefahr eines verselbständigten Technizismus, der die Zukunft und das Leben bedrohen kann, sind die Folgen der Entfremdung. Marx selbst, der Emigrant und Staatenlose, der abrupt aus einer alten und religiösen

4 Marx versteht die Maschine, sofern sie nicht Gemeineigentum ist, als Konkurrenten und Feind des Arbeiters. Er geht davon aus, daß die Maschinenarbeit den Arbeiter freisetzt. In der bisherigen technischen Entwicklung hat die Technisierung zwar zu Umschichtungen der Arbeitsmöglichkeiten geführt, aber nicht zu endgültigen Freisetzungen, weil durch die Maschinenarbeit im Rahmen der allgemeinen Expansion stets wieder neue Arbeitsplätze entstanden sind. Aber immerhin hat die Technisierung eine wesentliche Verkürzung der Arbeitszeit ermöglicht.

Familientradition herausgerissen in Armut und von fremder Hilfe gelebt hat, muß den Zwang und die Verlorenheit der Entfremdung persönlich stark gespürt haben. Die Entwicklung der technischen Zivilisation seit Marx hat uns den Umfang und die Tiefe dieses Entfremdungsprozesses noch nachhaltiger zum Bewußtsein gebracht.

Ob Hegel, als er von der Entäußerung, von der Entfremdung der Idee sprach, an diese gewaltigen technisch-wirtschaftlich-sozialen Phänomene schon gedacht haben mag? Marx gelingt diese Konkretisierung und damti die *anschauliche und emotionale Aufladung des Entfremdungsbegriffes,* indem er statt von der Idee von der sozialen Wirklichkeit ausgeht, von den wirtschaftlich-materiellen Lebensverhältnissen, die er als das gesellschaftliche Sein, als die geschichtsbestimmende Größe bezeichnet. Im Vorwort „Zur Kritik der Politischen Ökonomie" steht der vielzitierte Satz: „Es ist nicht das Bewußtsein der Menschen, das ihr Sein, sondern umgekehrt ihr gesellschaftliches Sein, das ihr Bewußtsein bestimmt." (MEW 13, S. 8). Daher bezeichnet er sein System im Gegensatz zu dem Hegels als materialistisch. Die „Materie" dieses Materialismus ist das technisch-wirtschaftlich bestimmte Verhalten und Handeln der Menschen. Der bisherige Materialismus, der Feuerbachsche mit eingerechnet, habe die Wirklichkeit nur unter der Form des Objekts gefaßt, *nicht aber subjektiv, als die gegenständliche menschliche Tätigkeit.* Aber das menschliche Wesen sei „in seiner Wirklichkeit das Ensemble der gesellschaftlichen Verhältnisse", so in den Thesen über Feuerbach (MEW 3, S. 5, 6). Das Ensemble der gesellschaftlichen Verhältnisse, das ist also die materialistische Deutung von Hegels Weltgeist! Wesentlich und über Feuerbach hinausgehend ist hier, daß nicht *nur die Welt als Objekt, sondern auch als Subjekt, eben als menschliches gegenständliches Handeln, als Praxis, materiell verstanden wird.*

In der Tat hat die Philosophie bis zu Marx die gesellschaftliche Bedingtheit des Denkens wenig thematisiert. Indem Marx nun das gesellschaftliche Sein derart zum Gegenstand der Philosophie macht, gelingt ihm ein zweiter wichtiger Durchbruch, hinter den das Denken seit Marx nicht mehr zurückgreifen kann: von nun an kommen keine philosophischen, politischen, ökonomischen oder religiösen Aussagen mehr *an der Diskussion ihrer historischen und sozialen Verflechtung vorbei.* Und das gilt auch dann, wenn man sich die zugespitzte marxistische These vom Primat der Materie über das Bewußtsein nicht zu eigen macht. Das Studium der Beziehungen von Individuum und Gesellschaft, von Ich und Umwelt hat durch diese Forderung eine wesentliche Bereicherung, Konkretisierung und Vertiefung erfahren (S. 54).

Was folgert Marx aus seinem System? Es ergibt sich konsequent, daß man zur Überwindung der Entfremdung bei den materiellen Verhältnissen angreifen muß, wenn diese es sind, die das Denken bestimmen. Daher seine 11. These über Feuerbach: „Die Philosophen haben die Welt nur verschieden interpretiert, es kommt darauf an, sie zu verändern." (MEW 3, S. 7). Das ist eine weitere Steigerung der technizistischen Haltung: nun tritt ganz ausdrücklich die *gegenständliche menschliche Tätigkeit an die Stelle des Begreifens!*

Welche Art Veränderung meint Marx? Die Aufhebung der Entfremdung ist bei Hegel die Wiederaneignung des ursprünglichen, aber entfremdeten Eigentums. *Entfremdetes Eigentum ist aber bei Marx Privateigentum.* „Dies materielle, unmittelbar sinnliche

Privateigentum ist der materielle sinnliche Ausdruck des entfremdeten menschlichen Lebens", schreibt er (MEW Erg.Bd., S. 537). Das Privateigentum als Inbegriff der Entfremdung und daher als Ursache des unheilvollen Zustandes menschlichen Zusammenlebens, das ist die Grundidee der Marxschen Gesellschaftskritik. Der *Ächtung des Eigentums verdankt die Marxsche Lehre ihr ethisches Pathos.* Der Kommunismus, der Verzicht auf das eigene Eigentum, ist eine alte religiöse Idee. Schon gemäß der buddhistischen Lehre verlangt der Weg zum Heil den Verzicht auf Eigentum, und die Mönche, die diesen Weg wählen, dürfen nur geschenkte Nahrung verzehren. Sie dürfen auch nicht nach der Nahrung greifen, sondern sie halten ihre Bettelschale denen hin, die sich durch ihr Geschenk ein Verdienst erwerben wollen. Die ersten Christen lebten in kommunistischen Gemeinschaften, und seit Benedikt von Nursia gehört das Gelübde der Armut zu den Ordensregeln. Die katholische Moraltheologie kennt die consilia evangelica, die Evangelischen Räte. Das sind keine Gebote, sondern Ratschläge zur Erlangung vollkommeneren Lebens, und diese enthalten auch die Aufforderung zur Armut. – 1842 schilderte Etienne Cabet in seinem utopischen Roman „Voyage en Icaria" in Icarien ein technisch höchst vollkommenes Gemeinwesen auf der Basis der Gütergemeinschaft, die er als Verwirklichung des wahren Christentums verstand. Cabet erklärte sich als Kommunist. Die Bezeichnung Kommunismus griffen Marx und Engels auf, als sie 1847 den Londoner Bund der Gerechten in Bund der Kommunisten umbenannt und im Auftrage dieses Bundes 1848 das Kommunistische Manifest verfaßten (S. 178).

Darüber hinaus ergibt sich für Marx die Forderung nach Überwindung des Privateigentums auch aus der Philosophie des deutschen Idealismus, die das *Gegenüberstehende als das ursprünglich Eigene und nur im Zustand der Entäußerung Befindliche versteht.* Auch wenn Marx als Materialist den Idealismus verwirft, so bleibt er doch dessen auf die Dialektik gegründeten monistischen Grundprinzip treu, das besagt, daß *das Andere ursprünglich ein Eigenes ist,* daß es nur als Entfremdetes dem Eigenen gegenübersteht und zur Aufhebung dieses Gegensatzes der Wiederaneignung bedarf. Indem Marx die Dialektik des deutschen Idealismus übernimmt und nur das Gewicht vom Weltgeist auf das gesellschaftliche Sein, oder, wie er auch sagt, auf das Gattungswesen Mensch verschiebt, kann konsequenterweise die Wiederaneignung nur in der Überführung des Privateigentums in genossenschaftliches, in Gemeineigentum bestehen. Im Kommunistischen Manifest heißt es: „In diesem Sinne können die Kommunisten ihre Theorien in einem Ausdruck: Aufhebung des Privateigentums, zusammenfassen." (Marx-Engels, Ausgew. Werke, Bd. 1, S. 38). Aufhebung des Privateigentums bedeutet Aufheben der Klassengegensätze, die Ausdruck der Entfremdung sind. Der *Kommunismus ist die klassenlose Gesellschaft.*

Nun läßt sich nicht bestreiten, daß vom Eigentum eine moralische Versuchung ausgeht, daher auch die Evangelischen Räte. In der Tat führte das Eigentum, insbesondere seit der Seßhaftwerdung, zu Streit, Raub und Krieg, zum Mißbrauch der vom Eigentum getragenen Macht. Der Mißbrauch der Macht ist dasjenige, was Marx bei seiner Kritik der anlaufenden Industriezivilisation vor Augen hat. Aber die *Bindung der Macht an das Eigentum ist gerade nicht ein Merkmal der neuzeitlichen Technik, sondern vielmehr der Agrarwirtschaft.* Das neuzeitlich technisch-wirtschaftliche System hat aufgrund der Verflüssigung des Geldes, der Verwendung von Leihkapital und der nicht erblichen Begabung zu technisch-wirtschaftlicher Fertigkeit zu einer Entkoppelung von Macht und Eigentum geführt (S. 14 ff., 153 ff.). Indem Marx im Eigentum den Schlüssel zum unheilvollen Zustand der Menschheit, zu allem Machtmißbrauch, zu Gewalt und Unterdrückung sucht, bleibt er *zu sehr im traditionellen Denken gefangen*, und das hat ihn gehindert, den unheilvollen Machtmißbrauch der Funktionäre und Beamten richtig einzuschätzen, der gerade durch die Überführung in Gemeineigentum nicht verhindert wird. Wir müssen uns nun weiter fragen, wie sich Marx konkret die Aufhebung der Entfremdung, die gleichzeitig immer auch Befreiung und Emanzipation des Menschen bedeutet, durch die Überführung des Privateigentums in das Gemeineigentum vorstellt. Hier geht er davon aus, daß der Arbeiter – und damit der Mensch überhaupt – als Miteigentümer der Maschinerie ein völlig umgewandeltes Verhältnis zur Technik gewinnt. Dadurch, daß der Arbeiter sich die Maschinerie wieder aneignet, wird die Technik, die in der bürgerlichen Epoche ein Instrument der Unterdrückung war, in der kommunistischen Gesellschaft das wesentliche Instrument zur Befreiung des Menschen. „. . . die Aneignung seiner eigenen allgemeinen Produktionskraft" ist es, „die als der große Grundpfeiler der Produktion und des Reichtums erscheint" (Marx, Grundrisse, S. 593). Die freie Arbeit der materiellen Produktion erhält ihren Charakter „dadurch, daß 1. ihr gesellschaftlicher Charakter gesetzt ist, 2. daß sie wissenschaftlichen Charakters zugleich allgemeine Arbeit ist, nicht Anstrengung des Menschen als bestimmt dressierter Naturkraft, sondern als Subjekt, das in dem Produktionsprozeß nicht in bloß natürlicher, naturwüchsiger Form, sondern als alle Naturkräfte regelnde Tätigkeit erscheint." (Marx, Grundrisse, S. 505). Marx versteht die neue freie gesellschaftliche Arbeit auf der Basis des Gemeineigentums zugleich als eine wissenschaftliche und als eine universelle Arbeit, die über die Spezialisierung hinausgewachsen ist. Dieser „geschichtliche Progreß" ist „in den Dienst des Reichtums gestellt" (Marx, Grundrisse, S. 484). Der Reichtum gewährt mehr freie Zeit. „Die freie Zeit – die sowohl Mußezeit als Zeit für höhere Tätigkeit ist – hat ihren Besitzer natürlich in ein anderes Subjekt verwandelt, und als dies andere Subjekt tritt er dann auch in den unmittelbaren Produktionsprozeß. Es ist dieser (Produktionsprozeß) zugleich Disziplin, mit Bezug auf den werdenden Menschen betrachtet, wie Ausübung, Experimentalwissenschaft, materiell schöpferische und sich vergegenständlichende Wissenschaft mit Bezug auf den gewordenen Menschen, *in dessen Kopf das akkumulierte Wissen der Gesellschaft existiert.*" (Marx, Grundrisse, S. 599, 600). Der Mensch verhält sich dabei „als Wächter und Regulator zum Produktionsprozeß". „Er tritt neben den Produktionsprozeß, statt sein Hauptagent zu sein." (Marx, Grundrisse, S. 592, 593). Mit der Aneignung der Produktionskraft wird nach Marx eine Perfektionierung und Automatisierung der Technik erreicht, die den Menschen weitgehend freisetzt, die ihn von der Arbeitsteilung befreit – „Die automatisierte Fabrik beseitigt den Spezialisten und den Fachidiotismus", meint Marx (MEW 4, S. 157) – und schließlich von der Arbeit überhaupt, indem diese der Maschinerie überlassen bleibt. „Das Reich der Freiheit beginnt in der Tat erst da, wo das Arbeiten, das durch Not und äußere Zweckmäßigkeit bestimmt ist, aufhört." „Die Verkürzung des Arbeitstages ist die Grundbedingung." (MEW 25, S. 828).

Die *Veränderung der Welt durch die Technik ist der Weg zur Befreiung des Menschen,* diese Vorstellung ergibt sich aus der dialektischen Grundkonzeption: das *begreifende Ergreifen Hegels ist bei Marx die Arbeit des Technikers.* Marx rühmt bereits bei Hegel, „daß er das Wesen der Arbeit faßt und den gegenständlichen Menschen, wahren, weil wirklichen Menschen, als Resultat seiner eigenen Arbeit begreift". (MEW, Erg. Bd. 1, S. 574). Dialektisch verstanden sind alle Gegebenheiten nur entfremdeter, verlorengegangener Eigenbesitz. So versteht Marx den Menschen als den Schöpfer seiner selbst wie der Natur. Die Natur nennt er den „unorganischen Leib des Menschen". Vom Tier heißt es: „es reproduziert nur sich selbst, während der Mensch die ganze Natur reproduziert." „Diese Produktion ist sein werktätiges Gattungsleben. Durch sie erscheint die Natur als sein Werk und seine Wirklichkeit." (MEW Erg.Bd. 1, S. 516, 517.) Das ist eine Metaphysik, die an der Stelle alles Gegebenen nur noch das Hergestellte und Gemachte kennt, die *die gesamte Wirklichkeit nur noch als Kunstprodukt verstehen kann.*

Zählen wir zusammenfassend die wichtigsten Merkmale der Lehre Marxens auf, wobei sich auch die Frage stellt, worauf die große historische Wirkung dieser Lehre beruht. Marx geht aus von einem fundamentalen Problem der technischen Zivilisation, von einer allgemein geistig wie materiell empfundenen Not, die unter dem Begriff der Entfremdung zusammengefaßt werden kann. Seine Lehre von der Überwindung der Entfremdung knüpft an verborgene Schuldgefühle an, die seit alters dem Begriff des Privateigentums anhaften und auch schon früh ihren Ausdruck in Mythen und Religionen gefunden haben. Gemeineigentum ist eine alte ethische Aufforderung. Aber neben diesem ethischen Anspruch nennt Marx ein zweites, sehr modernes Instrument zur Befreiung und Erneuerung des Menschen: die Perfektionierung von Wissenschaft und Technik, die zu allgemeinem Reichtum führt, so daß jeder von Not und Zwang befreit leben kann, wie er es wünscht. „nachdem ... die Teilung der Arbeit, damit auch der Gegensatz geistiger und körperlicher Arbeit verschwunden ist, ... nachdem mit der allseitigen Entwicklung der Individuen auch ihre Produktivkräfte gewachsen und alle Springquellen des genossenschaftlichen Reichtums voller fließen ... kann die Gesellschaft auf ihre Fahne schreiben: Jeder nach seinen Fähigkeiten, jedem nach seinen Bedürfnissen!" So schreibt Marx in der Kritik des Gothaer Programms (MEW 2, S. 17). Damit ist die *Idee des Opfers, die seit alters mit der des Kommunismus verknüpft ist, aufgehoben, da die Technik Wohlstand für alle garantieren soll.*

Auch der Begriff der Arbeit hat bei Marx eine interessante Wandlung erfahren. Hatte sich schon zur Zeit der Agrarkulturen eine Auffassung von der Arbeit als Pflicht und Aufgabe des Menschen angebahnt (S. 71), so versteht die Neuzeit die Arbeit mehr und mehr in ihrer Verschwisterung mit der Technik *als Instrument der Weltgestaltung.* Hegel zitierend treibt Marx diese Auffassung auf die Spitze und begreift „den wahren, weil wirklichen Menschen als Resultat seiner eigenen Arbeit." Aber Marx hält diese hohe Wertschätzung der Arbeit nicht durch. Für den Zustand der klassenlosen Gesellschaft ist wesentlich, daß der Mensch durch die Technik, die für ihn arbeiten soll, *wieder weitgehend von der Arbeit befreit wird. Hier versteht Marx die Arbeit wieder alttestamentarisch* als die Strafe für den gefallenen Menschen und die *klassen-*

lose Gesellschaft als die Erlösung – als die Selbsterlösung – aus diesem Zustand der Gefallenheit.

Die hohe Erwartung von der Leistungsfähigkeit der Technik ergibt sich für Marx aus der deutschen idealistischen Philosophie: indem er Fichte folgend die Setzung des Nicht-Ich als Tathandlung des Ichs versteht, kommt er zu einem übermenschlichen Menschenbild, einem Menschen, dessen Erkenntnisvermögen nichts verschlossen ist – da es ja alles vom Ursprung her sein eigen ist! – und dessen Erkenntnis – seit Kant, kann man sagen – aktive Konstruktion ist, konstruierend gestaltende Erfassung der Wirklichkeit. Marx nimmt die Philosophie beim Wort und versteht daher nun die Auseinandersetzung des Menschen mit seinem Dasein als technische Weltgestaltung, der nun ebenfalls grundsätzlich keine Grenzen gesetzt sind, da gemäß der Dialektik der Mensch in *seinem technisch erfassenden Handeln nur sein entfremdetes Selbst im Handeln wiedererfaßt.*

Diese Konzeption hat bestechende Züge: nicht ohne ethischen Unterton verspricht sie dem Menschen geistiges wie materielles Wohlergehen und Befreiung von aller Notwendigkeit noch auf dieser Erde, und das durch die modernen Hilfsmittel der Forschung, Wissenschaft und Technik. Sie schmeichelt dem Menschen, den sie zum Schöpfer und unbeschränkten Herrscher seiner Existenz macht. Aber indem sie, der Dialektik folgend, die Negation als Determination des durch die Negierung abgesonderten unendlichen Bereiches mißversteht (S. 195) und damit das Gegenüberstehende allein als Leistung des Subjekts auffaßt, gelangt sie zu einem verengten und reduzierten Begriff vom Anderen und verkennt daher die natürlichen Grenzen des Erkennens wie des Machens. Das verführt zu einer Unaufmerksamkeit gegenüber den Sachgegebenheiten, gegenüber der Härte der Realität, gegenüber der naturbedingten Eigengesetzlichkeit der Technik, und zu einem Utopismus, bei dem der Wunsch Pate steht.

Wir hatten den Marxismus mit einer Weltreligion verglichen. In der Tat hat dieses System ungewöhnliche Hoffnungen entfacht, und das auf der Grundlage des allgemein wissenschaftlich-technischen Vermögens: *ein Chiliasmus auf der Basis der positiven Wissenschaft!* Aber in umfassenderem Sinne betrachtet ist der *Marxismus nur die besondere Ausdrucksforn einer technizistischen, das heutige Denken im Osten wie im Westen beherrschenden Macht*, die das Ganze der Wirklichkeit nur als den Stoff für die eigene gestaltende und schaffende Kraft ansieht. – Wir müssen nun die Wege verfolgen, die die Lehre Marxens genommen hat.

6.2.2 Der russische Marxismus und der Neomarxismus des Westens

Betrachten wir die geschichtliche Entwicklung des Marxismus, so springen zwei Tatsachen in die Augen: einerseits ist die Verwirklichung dieser Lehre auf ungewöhnliche Schwierigkeiten gestoßen, die Dinge haben einen ganz anderen Verlauf genommen, als Marx sich gedacht hatte. Andererseits hat das System eine außerordentliche Zugkraft entwickelt, die trotz seiner Problematik bis auf den heutigen Tag nicht nachgelassen hat. Daraus kann man zweierlei schließen: einmal, daß *der Marxismus ein echtes Signal für eine spezielle, noch nicht bewältigte Problematik unserer indu-*

striellen Zivilisation ist und zweitens, daß die Anweisungen dieser Lehre doch nicht den Kern dieses Problems treffen. Das hat unter anderem auch dazu geführt, daß es heute verschiedene, sich gegenseitig scharf bekämpfende Interpretationen der Marxschen Lehre gibt. Wieder in globaler Zusammenfassung wollen wir im Folgenden den Sowjetmarxismus, die wesentlichen Arten des Neomarxismus und die große Lehre Mao Tse-tuns betrachten.

Lenin hat die Lehre Marxens verwendet, um eine Staats- und Gesellschaftsform zu entwerfen und zu legitimieren, die er demokratischen Zentralismus genannt hat (S. 167 f., 175 f.). Dabei ist ein neues System entstanden, das auch von seinen Anhängern konsequenterweise als *Marxismus-Leninismus* bezeichnet wird. Von Marx hat Lenin insbesondere die folgenden Elemente übernommen: Dem materialistischen Konzept folgend die Bezeichnung der Technik als den Weg zur Befreiung des Menschen und zur klassenlosen Gesellschaft; die Überführung des Privateigentums in Gemeineigentum; die Berufung auf die Dialektik als grundlegendes Erklärungsprinzip für alle historischen, politischen, geistes- und naturwissenschaftlichen Zusammenhänge. Demgegenüber unterscheidet sich der Leninismus in den folgenden Punkten vom Marxismus: Die Technik wird noch schärfer hervorgehoben und die Technisierung wird nachdrücklich und systematisch betrieben; das Privateigentum wird nicht in verteiltes genossenschaftliches, sondern in zentralisiertes Staatseigentum überführt; die Regierung wird nicht von der Arbeiterschaft als der Mehrheit der Bevölkerung wahrgenommen, sondern von einer kleinen elitären Gruppe, die sich auch keineswegs speziell aus der Arbeiterschaft rekrutiert; an die Stelle koordinierter genossenschaftlicher Verwaltungen ist der monolithische Block einer tiefgestaffelten Hierarchie mit ausgeprägter Funktionsunterteilung getreten, so daß die Arbeitsteilung nicht aufgehoben, sondern verschärft wird; die Dialektik wird verwendet, um die vom Marxschen Ziel der klassenlosen Gesellschaft abweichenden Merkmale dieses Systems als Übergangszustand — genannt Sozialismus! — darzustellen, der erst mit der Perfektion der Technik dialektisch in den Zustand der kommunistischen, klassenlosen Gesellschaft umschlagen wird. *Mit dem Leninismus ist Rußland eine Supermacht geworden, aber das Problem der Entfremdung, des Zwangs und der Herrschaft, von dem Marx ausgegangen war, hat es gerade nicht gelöst.*

Man wird fragen: Worauf beruht dann der Erfolg und die Stabilität dieses Systems? Wir wollen vier Gesichtspunkte hervorheben:

a) Bei Bevölkerungen, die einen technischen Nachholbedarf haben und bei denen große interne Bildungsunterschiede bestehen, scheinen *Diktaturen bezüglich der Technisierung effizienter zu sein.* Dabei vermittelt die Technik militärische und politische Macht.

b) Von dem kommunistischen Ideal brüderlicher Gemeinschaft geht ein *ethischer Appell* aus. Auch wenn die Erreichung des Ziels in weite Ferne gerückt ist, so liefert diese Ideologie für ihre Anhänger doch einen Lebenssinn, der auch Anstrengungen und Verzichte rechtfertigt.

c) Unter den komplizierten Verhältnissen der industriellen Zivilisation wird von vielen Menschen eine *zentrale Führung gar nicht als unangenehm empfunden*, da sie von der Verantwortung entlastet. Die Freiheit kann ein zweispältiges Geschenk sein, und es gibt eine Flucht vor der Freiheit (S. 174).

d) Elitäre Herrschaftssysteme und Diktaturen, namentlich, wenn sie mit den Hilfsmitteln der modernen Technik, insbesondere der Informationstechnik betrieben werden, sind *intern kaum zu stürzen*, und für den Sturz von außen, für den Weltkrieg ist das Risiko zu groß geworden.

Wenn es aber auch einen nicht zu unterschätzenden Trend zum Leninismus gibt, so ist damit doch das Problem der industriellen Zivilisation, das Marx so intensiv empfunden hat, auf keine Weise gelöst. Im Gegenteil, die von der Technik ermöglichte Machtdisproportionierung wird von Lenin geradezu auf die Spitze getrieben, spricht er doch selbst von der Anwendung „großkapitalistischer Technik", von der Umwandlung der Gesellschaft „in eine einzige große Maschine . . . die so arbeitet, daß sich Hunderte Millionen Menschen nach einem einzigen Plan richten" (S. 168). Die Annahme, daß dieses System eine Übergangslösung ist, daß es eines Tages aufgrund eines durch die Technik realisierten allgemeinen Reichtums in die klassenlose Gesellschaft übergeht, ist angesichts der *Zementierung der funktionellen Unterschiede in der Hierarchie aufgrund des Kooptionsprinzips dieses Staatsmonopols äußerst unwahrscheinlich* (S. 150, 169).

So ist es nur allzu verständlich, daß vielen, denen das Erbe Marxens am Herzen liegt, mit der Art seiner Verwirklichung in der Sowjetunion nicht einverstanden sind. Hans Magnus Enzensberger, der sich gewiß den Linken zugehörig versteht, hat ein Buch zusammengestellt und kommentiert: „Der Sozialismus als Staatsmacht: ein Dilemma und fünf Berichte", in dem an Hand von Reiseberichten marxistisch eingestellter Autoren in einer ehrlichen, man kann schon sagen selbstquälerischen Reflexion am Beispiel von der DDR, von Jugoslawien, von Nordkorea, von Cuba geschildert ist, was in diesen sozialistischen Ländern aus dem Marxismus geworden ist (Enzensberger, Kursbuch 30). In der Einführung schreibt Rossana Rossanda, die lange Jahre Mitglied des Zentralkomitees der Kommunistischen Partei Italiens war: „Niemand hat die Sackgassen einer Linken besser beschrieben, die angesichts der Sowjetunion, und der Praxis der kommunistischen Parteien marxistisch bleiben will, als Merleau-Ponty. Diese Linke bleibt ihm zufolge dazu verdammt, Marx auf zwiefache Weise zu verraten und zwischen zwei Unmöglichkeiten hin- und herzuschwanken: entweder sie läßt sich auf die Faktizität – dieser konkreten Revolution, dieser vorhandenen Partei, dieses Widerspruchs zur bürgerlichen Gesellschaft – ein, dann ist es ihr möglich, tatsächlich in den Kampf einzugreifen, aber um den Preis des Verzichts auf eben jene Prinzipien, die den Kampf rechtfertigen. Oder sie flüchtet sich in die sterile Ruhe einer Philosophie, die zwar die Prinzipien bewahrt, aber dennoch an demselben Marx, dem sie treu bleiben möchte, Verrat begehen: denn ein Marxismus, der keiner unmittelbaren Praxis fähig ist, degeneriert zur Philosophie in des Wortes schlechtester Bedeutung." Damit wirft Merleau-Ponty die Frage auf, ob es überhaupt möglich ist, die Prinzipien Marxens zu verwirklichen!

Die Weiterentwicklung des Marxismus im Westen hat sich abgelöst vom politischen Regierungsgeschäft *im Freiraum der Opposition vollzogen*. Die Zielsetzung kann man mit dem Schlagwort überschreiben: Humanistischer Sozialismus ohne bürokratische Zentralisierung. Der Neomarxismus hat die Veränderungen und Erfahrungen in den 100 Jahren seit Marx verarbeitet, und interessanterweise ist es dabei zu einer gewissen *Distanzierung von Naturwissenschaft und Technik gekommen, um nicht zu sagen, zu einem Kontaktverlust.* Der erste Schritt in dieser Richtung war die Feststellung von Georg Lukács, daß es ein Fehler von Engels gewesen sei, die Dialektik auf die Natur auszudehnen (Lukács, 1970, S. 63, S. 17). Noch schärfer drückt sich Habermas aus, der eine Dialektik, die die Gesetze der Natur, der Menschengesellschaft und des Denkens gleichermaßen bestimmen soll, als „abgestandene naturalistische Metaphysik" bezeichnet (Habermas, 1969, S. 270, 266). Damit verzichtet der Neomarxismus auf eine universale Theorie und versteht sich nur noch als eine kritische Methode der Kultur- und Gesellschaftswissenschaften. Das bedeutet, daß die suggestive Geschlossenheit des marxistisch-leninistischen Weltbildes aufgegeben wird, eines Weltbildes, bei dem naturwissenschaftliche Forschung und technische Praxis als Erfüllung des Lebenssinnes, Industrialisierung als sozialistisches Ethos verstanden wird. Lenin hatte gesagt: „Sozialismus ist Elektrifizierung plus Sowjetmacht", und die technischen Spitzenleistungen werden in der Sowjetunion wie religiöse Feste gefeiert. Demgegenüber hat die Technik bei Habermas eine wesentlich bescheidenere und eingeschränktere Funktion. In seinem jüngsten Buch „Zur Rekonstruktion des Historischen Materialismus" stellt er fest, „daß die Entfaltung der Produktivkräfte zwar eine wichtige, aber für die Periodisierung nicht ausschlaggebende Dimension der gesellschaftlichen Entwicklung ist." Es „haben seit der ‚neolithischen Revolution‘ die großen technischen Erfindungen neue Epochen nicht herbeigeführt, sondern lediglich begleitet; eine wie immer auch rational nachkonstruierte Geschichte der Technik eignet sich nicht zur Abgrenzung von Gesellschaftsformen." (Habermas, 1976, S. 164) Man muß sich fragen: Ist das noch *eine rationale Rekonstruktion der materialistischen Position, ist das nicht vielmehr ein Aufgeben derselben?* Ja darüber hinaus: wird hier das Gewicht der Technik, die Rückwirkung der Praxis noch ausreichend gesehen? Man braucht nicht Materialist und Marxist zu sein, um zu der Auffassung zu gelangen, daß die technischen Erfindungen neue Lebensweisen und Gesellschaftsformen zur Folge haben. Sind nicht bei jeder aktiven Adaptation die Möglichkeiten und Mittel, die gefunden werden, für die neuen Formen mitbestimmend? (S. 22, 39 f.).

Es geht dem Neomarxismus um die Kritik an dem sowjetischen Herrschaftssystem, aber das führt vielfach zu einer Kritik an der Technik überhaupt, die dann, ob sie nun im Osten wie im Westen betrieben wird, als *technokratische Repression* verstanden wird. Marcuse bezeichnet die Technik allgemein als destruktiv, seelisch verarmend, antihuman und ihrem Wesen nach mit Unterdrückung verbunden. (Marcuse, Eindim. Mensch, S. 18ff.) Er fordert die Beseitigung der „repressiven Arbeitsmoral". (Marcuse, Sowjetischer Marxismus, S. 18) Er verwirft die Vorstellung, daß es „geistig und gefühlsmäßig" ein Bedürfnis gäbe, „Arbeit erfolgreich zu leisten". Solch ein „Bemeisterungstrieb" verwische „die repressiven Züge des Leistungsprinzips, indem er sie als die Befriedigung eines Triebbedürfnisses deutet". (Marcuse, Triebstruktur, S. 215, 216) Die Unterdrücker sind bei Marcuse nicht mehr die kapitalistischen Ausbeuter, sondern die Technokraten.

Nun stellt sich für die Technikkritiker immer das Problem, wie man ohne die Arbeit der Technik auskommen soll, wenn man auf die Leistungen der Technik nicht verzichten will. Die Lösung dieses Problems erwartet Marcuse von der Automation, von der schon Marx gesprochen hatte (S. 204). Marcuse hofft auf eine „neue Technik", bei der die Maschinen alleine arbeiten. „Vollständige Automation . . . wäre die geschichtliche Transzendenz zu einer neuen Zivilisation", schreibt er (Marcuse, Eindim. Mensch, S. 57). „Unter den Idealbedingungen einer reifen Industriekultur würde die Entfremdung durch umfassende Automatisierung der Arbeit, äußerste Einschränkung der Arbeitszeit und Austauschbarkeit der Funktionen vollständig sein." „Diese Befriedigung wäre, und das ist der wichtigste Punkt, m ü h e l o s — das heißt, ohne das Herrschaftsgesetz entfremdeter Arbeit über das menschliche Dasein." (Marcuse, Triebstruktur, S. 151) Es ist eindrucksvoll, wie dieser scharfe Kritiker der Technik die Überwindung der Entfremdung und die herrschaftsfreie klassenlose Gesellschaft doch gerade wieder von der Perfektion der Technik erwartet. Wer die technische Praxis kennt, auf den wirken Marcuses Äußerungen über die Automation überraschend naiv.

In der Nachfolge Trotzkis hat sich Ernest Mandel in seinem umfassenden Werk „Marxistische Wirtschaftstheorie" ausführlich und kritisch mit dem hierarchischen Zentralismus der Sowjetunion auseinandergesetzt. Er spricht in bezug auf unsere Gegenwart von der *dritten industriellen Revolution,* die durch die Freisetzung der Kernenergie und durch die Verwendung elektronischer Maschinen gekennzeichnet ist (Mandel, S. 640). Von dieser Weiterentwicklung der Technik erwartet er den Anbruch eines neuen Zeitalters. „Die bürokratische Entstellung und Entartung des Staates und der Wirtschaft resultieren letztlich aus dem unzureichenden Entwicklungsstand der Produktivkräfte." (Mandel, S. 674) „Die Automation bringt übrigens eine so sprunghafte Entwicklung der Arbeitsproduktivität mit sich, daß nur eine völlige Umgestaltung des ökonomischen Systems, radikale Herabsetzung der Preise, die gegen Null tendieren, radikale Herabsetzung der Arbeitszeit usw. verhindern können, daß die Automation zu einer Quelle von Störungen und Erschütterungen wird." (Mandel, S. 642) Das führt dann dazu, daß „der alte Mensch verschwindet und dem sozialistischen oder kommunistischen Menschen der Zukunft das Feld überläßt. Eben in diesem Sinne und aus diesem Grunde erachten die Kommunisten den Güterüberfluß als notwendige Voraussetzung für eine vollentwickelte sozialistische Gesellschaft. Die neue Lebensweise kann nur ein Ergebnis der neuen Produktionsweise und Distributionsweise sein. Es geht nicht darum, sozialistische Moral zu predigen. Es gilt vielmehr, die gesellschaftliche, psychologischen und materiellen Voraussetzungen zu schaffen, damit sich diese Moral als etwas Selbstverständliches ergibt und die große Mehrheit nach ihr lebt." (Mandel, S. 699)

Marcuse wie Mandel bleiben *konsequent auf der Linie, die Marx vorgezeichnet hat.* Gemäß dem technizistischen und materialistischen Ansatz lautet die Devise: Nicht predigen, sondern technisch verändern, um den neuen Menschen zu machen, der sich als das Produkt seiner Arbeit versteht. Dazu die automatische Perfektion der Technik, die mühelos den Überfluß schafft, so daß der Mensch nicht mehr zur Arbeitsteilung, nicht mehr zur Arbeit gezwungen ist, so daß er aufgrund der sich dabei herausbildenden Moral herrschaftsfrei und in Frieden leben kann. Man muß sich fragen: Ist das noch eine Wirtschaftstheorie oder eine Vision des Schlaraffenlandes? Wirtschaften bedeutet haushälterischer Umgang mit Subsistenzmitteln. Ein Überfluß an Konsumgütern derart, daß die Preise gegen Null tendieren, hätte auch einen Überfluß an Rohstoffen zum Nulltarif zur Voraussetzung, und um die „Distributionsprobleme" zu lösen, bei denen jeder nur zuzugreifen braucht, um das zu bekommen, was er gerne möchte, wäre eine Vorratshaltung erforderlich, die um ein Vielfaches den realen Konsum übertreffen muß. Wo ist bei diesem Konzept der Kontakt zur Praxis geblieben?

Aber auch die materialistische Grundvoraussetzung Marxens wird durch die konsequente Durchführung seines Ansatzes bloßgestellt. Kann man im Ernst erwarten, *daß durch den Überfluß materieller Bedarfsdeckung eine neue Moral des Friedens wie etwas Selbstverständliches entsteht?* Soll es dann keinen Ehrgeiz, keine Eifersucht, kein Machtstreben, keinen Geltungsanspruch mehr geben? Alle Erfahrung spricht dagegen, *daß mit der Sättigung die Aggressivität verschwindet.* Erich Fromm, der Psychoanalytiker, schreibt auf Marcuse bezugnehmend: „Selbst wenn die Maschinen alle Arbeiten übernehmen könnten, die gesamte Planung, alle organisatorischen Entscheidungen und sogar die gesamte Gesundheitsvorsorge, können sie doch nicht jene Probleme aus der Welt schaffen, die in den zwischenmenschlichen Beziehungen auftauchen . . . Die Annahme, daß zwischenmenschliche Probleme, Konflikte und Tragödien verschwinden, sobald es keine unerfüllten materiellen Bedürfnisse mehr gibt, ist ein kindischer Tagtraum." (Fromm, S. 116, 117) Bei einer am 31. 8. 1976 in Düsseldorf veranstalteten Podiumsdiskussion bezweifelte auch Alexander Mitscherlich, der gewiß kein Gegner des Sozialismus ist, gegenüber seinem Gesprächspartner Marcuse, daß durch dieses Konzept zur gesellschaftlichen Veränderung die Grundkomponenten menschlichen Verhaltens geändert werden könnten (FAZ, 2. 9. 76). Soweit die Psychologen; man braucht nicht Evangelist sein, um die Meinung zu vertreten, daß der Mensch nicht vom Brot allein lebt.

Bei den orthodoxen Anhängern des Marxismus-Leninismus ist der Neomarxismus der Frankfurter Schule auf harte Kritik gestoßen. Josef Schleifstein schreibt: „In der negativen Dialektik Adornos und Horkheimers regiert das Wort Dantes: Laßt alle Hoffnung fahren." (Fra. Schule, S. 110) Marcuse wird eine „neoromantische Empörung gegen die Wissenschaft" vorgeworfen (Fra. Schule, S. 13). Die entscheidende Kritik aber betrifft den Verlust der Praxis, es heißt: „daß die Begründer der ‚kritischen Theorie' selbst in den schwersten Krisen der geschichtlichen Entwicklung sich in die seit 1848 geheiligte Tradition des deutschen bürgerlichen Intellektuellen zurückzogen und in das Luftreich der politischen Abstinenz flüchteten." (Fra. Schule, S. 181) Hier drängt sich das scharfe Wort von Merleau-Ponty auf: „ . . . ein Marxismus, der keiner unmittelbaren Praxis fähig ist, degeneriert zur ‚Philosophie in des Wortes schlechtester Bedeutung'." (S. 208)

Weder der Marxismus-Leninismus noch der Neomarxismus haben das Problem, von dem Marx ausgegangen ist, gelöst, und sie konnten es auch nicht lösen, da sie dem technizistischen Ansatz, der von Descartes her über den deutschen Idealismus das abendländische Denken bestimmt hat, verhaftet geblieben sind. Damit gewinnt die

Frage besonderes Gewicht, ob die Entwicklung des Marxismus in China andere Wege gegangen ist.

6.2.3   Die große Lehre Mao Tse-tungs

Die Grundbegriffe, die Denkstrukturen der Menschen in China, in diesem anderen Land, sind von den unsrigen derart verschieden, daß es schwierig ist, sich ein annähernd adäquates Bild von dem zu machen, was in jenen Köpfen vorgeht. Es kommt hinzu, daß wir von den umwälzenden Ereignissen unter diesen Hunderten von Millionen Menschen eine viel zu spärliche und oft auch mißverständliche Information erhalten. Aber für den, der über die Technik reflektiert, verdient die Begegnung Chinas mit dieser mächtigen Errungenschaft des Abendlandes höchstes Interesse, handelt es sich doch um ein atemberaubendes geschichtliches Ereignis! Es enthält Züge, denen nichts Vergleichbares bei uns entspricht, und andere Züge, die höchst modern sind und unserem Denken vorauszueilen scheinen.

Zunächst ist festzustellen, daß *die Idee des Kommunismus in China am vollkommensten verwirklicht ist.* Privateigentum ist verachtet. Die Chinesen haben Hemmungen, Geschenke oder Trinkgelder anzunehmen. Die Einkommensunterschiede sind gering gehalten. Es gibt keine finanziellen Anreize. Dem Verräter Lui Schao-tschi wird insbesondere vorgeworfen, daß er Leistungsprämien einführen wollte. Alle Chinesen, Männer, Frauen, Kinder, Stadt- und Landbewohner sind gleich gekleidet. An den Uniformen gibt es keine Abzeichen. Peyrefitte zitiert: „Die Menschen sollen wie die Wogen des Meeres sein, man soll sie nicht unterscheiden können, sie sollen jeden Moment den Platz eines anderen einnehmen können." Die Spezialisierung wird unterdrückt: „Der Bauer lehrt, der Lehrer bearbeitet das Feld . . . es gibt auf den Universitäten kleine Fabriken, in den großen Fabriken kleine Universitäten, in den Dörfern Werkstätten und in den Kombinaten Bauernhöfe . . . Wir wollen, daß es nur noch eine einzige Rasse von Menschen gibt, die gleichzeitig Arbeiter und Bauern, manuelle Arbeiter und Intellektuelle sind." (Peyrefitte, S. 275, 276) Dazu Maos Maxime: „Man muß den Unterricht nivellieren, weil er die Gesellschaft nicht mehr hierarchisieren darf." (Peyrefitte, S. 192)

Bei dem Gemeineigentum spielt neben dem Staatsbesitz das *genossenschaftliche Eigentum der weitgehend selbständigen Volkskommunen eine wichtige Rolle.* Es gibt in China rund 50 000 Volkskommunen, ihre Größe schwankt zwischen 10 000 und 100 000 Mitgliedern. Die gesamte Verwaltung, alle Aktionen sollen möglichst weitgehend auf der Basis gemeinsamer Entschlüsse durchgeführt werden. „Wenn Fragen auftreten, muß man Sitzungen einberufen, die Fragen zur Diskussion stellen . . . Der ‚Gruppenführer' und die Komiteemitglieder müssen einander verstehen können. Gegenseitiges Verständnis, gegenseitige Unterstützung und Freundschaft zwischen dem Sekretär und den Komiteemitgliedern, zwischen dem Zentralkomitee und seinen Regionalbüros sowie zwischen den Regionalbüros und den Gebietsparteikomitees sind wichtiger als alles andere." (Mao, S. 128) „Man soll sich nicht schämen, Menschen in niederer Stellung zu befragen und von ihnen zu lernen." „Auch falsche Ansichten, die von unten kommen, muß man sich anhören; das kategorisch abzulehnen wäre unrichtig." (Mao, S. 129, 130) „Die unteren Parteileitungen und die Parteimitglieder müssen die Anweisungen der oberen Leitungen in allen Einzelheiten diskutieren, um ihren Sinn voll und ganz zu verstehen und die Methoden ihrer Durchführung zu bestimmen." (Mao S. 138) Auch für die Armee gelten diese Formen der Handlungskoordinierung. „Die Offiziere lehren die Soldaten, die Soldaten lehren die Offiziere, ein Soldat lehrt den anderen." (Mao, S. 199) „Unter Anleitung der Kompaniechefs sollen die Massen der Soldaten zu Diskussionen darüber angeregt werden, wie die feindlichen Stellungen einzunehmen, wie die Kampfaufgaben zu erfüllen sind. Bei Gefechten, die mehrere Tage dauern, soll man solche Zusammenkünfte mehrmals veranstalten." (Mao, S. 190) „Die Soldaten haben das Recht, Versammlungen abzuhalten und ihre Meinung auszusprechen; mit den lästigen Ehrenbezeigungen wurde Schluß gemacht; die Wirtschaftsführung ist öffentlich . . . In China braucht nicht nur das Volk die Demokratie, sondern auch die Armee." (Mao, S. 188)

Es ist wohl ein Mißverständnis, wenn man die angeführten Zitate *ausschließlich als Ratschläge zur Menschenführung versteht. Man darf nicht übersehen, daß dem Volk eine eigene Führungskraft zugesprochen wird.* „Wir müssen an die Massen glauben", sagt Mao (Mao, S. 4). „Das Volk und nur das Volk ist die Triebkraft, die die Weltgeschichte macht." (Mao, S. 140) Die Führung steht sozusagen im Dienste der Massen. „Wenn man sich mit den Massen verbinden will, muß man den Bedürfnissen und Wünschen der Massen entsprechend handeln." (Mao, S. 147) „Die Meinungen der Massen sammeln und konzentrieren, sie wieder in die Massen tragen, damit sie konsequent verwirklicht werden, wodurch sich die richtigen Ansichten der Führung herausbilden – das ist die grundlegende Führungsmethode." (Mao, S. 152) *In Asien denkt man nicht cartesianisch:* man kennt nicht die scharfe Trennung von Körper und Geist. Der Geist wird eher als ein Instrument der körperlichen, vitalen Kräfte verstanden, die er ordnet und organisiert, die ihn aber speisen, tragen und ausrichten. Ebenso ist die Beziehung zwischen der Führung und den Massen zu verstehen: die Massen sind nicht der Stoff, sondern die Lebenskräfte. Das erfordert von uns ein Umdenken: schon der Begriff der Masse hat bei uns eher eine abwertende als eine lobende Bedeutung. Die Idee von der schöpferischen, richtungsweisenden Masse bestimmt auch das Verhältnis des Volkes zur Armee. „Die stärkste Kraftquelle für die Kriegsführung liegt in den Volksmassen." Es „verhalten sich der Partisanenkrieg des Volkes und die Rote Armee als Hauptkraft zueinander wie die linke und die rechte Hand; nur die Hauptkraft, die Rote Armee einsetzen, nicht aber auch den Partisanenkrieg des Volkes entfalten, hieße mit einem Arm kämpfen." (Mao, S. 105, 106) Die Armee soll immer und sie soll nur das Instrument für die politischen Ziele der Massen sein. „Gibt es keine Volksarmee, dann gibt es nichts für das Volk." (Mao, S. 117) „Die chinesische Rote Armee ist eine bewaffnete Organisation, die politische Aufgaben der Revolution ausführt . . . losgelöst von diesen Zielen verliert der Krieg seinen Sinn und die Rote Armee ihre Existenzberechtigung." (Mao, S. 118, 119) Die Soldaten sollen keine eigene Politik treiben! „Unser Prinzip lautet: „Die Partei kommandiert die Gewehre, und niemals darf zugelassen werden, daß die Gewehre die Partei kommandieren." (Mao, S. 121)

Wir haben gesehen: mit der Verwirklichung des Kommunismus, des Gemeinbesitzes, mit der Ächtung des Privateigentums ist die Tendenz zur Auslöschung der Individualität verbunden. In der Tat bedeutet das Wort privatus: einer einzelnen Person gehörig, persönlich, eigen, eigenmächtig. Das Privateigentum — und nur das Privateigentum — schafft einen von äußeren Einflüssen unabhängigen individuellen Freiheitsspielraum zur Erfüllung persönlicher Wünsche, zur Darstellung der individuellen Person. Nun ist die Individualität aber nicht nur eine Chance, sondern auch eine Last, sie bürdet dem Menschen Entscheidung, Verantwortung und Zweifel auf, sie ist eine Quelle vergeblicher und enttäuschender Mühe und führt ihn leicht in die Isolierung. In alter Tradition *schätzen die asiatischen Religionen die Individualität sehr gering ein.* Insbesondere hat der Buddhismus die Vorstellung vom Ich als die Wurzel allen Übels bezeichnet. Es gibt die berühmte Lehre von der Ichlosigkeit, die Anatta-Lehre, die für den Weg zum Heil die Befreiung von allem persönlichen Wünschen, Wollen und Verlangen vorschreibt, die die Vorstellung vom Ich als ein Trugbild versteht, als Quelle des Begehrens, das den Menschen in den unheilvollen Kreislauf dieser Welt verstrickt.

Die Tendenz zur *Entpersönlichung ist ein verbreiteter Zug der asiatischen Religionen.* Im Hinduismus geht es um die Vereinigung mit dem Atman, dem allumfassenden impersonalen göttlichen Sein. Das Nirwana der Buddhisten ist der Zustand der sich von aller Eigenheit befreienden Erlösung, das unbegrenzbare und unbenennbare Heil, in der die einzelne Existenz sich gleich der verlöschenden Flamme verflüchtigt. Der chinesische Universismus, die Lehre von der Harmonie von Himmel, Erde und Mensch, lehrt den durchgängigen Zusammenhang alles körperlichen und geistigen Seins. v. Glasenapp zitiert: ,,Es ist ein innerster Zusammenhang zwischen dem Himmel oben und dem Volk unten, und wer das im tiefsten Grunde erkennt, der ist der wahre Weise." Und weiter heißt es:

> ,,Ist die Zeit entsprechend,
> So kommt der Leib in Ordnung,
> Bewege das Triebwerk entsprechend,
> So kommen die Wandlungen zur Ruhe."
>
> *(v. Glasenapp, Bd. 1, S. 152, 153)*

Mao hat — modern säkularisierend — an die Stelle dieser umfassenden, in sich zusammenhängenden Ganzheiten die ,,Massen" gesetzt, und durch diese neue Deutung einer im asiatischen Denken verwurzelten Vorstellung ist es ihm gelungen, das große Volk der Chinesen zu vereinigen und für die Idee des Kommunismus innerlich zu gewinnen. Und durch diese *Überformung asiatischer Tradition hat er dem Kommunismus eine Dynamik verliehen,* die es in anderen Ländern nicht gibt. ,,Es gibt ein altes chinesisches Gleichnis — schreibt Mao — die Parabel ,Yü Gung versetzt Berge' . . . Gegenwärtig lasten ebenfalls zwei große Berge schwer auf dem chinesischen Volk. Der eine heißt Imperialismus, der andere Feudalismus. Die kommunistische Partei ist schon längst entschlossen, diese beiden Berge abzutragen. Wir müssen unseren Entschluß beharrlich in die Tat umsetzen, wir müssen unermüdlich arbeiten, und wir werden die Gottheit ebenfalls rühren: und diese Gottheit ist niemand anderer als die Volksmassen Chinas. Und wenn sich das ganze Volk erhebt, um mit uns zusammen diese Berge abzutragen, sollten wir sie da etwa nicht abtragen können?" (Mao, S. 237)

Ein weiterer bemerkenswerter Zug der „Großen Lehre" ist es, daß sie im Gegensatz zu Marxens Lehre in *keiner Weise materialistisch denkt und verfährt.* Im Vorwort von Lin Piao zu den Worten des Vorsitzenden heißt es: „Mao Tse-tung . . . hat den Marxismus-Leninismus auf eine völlig neue Stufe gehoben." „Sobald die breiten Massen die Ideen Mao Tse-tungs beherrschen, werden diese zu einem unversiegbaren Kraftquell und zu einer geistigen Atombombe von unermeßlicher Macht." (Mao, I, IV) Eine geistige Atombombe! Mao setzt nicht bei den materiellen Lebensbedingungen an, um das Bewußtsein zu ändern, sondern sein Werkzeug ist das Wort, die „Große Lehre", wie die offizielle Bezeichnung lautet. *Mao ist in erster Linie Pädagoge.* Seine Worte enthalten Lebensweisheiten neben Trivialitäten. Sie zeigen viel gesunden Menschenverstand. Wir müssen uns die Eigenart dieser Lehre vergegenwärtigen, wenn wir die Eigenart des chinesischen Verhältnisses zur Technik verstehen wollen.

Zunächst: ein durchformuliertes Parteiprogramm sucht man vergebens. Eine besondere Rolle spielt in diesem Zusammenhang die Dialektik. Das abendländische Denken bewertet die zwingende Schlußfolgerung und den logischen Zusammenhang sehr hoch. Der deutsche Idealismus hat auch die Dialektik als ein derartiges Werkzeug zu aktiver Folgerung aufgefaßt: bei Fichte setzt das Ich das Nicht-Ich, und Marx versteht, Hegel folgend, die Dialektik als eine Bestimmung des historischen Ablaufs und verwendet sie als revolutionäres Instrument. Andererseits stößt eine dialektische Folgerung auf logischen Einspruch (S. 195). Daher ist der Begriff der Dialektik in der abendländischen Philosophie umstritten geblieben und hat Anlaß zu vielen Mißverständnissen gegeben. Demgegenüber ist die Dialektik in Asien zu Hause. Im chinesischen Universismus ist das All-Eine in seinem Wandel von den gegensätzlichen Kräften des Yin und des Yang im Gleichgewicht gehalten, und die chinesische Philosophie hat viel Scharfsinn und Mühe darauf verwendet, die im Leben auftretenden Gegensätzlichkeiten, wie Mann und Frau, Kraft und Stoff, Himmel und Erde, Härte und Weichheit, Wärme und Kälte, Gut und Böse zu den Urgewalten des Yin und des Yang und zu deren Kombinationen in Beziehung zu setzen. (I Ging, Das Buch der Wandlungen) Dieser zweiseitig polare Charakter der Welt hat in einer umfassenden Symbolik, in mystischen Diagrammen, kunstvollen, die Gegensätze umspannenden Mandalas seinen Ausdruck gefunden. Für die praktische Lebensführung bedeutet das, daß man dieser Zweiseitigkeit Rechnung tragen muß, man muß „auf beiden Füßen gehen" wie Mao sagt. Das bedeutet, daß es *keine streng logisch formulierten Prinzipien und Programme geben kann und daß auch das Verhalten des Einzelnen nicht immer der Forderung nach logischer Kohärenz genügen kann.* Mao versteht so eine praxisnahe, realistische Politik. „Es gibt keinen geraden Weg in der Welt, man muß darauf vorbereitet sein, einen Zickzackweg zu gehen und darf nicht auf bequeme Weise ans Ziel gelangen wollen." (Mao, S. 231)

So ist auch zu verstehen, daß im Wechselspiel der Politik verstoßene Verräter wieder rehabilitiert werden und auch wieder an die Schaltstellen der Macht gelangen. Die Russen nennen diese Praxis unwissenschaftlich und *voluntaristisch,* und in der Tat ist diese Mentalität für westliche Gehirne nicht leicht zu verstehen, da für uns die Widerspruchsfreiheit eine notwendige Voraussetzung für die Verläßlichkeit ist. Der Asiate erfaßt *die Einheit, den Zusammenhang im Verhaltensstil mehr intuitiv, auf einer prä-logischen Stufe und kann daher auch Verständnis und Vertrauen aufbringen, das von einer logischen Fundierung unabhängig ist.* Daher ist er dann von logischen Brüchen im Verhalten auch weniger beunruhigt, als wir es sind. So zeigt sich, daß die Dialektik bei Mao wie bei Marx eine entscheidende Rolle spielt, daß sie aber doch in den beiden Weltansichten eine sehr verschiedene Funktion hat: im klassischen Marxismus ist sie ein *Prozeßgesetz,* das als Instrument zur Erkenntnisgewinnung und zur revolutionären Veränderung der Welt verwendet wird, im asiatischen Denken handelt es sich um einen *Zustand des Universums, den man noch besser als Polarität bezeichnet,* dem der Mensch Rechnung tragen muß und der die praktische Anwendbarkeit der logischen Folgerung einschränkt, ja bisweilen ganz außer Kraft setzen kann. Diesen Bedeutungsunterschied muß man berücksichtigen, wenn man den inneren Zusammenhang der „Worte des Vorsitzenden" richtig verstehen will. Sie genügen weder dem marxistischen Anspruch auf Wissenschaftlichkeit noch genügen sie dem materialistischen Konzept. Aber hier ist im Sinne zu behalten, daß der ferne Osten die cartesianische Scheidung von res extensa und res cogitans, die dem Materialismus erst zu seiner Wirksamkeit verholfen hat, gar nicht mitvollzogen hat.

Das Leitbild von der Einheit des Körpers und der Seele hat auch Konsequenzen für die Art und Weise, wie in China Naturwissenschaft verstanden wird. Das sei am Beispiel der Akupunktur erläutert. Die Akupunktur ist eine sehr alte Technik, sie soll 3000 v. Chr. von dem chinesischen Arzt Huang Tium erfunden worden sein. Mao hat auch hier an eine nationale Tradition angeknüpft, und die gegenwärtige Entwicklung und Verbreitung der Akupunktur wird *als der große Sieg des Denkens Mao Tse-tungs gefeiert.* Daß es die Befreiung von Schmerz durch Einstich silberner oder goldener Nadeln in das Unterhautgewebe bestimmter Körperzonen gibt, ist ein gesicherter Befund. Peyrefitte berichtet, daß er Zeuge schwerer chirurgischer Eingriffe war, die mit Hilfe der Akupunktur ohne Narkose vorgenommen wurden. Die Patienten sprachen, tranken Fruchtsaft und lächelten auch, während der Körper bei der Operation geöffnet war (Peyrefitte, S. 113ff.). Der Vorteil der Akupunktur besteht darin, daß der große technische Aufwand der Narkotisierung gespart wird und daß die medizinischen Risiken, die mehr oder weniger mit jeder Narkose verbunden sind, vermieden werden.

Nun ist es bis jetzt nicht gelungen, die *Wirkungsweise der Akupunktur physiologisch zu erklären,* die Methode scheint geradezu außerhalb unserer naturwissenschaftlichen Kenntnisse und Vorstellungen zu liegen. Es kommt hinzu, daß die Stellen, an denen die Nadeln einzustechen sind, nach sehr verschiedenen Aspekten gewählt werden können und daß es auch gelungen ist, die Zahl der einzustechenden Nadeln wesentlich zu verringern. Es wird ferner berichtet, daß ein besonderes Einvernehmen von Patient und Arzt wichtig ist. Es sollen vorher Gespräche stattfinden, die teils meditativen Charakter haben und bei denen die Große Lehre Mao Tse-tungs eine besondere Rolle spielt. Solche Berichte haben die Skepsis gegenüber dieser Methode verstärkt, und man hat sich gefragt: Ist das noch Wissenschaft oder Kurpfuscherei. Aber ob Wissenschaft oder nicht: es gibt die Akupunktur und sie hat Vorteile, wie soll man das verstehen?

Wir müssen bedenken, daß unserer Medizin ein bestimmtes Leitbild zugrundeliegt, sie betrachtet − immer noch dem Paradigma des Descartes folgend − *den Körper im wesentlichen als ein mechanisches System.* Das Phänomen des Schmerzes ist in diesem System nicht unterzubringen, Maschinen haben keine Schmerzen. Wir hatten den Schmerz als einen Vorläufer des Bewußtseins bezeichnet (S. 43 ff.), und die Schmerzempfindlichkeit ist eng mit der Bewußtseinshelligkeit verkoppelt und nimmt mit ihr stark zu. Auf die Frage, ob, warum und wann uns etwas zum Bewußtsein kommt, gibt uns die Naturwissenschaft keine Antwort, sie gibt uns nur Auskünfte über die notwendigen Voraussetzungen für das Bewußtsein, aber *eben nicht über die hinreichenden Bestimmungen.* Und wir wissen, daß unsere Aufmerksamkeit stark gesteuert werden kann, aber wir kennen die Vorgänge, die das bewirken, nicht im konkreten Detail. Es gibt das Beispiel von dem Skifahrer, dessen Aufmerksamkeit durch die Schußfahrt derart gefesselt ist, daß er nicht merkt, wie ihm unterwegs der Arm abgerissen wird. Erst unten angekommen sieht er, daß er ihm fehlt. Eine Deutung der Akupunktur wäre, daß sie *das Bewußtsein nicht ausschaltet, sondern es nur ablenkt.* Zu dieser Deutung paßt, daß die eingestochenen Nadeln während der chirurgischen Eingriffe gedreht werden, um die Aufmerksamkeit für die Stelle des Einstiches wachzuhalten. Auch berichten die Patienten, daß das Gefühl nicht völlig ausgeschaltet wird, sie *spüren den „Schmerz" noch, aber er tut sozusagen nicht mehr weh.* Daher verwendet man auch den Begriff der Analgesie, der Schmerzfreiheit, an Stellen von Anästhesie, Empfindungslosigkeit[5].

Diese Deutung der Akupunktur hat einige Wahrscheinlichkeit für sich, sie zeigt aber auch, daß diese Methode im Westen kaum anwendbar sein wird. Die Voraussetzung dafür ist eine enge Körper-Bewußtsein-Beziehung, die in Asien erhalten geblieben ist, die der Westen aber längst verloren hat. Um zu dieser Schmerzfreiheit zu gelangen, bedarf es einer bestimmten psychischen Verfassung und Mitarbeit des Patienten. Wir kennen auch andere Beispiele asiatischer Körperbeherrschung, die für uns völlig rätselhaft sind. Eine wichtige Voraussetzung für das Gelingen der Akupunktur ist das *Vertrauen zum Arzt und zur Methode,* der Glaube an den „innersten Zusammenhang zwischen dem Himmel oben und dem Volk unten", wie es in der frühen Schrift des Taoismus heißt. Wer als Patient kritisch eingestellt darauf achtet, *ob es nicht doch weh tut, dem muß es natürlich weh tun!* Es ist auch gut verständlich, daß in diesem Zusammenhang die ideologische Gebundenheit, wie sie Mao artikuliert hat − der Ausdruck manipuliert würde diesen Sachverhalt zu kurz fassen! − eine Rolle spielt. „Die Stärke der charismatischen Macht besteht darin, daß sie die Schwelle des kollektiven Schmerzes hinaussetzt" (Peyrefitte, S. 60). Die Akupunktur wird in China als ein Sieg der „Großen Lehre" über das westliche Denken gefeiert.

Ein weiteres Beispiel für die eigenständige, nüchterne Einschätzung des Erfolgs bei technischer Perfektion im Verhältnis zum Aufwand ist die Ausbildung der „barfüßigen Ärzte" nach der Methode der „Fünfhundert": In hundert Tagen lernen sie, hun-

---

5 Die Akupunktur wird übrigens nicht nur zur Schmerzbefreiung verwendet, sondern auch als Heilverfahren. Es scheint durch diese Form der Reizung auch möglich zu sein, physiologische Prozesse umzulenken.

dert Akupunkturpunkte ausfindig zu machen und zu nutzen[6], hundert Krankheiten vorzubeugen, sie zu diagonostizieren und zu behandeln, hundert Kräuter oder Heilmittel zu kennen oder zu verschreiben und hundert Arten von chirurgischen Eingriffen zu beherrschen. Ausgebildet werden Bauern, Arbeiter, Familienmütter und Soldaten, die dem Volke dienen wollen. Durch diese Methode ist es geglückt, das Gesundheitswesen zu dezentralisieren und auch das Land medizinisch ausreichend zu versorgen. Die Fälle, für die die Kunst der Barfüßigen nicht ausreicht, kommen in die Stadtspitäler, in denen diplomierte Ärzte tätig sind (Peyrefitte, S. 130).

Am markantesten hat sich Chinas eigener Weg, seine Absage an die moderne Naturwissenschaft und Technik als die Mittel zur Verwirklichung der kommunistischen Gesellschaft bei der Kulturrevolution gezeigt. In China spricht man von der „Großen Revolution der Kultur", und wenn wir die Ereignisse richtig deuten, so hat es sich bei dieser Revolution eher *um einen Glaubenskrieg gehandelt* als um einen materialistisch zu verstehenden Klassenkampf. Im Frühjahr 1966 ruft Mao zur Agitation an den Universitäten auf, aus den Massen werden Rote Garden mobilisiert, die nun den von Mao geförderten Kampf aufnehmen gegen die kommunistische Parteileitung, gegen die Professoren, Lehrer und Intellektuellen, gegen die städtische Zivilisation, gegen die großtechnische Industrialisierung, einen Kampf für das kommunistische Ideal der Gleichheit, auch auf Kosten des technischen Fortschrittes und des materiellen Wohlstandes. Rund zwei Jahrzehnte nach dem Sieg der kommunistischen Partei und der Gründung der Volksrepublik China erschüttern erneut bürgerkriegsähnliche Zustände das Land von 1966 bis 1972. Die Universitäten bleiben jahrelang geschlossen. Professoren und Studenten werden zur Umerziehung auf das Land geschickt. Alle Ansätze zu einer intellektuellen Kaste werden ausgemerzt. Jeder muß mit den Händen arbeiten, *da nur der verstehen kann, was Handarbeit ist, der mit den Händen gearbeitet hat.* Die körperliche Arbeit — heißt es — erzieht sie zu neuen Menschen (Mao, S. 51). Den traditionellen Lehrern wird die Verantwortung für den Unterricht entzogen. Ähnlich wie bei den Ärzten werden auch barfüßige Lehrer ausgebildet, die die Bildung von der Stadt auf das Land zu tragen haben. Ein wesentliches Ziel der Kulturrevolution ist die Entmachtung der Städte, die Hebung des Landes, die Dezentralisation der Versorgung. Nach dem Motto „Hilf dir selbst" sollen die Kommunen so weit wie möglich selbst herstellen, was sie brauchen. Die Selbstversorgung durch eine derartige „kleine Technik" macht eine kostspielige Infrastruktur und zentrale großtechnische Anlagen überflüssig, hat aber darüber hinaus einen großen erzieherischen Wert, da sich nun die ländlichen Kommunen mit Eifer und mit Stolz um die Lösung ihrer technischen Probleme bemühen. Die Unvollkommenheit der Hilfsmittel und der technischen Effizienz nimmt dieses System bewußt in Kauf.

Die Kulturrevolution war ein blutiger Kampf um die kommunistische Gleichheit. Peyrefitte spricht von einem gigantischen, *vier Jahre dauernden Pogrom, von einem Meer von Feuer und Blut,* jedes Dorf habe Massenhinrichtungen mitten auf der Straße erlebt, Universitätsprofessoren oder Lehrer an Gymnasien, hohe Funktionäre und

---

6   Drei oder vier Punkte genügen für eine Operation. Aber es ist wichtig, mehr Punkte zu kennen, weil die wirksamsten Punkte nicht bei allen Patienten die gleichen sind.

leitende Mitglieder der Partei — niemand konnte sicher sein, verschont zu bleiben (Peyrefitte, S. 438ff.). In der Tat gewaltige Opfer für ein ideelles Erziehungsziel. Der Sowjetunion wird vorgeworfen, daß eine privilegierte Schicht die breite Masse der Arbeiter und Angestellten zu Lohnsklaven herabgewürdigt habe. Dabei — heißt es — „geht die kommunistische Moral im eiskalten Wasser des Egoismus unter." (Leonhard, 1970, S. 316) Als Ziel der Kulturrevolution wird angegeben, „unter den Volksmassen eine völlig neue Ideologie und Kultur, völlig neue Sitten und Gebräuche des Proletariats hervorzubringen und zu formen." Die Kulturrevolution wird bezeichnet als eine „große Revolution, die alle finsteren Elemente hinwegfegt, die Ideologie der Menschen umformt und ihre Seele bewegt", als eine Revolution, die „die Seele der Menschen erfaßt" (Peking, Nr. 3, S. 20, Nr. 7, S. 2).

Die Verwirklichung des Kommunismus ist in China besser gelungen als in jedem anderen Land der Erde. Alle Reisenden berichten, daß die Menschen einen heiteren und disziplinierten Eindruck machen, daß Ordnung herrscht, daß niemand mehr hungert, daß die Gefahr der Seuchen gebannt ist und daß alle zum Wohle des Ganzen mit Eifer bei der Arbeit sind. Durch die Vermischung von Hand- und Kopfarbeit, durch die Dezentralisation technischer Anlagen und die Tendenz zur Versorgungsautarkie der Kommunen werden die charakteristischen Probleme der Industrialisierung in Grenzen gehalten, da jeder seinen anschaulichen Anteil an dem Gemeinschaftswerk vor Augen hat. Man stellt sich die Frage: *Ist dieser chinesische Weg auf andere Länder übertragbar?* Wir nehmen die Antwort vorweg: China ist ein Sonderfall. Wir wollen drei charakteristische Punkte hervorheben.

Erstens, die kommunistische Revolution in China ist, obwohl sie sich als marxistisch bezeichnet und reichlich den marxistischen Wortschatz verwendet, gar nicht im Sinne von Marx eine Reaktion auf Industrialisierung und Kapitalismus, sondern es handelt sich um *eine Agrarrevolution,* um Bauernkriege in einem Land, das nur eine minimale Berührung mit der Technik hatte. Das Grundproblem ist daher auch nicht die Auseinandersetzung mit der Technik und auch nicht die Entfremdung — dieses Produkt der Philosophie und Maschinenindustrie des Abendlandes —, sondern der *Aufstand gegen die Grundherren, die Kompradoren, und damit Hand in Hand der Aufstand gegen die fremden Eroberer, die Imperialisten,* die das Land ausgebeutet und zutiefst gedemütigt haben. Man denke nur an den Opiumkrieg oder an die Grausamkeit der japanischen Invasion. Mao ist es gelungen, den aus der Not geborenen Haß, der in einigen hundert Millionen Bauern aufgestaut war, zu einer einheitlichen Kraft zu vereinen und ihm Ziel und nationales Selbstverständnis zu vermitteln. Die durchlittene Erniedrigung und Not dieses fleißigen und intelligenten Volkes, die Mao als gemeinsames Schicksal zum Bewußtsein gebracht hat, ist heute ein festes Band für den Gemeinschaftsgeist der Nation. Der Erfolg der durch diese Gemeinschaft bewirkten Befreiung liegt ja unmittelbar vor aller Augen.

Wir kommen zum zweiten Punkt. Die Tatsache, daß es sich in China um eine Agrarrevolution handelt und um die Einführung der Technik in einem Agrarland führt zu *Aufgaben für die Technisierung, die mit den Problemen der Industrieländer nicht vergleichbar sind.* Auch heute noch befinden sich große Teile Chinas in einem archaischen Zustand. Peyrefitte beschreibt: „Auf hunderten von Kilometern ist die Eisen-

bahn die einzige Maschine . . . Kühe und Ochsen sind selten, besonders im Norden.
Überall ist es der Mensch, der schleppt und zieht, was auf Rädern dahinrollt. In
manchen Gegenden, wie zum Beispiel in Hopeh, gibt es praktisch überhaupt keine
Tiere. Ein mittelalterlicher, ein vertrauter Anblick: ein Mann oder eine Frau, mit
dem Zuggeschirr um Brust, Bauch oder Stirn, stemmt sich, oft mit nacktem Ober-
körper, nach vorn, um wie vor undenklichen Zeiten die Last zu ziehen . . . Selbst die
Modellkommune Matschiao besitzt für 20000 Arbeiter nur 28 Traktoren." (Peyrefitte, S. 398, 399.) Von diesem Nullniveau ausgehend ist eine dezentralisierte, ,,klei-
ne Technik" die geeignete nächste Stufe, und es spricht für *Maos Weitsicht, daß er
nicht wie die anderen Entwicklungsländer der Faszination der repräsentativen Großprojekte erlegen ist,* die bei der Industrialisierung der Entwicklungsländer eine so ver-
hängnisvolle Rolle gespielt haben. Aber das ändert auch nichts an der Tatsache, daß
auf einer höheren industriellen Stufe die Großprojekte mit all ihren organisatorischen
und sozialen Problemen unausweichlich sind. Die Technisierung, wie sie Mao gehandhabt hat, paßt für ein Agrarland. Charakteristischerweise gibt es auch in China Ausnahmen: die Forschung und Entwicklung der Militärtechnik wurde bei den Angriffen
der Kulturrevolution ausgespart, und die Wasserstoffbombe wurde nicht gemäß dem
Programm der ,,kleinen Technik" entwickelt. Chinas Weg bezüglich der Organisation
der Technik ist vorbildlich für die Industrialisierung von Entwicklungsländern, aber
er liefert kein Rezept für den Umgang mit der Technik in fortgeschrittenen Industrieländern.

Eine dritte Eigenheit des chinesischen Weges besteht in der besonderen *Art der Kombination von Freiheit und Zwang,* von Toleranz und Gewalt. Die Grundlage für
dieses Verhältnis ist Maos Lehre von den zwei Kategorien der Widersprüche. ,,Wir
sehen uns zwei Arten von Widersprüchen gegenüber – schreibt er – Widersprüchen
zwischen uns und dem Feind, sowie Widersprüchen im Volke. Diese beiden Arten
von Widersprüchen sind ihrem Wesen nach grundverschieden." (Mao, S. 55) ,,Die
Widersprüche zwischen uns und dem Feind sind antagonistische Widersprüche. Die
Widersprüche im Volk . . . unter den Werktätigen sind nichtantagonistisch." (Mao,
S. 58) Die Vertreter der antagonistischen Widersprüche, die Feinde, die Grundherren, Ausbeuter und Imperialisten müssen vernichtet werden. Mao predigt eine mili-
tante Religion. ,,Jeder Kommunist muß diese Wahrheit begreifen: die politische
Macht kommt aus den Gewehrläufen." (Mao, S. 74) Die Erziehung des Volkes auf
den Schulen sowie durch die kulturellen Veranstaltungen durch Ballett und Theater
ist auf die bewaffnete Auseinandersetzung ausgerichtet. Die Kinder lernen schon auf
der Schule auf russisch die Worte rufen: ,,Hände hoch!" Mao hat auch genügend Gewalt angewendet. Die Zahl der Toten bei den Bürgerkriegen von 1927 bis 1949 wird
auf 50 Millionen geschätzt, ohne die Opfer des Kriegs mit den Japanern und die
Hungertoten. Und nach Aussage von Tschu En-lai sind in den Jahren 1950 bis 1954
– also nach dem Sieg der kommunistischen Partei! – während der Kampagne zur
Enteignung von Ländereien, bei Massenprozessen gegen die Grundbesitzer und an-
schließender Verfolgung Konterrevolutionärer 830 000 Feinde des Volkes vernichtet
worden (Peyrefitte, S. 435, 437). Über die Zahl der Toten bei der Kulturrevolution
gibt es keine Angaben.

Die nichtantagonistischen Widersprüche, die Widersprüche im Volke, sind solche, die durch Diskussion geklärt und bereinigt werden können. Mao zählt „unter den gegenwärtig in China bestehenden Verhältnissen" auf: „Widersprüche innerhalb der Arbeiterklasse, . . . innerhalb der Bauernschaft, . . . innerhalb der Intelligenz, . . . zwischen Arbeiterklasse und Bauernschaft, . . . zwischen der Arbeiterklasse und den anderen Werktätigen einerseits und der nationalen Bourgoisie andererseits . . . und innerhalb der nationalen Bourgoisie." Bemerkenswerterweise gehört die nationale Bourgoisie hier nicht zu den Feinden! Es „bestehen auch gewisse Widersprüche zwischen der Regierung und den Volksmassen . . . Widersprüche zwischen den Interessen des Staates, der Kollektive und der Einzelpersonen, Widersprüche zwischen Demokratie und Zentralismus, zwischen Führenden und Geführten sowie Widersprüche zwischen gewissen Funktionären des Staates mit bürokratischem Arbeitsstil und den Massen." (Mao, S. 57) *Diese Widersprüche wird es immer geben, auch wenn alle Feinde besiegt und vernichtet sind. Das ist Maos Lehre von der permanenten Revolution.* Aber diese niemals aufhörende Revolution, bei der es nur um nichtantagonistische Widersprüche geht, verläuft unblutig, da die Argumente an die Stelle der Waffen treten.

Ferner heißt es, daß die Unterscheidung von antagonistischen und nichtantagonistischen Widersprüchen nicht immer von vorneherein klar erkennbar sind. So ist zum Beispiel die Kulturrevolution von nichtantagonistischen Widersprüchen im Volke ausgegangen, in ihrem Verlaufe ist sie aber auch auf Feinde des Volkes gestoßen, die sich nur als Volksgenossen getarnt hatten und die daher vernichtet werden mußten. Umgekehrt sollen die Kriegsgefangenen nicht unbesehen als Feinde behandelt werden. „ . . . sie alle sind freizulassen, mit Ausnahme jener, die den bitteren Haß der Volksmassen auf sich geladen haben, hingerichtet werden müssen und deren Todesurteil von den höheren Instanzen auch bestätigt worden ist." Die Gefangenen sollen „in großer Zahl für unsere Armee gewonnen werden. Die übrigen sind freizulassen; und wenn von ihnen einige abermals gegen uns kämpfen und erneut in unsere Hände fallen, sollen sie wiederum freigelassen werden. Man darf sie nicht beleidigen, darf ihnen die persönlichen Habseligkeiten nicht wegnehmen, darf keine Schuldbekenntnisse von ihnen verlangen, sondern muß sie vielmehr alle aufrichtig und freundlich behandeln." (Mao, S. 164) *Wer wirklich der Feind ist, muß also immer sehr sorgfältig und geduldig geprüft werden.*

Moas Lehre von den zwei Kategorien der Widersprüche besagt, daß es einerseits einen echten Spielraum für die Meinungsfreiheit des Einzelnen und der Gruppen gibt, der auch genutzt werden soll, die Massen sollen die Führung lehren — und in diesem Sinne ist der *chinesische Kommunismus demokratischer als der außerhalb Chinas praktizierte* —, aber dieser Spielraum hat Grenzen; wenn die Widersrpüche antagonistisch und feindlich werden und wenn auch eine Umerziehung durch körperliche Arbeit nicht fruchtet, *droht ihren Vertretern die Liquidation.* Mao hat sechs Kriterien dafür angegeben, ob Worte und Taten im politischen Leben richtig oder falsch sind. Sie laufen alle darauf hinaus, daß die Einheit des Volkes, der Sozialismus, die kommunistische Partei und die internationale Solidarität der friedliebenden Völker gefördert wird und nicht geschädigt werden darf (Mao, S. 59). Es ist nun ein interessanter und sehr moderner Zug des Systems, daß die Balance zwischen für ein kommunistisches Land relativ großer Freiheit, Selbstständigkeit und Mitbestimmung auf der einen Seite und harter Macht auf der anderen Seite *aufrechterhalten wird durch die Informationshandhabung.* Die wichtigsten und sehr überlegt eingesetzten Regierungsinstrumente sind die Wandzeitungen und die Lautsprecher, und in der chinesischen Hierarchie sind Macht und Einfluß insbesondere durch den sorgfältig gesteuerten und verteilten Besitz an Information bestimmt. Eine derartige Informationsbewirtschaftung ist wiederum nur möglich in einem Lande wie China, in dem großen Land der Mitte, daß selbstgenügsam leben kann, das nicht auf den Austausch mit anderen Ländern angewiesen ist, und das durch geographische und sprachliche Barrieren gegen die übrige Welt abgrenzbar ist.

Hier begegnen wir nun einer neuartigen, und man kann nur sagen aufregenden, Berührung chinesischer Eliten mit der Technik. Man hat Mao vielfach als einen Religionsstifter bezeichnet, und manche seiner Weisheiten erinnern in der Tat an die Verse Laotses aus dem Tao Te King[7]. Aber er unterscheidet sich *von den früheren Religionsgründern durch den äußerst gezielten Einsatz der Informationstechnik.* Er hat die gewaltigen Möglichkeiten dieses modernen technischen Instrumentes voll erkannt und wendet es nun auf ein dafür sehr geeignetes Objekt an, auf ein in sich abgeschlossenes Hundertmillionen-Volk, das, in mehrtausendjähriger Tradition zur Entpersönlichung erzogen, der Information geöffnet ist. Aber nicht nur seine Methode ist eine technische, sondern auch sein Ziel ist ein technisches, und zwar das verwegenste Ziel, das sich die Technik nur ausdenken kann: *Er will einen neuen Menschen, ein neues Volk machen!* Aber nicht wie Marx und in seinem Gefolge die Sowjet- und die Neomarxisten durch die Perfektion der Güterproduktion, wie es Mandel so klar formuliert hat (S. 210 f.), sondern durch die „Große Lehre", die dieser

7   Beispiele aus dem Tao Te King von Laotse. Zur Dialektik, aus Gedicht Nr. 2:
        Schwer und leicht vollenden einander
        Lang und Kurz gestalten einander
        Hoch und Tief verkehren einander
        Stimme und Ton sich vermählen einander
        Vorher und Nachher folgen einander . . .
    Über den Herrscher, aus Gedicht Nr. 17:
        Herrscht ein ganz Großer, so weiß das Volk nur eben, daß er da ist.
        Mindere werden geliebt und gelobt,
        Noch Mindere werden gefürchtet,
        Noch Mindere werden mißachtet . . .
        Die Werke wurden vollbracht, die Arbeit wurde getan,
        Und die Leute im Volk dachten alle:
        „Wir sind selbständig."
    aus Gedicht Nr. 48:
        Das Reich erlangen kann man nur,
        Wenn man immer frei bleibt von Geschäftigkeit.
        Die Vielbeschäftigten sind nicht geschickt das Reich zu erlangen.
    aus Gedicht Nr. 60:
        Ein großes Reich muß man leiten
        Sachte, wie man kleine Fischlein brät.

Bauernsohn aus Hunan selbst vielleicht als den verborgenen und rechten und jetzt nur ans Licht gehobenen Willen der Massen verstanden hat, der aber nun mit einer aufwendigen und gezielten Informationsstrategie den Massen vor Augen gestellt wird. Das ist Information im ursprünglichen Sinne des Wortes, die Hineinformung, und zwar hier, wie es heißt, die Formung der Seelen. Aber so sehr, wie dieser Ansatz nach den Seelen zielt, so ist er doch durchaus realistisch gedacht: die Befreiung von ausbeutenden Klassen und Fremdherrschern, die Güterproduktion und die Hebung des allgemeinen Wohlstandes fallen dem zu Gemeinschaft geformten Volke wie ein Nebenergebnis der gemeinsamen Anstrengung in den Schoß.

Abschließend wollen wir noch auf zwei Fragen eingehen: Wie wird es weitergehen, und was können wir von China lernen? Inzwischen ist Mao Tse-tung gestorben, die eigentlichen Mitkämpfer seiner kommunistischen Ideologie, die Führer der Kulturrevolution, seine Frau Tschiang Tsching, die sich unter anderem maßgebend mit dem chinesischen Revolutionstheater befaßt hat, sind gefangengesetzt oder getötet. Bei der Auswahl des Nachfolgers Hua Kuo-feng hat das Militär, das nach Maos Auffassung niemals eine politische Stimme haben sollte (S. 213), ein gewichtiges Wort mitgesprochen. Man spricht von einer Wendung zum Pragmatismus, wie man es nennt. Wird nun der Wunsch nach Reichtum und die Ambition nach internationaler Macht zu einer hastigeren Industrialisierung führen? Werden dabei die asketischen Ideale der chinesischen Elite noch ihre Geltung behalten? Mao und seine Gefährten haben in der Tat sehr anspruchslos gelebt. Als Dschingis Khan mit seinen Horden China erobert hatte, hat er, wie berichtet ist, prophezeit: „Nach mir werden sich die Menschen meiner Rasse in goldene Gewänder hüllen, fette und süße Speisen essen, die schönsten Frauen in ihren Armen halten und vergessen, daß sie das alles mir verdanken." Wird die chinesische Führung diesem Schicksal entgehen oder wird sie den Weg Rußlands beschreiten — ohne daß es deswegen zu einer besseren Verständigung zwischen den beiden großen Rivalen kommen muß —, einen Weg, der „Widersprüche im Volke" nicht mehr gelten läßt und der sich einer streng zentralistisch und kapitalistisch betriebenen Staatswirtschaft bedient, die Mao als Ausbeutertum und als einen schweren Rückfall in das Lager der Feinde bezeichnet hat (S. 218)? André Gide, der mit 63 Jahren der kommunistischen Partei beigetreten ist, fuhr 1936 nach Rußland und hat in seinen Reisebericht eine Übersicht über die russischen Einkommensverhältnisse gegeben, die in bezug auf ihre hierarchische Staffelung im Vergleich zur westlichen Wirtschaft eher größere als kleinere Differenzen aufweisen (Enzensberger, S. 172). Ja, wird vielleicht ein derartiges Zwangsregime in Asien noch umfassendere und härter Dimensionen annehmen als in Rußland?

Auch die intimsten Kenner der chinesischen Verhältnisse wagen heute keine Prognosen. Es gibt die Version, daß Mao in den letzten zehn Jahren seines Lebens durch die Parkinsonsche Krankheit beeinträchtigt war, daß bereits bei der Kulturrevolution seine Frau Tschiang Tsching die treibende Kraft war, daß er in seinen letzten Lebensjahren zunehmend unter ihr gelitten habe, daß er vor ihr gewarnt habe, daß es nunmehr endlich einer vernünftigen und besonnenen Führung gelungen sei, sich dieser ehrgeizigen und intriganten Frau zu entledigen, so daß nun der Aufbau der chinesischen Industrie, in engerem Austausch mit den westlichen Industrieländern als unter

Maos Führung, zügig beginnen könne. Die knappen Informationen, die aus dieser für uns sehr fremden Welt zu uns gelangen, ermöglichen vieldeutige Erklärungen. Was aus der „Großen Lehre" schließlich werden wird, kann nur die Zukunft zeigen.

Wir kommen zur zweiten Frage: Bietet der chinesische Weg trotz des Sonderfalls nicht doch Alternativen, die für uns von Interesse sind? Von dem chinesischen Beispiel geht eine gewisse Werbekraft aus, und es gibt auch bei uns Marxisten, die Breschnew als kapitalistischen Renegaten bezeichnen und sich auf das Vorbild Maos berufen. – Wenn wir die Leistungen der „Großen Lehre" unter zwei Punkten zusammenfassen, so handelt es sich einmal um die konsequente Durchführung des Kommunismus und zweitens das besondere Verhältnis zur Technisierung und Industrialisierung. Der *Preis für den Kommunismus in Asien ist der Verzicht auf die Individualität*. Dieser Preis ist wohl für die meisten Menschen des abendländischen Kulturkreises zu hoch. Selbst die Sowjetmarxisten kritisieren „die Idealisierung der Selbstlosigkeit, den Verzicht auf die natürlichen menschlichen Bedürfnisse und Gefühle." (Leonhard, 1970, S. 333) Wir können aus dem Riesenexperiment in Asien lernen, bis zu welchem Stadium der Entindividualisierung die konsequente Befolgung der kommunistischen Linie bei ganzen Volksgruppen führt.

Das eigene Verhältnis zur Technik kommt in der chinesischen Technik-Politik zum Ausdruck, die im Gegensatz zu allen bisherigen Zielsetzungen technischer Betriebsweisen *die Organisation in dezentralisierten, kleinen und möglichst autarken Betriebseinheiten fördert* (S. 218, 220 ff.). Damit ist ein gewisser Verzicht an unmittelbarer technischer Effizienz verbunden, und diese Ausrichtung ist nur möglich, weil Mao, der Prediger und Pädagoge, mit seiner Lehre „die Seele erfaßt" (S. 310), weil er den Hebel am Bewußtsein der Menschen ansetzt und nicht, wie Marx es will, bei der Veränderung des materiellen Seins (S. 202 ff., 210 f.). Mao beurteilt die Leistungen der Technisierung und Industrialisierung für das Heil des Menschen distanzierter und skeptischer als der orthodoxe Marxismus und auch als der heute noch immer praktizierte Fortschrittsoptimismus des Westens. Diese eigene Ausrichtung der Technikpolitik, die den chinesischen Weg von dem aller anderen Entwicklungs- und Industrieländer unterscheidet, ist eine *bedeutende staatsmännische Leistung Maos, man kann sagen: eine Kombination von genialem Weitblick und gesundem Menschenverstand*.

Wir zählen noch einmal die Leistungen dieser Technik-Politik auf:

a) Auf Kosten der Perfektion wird schnell die dringendste Not behoben. Die barfüßigen Ärzte und Lehrer sind ein Beispiel.

b) Da die Arbeitskraft in China sehr billig und das Kapital sehr teuer ist, sind Kleinbetriebe mit hohem handwerklichem Anteil der Wirtschaftsstruktur angepaßt.

c) Die Kleinbetriebe lassen sich über das Land verteilen und helfen dem Land gegenüber der Stadt. Sie sind ein Gegengewicht gegen die Urbanisierung. Sie tragen der Tatsache Rechnung, daß China ein Agrarland ist und daß die chinesische Revolution eine Agrarrevolution ist (S. 219).

d) Die dezentralisierten und möglichst autarken Kleinbetriebe benötigen ein Minimum an Infrastruktur und ersparen damit dem großen Land einen erheblichen Aufwand an Kapital und Verwaltungsarbeit.

e) Die Arbeit in möglichst selbst aufgebauten Kleinbetrieben ist ein ausgezeichnetes pädagogisches Mittel zur Entwicklung und Förderung von technischem Verständnis und technischer Fertigkeit.

f) Die Selbstversorgung in kleinen Bereichen reduziert das Problem der Bürokratisierung.

g) Die Kleinbetriebe ermöglichen eine realistische Mitbestimmung auf den unteren Ebenen.

h) Die Kleinbetriebe gestatten eine Reduzierung der Arbeitsteilung, sie sind für die Beteiligten überschaubar und vermitteln ihnen durch die Befriedigung an der eigenen Leistung die Arbeitsfreude. Das bedeutet: Diese neue Technik-Politik verzichtet auf die unmittelbare maximale Effizienz der technischen Betriebe zugunsten einer Bewältigung der Entfremdung!

Für China war Maos Politik ein historischer Erfolg. Peyrefitte schreibt: „Eine so radikale Verwandlung in so kurzer Zeit, an einem so riesenhaften Volk hat nicht ihresgleichen." (Peyrefitte, S. 354) Was bedeutet das chinesische Rezept für uns? Die Schwierigkeiten der Industrienationen mit der Technik überdecken sich nur teilweise mit denen Chinas. An die Stelle der Probleme, die sich aus der Instrustrialisierung eines weiträumigen Agrarlandes ergeben, treten bei uns als unsere eigenen Probleme die Umweltbeeinträchtigung und die Rohstoff- und Energieverknappung. Aber gemeinsam ist das Problem der Entfremdung, das heute bei uns hinter den Forderungen nach dem menschengemäßen Arbeitsplatz und nach Lebensqualität steht. Aufgrund seiner Erfahrungen in Indien hat E. F. Schumacher, der 1930 von Deutschland nach England auswanderte, 1965 die „Intermediate Technology Development Group" gegründet, primär mit dem Ziel, mittlere und angepaßte Techniken für Entwicklungsländer zu entwickeln, darüber hinaus aber mit dem Gedanken, auch eine Alternative für die Großtechnik der Industrieländer zu liefern. Die Devise lautet: „Small is beautiful". In Deutschland hat sich eine Stiftung „Mittlere Technologie" mit dem Ziel einer „Technik nach Menschenmaß" konstituiert, und der Mitarbeiter Schumachers, McRobie, erklärte 1975 auf einer Tagung dieser Stiftung in Kaiserslautern: „Fritz Schumacher und ich sind schon seit langem davon überzeugt, daß die Vorzüge von ‚klein, einfach und preiswert' in den hoch industrialisierten Ländern in den nächsten 10 bis 15 Jahren höchst aktuell sein werden. Zum Teil entsteht dies aus einer Entwicklung, die man vielleicht als ‚die menschliche Revolte gegen das Große' bezeichnen kann, eine Revolte, die sich gegen eine Technologie richtet, die nichts Menschliches in sich birgt. Diese Entwicklung spiegelt sich in der Revolte der jungen Menschen wider, die sich in Europa und in der ganzen Welt gegen die konventionelle Auffassung der Industrie sträuben." (Mittlere Technologie, S. 20) McRobies Beobachtung ist gewiß zutreffend, die Revolte ist der Ausdruck der Entfremdung, aber inwieweit löst die Devise „Klein ist schön" die Probleme, die sich aus unserer derzeitigen Organisation der Technik ergeben?

Zunächst ist festzuhalten, daß die Gesichtspunkte der konventionellen Industrie aus rein marktwirtschaftlichen Motiven *keineswegs einseitig die Großanlagen bevorzugen*, wir hatten bereits auf die Schattenseiten der Großbetriebe hingewiesen, das Motto lautet vielmehr: So klein wie möglich und so groß wie nötig (S. 158 f.). Das gilt besonders für die Industrialisierung der Entwicklungsländer (Sachsse, 1965, Klein oder groß bauen?, S. 138). Auch daß eine technische Anlage den jeweiligen Bedingungen angepaßt sein muß, folgt aus der Marktwirtschaft. So hängt zum Beispiel das Ausmaß der Automatisierung, das Verhältnis von Kapital zu Arbeit von den Preisen für die Investierung und für die Arbeitskräfte ab. Zwar gibt es das Vorurteil, daß möglichst groß und möglichst automatisiert besonders modern sei, aber das ist eine Auffassung, die in mißverstandenem Spielbetrieb oder im Geltungsbedürfnis wurzelt, kein wirtschaftlich denkender Techniker wird so planen. Allerdings ist zu betonen, daß heute die Aufgabe, wirklich angepaßt zu investieren, aktueller geworden ist, da die geographischen, wirtschaftlichen und sozialen Bedingungen bei der weltweiten Industrialisierung heute so vielfältig sind, daß eine Auslegung, die für den einen Bezirk selbstverständlich ist, für den anderen gar nicht zu passen braucht. Es ist daher auch wertvoll, daß eine Arbeitsgruppe wie die von Schumacher besonderes Gewicht auf die Angepaßtheit unter verschiedenen Bedingungen legt und sich dabei auch um die Entwicklung neuer Verfahren bemüht, die speziell für kleine und dezentralisierte Einheiten geeignet sind.

Es stellt sich nun die Frage, ob klein grundsätzlich passender ist als groß. Bei *gleicher Gesamtkapazität wird bezüglich der Umweltbeeinträchtigung, der Rohstoff- und Energieersparnis und der Ausbeute die Großanlage in der Regel im Vorteil gegenüber zahlreichen, dezentralisierten Kleinanlagen sein.* Es kommt hinzu, daß eine Reihe von Aufgaben, und zwar gerade solche, die die Spitzenleistungen der Technik betreffen, überhaupt nur im Rahmen von Großsystemen zu bewältigen sind. Andererseits gibt es auch Gesichtspunkte, denen gemäß auch in Industrieländern kleinere, dezentralisierte Anlagen von Vorteil sind, generell kann man sagen: sie vermindern das technische Risiko. Störungen lösen keine Katastrophen aus, sondern bleiben in Grenzen, kleine Anlagen sind flexibler, leichter reparierbar, improvisierbarer zu betreiben und sabotageunempfindlicher, wichtige Eigenschaften, besonders bei Kriegen oder bei bürgerkriegsähnlichen Verhältnissen. Jede technische Errungenschaft erhöht das Existenzrisiko des Menschen. Die Überlegungen zeigen: hier geht es nicht um Alternativen zwischen verschiedenen Arten von Technologien, es gibt keine grundsätzlichen Rezepte, ob man groß oder klein bauen soll, es kommt vielmehr auf die jeweiligen Bedingungen an und es ist darüber hinaus eine Sache der Güterabwägung, welchen Preis man gewillt ist, für eine Leistung des Fortschritts zu zahlen.

Aber — wird man fragen — sind nicht alle Einschränkungen, die mit einer kleinen Technik verknüpft sind, in Kauf zu nehmen, wenn dadurch das Grundproblem der Technik, die Entfremdung, bewältigt wird? Robin Clarke hat eine „soft technology" und eine sanfte Gesellschaft gefordert, und wir nennen einige von den charakteristischen Merkmalen, die er aufzählt: dörfliches Leben in Großfamilien, niedriger Energiebedarf, lokaler Tauschhandel, Erhaltung lokaler Kultur, Gesetze gegen den Mißbrauch der Technik, allgemeinverständliche Verfahrensweisen, selbstgenügsame kleine Einheiten, Wissenschaft und Technik von allen betrieben, schwacher oder nicht existierender Unterschied zwischen Arbeit und Freizeit (Jungk, S. 77). Hier spürt man die *Sehnsucht nach der Vergangenheit.* Gewiß vermeidet man die Schwierigkeiten, wenn man auf die Entwicklung der Technik überhaupt verzichtet. Aber dem ist entgegenzuhalten, daß die Technik ein so wesentliches und fundamentales Vermögen des Menschen ist, daß der Verzicht nicht die Lösung ist, daß es vielmehr um die Eingliederung dieser dem Menschen gegebenen Möglichkeiten geht.

Unsere Frage war: Was können wir in dieser Beziehung von China lernen? Die technizistische Philosophie des Abendlandes seit Descartes mit ihrem Gipfelpunkt bei Karl Marx hat auf die Frage nach der Bewältigung der Technik keine Antwort gegeben, da sie *dem technischen Ansatz, dieser Eindimensionalität – um den Ausdruck Marcuses zu verwenden – voll und ganz verhaftet geblieben ist,* so daß ihr die Distanz für Vergleich und Urteil gefehlt hat. Eine Magnetnadel, deren Ausschlag auf die Fahrtrichtung des Schiffes fixiert wäre, kann uns die Fahrtrichtung nicht weisen, dazu bedarf es vielmehr der Beziehung zu einer Instanz außerhalb des Schiffes. In China sind zum erstenmal Kriterien verwendet worden, die nicht ein Maximum der Industrialisierungsgeschwindigkeit fordern. Diese und eine Reihe anderer kluger Maßnahmen können wir von der Technik-Politik Maos lernen. Aber es gibt doch Zweifel, ob sich Mao von dem technischen Ansatz gelöst hat, ja ob er ihm nicht noch stärker verfallen ist, ob die bisherige Technik-Politik nicht nur ein aus strategischer Sicht zwischengeschalteter Übergangszustand war, um auf diesem Weg letztlich doch ein technisches Großsystem zu schaffen, und zwar von einem Ausmaß, wie es die Welt noch nicht gesehen hat, ein System, bei dem dann auch die Frage nach dem „Menschenmaß" hinfällig wird, weil im Schritt mit dieser neuen Entwicklung mit Hilfe der gezielten Informationstechnik gerade auch der neue Mensch hergestellt wird. Auch bleibt abzuwarten, was jetzt nach Maos Tod aus China wird.

Und auch die von den chinesischen Verhältnissen nicht unbeeinflußten westlichen Bemühungen um eine „andere" Technologie können das Problem der Bewältigung der Technik nicht lösen. Zum Teil handelt es sich um sinnvolle Anpassungen des konventionellen technisch-wirtschaftlichen Denkens einschließlich der dazugehörigen ordnungspolitischen Strukturplanung (S. 165) an besondere Verhältnisse. Und zum Teil steckt dahinter eine Idealisierung der Vergangenheit, der Wunsch nach einem Weg zurück, ein Verzicht auf die Technik, aber nicht ihre Integration.

6.3 Der Einfluß der Technik auf das allgemeine Bewußtsein heute

In seiner sorgfältigen Studie über die Philosophie und Soziologie der Arbeit bei Karl Marx schreibt Helmut Klages, es sei wohl „zutreffender, im Marxismus eine temporäre Ausdrucksform der ‚Gefährdung' zu sehen, als umgekehrt die ‚Gefährdung' vom Marxismus abzuleiten." (Klages, S. 183) In der Tat ist der *technizistische Ansatz zur Bewältigung des Daseins keineswegs auf den Marxismus beschränkt, sondern hat sich über alle Parteiprogramme, Ideologien und Religionen hinaus als die herrschende Denkweise in der ganzen Welt durchgesetzt.* Das haben wir uns im Folgenden zu vergegenwärtigen. Es hat – nicht immer bewußt – ein tiefgreifender Wandel von Grundbegriffen stattgefunden. Von der Idee der Verbesserung durch das Machen-Können fasziniert hat die Zeit eine veränderte Bedeutung erhalten: *an die Stelle der Dauer ist die Veränderung als der maßgebende Wert getreten.* Jahrtausende hat der Mensch die Zeit als Verlust erlebt (S. 79 ff.); die Grundthese des Buddhismus lautet, daß alles Leben Leiden ist, weil alles vergänglich ist (S. 48, 81). Jahrtausendelang war der Wunsch nach Dauer, nach Bestand, nach Unvergänglichkeit das Grundanliegen des Menschen, mag es sich nun um den unsterblichen Ruhm der homerischen Helden, um die ewige Seligkeit der Gottessucher oder um die Arbeit und das Werk puritanischer Unternehmer gehandelt haben. Noch Rilke versteht das Verlangen nach Dauer als das zentrale und existenzielle Bedürfnis des Menschen. In der zweiten Duineser Elegie schreibt er:

> Denn wir, wo wir fühlen, verflüchtigen; ach wir
> atmen uns aus und dahin; von Holzglut zu Holzglut
> geben wir schwächern Geruch. Da sagt uns wohl einer:
> ja, du gehst mir ins Blut, dieses Zimmer, der Frühling
> füllt sich mit dir . . . Was hilfts, er kann uns nicht halten,
> wir schwinden in ihm und um ihn. Und jene, die schön sind,
> o wer hält sie zurück? Unaufhörlich steht Anschein
> auf ihrem Gesicht und geht fort. Wie Tau von dem Frühgras
> hebt sich das Unsre von uns, wie die Hitze von einem
> heißen Gericht.

Heute ist das Beharrende als Wert entthront. Wir haben uns nicht nur mit der Veränderung abgefunden, sondern begrüßen sie auch. Das wird an Einzelheiten deutlich: Das Interesse an der Fortpflanzung, an der Tradierung von Erbe und Beruf, an der Erhaltung des Namens, an dauerhafter Bindung, etwa in der Ehe, hat abgenommen. Bezüglich des Berufes wird die Mobilität gelobt. – In der Handhabung der äußeren Dinge soll der Verbrauch, das ist die Vernichtung, für das Neue Platz machen. Sei kein Schlipsmuffel! Das gilt nicht nur für Schlipse, sondern für alles, was uns umgibt. – Es gibt den Zwang zur Reform, die grundsätzliche Kritik an Riten, Brauchtum, Gewohnheiten, Sitten und Verhaltensweisen von nebensächlichen Äußerlichkeiten bis zu tragenden Grundsätzen. Einer Denkweise, die sich erhaltend, konservativ versteht, bläst der Wind in das Gesicht. – Das Interesse an der Vergangenheit, an der Geschichtsforschung hat abgenommen, *das Gewesene hat an Aussagekraft verloren.* Gemäß allgemeiner Überzeugung wissen wir heute alles besser und können mehr als zu jeder anderen Zeit der Geschichte. – Gesetz und Ordnung werden als zweideutige und präokupierte Begriffe verwendet, dem Schulunterricht wird die Aufgabe zugewiesen, die Normen in Frage zu stellen. Zur gesellschaftskritischen Funktion der Kunsterziehung der Acht- und Zehnjährigen gehört es, daß durch „Beschäftigung mit Bildern die eigene Abhängigkeit von Vorbildern und Autoritäten erkannt wird. Dabei sind die Rollen, Vorbilder und Abhängigkeiten auf Grund eigener Erfahrungen kritisch zu bewerten und gegebenenfalls aus der Kritik Konsequenzen für das eigene Handeln zu ziehen." (RR, Primarstufe, S. 7) Bezüglich der Elf- bis Fünfzehnjährigen heißt es: „Kreatives

Schreiben kann nur heißen, im Schreiben Gegenentwürfe bewußt anzielen und dabei die Realität der Sprache, des Ereignisablaufs, der sozialen Beziehungen, der Interpretationsmuster, Ordnungsregeln, Erzählzwänge, Herrschaftszwänge gezielt außer Kraft zu setzen." (RR, Sekundarstufe I, SI-D, S. 33) Und ein Vorschlag zur Unterrichtsgestaltung: „Aufdeckung bereits internalisierter Normen der symbolischen Kommunikation, Sprache, Kleidung, Gestik etc., durch Spielszenen, in denen möglichst viele Normen verletzt werden sollen." (Sekundarstufe I, SI-D, S. 70) Ausdrücklich wird die Thematisierung von Konflikten verlangt, da die Konflikte fruchtbar für die Veränderung, für das Neue seien. Bedenken werden gegenüber den *sogenannten affirmativen Wissenschaften vorgebracht,* das sind die Naturwissenschaften und vor allem die Mathematik, da es diesen Wissenschaften um die Aufstellung allgemeingültiger Aussagen gehe, die den Sinn für Kritik und Konflikt einschläfern. Vielfach wird heute das Verfahren der Abstraktion, das bekanntlich ein Mittel zur Gewinnung der Zeit-Invarianz ist (S. 82), grundsätzlich kritisiert und abgewertet. – *Die Historizität von allem und jedem ist zu einem Grunddogma unserer Zeit geworden,* und das führt ebenso zu einer Aufweichung von Verhaltensmaximen wie von Verträgen und Gesetzen, so scheuen sich Behörden nicht mehr, Bestimmungen rückwirkend zu verändern. – Der Begriff des Fortschritts, der Entwicklung ist heute zu einem Interpretationsmodell überhaupt geworden, ob es sich nun um wirtschaftliche oder gesellschaftliche Prozesse, um Krankheitsbilder oder um technische Erfindungen und Verfahren handelt. Die Zeit selbst ist kostbar geworden, und zwar die Zeit als Chance für den verändernden und korrigierenden Eingriff in den Ablauf der Ereignisse. Zeit ist Geld, heißt es bündig!

An diesem Wandel des Zeitgefühls, das im Gegensatz zur bisherigen Geistesgeschichte *dem Werden den Vorzug vor dem Sein gibt* und das Neue, das Spätere grundsätzlich als das Bessere, als das Verbesserte versteht, wird deutlich, wie in unserer Zeit die Auseinandersetzung des Menschen mit seiner Existenz durch die abendländische, extravertierte, neuzeitliche Technik bestimmt ist. Dieser technizistische Ansatz ist es, der den Menschen ermutigt, seine Evolution – wie man sagt – selbst in die Hand zu nehmen.

Nun braucht der Techniker für sein Werk das Material, den Stoff, und das Material ist für die Formgebung des von ihm Gewünschten um so besser geeignet, je weniger Form es von sich aus mitbringt, je weniger widerständig es ist, je leichter es sich der Formung fügt. Der bevorzugte Stoff für die handwerkliche Bearbeitung war in der Antike das Holz, aus ihm hat man Häuser, Schiffe und Maschinen gebaut, so daß das griechische Wort Hyle für Wald und Holz die allgemeine Bedeutung von Stoff, von Rohmaterial angenommen hat. Der technizistische Ansatz, der jedes Gegenüber als eine Aufgabe zur Formgebung versteht, faßt daher *das Gegenüber immer auch als Material auf, er führt zu einer Verstofflichung des Objekts,* zu einer tiefen Abspaltung des Menschen von der Welt, die ja nur noch aus einem Ensemble stofflicher Objekte besteht. Der Mensch versteht alles, was ihm begegnet, nicht mehr wie in den frühen Mythen und Religionen in Analogie zu sich selbst, sondern als Vorrat für seinen Bedarf: das *anthropomorphe Weltbild weicht dem anthropozentrischen.* Bereits das Christentum hat bei dem tiefgreifenden Prozeß der Selbstreflexion den Menschen fundamental aus der Natur herausgelöst, hat ihn derart auf sich selbst zurückgeworfen, daß er, ganz und gar mit sich beschäftigt, den Eigenwert der Natur weitgehend aus dem Blick verloren hat. Die Stellen der Heiligen Schrift, in denen die Herrlichkeit der Schöpfung gepriesen wird (Psalm 104, 106, 136), treten zurück hinter den Aussagen, die den Menschen als den Herren und den Sinn der Schöpfung bezeichnen (1 Mos, 1, 28; 2, 19; 6, 7; 9, 1–7). In der paulinischen Interpretation des Christentums, die durch Luther noch eine Verschärfung erfahren hat, ist die Natur so unmittelbar auf den Menschen bezogen, daß sie durch die erste Sünde Adams ihre justitia originalis mit eingebüßt hat und verdorben ist (Röm, 8, 19–22). Descartes gerät daher nicht in Widerspruch zur christlichen Tradition, wenn er nun von seiner neuen „wissenschaftlichen Methode" hervorhebt, daß sie uns zu Herren und Besitzern der Natur machen kann.

Das *christliche Denken der Neuzeit hat den anthropozentrischen Aspekt, daß die Welt für den Menschen da ist, beibehalten und vertieft.* Friedrich Gogarten schreibt, daß die Welt, der Kosmos der Griechen, für den vorchristlichen Menschen die letzte göttliche Wirklichkeit gewesen sei, und er fährt fort: „Es ist die geordnete, im Gesetz verfaßte Welt, von der der christliche Glaube freimacht." (Gogarten, S. 13) Bei dem Pauluswort ‚Alles ist erlaubt, aber nicht alles ist zuträglich‘ (1 Kor 10, 23) sei ‚erlaubt‘ zu verstehen „im Sinne des Machthabens zur eigenen Entscheidung . . . Und zwar in bezug auf ‚Alles‘. Nämlich alles, was der Mensch in der Welt, in ihren Beziehungen und Ordnungen tut." (Gogarten, S. 97) Damit ist die Welt vollständig dem Menschen zu seiner Verfügung in die Hand gegeben. In der pastoralen Konstitution des Zweiten Vaticanums „Kirche und Welt" heißt es: „Der nach Gottes Bild geschaffene Mensch hat ja den Auftrag erhalten, sich die Erde mit allem, was zu ihr gehört, zu unterwerfen und die Welt in Gerechtigkeit und Heiligkeit zu regieren." (2. Vat. Konzil, Gaudium et spes, Nr. 34) Es sei offenbar, „daß der Mensch auf Erden die einzige von Gott um ihrer selbst gewollte Kreatur ist." (Gaudium et spes, Nr. 24) Das Universum ist derart auf den Menschen bezogen, daß von ihm gesagt wird, es sei „durch die Sünde mißgestaltet". (Gaudium et spes, Nr. 39) *Bei dieser mehrjährigen und oft minutiösen Prüfung des Glaubensgutes der katholischen Kirche auf dem Konzil war die Natur offenbar gar kein Thema!* Bei dem ausführlichen Konzilskompendium von Rahner und Vorgrimmler, in dem alle Konstitutionen, Dekrete und Erklärungen des Zweiten Vaticanums wiedergegeben sind, kommen in dem Register von etwa 4000 Stichwörtern die Begriffe Tier oder Pflanze nicht vor, und Natur ist nur einmal wie folgt aufgeführt: „Natur: Herrschaft des Menschen durch Wissenschaft und Technik, in Kirche und Welt, Nr. 33." In der Einleitung zur pastoralen Konstitution Kirche und Welt schreiben die Herausgeber lapidar: „Die ‚Welt‘, über die diese Konstitution spricht, ist – der Mensch." (Rahner, S. 425) Franziskus von Assisi hat noch die Tiere, die Sonne und den Wind seine Geschwister genannt, aber er war eine Ausnahme. Überwiegend war das christliche Denken so sehr mit seinen eigenen Problemen beschäftigt, daß es für die Sprache der Schöpfung kein Ohr mehr gehabt hat. Daher haben *in der allgemeinen Bewußtseinsbildung die christlichen Kirchen das mechanische und technizistische Weltbild des Descartes gestützt und mitgetragen.*

Aber auch der Wandel in der Bewertung der Zeit, die grundsätzliche Forderung nach Veränderung und Umgestaltung der Verhältnisse auf dieser Erde hat in neueren Deutungen der christlichen Botschaft ihren Niederschlag gefunden. In seinem Werk Theologie der Hoffnung schreibt Jürgen Moltmann: „Nun ist durch die technische und organisatorische Machbarkeit aller Dinge und Verhältnisse das Göttliche als das Transzendente aus der Welt der Natur, der Geschichte und der Gesellschaft verschwunden. Die Welt wurde zum Material der technischen Umgestaltung durch den Menschen." (Moltmann, S. 287) Die kühne Prämisse, daß alles machbar ist, wird diejenigen, die sich in der Praxis mit technischen Problemen befassen, überraschen. Aber Moltmann versteht, von dem Glauben an diese Machbarkeit ausgehend, die Verheißung der Heiligen Schrift als den christlichen Auftrag, die gesellschaftlichen Verhältnisse zu verändern. Er schreibt, die Seele „setzt, mit Feuerbach zu sprechen, ‚an die Stelle des Jenseits über unserem Grabe im Himmel das Jenseits über unserem Grabe auf Erden, die geschichtliche Zukunft, die Zukunft der Menschheit'. (Das Wesen der Religion, 1848)", (Moltmann, S. 16). Weiter heißt es: „Darum macht der Glaube, wo immer er sich zur Hoffnung entfaltet, nicht ruhig, sondern unruhig, nicht geduldig, sondern ungeduldig ... Frieden mit Gott bedeutet Unfrieden mit der Welt, denn der Stachel der verheißenen Zukunft wühlt unverbittlich im Fleisch jeder unerfüllten Gegenwart." (Moltmann, S. 17) „Sich nicht dieser Welt gleichzustellen, bedeutet nicht nur, sich in sich selbst zu verändern, sondern in Widerstand und schöpferischer Erwartung die Gestalt der Welt zu verändern, in der man glaubt, hofft und liebt." Die christliche Hoffnung „wird darum die modernen Institutionen aus ihren immanenten Stabilisierungstendenzen herauszuführen trachten, sie verunsichern, sie vergeschichtlichen ..." (Moltmann, S. 304, 305).

Nun steht diese Deutung der christlichen Hoffnung offenbar im Widerspruch zum tradierten Verständnis der Heiligen Schrift. Paulus schreibt ausdrücklich: „Jedermann sei untertan der Obrigkeit, die Gewalt über ihn hat. Denn es ist keine Obrigkeit ohne von Gott." (Röm 13, 1–7) Paulus akzeptiert die bestehenden Verhältnisse. „Vielmehr wie einem jeglichen der Herr zugeteilt hat, wie einen jeglichen Gott berufen hat, so wandle er." Die Unterschiede in der Gemeinde, ob Sklave, ob Freier, ob Beschnittener, ob Unbeschnittener, sind bedeutungslos vor Gott (1 Kor 7, 17–24). Die Confessio Augustana enthält die sorgfältige Formulierung: „sed maxime postulat conservare tamquam ordinationes Dei et in talibus ordinationes exercere caritatem". „Aber gleichwie wird dringend gefordert, die Ordnungen Gottes zu erhalten und in den derart beschaffenen Ordnungen die Liebe zu üben." Was hat sich inzwischen geändert? Offenbar hat der Siegeszug der neuzeitlichen Technik den Theologen zu der Spekulation von der beliebigen Machbarkeit verführt, so daß die ordinationes für ihn keine Gegebenheiten mehr enthalten, sondern völlig der Verfügbarkeit des Menschen überantwortet sind, weil es für ihn in der Natur, in der Geschichte, in der Gesellschaft nichts Unbegriffenes mehr gibt, das der technischen Umgestaltung entzogen sein könnte, sondern eben nur noch „Material für den Menschen". Wir können hier auf die theologischen Konsequenzen dieses Konzepts nicht näher eingehen, hier ging es nur darum, zu zeigen, daß der *technizistische Ansatz der abendländischen, extravertierten Umweltgestaltung auch in die Theologie eingedrungen ist und zu einem ver-*

änderten Verständnis von christlicher Zukunft und christlicher Hoffnung geführt hat[8].

Die Höherbewertung des Werdens gegenüber dem Sein hat einen besonders prägnanten Ausdruck in der sogenannten Prozeßtheologie gefunden (Williams, S. 571ff.). Das grundlegende Metaphysikum ist hier die Zeit als Veränderung, die im Sinne Bergsons das „unaufhörliche Schaffen von Unvorhersehbarem, Neuen ist." (Bergson, S. 342) Von Gott heißt es: „seine Erfahrung ist hineinverflochten in die Zeitlichkeit", die Zukunft ist „sowohl für Gott als auch für die Geschöpfe wirkliche Zukunft", Gott „ist der Leidensgefährte, der versteht." (Williams, S. 573, 572, 574) *Hier erfährt der Prozeß – wörtlich das Vorwärtsschreiten –, dem selbst Gott leidend unterworfen ist, eine metaphysische Hypostasierung.*

Die theologische Interpretation des Entwicklungsprozesses ist auch das Thema Teilhard de Chardins (Sachsse, 1968, S. 243ff., 257ff.). Aber während bei der Prozeßtheologie Gott der unvorhersehbaren Zukunft ausgeliefert ist und zu dieser nur reagierend Stellung nehmen kann, steuert gemäß dem Verständnis Teilhards Gott den Evolutionsprozeß als den Weg zum Heil der Menschheit. Christus als das Gesetz des Anfangs kommt im Laufe der Entwicklung in ihrem Endpunkt Omega zur Vollendung auf dieser Welt, so daß Teilhard den gesamten Entwicklungsprozeß auch Christification, Christifizierung nennt. Im gegenwärtigen Stadium der Entwicklung kommt dabei der wissenschaftlich-technischen Forschung eine ungewöhnliche Bedeutung zu. „Hat nicht die Kenntnis der Hormone so weit geführt, daß wir morgen schon auf die Entwicklung unseres Körpers – ja sogar des Hirns Einfluß gewinnen können? Wird uns die Entdeckung der Gene nicht bald die Kontrolle des Mechanismus der organischen Vererbung gestatten?" Teilhard hofft, daß „wir alle vereint, das Steuerruder der Welt ergreifen, indem wir die Hand auf die eigentliche Triebkraft der Evolution legen." Er nennt das die „menschliche Wiederankurbelung der Evolution" (Teilhard de Chardin, 1959, S. 242, 243). *Teilhard versteht den technischen Fortschritt als Fortschritt zum Heil.* Bezüglich der Struktur des alle verbindenden Bewußtseins, der Noosphäre, schreibt er: „Hier denke ich natürlich in erster Linie an das außerordentlich radiophonische und televisionelle Nachrichtennetz, ... das uns schon jetzt in einer Art ätherischen Mitbewußtseins verbindet, ... an die erstaunlichen Rechenmaschinen, die die Denkgeschwindigkeit erhöhen, ... an das Elektronenmikroskop ..." Der technische Fortschritt zieht nach seiner Auffassung den sitt-

---

8 Die Auffassung, daß der Christ als Christ die gesellschaftlichen Verhältnisse zu verändern habe, macht schwer verständlich, warum Jesus, das Vorbild jedes Christen, als Gottesknecht so ausdrücklich und radikal das Übel hingenommen, ja ausgekostet hat. Die traditionelle Deutung lautet, daß er im Tod das Leid überwindet, aber nicht, indem er es abschafft, sondern indem er ihm den Sinn des Opfers, der durchzustehenden Prüfung gibt. Daher auch die mehrfach von Luther zitierten Worte Christi: „Ich aber sage euch, daß ihr nicht widerstreben sollt dem Übel." (Mat 5, 39) Moltmann sagt: Widerstrebt doch! Damit macht er die Bewältigung des Übels von einem religiösen zu einem technischen Problem. Das hat unter anderem die Konsequenz für die Ethik, daß ich mich als Christ nicht nur bemühen soll, selbst gut zu sein, sondern zur Umgestaltung der Welt auch von den anderen das Gutsein – wie ich glaube, daß es sein soll – verlangen muß.

lichen nach sich. „Jenseits einer bestimmten Stufe besetzt sich der technische Fortschritt notwendig und funktionell mit den Fransen des sittlichen Fortschritts." (Teilhard de Chardin, 1963, S. 222, 267) So kommt er zu der kardinalen Aussage: „ – und es ist auch zwischen Forschung und Anbetung ein geringerer Unterschied als man meint." (Teilhard de Chardin, 1959, S. 243) Trotz der Verschiedenheit der Ausgangsposition und der Ausdrucksform zeigt sich bei Teilhards Auffassung von Entwicklung, Technik und Fortschritt zum Heil eine Ähnlichkeit zum Marxismus, und es ist wohl kein Zufall, daß das Werk Teilhards schon zeitig in das Russische übersetzt worden ist.

In einer grundlegenden und prägnanten Weise wird die Pädagogik heute von der technizistischen Geisteshaltung bestimmt. Einen sprechenden Eindruck liefert der Unesco-Bericht: „Wie wir leben lernen, über Ziele und Zukunft unserer Erziehungsprogramme", den eine siebenköpfige Kommission unter Leitung von Edgar Faure, ehemaligem französischem Ministerpräsidenten und Erziehungsminiser, erstellt hat. Der Bericht bricht ausdrücklich mit *einer Auffassung von der Pädagogik, der es um eine Tradierung kultureller Werte geht, und ist ganz und gar der fortschrittlichen Veränderung der Welt gewidmet.* Er fordert eine grundsätzliche und völlige Neuorientierung des gesamten Erziehungswesens, eine Abkehr von den „Schrullen vorangegangener Generationen", von „erlauchten oder verstaubten Dokumenten", von den „Dogmen der traditionellen Pädagogik" (Faure, S. 32, 51, 132). Als Ursache für diese revolutionäre Neuorientierung wird die Technik genannt, die sogenannte „wissenschaftlich-technische Revolution", worunter im marxistischen Sprachgebrauch der Durchbruch zur Kernenergie und Informationstechnik in den letzten Jahrzehnten verstanden wird, eine Entwicklung, die alle Lebensformen laufend verändert, so daß die überkommenen Vorstellungen unbrauchbar geworden seien (Faure, S. 31ff., 59ff.). Ziel der Erziehung ist der „totale", der „neue Mensch", der in der Lage ist, die neuen Verhältnisse zu beherrschen (Faure, S. 48, 218). Der wissenschaftlichtechnische Fortschritt macht nun nicht nur den neuen Menschen erforderlich, sondern liefert auch die Möglichkeiten, ihn zu verwirklichen. „Der zukünftige Mensch ist ein Mensch, dessen Kenntnisse und Handlungsmöglichkeiten sich so erweitert haben, daß ihm die Grenzen des Möglichen in unendliche Fernen gerückt zu sein scheinen ... Die Erkenntnis seiner Möglichkeiten erstreckt sich (auch) auf die Erkenntnis seines eigenen Bewußtseins ... Die Einsicht in die Funktionen seines Hirns ... ermöglicht es ihm sogar, sein irrationales Verhalten rational zu analysieren und ebenso das der anderen. Im Unterschied zum Menschen von früher ... erfaßt der neue Mensch die Welt, er erkennt und versteht sie." (Faure, S. 218f.) Hier spürt man, wie der Geist der Aufklärung auf die Spitze getrieben ist, wie sich der Glaube an die Vernunft zum scientistischen Glauben an Naturwissenschaft und Technik ausgeformt hat, mit dem umfassenden Ziel, durch die Erziehung einen anderen Menschen, eine andere Gesellschaft, eine andere Lebensweise, eine bessere Welt herzustellen.

Die bildungspolitische Aufgabe, den neuen Menschen zu verwirklichen, wird in dem Bericht als technisches Programm mit umfassender Systematik entwickelt. „Die Kommission hält es für wesentlich, Wissenschaft und Technik zu universellen und grundlegenden Elementen jedes Erziehungsvorhabens zu machen." (Faure, S. 36) Es wird „eine allgemeine Neustrukturierung im Sinne der permanenten Erziehung" gefordert, von Kindergarten bis zum Lebensende. Damit gewinnt „die Erziehung die Dimension eines historischen Problems, eines Problems der Zivilisation." (Faure, S. 135, 206) „Die Erziehung der Kinder im Vorschulalter ist eine wesentliche Voraussetzung jeder Kultur- und Bildungspolitik." Sie hat die Aufgabe, „den Mangel an kultureller Unterstützung innerhalb der Familie zu kompensieren." „. . . dies erfordert zudem die Unterrichtung der Familien selbst in Elternschulen und ähnlichen Einrichtungen." (Faure, S. 257, 38) An die Stelle der personalen Vermittlung tritt die umfangreiche Verwendung von Unterrichtstechnologie (Faure, S. 279ff.). Aber „die technologische Innovation hat Sinn und Erfolg nur dann, wenn sie für das Erziehungssystem als Ganzes Konsequenzen nach sich zieht." (Faure, S. 194) Dem neuen Erziehungsprogramm entsprechend verlagert sich das Gewicht von den *Inhalten auf die Methoden,* also auf die Techniken! Die Erziehung wird nicht mehr verstanden als die Übermittlung von Bildungsgut, von Erkenntnissen und Werteinsichten und schon gar nicht als die Darstellung von Vorbildern. Inhalte gelten als ideologisch belastet, als kontrovers beurteilt und zudem aufgrund ihrer Zeitabhängigkeit als wenig brauchbar. Das Thema der Pädagogik ist vielmehr der Erwerb von Methoden, von Techniken, das *Lernen des Lernens.* Die Auswahl und Beurteilung des Stoffes wird weitgehend dem Edukanten anheimgestellt. Es geht darum, heißt es, „ihm eine Kultur zu vermitteln, ohne ihn mit vorgefertigten Modellen zu belasten." (Faure, S. 214) Dadurch ändert sich auch grundlegend die Funktion des Lehrers. Es kommt für den Pädagogen weniger auf das tiefgreifende Verstehen seines Unterrichtsstoffes an, auf die abwägende Entwicklung und Beurteilung „vorgefertigter Modelle", womit offenbar die theoretischen Konzepte gemeint sind, sondern vielmehr auf die Technik des Lernen-Lassens. Der Lehrer wird nicht mehr als der Vermittler von Bildungsgut, sondern als der Organisator des Lernprozesses verstanden. Weil es auf den Inhalt weniger ankommt, heißt es auch: „Die Unterscheidung in Primarschullehrer, Berufsschullehrer, Sekundarschullehrer, Hochschullehrer etc. sollte auf keinen Fall eine Hierarchisierung enthalten." (Faure, S. 285) Gemäß dieser Auffassung etabliert sich die Pädagogik erst durch die Erforschung der Lerntechnik als eine eigenständige Wissenschaft, *genauer als eine technische Wissenschaft.* Abgekürzt kann man diese Verfahren etwa so charakterisieren, daß der Edukant in Situationen zu bringen ist, in denen er selbst das findet oder erfindet, was für diese Situationen und für ihn passend ist.

Der Bericht der Unesco mag in mancher Beziehung etwas einseitig gefärbt sein, aber immerhin handelt es sich hier um eine ausführliche offizielle Stellungnahme der größten Bildungsorganisation der Welt, und die hier vertretenen Ideen haben auch in der Unterrichtsmethodik der Bundesrepublik sowie in den Rahmenrichtlinien unserer Kultusminister ihren Niederschlag gefunden. *Die technizistische Einstellung zur Welt kommt in diesen totalen Erziehungsprogrammen prägnant zum Ausdruck.*

Nun mögen hinter manchen Programmen auch politische Interessengruppen stehen, die sich von einem revolutionären Umbruch der Verhältnisse eine Verbesserung der eigenen Situation versprechen, aber jenseits von allen politisch gefärbten Bestrebungen hat der technizistische Ansatz auch Eingang in das nüchterne wissenschaftliche

Denken gefunden. Die Praxis — das Handeln, das technische Verändern — tritt, nicht immer bemerkt, als Ziel der Wissenschaft an die Stelle der Erkenntnis. In einer sorgfältigen Studie der Struktur unserer Wissenschaft und Technik schreibt Kurt Hübner: „Ich glaube, daß wir uns in einem Prozeß befinden, in dem eine Wandlung des Selbstverständnisses der Wissenschaften . . . stattfindet; daß sie ihre Funktion weit weniger in einer Erkenntnis ihrer Gegenstände sehen werden — die mehr und mehr problematisch wird —, als vielmehr in Interpretationsweisen eines an sich unbestimmten Wirklichen; die eigentliche Intentionalität wird also auf technische Verwertbarkeit gerichtet sein und am Ende darin ihren entscheidenden Maßstab finden." (Hübner, S. 49) Siegfried Maser definiert ein transklassisches Wissenschaftsverständnis, bei dem an die Stelle des Kalküls das Planungsmodell, an die Stelle der Vollständigkeit die Effektivität, an die Stelle der Evidenz die Praktikabilität tritt (Sachsse, Maßstäbe, S. 13ff., 29). *Hier will also auch die Wissenschaft nicht mehr wissen, sondern machen.* — In einer sehr ausführlichen und formal streng durchgearbeiteten wissenschaftstheoretischen Untersuchung kommt Herbert Stachowiak zu dem folgenden Ergebnis: Da es keine wirklich sicheren und endgültigen Kriterien für die Wahrheit gibt, da für den Entwurf der Theorien immer ein gewisser Spielraum offen bleibt, ist das Suchen nach der einen Wahrheit ein „Haschen nach Wind". Es wird daher ein „neopragmatischer Entschluß" gefordert, das Erkenntnisbild derart zu entwerfen, daß es den Anforderungen gesellschaftlicher Brauchbarkeit genügt. Stachowiak begrüßt diese Entwicklung und schreibt: „Aus der Not der Unmöglichkeit von ‚Wirklichkeits'erkenntnis, die zu wahrem oder auch nur zu wahrscheinlichem Wissen sollte führen können, ist die Tugend der Zweckangepaßtheit und operationalen Beweglichkeit pragmatischer Wissenschaft geworden." (Stachowiak, S. 50ff., 57) *Mit seiner Idee von der Erkenntnis als Konstruktion hat Kant den Weg eingeschlagen* (S. 192 ff.), *der zur „Tugend der operationalen Beweglichkeit" geführt hat!* — Die hier geschilderte Mentalität ist zwar noch nicht allgemein bewußt, aber sie beherrscht doch weitgehend den modernen Wissenschaftsbetrieb.

6.4 Das Scheitern der technizistischen Philosophie

Wir haben im vorigen Abschnitt an verschiedenartigen Beispielen gesehen, wie der Glaube an die Macht von Naturwissenschaft und Technik, an eine technisch herstellbare bessere Welt, das Denken heute bis in seine Wurzeln und seine methodischen Ansätze weitgehend bestimmt. Diese Einstellung geht quer durch alle Bereiche und findet sich bei Marxisten wie Christen, bei Positivisten wie Pragmatikern. Das Glück des Weiterschreitens, von dem im Faust die Rede ist und bei dem es sich wohlbemerkt um technisches Weiterschreiten handelt — Faust läßt Dämme und Kanäle bauen, wobei das Hüttchen von Philemon und Baucis niedergebrannt wird — dieses Glück des Weiterschreitens durch Umgestaltung der Welt wird seit der Neuzeit vielfach als Lebenssinn und Lebensmotiv überhaupt verstanden.

Trotzdem zeigt sich uns heute bei ruhiger Besinnung der Zusammenbruch dieser Ideologie der technischen Weltbewältigung. Das bedeutet aber keineswegs, daß die Technik nun unbrauchbar oder gar böse sei, es bedeutet nur den Zusammenbruch einer Ideologie, bei der die Haltung des Menschen zur Welt verstanden wird als die Haltung des Technikers zu seinem Material. Wir wollen drei Aspekte dieses Scheiterns hervorheben: 1. Das Scheitern an die Realität; 2. Die Destruktion der Ethik; 3. Die Destruktion der Erfahrung überhaupt.

1. In der praktischen Erfahrung erweist sich die Welt und das Leben der Gesellschaft wie das des Einzelnen weit weniger machbar, als die Philosophen, Theologen oder Pädagogen, als die Marxisten wie die Scientisten es wahrhaben wollen. Wir müssen uns im Gegenteil in steigendem Maß mit unerwarteten Schwierigkeiten auseinandersetzen, die wir aber selbst verursacht haben. *Immer wieder stoßen wir unvermutet und unberechenbar auf die Härte der Realität.* Jenseits aller Philosophie stößt heute bereits das Produktionsvolumen zur Befriedigung der Bedürfnisse für das „menschwürdige Dasein", wie man sagt, auf höchst reale, stoffliche Grenzen. Wenn Fichte das Nicht-Ich – nämlich die Welt – zur Tathandlung des Ichs erklärt (S. 194 f.), so macht er die Rechnung ohne den Wirt. Keine philosophische Tat kann das unabhängig vom Menschen Vorhandene vermehren oder vermindern. Die Philosophie des Deutschen Idealismus hat zu *einer ungemäßen und arroganten Selbstüberschätzung des Menschen und zu einem Verkennen seiner realen Möglichkeiten geführt,* zu einer Weltfremdheit, von der wir auch heute noch nicht ausreichend kuriert sind. Noch vertreten in der Bundesrepublik, um die Forderungen ihrer Wähler zu erfüllen, die Regierung wie die Opposition gemeinsam den Standpunkt, daß die Erhöhung der Produktion die wichtigste Regierungsaufgabe sei, und alle Länder der Welt bemühen sich heute mit ganzer Energie um die Steigerung ihrer technischen Kapazität. Die Ansprüche des Menschen steigen schneller als ihre Anzahl. Die Weltbevölkerung verdoppelt sich etwa alle 30 Jahre, der Energiekonsum alle 10 Jahre, und das bedeutet, daß in 30 Jahren das Vierfache vom heutigen Betrag an Energie pro Kopf nötig sein wird. Von 1950 bis 1974 hat sie das Realeinkommen pro Kopf in der Bundesrepublik vervierfacht. (Die ZEIT, 7. 2. 75) Es bedarf keiner besonderen Rechenkunststücke um einzusehen, daß eine derartige Wachstumsrate, die man nun noch zu steigern bemüht ist, nicht durchzuhalten ist. Wir leben über unsere Verhältnisse. Daran kann keine Technik etwas ändern. Durch den Gedankenflug idealistischer Systeme und durch die erstaunlichen Leistungen des technischen Fortschritts ist uns die Realität aus dem Blick geraten. Doch das philosophische Problem, ob Idealismus oder Realismus, wird heute nicht durch Argumente entschieden, sondern durch die Härte der Fakten, es geht uns wie dem Kind, das sich den Kopf an der Tischkante aufschlägt. Wir werden die realen Möglichkeiten der Technik sehr viel nüchterner und bescheidener überdenken müssen.

2. Die *Verstofflichung der Welt führt zu einer Destruktion der Ethik.* Das Material ist dem Techniker in die Hand gegeben, es steht ihm zur beliebigen Verfügung, er ist ihm nicht verantwortlich. Der Begriff des Materials, ursprünglich der Sachwelt vorbehalten, ist längst erweitert worden auf alles begrifflich Be- und Ergreifbare und daher Veränderbare und Verbesserbare. Insbesondere der Mensch, die Gesellschaft ist das Material für die Neugestaltung geworden. Woher aber die Prinzipien für diese Veränderung nehmen? Descartes glaubte wohl noch an den Christengott. Kant sprach von den Postulaten der praktischen Vernunft, aber bei Fichte ist das Ich bereits mit

seiner Tathandlung allein. An Stelle vom Ich spricht Hegel vom Weltgeist, Marx von der Gesellschaft und die sozialistischen Länder von der Führung durch die Partei. Woher aber die Maßstäbe für die Führenden? Es werden die Ideale der Aufklärung genannt, Demokratie, Friede, Gerechtigkeit, Freiheit, Humanität. Aber wir wissen, wie vieldeutig diese Begriffe sind, so daß geradezu Entgegengesetztes unter ihnen verstanden wird. Im Jahre 1963 haben sich bei einem Symposium auf Einladung der Ciba sechzehn Experten und Nobelpreisträger über Zukunftsmöglichkeiten und Maßnahmen auf dem Gebiet der Biologie und Genetik besprochen. Im Schlußwort spricht P. B. Medawar von der „unglaublichen Verschiedenheit der Auffassungen, die hier ausgedrückt wurden". Nähme man die Meinungen zusammen, so würde man zu keinen Prinzipien kommen, die für Unterricht oder Aufklärung verwendbar seien. „Das ist es, was mich am meisten an unserem Gespräch beeindruckt hat, die absolute Verschiedenheit unserer Ansichten ... auch zwischen Männern desselben engen Fachbereichs." (Man and His Future, S. 382) Dieser Abbau der Orientierung ist die logische Folge der Verstofflichung der Welt; das Material kann dem Techniker nichts sagen, es ist gerade um so wertvoller je gefügiger, je formloser, je informationsloser es ist. Dem Stoff gegenüber kann der Techniker nicht anders als gewalttätig verfahren, denn er ist ihm kein Partner. Wenn man das Gegenüber zum Stoff macht, nimmt man ihm die Sprache. Durch den Dualismus der Zwei-Substanzenlehre des Descartes, durch die Gegenüberstellung von res cogitans und res extensa, hat sich der Mensch im Laufe der Säkularisierung, die letztlich vom Bewußtwerden der technischen Möglichkeiten getragen ist, selbst aus der Welt hinauskatapultiert und ist orts- und orientierungslos geworden. „Der Mensch ist verurteilt, frei zu sein", schreibt Sartre. Man wird nicht denken können, „daß der Mensch auf Erden Hilfe finden könne in einem gegebenen Zeichen, das ihm seine Richtung weise." (Sartre, S. 16) „Es gibt keine allgemeine Moral." (Sartre, S. 20) „Der Mensch" ist „in jedem Augenblick dazu verurteilt, den Menschen zu erfinden." (Sartre, S. 17) „Da ich Gottvater ausgeschaltet habe, muß es jemanden geben, der die Werte erfindet." (Sartre, S. 34) Mit *dieser irrationalen Selbsterschaffung gekoppelt ist der betonte Aktivismus.* „Es gibt in Wirklichkeit nur die Tat." (Sartre, S. 22) Sartres Ideen sind nicht ohne Wirkung auf die Gestaltung der Erziehungsprogramme geblieben. Die Verschiebung der Gewichte vom Inhalt auf die Methode verschärft noch den cartesianischen Dualismus. Sie isoliert den Einzelnen, wirft ihn ganz und gar auf sich selbst zurück und trennt ihn durch die Relativierung aller Bildungswerte von einer vieltausendjährigen ethischen und existentiellen Erfahrung der Menschheit. Nun soll er in der Tat mit seiner Kreativität alle Entscheidung nur noch aus sich allein hervorbringen. „Die Schule der Zukunft — heißt es — muß ... aus dem Menschen, der die Erziehung über sich ergehen läßt, einen Menschen, der sich selbst erzieht, aus der Fremderziehung die Selbsterziehung machen." „Der Mensch vollendet sich in dem und durch das, was er hervorbringt." Die Förderung der Kreativität wird als eine der wichtigsten Aufgaben der neuen Psychopädagogik bezeichnet (Faure, S. 226, 214). Das ist die Methode, den einfallreichen Techniker auszubilden, aber die Ethik verschwindet dabei fast unbemerkt aus dem Konzept, denn *bei der Ethik geht es nicht darum, was man selbst hervorbringt, sondern wie man einem Gegenüber gerecht wird.*

3. Die Veränderung des Zeitgefühls, *die Bevorzugung des Werdens vor dem Sein, stellt den Erfolg des Lernvermögens in Frage.* Erfahrungen machen und sinnvoll verwenden kann man nur im Gerüst des Beharrenden. Lernen, welcher Art es auch sei, ist immer das Einspeichern zeitinvarianter Strukturen (S. 28 ff., 82 f.). Etwas zu lernen hat nur Sinn, wenn das Gelernte auch anwendbar ist, wenn es aufgrund unveränderter Prozeßgesetzlichkeit eine Prognose gestattet. Ändern sich die Lebensverhältnisse im Laufe von Generationen, so können Erfahrungen nicht mehr tradiert werden, und ändern sie sich während eines einzelnen Lebens, so wird sogar die individuelle Erfahrung problematisch. Durch Umlernen kann man zwar versuchen, sich den Änderungen anzupassen, aber auch dieses Verfahren stößt auf Grenzen. Der Lernende ändert dadurch, daß er lernt, sein Verhalten, und wenn nun *alle permanent lernen, ändert sich damit durch ihre veränderten Entscheidungen gleichzeitig das gesamte technisch-sozio-ökonomische Wirkungsgefüge.* Wenn die Lebensbedingungen wesentlich vom Verhalten der Menschen abhängen und wenn alle immer lernen, so kann ein solches System nicht stabil sein. Unsere Zeit ist mehr als jede frühere an der Zukunft interessiert und hat eine eigene Zukunftswissenschaft, die Futurologie entwickelt. Trotzdem ist die Zukunft heute ungewisser als in früheren Zeiten, denn es gibt heute mehr Umwälzungen als früher, etwa auf dem Gebiet der Rohstoffversorgung, der Militärtechnik, der Informatik, der Pharmazie, es gibt schwankende Wechselkurse, Veränderungen in der Steuergesetzgebung, in der Gesellschaftspolitik usw., und permanentes Lernen wird diese Veränderungsraten noch erhöhen und die für unsere Entscheidungen wichtigen Prognosen noch stärker verunsichern. Die Situation erinnert an den Wettlauf des Hasen mit dem Igel: *das Neue ist immer schneller da, als es lernend erfaßt wird.*

Auch die Idee, auf das Lernen der Bildungsinhalte zu verzichten und sich auf das *Lernen der Methoden zu beschränken, bringt keine Lösung des Problems, denn das, was wir zur Erhaltung unserer Existenz benötigen, sind gerade die Inhalte.* Methoden haben wir heute ja beinahe schon zuviel, die Technik bietet uns viel mehr Möglichkeiten, als wir imstande sind zu verwirklichen. Allein schon die Knappheit an Arbeitskraft und Hilfsmitteln, an Zeit und an Geld zwingt uns zur Auswahl und Entscheidung. Dabei sind die Fragen nach den Prioritäten unumgänglich, was wollen wir tun? Das ist kein Problem der Methode, und diese Fragen können nicht von jedem einzelnen aufgrund seiner Kreativität nach seinem persönlichen Ermessen entschieden werden, sondern unser hochvernetztes soziales System verlangt eine Koordination der Handlungen. Das heißt, es muß gemeinsame Prinzipien geben, da sonst die Vielfalt individueller Entscheidungen unvorhersehbar wird, so daß es gar nichts mehr zu lernen gibt. Zur Gewinnung gemeinsamer Verhaltensprinzipien kommt es aber auf das Erlernen von Inhalten an und auf die Abstimmung über diese Inhalte.

Es kommt hinzu, daß es eine lupenreine Trennung von Inhalten und Methoden gar nicht gibt. Auch die Erziehungsprogramme, die wie das der Unesco ganz das Gewicht auf die Methodik legen, enthalten in *hohem Maße, wenn auch nicht genügend reflektiert, inhaltliche Elemente,* etwa das Menschenbild, das sich aus der Aufklärung entwickelt hat und das mit seinen scientistischen Merkmalen selbst ein Ergebnis der technizistischen Geisteshaltung ist. Es kann nicht unsere Aufgabe sein, diese unter der Methodik versteckten Inhalte unreflektiert zu übernehmen, sondern wir müssen sie anhand einer Rückkoppelung aus der Erfahrung überprüfen, ob sie auch heute noch den rechten Weg führen. Inhalte lassen sich zwar verstecken, aber nicht eliminieren, *weil es keine Methoden ohne inhaltliche Vorentscheidungen gibt.* Wenn die Maßstäbe für die Gewichtung und Verarbeitung der Information fehlen, kommt es nicht mehr zu sinnvollen Erfahrungen, sondern das aufgefangene Informationsmaterial liegt wie Kraut und Rüben durcheinander.

Fassen wir zusammen: Die Verbesserung hat das Beharrende zur Voraussetzung, mit dem das Neue verglichen werden muß und an dem es sich bewähren muß, damit man sehen kann, ob es auch das Bessere ist. Wird das Neue ungeprüft, nur weil es neu ist, schon zum Besseren erklärt und das Bestehende, bloß weil es besteht, schon verworfen, so zerstört der Mensch damit seine wertvollste Fähigkeit, der er seine Existenz verdankt, sein Vermögen, aus Erfahrungen zu lernen. Das muß sich auch eine Theologie der Hoffnung gesagt sein lassen.

Wenn wir auf die Zeit seit dem Anlaufen der Industriezivilisationen zurückblicken, so zeigt sich, daß die Menschheit mit dem Anbruch der Neuzeit einen Entwicklungssprung gemacht hat, den man mit einer Großmutation vergleichen kann, der zu einer ungeheuren Vermehrung der vitalen und intellektuellen Substanz geführt hat, zu einer umfassenden Erweiterung der geistigen Repräsentation, zu einer neuen Existenzweise des Lebens auf der Erde. Es zeigt sich aber gleichzeitig, daß dieser Entwicklungssprung noch nicht bewältigt ist: Dadurch, daß die *technische Methode den Charakter eines Ziels angenommen hat, besitzt das neue System eine internalisierte Selbstbeschleunigung, eine positive Rückführung* (Fußnote S. 20). Es ist daher höchst instabil und wird, wenn es nicht an Hypertrophie zugrundegehen soll, einer *ethischen und intellektuellen Bemühung zur Umkehr der Antriebsrichtung bedürfen.* Die Epoche der industriellen Zivilisation befindet sich noch — wie man vergleichend sagen kann — im Stadium der Pubertät, einer stark prolongierten Pubertät! So stellt sich jetzt die Frage: Welche Ansätze bieten sich zur Bewältigung dieses Entwicklungssprunges, zur Stabilisierung und Sicherung unserer materiellen und geistigen Existenz? Diesem Problem ist das letzte Kapitel gewidmet.

7 Überwindung des Technizismus und ethische Bewältigung der Technik

7.1 Philosophische Besinnung auf die Technik

Obwohl die Technik so nachhaltig die geistesgeschichtliche Entwicklung beeinflußt hat, ist sie doch *erst spät zum Gegenstand philosophischer Besinnung geworden.* Es ist überraschend, wieviel mehr über das Erkennen-Können und seine Rückwirkung auf das Weltbild nachgedacht worden ist, als über das Machen-Können, obwohl das Machen-Können älter ist als das Erkennen-Können und auch notwendiger für die menschliche Existenz. Und wenn auch seit Bacon und Descartes immer deutlicher bewußt wird, was Technik kann, so doch nicht, was sie bedeutet; die Frage nach ihren Möglichkeiten hat den Menschen weit mehr beschäftigt als die nach ihren Folgen und nach ihrem Sinn. Das Machen, das Herstellen ist naturnäher als das Denken, so daß es sich wohl aufgrund seiner Selbstverständlichkeit und seines primär präverbalen Charakters so lange der philosophischen Reflexion entzogen hat. Auch ist das technische Kriterium der Eignung und Brauchbarkeit – zunächst wenigstens! – nicht so problematisch, wie die Forderung der Erkenntnis nach Widerspruchsfreiheit, an der sich das philosophische Denken entzündet hat. Erst seit der augenfälligen Steigerung des Machen-Könnens und seit den Problemen, die seine Ergebnisse aufwerfen, befaßt sich der Mensch mit der Deutung dieses seines Vermögens. Eine Philosophie des Handwerks hat es nicht gegeben, es ist erst die moderne, mit den Hilfsmitteln der Wissenschaft betriebene Technik, die zum Problem für die Philosophie geworden ist.

Zunächst wird die Entwicklung der Technik biologisch, sozusagen „natürlich" verstanden. 1877 legt Ernst Kapp ein Buch vor, das zum erstenmal den Titel trägt „Grundlinien einer Philosophie der Technik"[1]. Kapp versteht die Technik als biologische Weiterentwicklung der Organe. Der Mensch, heißt es, überträgt unbewußt Form, Funktionsbeziehung und Normalverhältnis seiner leiblichen Gliederung auf die Werke seiner Hände. Die technischen Mechanismen kommen nach dem organischen Vorbild zustande. Analog der Gesetzmäßigkeit organischer Entwicklung versteht auch Teilhard de Chardin die Entwicklung der Technik, und auch der dialektische Materialismus rechnet mit einem einheitlichen, durchlaufenden, streng gesetzlichen Prozeß. Die verschiedenen biologischen, geistigen und sozialen Organisationsstufen werden als verschiedene Bewegungsformen der Materie verstanden, die in dem immanenten Wachstumsprozeß des dialektischen Fortschritts erreicht werden (S. 34ff., 232 f.). Diese gesetzlich biologische Deutung, die es noch in mannigfachen Abwandlungen gibt, besitzt eine gewisse suggestive Erklärungskraft, aber die immanente Entwicklung läßt keinen Raum mehr für personale Verursachung, und dadurch kommt

---

1 Hierzu und zum Folgenden siehe die Literaturbesprechungen und Text-Beispiele in Hans Sachsse, Hrsg.: Technik und Gesellschaft, Bd. 1 bis 3, insbesondere Bd. 1, S. 106ff. und Bd. 3, S. 127 ff.

das gesamte Problem der Verantwortung, der rechten Steuerung, der ethischen Bewältigung zu kurz. *Ein Gesetz, das sich aus immanenter Gesetzlichkeit erfüllt, läßt der Verantwortlichkeit des Menschen keinen Spielraum.* Das gilt ebenso für den dialektischen Materialismus wie für Teilhard de Chardin, wie für andere, verwandte Modelle.

Ein interessantes Beispiel biologischer Deutung ist Oswald Spenglers kleine Schrift „Der Mensch und die Technik, Beitrag zu einer Philosophie des Lebens". Spengler faßt den Begriff der Technik von vorneherein weit, sie „ist nicht vom Werkzeug her zu verstehen", sondern es kommt „auf das Verfahren an . . . nicht auf die Waffe, sondern auf den Kampf". „Technik ist die Taktik des ganzen Lebens." Den Menschen bezeichnet er als das „erfinderische Raubtier" und als „den Empörer gegen die Natur". Die Sprache dient der „Tat nach Absicht, Zeit, Ort, Mitteln", sie ist sein Werkzeug. Aber „die Natur ist stärker". Die technische Organisation führt zum Verlust der Freiheit. In der „wachsenden gegenseitigen Abhängigkeit liegt die stille tiefe Rache der Natur" (Spengler, S. 5, 18, 25, 30, 39). Das Buch ist mit großem Atem geschrieben. Die kalte und pessimistische Sicht hat sich im Zweiten Weltkrieg erbarmungslos bewahrheitet. Die Arbeit zeigt *die Möglichkeiten wie die Grenzen des biologistischen Ansatzes, der es versucht, die kompliziertere, höhere Lebensform des Menschen an Hand der tieferen des Tieres adäquat zu erfassen.* Spenglers ethische Konsequenzen sind ein gutes Beispiel für heroische Wildbeutermoral.

Der Biologismus Spenglers sieht die Technik bereits mit Kritik: Der Mensch als Techniker empört sich gegen die Natur, verstrickt sich dabei aber in Abhängigkeiten und unterliegt den technischen Sachzwängen. Die Deutung der Technik als Unheilsmacht findet bei zahlreichen Kulturkritikern noch wesentlich schärferen Ausdruck. Georg Friedrich Jünger spricht in seinem Buch „Perfektion der Technik" von „sehr starken und sehr bösartigen Dämonen" (G. F. Jünger, S. 97ff., 134), und bei Ernst Jünger lesen wir in den „Gläsernen Bienen": „Menschliche Vollkommenheit und technische Perfektion sind nicht zu vereinbaren. Wir müssen, wenn wir das eine wollen, das andere zum Opfer bringen." (E. Jünger, Bd. 9, S. 476) Karl Jaspers schreibt: „Hellsichtige Menschen erfaßte schon früh ein Grauen vor der technischen Welt". „. . . . das große Verhängnis nicht nur Europas . . . sondern der Welt . . . ist das technische Zeitalter mit allen Konsequenzen, die nicht bestehen zu lassen scheinen, was der Mensch sich in Jahrtausenden an Arbeitsweisen, Lebensformen, Denkungsart, an Symbolen erworben hat . . . ein katastrophales Geschehen zur Armut hin an Geist, Menschlichkeit, Liebe und Schöpferkraft". (Jaspers, S. 127) Bemerkenswert ist der utopische Roman „Der Luftkrieg" (1909) von Herbert George Wells. Der Autor schildert realistisch, teils mit hartem und grausamem Humor, wie infolge des Fortschritts der Technik der Luftfahrt ein Weltkrieg ausbricht, der zur völligen Zerstörung der Kultur führt, – eine schauerliche Vision vor dem ersten Weltkrieg, vor Langemark und Verdun, vor Auschwitz, Dresden und Hiroshima!

Vielfach enthält die Kritik an der Technik fatalistische Züge. Karl Löwith spricht vom „Verhängnis des Fortschritts", das er als das schwer abwendbare Schicksal der abendländischen Zivilisation auffaßt (Löwith, S. 139ff.). Theo Löbsack hat gar ein Buch geschrieben: „Der Mensch: Fehlschlag der Natur", in dem er darlegt, daß sich der Mensch aufgrund seiner biologischen Ausrüstung an der Technik zugrunderichten muß. Die Kulturkritik an der Technik ist heute eine breite Strömung geworden und beherrscht namentlich auch weitgehend die erzählende Literatur, aber sie leistet zur Philosophie der Technik nur einen geringen Beitrag: Sie betrachtet entweder die technische Entwicklung als Schicksal und schiebt damit die Verantwortung für Menschenwerk auf anonyme Mächte ab, oder sie ist so radikal, daß sie die Technik sozusagen „wesenhaft" und als Ganzes verwirft, ohne Alternativen aufzuweisen, wie der Mensch, dessen nackte Existenz bereits von der Technik getragen wird, ohne die Technik auskommen soll. *Viele Technikkritiker verfallen der Paradoxie, die Mittel zu verwenden, die sie verwerfen.*

Eine Erweiterung hat das Verständnis der Technik erfahren durch die Berücksichtigung des anthropologischen Aspekts. Einen geistvollen und scharfsichtigen Beitrag zu diesem Thema hat Ortega y Gasset 1939 mit seinen „Betrachtungen zur Technik" geliefert. *Er nimmt den modernen Begriff des Programms vorweg.* Der Mensch – schreibt er – „ist ein Programm, daher ist er das, was er noch nicht ist, sondern was er sein möchte." (Ortega y Gasset, S. 51) Die Technik ist die Verwirklichung seines Programms. Damit kennzeichnet er die biologische und anthropologische Wurzel der Technik, läßt aber Platz für freien Entscheidungsspielraum in der Entwicklung. Eine umfassende anthropologische Sicht hat Arnold Gehlen entfaltet, der den Menschen als das handelnde Wesen auffaßt (Gehlen, Der Mensch). Die Distanz zur Beurteilung der modernen Technik findet er durch das vergleichende Studium archaischer Kulturen (Gehlen, Urmensch und Spätkultur). In der modernen Technik findet ein menschliches Urbedürfnis seine Erfüllung: „Über Jahrtausende hat dem Menschen eine imaginäre Macht, die Magie, genügt, solange er den Weg zur realen nicht fand." Der technische Prozeß hat irrationale Wurzeln; Walter Rathenau wird zitiert: „Trotz ihres rationalen und kasuistischen Aufbaus ist sie (die Technik) ein unwillkürlicher Prozeß, ein dumpfer Naturvorgang." Durch die Unanschaulichkeit der modernen Technik und durch die Trennung der Folgen von den Handlungen tritt ein Erfahrungsverlust ein. „Wissen kann ja nur als Bestandstück zielbewußten und kontrollierten Handelns beschrieben werden." Das führt zu einem Problem der Ethik: „Unsere zuverlässigen moralischen Integrationen reichen nicht viel weiter als unsere Sinne." (Gehlen, Die Seele im technischen Zeitalter, S. 23, 17, 46, 55) *Gehlen hat unser Verständnis, was Technik ist, vertieft.*

Eine umfassende Auseinandersetzung mit der neuzeitlichen Technik *unter besonderer Berücksichtigung des ökonomischen Wirkungsgefüges* bringt das Buch von Otto Veit „Die Tragik des technischen Zeitalters". Es stammt aus den dreißiger Jahren, nimmt aber bereits viel von der späteren Problematik vorweg. Probleme, die für die Technik als Gemeinschaftswerk wesentlich sind, wie die Frage nach der Freisetzung oder Kompensation, nach Mehrproduktion und Mehrverbrauch, nach der Steuerung der technischen Wirtschaft werden grundsätzlich behandelt. Deutlich wird auch der ambivalente Charakter der Technik dargestellt: „Durch die Technik sind alle Dinge extremer geworden, und alle Extreme sind verstärkt – die negativen wie die positiven. Die Höhepunkte sind herrlicher geworden und die Abgründe fürchterlicher." (Veit, 1935, S. 140)

242

Im letzten Jahrzehnt ist – insbesondere im Anschluß an die analytische Philosophie – eine kaum noch übersehbare Fülle von Arbeiten zur Technik-Philosophie erschienen, bei denen es, unter anderem unter Rückgriff auf die Gesichtspunkte der Wissenschaftstheorie, schwerpunktmäßig um eine analytisch klare Erfassung des technischen Denkens und Handelns sowie um eine Ordnung der Begriffe geht. Wir müssen uns hier beschränken, auf einige Titel hinzuweisen, unter denen dann auch weiterführende Literatur zu finden ist[2]. Besondere Beachtung unter den neueren Arbeiten verdient der Aufsatz von K. Hübner „Von der Intentionalität der modernen Technik", in dem dargestellt ist, wie die Technik als *ars inveniendi mit dem Ziel, alle nur möglichen Methoden zur Verwirklichung von allem Denkbaren aufzufinden, immer mehr zum Selbstzweck wird* (S. 235). Der Aufsatz klammert Wertfragen zunächst ausdrücklich aus und beschränkt sich auf die Vorarbeit der Bestandsaufnahme.

Wir wollen daher auch hier den kurzen Überblick abbrechen, da wir auf die ethischen Konsequenzen in den folgenden Abschnitten noch einzugehen haben. Zuvor wollen wir aber die Frage untersuchen, wie sich die Naturwissenschaft mit dem Axiom des Descartes, daß die Regeln der Mechanik die gleichen sind wie die der Natur, auseinandergesetzt hat.

7.2 Die Kritik der Naturwissenschaft am cartesianischen Weltbild

Das mechanische Weltbild des Descartes ist derart in das allgemeine Bewußtsein eingegangen, daß es weithin als „natürlich" und als Forderung des wissenschaftlichen Denkens verstanden wird. Wir haben uns so sehr daran gewöhnt, alle Zusammenhänge mechanisch zu verstehen, daß wir, ohne darauf zu achten, *für „Zusammenhang" auch das Wort „Mechanismus" verwenden!* Überraschenderweise hat es die öffentliche Meinung wenig zur Kenntnis genommen, daß die Naturwissenschaften gezwungen waren, das Axiom des Descartes aufzugeben. Axiome sind die Voraussetzung für die Erfahrung, aber sie sind trotzdem nicht unabhängig von der Erfahrung, da von dieser eine Rückkopplung ausgeht; sie haben eine Prüfung zu bestehen, ob sie auch passen. Das mechanische Weltbild des Descartes hat diese naturwissenschaftliche Prüfung nicht bestanden.

Bereits Newton bricht mit der mechanischen Philosophie. Als Ursache der Geschwindigkeitsänderung und der Massenanziehung führt er *den Begriff der Kraft ein, und*

2   Siehe Literaturverzeichnis im Anhang. An Bibliographien ist besonders zu erwähnen: Micham and Mackey: Bibliography of the Philosophy of Technology sowie ein Lesebuch von den gleichen Autoren: Philosophy and Technology, Readings in the philosophical problems of technology. Das Buch von W. Ch. Zimmerli, Hrsg.: Technik, oder: wissen wir was wir tun?, gibt eine ausgewählte und gut kommentierte Bibliographie. Ferner Hans Sachsse, Hrsg.: Technik und Gesellschaft, Bd. 1 bis 3. Einen guten Überblick über die Technik-Probleme aus marxistischer Sicht gibt das Buch Man – Science – Technology a marxist analysis of the scientific and technological revolution. Ferner, insbesondere im Hinblick auf die Wissenschaftstheorie: Gennadij Dobrow: Wissenschaft, ihre Analyse und Prognose. Zur allgemeinen Einführung ist das Buch von Steinbuch geeignet: Mensch, Technik, Zukunft, Basiswissen für die Probleme von morgen.

mit diesem genialen Griff gelingt es ihm, so verschiedenartige Phänomene wie der Gesetze des freien Falls, die Bahnen der Gestirne, die Bewegung von Ebbe und Flut und den Zusammenhalt fester Körper einheitlich zu erklären. Aber dieser Begriff der Kraft kommt in der Mechanik nicht vor, hier geht es, wie Descartes in allen Einzelheiten ausführt, nur Bewegungsübertragung durch Berührung; die Kraft aber wirkt immer über Abstände. Newtons Theorie ist daher bei seinen Zeitgenossen auf Kritik gestoßen. Leibniz spürt den Bruch mit der Mechanik und schreibt an Huygens: „Es scheint, daß es nach seiner (Newtons) Meinung nichts gibt als eine unkörperliche und unerklärliche Kraft an Stelle ihrer sehr plausiblen Erklärung durch die Gesetze der Mechanik." (Huygens, Bd. IX, S. 523), und Huygens antwortet Leibniz, daß er alle Theorien, die auf seinem (Newtons) Prinzip der Attraktion beruhen, für absurd hält (Huygens, Bd. IX, S. 538). In seinem klassischen, wissenschaftsgeschichtlichen Werk schreibt E. J. Dijksterhuis: „daß die Gravitationstheorie von den hervorrangendsten Vertretern der wahren mechanistischen Philosphie, um mit Boyle und Huygens zu sprechen, als ein Rückfall in die für überwunden gehaltenen mittelalterlichen Auffassungen und als eine Art Verrat an der Sache der Naturwissenschaft betrachtet wurde." (Dijksterhuis, S. 535) Hatte doch Huygens die mechanische Begründung als die wahre Philosophie bezeichnet; „man müsse alle Hoffnungen aufgeben, jemals etwas in der Physik zu begreifen, wenn man die mechanische Begründung aufgebe". (Huygens, Bd. XIX, S. 461).

In der Tat wollte das von der Aufklärung geprägte, neuzeitliche Denken die „wahre, mechanische Philosophie" nicht aufgeben, da es aber andererseits nicht möglich war, auf die Newtonsche Theorie in ihrer genialen Einfachheit zu verzichten, hat man sie kurzerhand als mechanisch oder auch *als Erweiterung der Mechanik bezeichnet,* so daß bis heute in allen Lehrbüchern von der „Newtonschen Mechanik" die Rede ist. Aber hier handelt es sich um ein tiefsitzendes historisches Mißverständnis: *Newton hat gerade nicht mechanisch gedacht.* Von den Automaten, den Zahnrädern und Schrauben des Descartes führt keine Analogie zu den Zentrifugal- und Adhäsionskräften; gerade weil er sich von den handgreiflichen mechanischen Modellen befreit hat, ist es ihm gelungen, einfache, umfassende Ordnungszusammenhänge zu entdecken. Es war seine historische Leistung, daß er die *mathematische Erfassung von den Krücken maschineller Darstellung abgelöst hat,* und gerade diese Freisetzung der Mathematik von der Veranschaulichung sollte sich noch als äußerst folgenreich und fruchtbar erweisen.

Er selbst war sich seiner Ablehnung der mechanischen Philosophie wohl bewußt. Im Titel seines epochalen Werkes ist von Mechanik nicht die Rede, er lautet: „Philosophiae naturalis principia mathematica". *Gegen eine mechanische Deutung der Gravitationstheorie wehrt er sich ausdrücklich.* Über die actio in distans schreibt er an Bentley: „Es ist undenkbar, daß tote Materie ohne Einwirkung von etwas anderem, das nicht materiell ist, auf andere Materie einwirken und diese ohne gegenseitigen Kontakt beeinflussen könnte . . . Daß Schwere eingeboren, inhärent und essential für Materie wäre . . . ist für mich eine so große Absurdität, daß ich nicht glaube, daß jemand, der auf philosophischem Gebiet zu urteilen befugt ist, je darauf verfallen könnte. Schwere muß durch ein agens verursacht werden, das fortwährend nach bestimmten Gesetzen wirkt; aber ob dieses agens stofflich oder unstofflich ist, habe ich meinen Lesern zur Erwägung überlassen." (More, S. 379)

Hier wird die Differenz zwischen der Mathematisierung und der Mechanisierung des Weltbildes deutlich: *Das mechanische Weltbild enthält eine ontologische Aussage über die Wirklichkeit, eine Metaphysik, demgegenüber beschränken sich die mathematischen Prinzipien darauf, in der Wirklichkeit Ordnungszusammenhänge aufzuweisen, die aber in bezug auf eine ontologische Deutung offen bleiben.* So sagt Newton auch: „Ich habe bisher die Erscheinungen der Himmelskörper und die Bewegungen des Meeres durch die Kraft der Schwere erklärt, aber ich habe nirgends eine Ursache der letzteren angegeben." (Newton, Prinzipien, S. 511) Aber bei der Suche nach den umgreifenden Ordnungszusammenhängen ist Newton doch von einer Leitvorstellung, von einem Paradigma, um mit Thomas S. Kuhn zu sprechen, geführt worden: er hat die Natur nicht als Maschine verstanden, sondern *in einer anthropomorphen Weise, als die Art, wie ein intelligentes Wesen sich kundtut.* Was man findet, hängt immer mit davon ab, was man sucht. Newton hat in der Natur nicht nach mechanischen Analogien gesucht, sondern nach einfachen, umfassenden Prinzipien, nach begrifflicher Klarheit, die er als Weisheit der Schöpfung und als geistige Schönheit verstand. In der 28. Query der Opticks schreibt er, nachdem er eine ganze Liste von staunenswerten und noch ungeklärten naturwissenschaftlichen Phänomenen aufgezählt hat: „Und wenn alle diese Dinge auf die rechte Art betrachtet werden, zeigt sich dann nicht aus den Erscheinungen, daß es ein unkörperliches, lebendes, intelligentes und allgegenwärtiges Wesen gibt, das im unendlichen Raum, als wäre dieser sein Sensorium, die Dinge selbst von innen her sieht und durch und durch bemerkt und sie völlig begreift, weil sie unmittelbar in ihm gegenwärtig sind?" Newton sieht Gott *in der Welt,* seine Allgegenwart und seine Ewigkeit machen den absoluten Raum und die absolute Zeit aus. „Er ist überall gegenwärtig, und zwar nicht nur virtuell, sondern auch substantiell; denn man kann nicht wirken, wenn man nicht ist." (Newton, Prinzipien, S. 509) Newton ist kein Pantheist, Gott ist nicht mit der Natur identisch, sondern er ist ihr Urgrund und ihr Lenker. Am Schluß seiner mathematischen Prinzipien der Naturlehre schreibt er: „Man sagt allegorisch: Gott sieht, hört, redet, lacht, liebt, haßt, wünscht, bauet, construirt; weil dasjenige, was man von Gott sagt, von irgendeiner Vergleichung mit menschlichen Dingen entnommen ist. Diese Vergleichungen, wenn sie auch sehr unvollkommen sind, geben indessen doch eine schwache Vorstellung von ihm. – Dies hatte ich von Gott zu sagen, dessen Werke zu untersuchen die Aufgabe der Naturlehre ist." (Newton, Prinzipien, S. 510) So steht es in seinem physikalischen Lehrbuch! In die Geschichte ist Newton als der große Aufklärer eingegangen, dem man ein neues Weltmodell zu verdanken hatte, das von der Fähigkeit menschlicher Erkenntnis zeugte und neue Möglichkeiten zur Eroberung der Natur eröffnete. Den umfangreichen Nachlaß an theologischen Schriften, unter anderem eine Arbeit „Bemerkungen zu den Prophezeiungen Daniels und zur Offenbarung des heiligen Johannes" hat man wenig beachtet. Von den theologischen Ausführungen in den „Prinzipien" war man befremdet und peinlich berührt, man deutete sie eher als Reste mittelalterlichen Denkens und als Entgleisungen eines Genies. Die *Nachwelt hat Newton anders haben wollen, als er gewesen ist.* Aber es läßt sich wohl nicht bestreiten, daß es *sein etwas eigenwilliger und abstrakter Gottesbegriff war, der ihm geholfen hat, die Beschränkung auf das mechanische Modell abzustreifen*[3] und ein über die mechanische Philosophie hinausreichendes Abstraktionsniveau zu erreichen.

Die weitere Entwicklung der Naturwissenschaft hat gezeigt, daß Newtons Bruch mit der mechanischen Philosophie keineswegs auf einem Relikt mittelalterlicher Vorstellungen beruhte: *das mechanische Modell ist in der Folgezeit immer wieder an den Erfahrungen gescheitert.* Der nächste Prüfstein war die Theorie des Lichtes. Descartes hatte eine Korpuskulartheorie aufgestellt, er hatte den Lichtstrahl als ein Bombardement feiner Teilchen verstanden. Huygens beweist die wellenförmige Ausbreitung, aber um diese mechanisch zu erklären, muß er als Träger der Wellenbewegung den Lichtäther einführen. Doch es ist nicht geglückt, den Lichtäther ohne logische Widersprüche zu beschreiben: Einerseits muß er unendlich starr sein, die ideale res extensa, weil sonst der Strahl seine Energie an den Äther abgeben und beim Durchgang ermüden würde, andererseits darf aber dieser Lichtäther anderen Körpern keinen Widerstand bieten[4]. Wir verstehen heute das Licht als elektromagnetische Strahlung, aber das Phänomen der Elektrizität, für das wir keine unmittelbare Sinneswahrnehmung haben, fällt völlig aus dem mechanischen Erklärungsrahmen heraus. Die elektromagnetischen Phänomene werden durch die beiden berühmten Maxwellschen Gleichungen beschrieben, welche besagen, daß die elektrische und die magnetische Feldstärke senkrecht aufeinander stehen und daß die eine durch die Veränderungsgeschwindigkeit der anderen bestimmt ist. Diese zwei Gleichungen sind die Grundlage einer Fülle elektrischer, magnetischer und optischer Erscheinungen, aus ihnen ergibt sich die Lichtgeschwindigkeit als elektromagnetische Proportionalitätsgröße, aber sie machen nicht einmal mehr den Versuch einer mechanischen Aussage, sie beschränken sich vielmehr darauf, mit Hilfe von abstrakten Symbolen und deren logischen Beziehungen sehr reale, aber eben nicht mechanische Zusammenhänge darzustellen. Abgesehen von ihrer Erklärungskraft besitzen sie eine überraschende Einfachheit und Symmetrie, so daß Heinrich Hertz scherzend von ihnen sagte, sie seien klüger als die Menschen, die sie entdeckt hätten. Die Maxwellsche Theorie ist zunächst auch auf große Verständnisschwierigkeiten gestoßen. 1884 schreibt Lord Kelvin: „Ich bin niemals zufrieden, bevor ich ein mechanisches Modell des Gegenstandes gemacht habe, mit dem ich mich beschäftige. Wenn es mir gelingt, ein solches herzustellen, verstehe ich, anderenfalls nicht. Daher kann ich die elektromagnetische Theorie des Lichts nicht begreifen. Ich möchte so vollständig verstehen wie möglich, ohne Dinge einzuführen, die ich noch weniger verstehe." (Mason, S. 672) So stark und so anhaltend ist die Suggestionskraft des cartesianischen Modells, daß Lord

---

3   Eine gute Darstellung Newtons im Zusammenhang mit dem geistesgeschichtlichen Hintergrund gibt das Buch von Fritz Wagner: Isaac Newton, im Zwielicht zwischen Mythos und Forschung, Studien zur Epoche der Aufklärung. Ferner siehe Dijksterhuis, S. 519ff.

4   Während Huygens noch mit longitudinalen Wellen gerechnet hatte, stellte Th. Young 1817 durch Experimente mit polarisiertem Licht die Transversalität der Lichtwellen fest. Damit wird eine mechanische Äthervorstellung völlig unerklärlich, da elastische Transversalwellen nur in festen Körpern auftreten können.

Kelvin „Verstehen" nicht anders verstehen kann als „Mechanisch-Veranschaulichen"! Eine einheitliche Deutung für mechanische und elektromagnetische Prozesse hat erst die Relativitätstheorie geliefert, und zwar verbunden mit einem weiteren Verzicht auf mechanische Anschaulichkeit.

Die Natur ist nicht so primitiv, wie es das mechanische Weltbild gerne möchte. Was ist *nur aus den Begriffen der Ausdehnung und Berührung geworden*, die für die Mechanisten wie Descartes, Boyle oder Huygens das Fundament ihres theoretischen Gebäudes waren? Läßt sich die schlichte Erfahrung, daß ein Schrank nicht mehr in die Ecke paßt, weil ein Sofa schon da steht, zur Deutung des Naturgeschehens so verallgemeinern? Welche Ausdehnung hat ein Wasserstoffatom? Es erfüllt das ganze Universum, sein Kraftfeld ist erst im Unendlichen Null. Aber es gibt 10^{80} Wasserstoffatome im Universum, doch deren Kraftfelder schließen sich nicht aus, sondern überlagern sich. Welche Ausdehnung hat ein Tisch? Die Gradienten seiner verschiedenen Kraftfelder hängen davon ab, was sich ihm nähert, ob ich mein Schienbein an ihm stoße oder ob ein Geschoß oder ein Alphateilchen die Tischplatte durchschlägt oder gar ein Neutrino, dessen Wechselwirkungsenergie so schwach ist, daß es den ganzen Erdball durchwandern kann, ohne sich an etwas merklich zu stoßen. Auch sind die Elementarteilchen keine Bausteine wie Ziegelsteine, aus deren Zusammenlegung, durch Addition, größere Teilchen entstehen, sondern wir verstehen sie als quasistationäre Energiezustände, die sich ineinander umwandeln können, wie etwa bei einem System schwingender Saiten eine Schwingungsform in eine andere umklappen kann (S. 27; Heisenberg, 1977, S. 76 ff.).

Die unumstößliche Einsicht, daß es nicht möglich ist, das *Wirkungsgefüge der Natur in Analogie zu der aus der uns umgebenden Dingwelt gewonnenen alltäglichen Erfahrung zu verstehen, hat das Studium der Mikrophysik geliefert.* Bei Elementarprozessen hat sich gezeigt, daß ein Ereignis je nach der Beobachtungsmethode als ein Teilchen oder ein Wellenvorgang erscheint, daß Begriffe wie Ausdehnung, Ort und Geschwindigkeit sich einem physikalischen Sachverhalt *gar nicht mehr unabhängig von der experimentellen Erfassung zuordnen lassen.* Niels Bohr hat für diese zunächst schwer verständliche Erfahrung eine plausible Erklärung angegeben: Der Beobachter sieht nicht sozusagen mit dem Auge Gottes von oben in die Dinge hinein, sondern sein Beobachten ist selbst ein physikalischer Prozeß, er mischt sich in das Geschehen hinein und stört damit den Ablauf, so daß dasjenige, was zur Erfahrung kommt, das Ergebnis einer Interaktion ist. So kommt es, daß das Beobachtete von der Beobachtungsmethode mitbestimmt ist. Bohr spricht von dem großen Drama, bei dem wir nicht nur Zuschauer, sondern auch Mitspieler sind. Diese physikalische Entdeckung ist von großer anthropologischer Bedeutung: Die Zwei-Substanzenlehre des Descartes bricht damit zusammen, der Beobachter steht nicht losgelöst der Natur gegenüber, sondern ist selbst ein Teil von ihr. *Der cartesianische Dualismus hat den Menschen von seinen Wurzeln abgeschnitten, die res cogitans an sich ist eine wirklichkeitsfremde Abstraktion.* Descartes hat die Natur im Menschen übersehen! In Wirklichkeit steht der Mensch als Glied mitten in einem komplizierten System von Wechselbeziehungen, und das Verständnis dieses Wirkungsgefüges ist die Aufgabe der Naturwissenschaften.

Mit dieser Einsicht öffnet sich der Blick für ein tieferes Verständnis der Natur. Descartes hatte in ausführlichen und minutiösen Überlegungen alle Erscheinungen der Natur, das Licht, die Wärme, die Sonne, den Mond, die Planeten, Kometen und Fixsterne, das Feuer, den Blitz, die Berge, Ebenen und Meere, das Eisen und den Stahl, das Rosten, die Wahrnehmungen der äußeren Sinne, Geschmack, Geruch, Gehör, Gesicht, „und wie wir die Figuren und Bewegungen der den Sinnen unzugänglichen Partikelchen erkennen", das alles hatte er allein als Folgen von Ausdehnung und Bewegung dargestellt (Descartes, 1955, S. 64ff., 244), er hatte die Natur aller Qualitäten entkleidet bis auf die reine Extensionalität, bis auf die nackte Stofflichkeit. Und wenn auch in den Jahrhunderten seit Descartes dieser Auffassung die theoretische Basis ganz und gar entzogen worden ist, so hat sich doch im alltäglichen Umgang an der Meinung, daß die Natur als Stoff dem Menschen zur willkürlichen Handhabung anheimgegeben ist, nicht viel geändert (S. 229 ff.). Stellen wir demgegenüber die Frage: Wenn nicht die Stofflichkeit, was ist dann die Leitvorstellung der Naturforschung, als was ist dann die Natur zu verstehen? Die Antwort lautet: Die *Naturwissenschaft versteht die Natur nicht als Stoff, sondern als Form*[5]. So ging es Newton jenseits von der mechanischen Verbildlichung um große formale Zusammenhänge. In der Folgezeit hat sich die naturwissenschaftliche Forschung ohne Rücksicht auf das Konzept des Descartes unvoreingenommen den Beobachtungen folgend immer deutlicher und nachhaltiger auf die Erfassung des Wie konzentriert, mag es dabei nun um die Untersuchung der chemischen Grundstoffe und ihrer Verknüpfungen, um die Struktur der Materie oder um die genetische Information in der Keimzelle gegangen sein. Die Begriffe von Stofflichkeit, Ausdehnung und Berührung erweisen sich als ganz unzureichend, um das Geflecht der Wirkungsbeziehungen darzustellen. Die Formen im einzelnen und ihre Interaktionen im ganzen, das ist es, was die Naturwissenschaft sucht.

Das Studium der Formen gibt Aufschluß über die enge Wechselbeziehung zwischen Mensch und Natur. Der Mensch ist das jüngste Ergebnis der Evolution; vergleicht man die Zeit für die Entwicklung der Lebewesen mit einem Tag, so ist der Mensch erst in den letzten Sekunden dazugekommen. Alle Formbestimmungen der Physik, Chemie, Physiologie und Biologie sind in ihm wirksam. Als höchst kompliziertes und sensibles System verdankt er seine Existenzmöglichkeit einem Millionen Jahre dauernden aktiven Anpassungsprozeß an das bereits Vorhandene und einem einige hunderttausend Jahre dauernden Bildungs- und Lernprozeß seiner Intelligenz, wobei das Gegenüber, von dem er gelernt hat, die Natur war. Bei dieser Interaktion von Mensch und Natur haben sich unsere Denkkategorien, die logischen Schemata und ebenso unsere intuitiven Erkenntnismöglichkeiten herausgebildet. *Vom organischen bis zum geistigen Bereich besteht eine tiefgreifende Formverwandtschaft von Mensch*

---

5 Die Idee, daß die Natur nicht als Stoff, sondern als Form, als Struktur zu verstehen sei, geht auf Pythagoras zurück, der die Zahl als den Urgrund der Dinge bezeichnet hat. Seinem Geiste folgend beschreibt Plato im Timaios die Urbestandteile der Welt als geometrische Strukturen. Heisenberg schreibt, daß die moderne Physik „den Gedanken an die sinngebende Kraft mathematischer Strukturen von der Antike übernommen" habe (Heisenberg, Wandlungen S. 50).

und Natur. Der genetische Code, der Chemismus, mit dessen Hilfe die Struktur der Keimzelle das Wachstum steuert, ist im ganzen Reich der Lebewesen der gleiche, und die Molekülstrukturen, die die *hormonale Steuerung des Menschen bis zu seiner Affektivität* bewirken, üben auch im Tier- und Pflanzenreich wichtige Funktionen aus.

Diese Form-, diese Blutsverwandtschaft des Lebendigen ermöglicht es uns, die Natur zu verstehen, sie erklärt die staunenswerte Tatsache, daß wir für ihre Repräsentation die adäquaten Begriffe finden können; aber sie weist dem Menschen auch den ihm zukommenden Ort in dem großen Wirkungsgefüge an. Diesen Ort richtig zu wissen, ist lebenswichtig. Die Natur in uns und um uns setzt die Rahmenbedingungen für unser Verhalten. Jede Übertretung der naturgesetzlichen Grenzen, etwa die Störung der säkularen geochemischen Gleichgewichte, von denen die Menschheit als offenes System im Stoffwechsel getragen wird, oder falsches Verhalten gegenüber den physiologischen Bedingungen unserer körperlichen Befindlichkeit wird mit dem biologischen Tod bestraft. Die mechanische Naturphilosophie mit ihrer technizistischen Konsequenz hat die Natureingebundenheit des Menschen übersehen und daher zu einem falschen und überheblichen Menschenbild geführt, zu einem metaphysischen Fehlansatz, unter dessen nachteiligen Folgen wir heute zu leiden haben. Leider ist die naturwissenschaftliche Kritik an diesem Fehlansatz noch viel zu wenig zum öffentlichen Bewußtsein gekommen.

Daß die Natur nicht als Stoff, sondern als Form zu verstehen ist, hat noch eine weitere bedeutsame Konsequenz: *Die Form charakterisiert nicht nur den Zustand eines Systems, sondern auch sein Verhalten, sie ist nicht nur bestimmend für die Gegenwart, sondern – im Sinne der Anlage – auch für die Zukunft.* Aristoteles und nach ihm Leibniz hatten die körperliche Substanz dynamisch verstanden, und zwar aufgrund der „heute so verrufenen substanziellen Formen", wie sich Leibniz ausdrückt. Diese Auffassung hat durch unser heutiges Verständnis von der Entwicklung eine überraschende Unterstützung erhalten. Ohne Zweifel drängen alle Naturobjekte auf Veränderung, und zwar auf eine einsinnige Veränderung, weil sie sich, physikalisch gesprochen, im Abstand vom Gleichgewicht befinden. Diese Tatsache macht ja die Irreversibilität der Zeit aus und hat in dem universellen Zweiten Hauptsatz der Wärmelehre, im Entropiesatz, ihre physikalische Formulierung gefunden. Die Theorie der Evolution hat weiter ergeben, daß die Struktur der Materie, die Form der Kraftfelder der miteinander in Reaktion tretenden chemischen Elemente und Verbindungen bei diesem Prozeß der Entropievermehrung nach den Gesetzen der irreversiblen Thermodynamik es ist, die die weitere Entwicklung bestimmen in dem Sinne, daß immer höher organisierte Formen in Erscheinung treten (S. 10 ff., 23 ff., 34 ff.). Hier kommt die Tatsache zum Ausdruck, daß die jeweiligen Naturprozesse, abgesehen von den allgemeinen Naturgesetzen durch die singulären Anfangs- und Randbedingungen bestimmt werden (S. 20 ff., 27 ff., 31 f.) *Diese singulären Bedingungen machen aber gerade die jeweilige Form der Naturobjekte aus.*

Betrachten wir als Beispiel noch einmal die genetische Information. Die chemische Struktur der DNS-Moleküle in der Keimzelle, die diese Information ausmacht, ist Form in konzentriertester Weise, sie ist gleichzeitig die Anfangsbedingung für Wachstum und Entwicklung und steuert diese Prozesse so nachhaltig, daß wir sie auch als Programm, als Vorschrift bezeichnen (S. 10 f.). Es ist reizvoll, unsere modernen Begriffe mit den Vorstellungen zu vergleichen, die sich Aristoteles vom Werden gemacht hat. Die Dinge – schreibt er – suchen ihren natürlichen Ort auf und bleiben dort in Ruhe (Ar. Phys. Vorl. 253 b). Das ist nach heutiger Vorstellung der jeweilige Gleichgewichtszustand, wo in der Tat die Bewegung zu Ende ist, wohin aber, dem Zweiten Hauptsatz folgend, alle Veränderungen tendieren. Hier ist zu berücksichtigen, daß Aristoteles die Bewegung nicht nur im Sinne der Ortsveränderung versteht, sondern als Veränderung überhaupt. Als Ursache der Bewegung bezeichnet er nun die Entelechie, die er bei den Lebewesen auch Seele nennt. Über die Seele macht er insbesondere die drei Aussagen: 1. Sie ist die Form eines natürlichen Körpers, der potentiell Leben besitzt (Ar. Von der Seele, 412 a); 2. sie ist selbst zwar unbewegt (Ar. Seele, 408 b), aber doch die Ursache der Bewegung – im Sinne der Veränderung, des Wachstums, der Entwicklung – (Ar. Seele, 415 a); 3. sie bewegt den Körper auf ein bestimmtes Ziel hin. In diesem Sinne nennt er die Körper Werkzeuge der Seele (Ar. Seele, 415 a). Es ist überraschend, wie weit der *aristotelische Begriff der Seele die gleichen Merkmale aufweist wie unser Begriff des durch die Anfangsbedingungen festgelegten Programms:* Auch das Programm ist nur aufgrund der Tatsache Programm, daß ihm eine bestimmte Form eigen ist; daher nennt man es auch Information, und diese seine Form bestimmt die Veränderungsmöglichkeiten der Körper. Dieses Programm ist selbst unbewegt, aber es ist in dem Sinne Ursache der Bewegung, wie es den Abstand von Gleichgewicht bestimmt, der die treibende Kraft für die Veränderung ist (S. 10). Und das Programm steuert das System schließlich *zu einem Ziel hin, denn im Programm ist der Endzustand in Form der Sollwerte, die ja den Gleichgewichtszustand charakterisieren, enthalten*[6].

Wenn Aristoteles in diesem Sinne die Natur als beseelt bezeichnet, so ist damit nicht der Begriff der Seele im christlichen Sinne gemeint, noch ist etwa von einer Beziehung von Seele und Bewußtsein die Rede, sondern Aristoteles spricht hier von einer vegetativen Seele, der psyche treptike, die auch die Pflanzen besitzen, von einer Instanz, die mit ihrer Form das Wachstum steuert. Unsere Überlegungen zeigen, daß es zum Verständnis solcher Funktion *nicht der Annahme übersinnlicher oder außerphysikalischer Kräfte bedarf,* wie die Vitalisten es wollten. Sie zeigen aber auch, daß die Natur mehr ist als bloßer Stoff, daß alle Objekte in der Natur aufgrund ihrer Form ein in ihrer Form verankertes Ziel, einen Selbstzweck, eine Bestimmung in sich tragen. Es ist zu bedenken, daß diese Form, der wir heute begegnen, sich von An-

---

6 Man kann sich die Frage vorlegen, ob nicht doch ein Unterschied zwischen der Form im Sinne des Aristoteles und dem Programm darin besteht, daß die Form als homogene Einheit gemeint ist, während sich das Programm als eine komplizierte, aus zahlreichen Einzelelementen zusammengesetzte Struktur darstellt. Darauf ist zu erwidern, daß die Molekülstruktur eines Programms nicht eine Form ist, sondern eine Form besitzt, sie ist der Träger einer Form so wie die Druckerschwärze der Buchstaben, die konkrete Materie der Signale, die Träger der Bedeutungen sind. Eine Einheit ist diese Molekülanordnung in bezug auf ihre Form, weil sie nur als das Ganze dieser Form eine einheitliche Funktion (oder Bedeutung) hat. Jede Teilung führt, wie bei den Buchstaben eines Wortes, zur Verstümmelung.

fangsbedingungen ausgehend, in einem einmaligen, nicht wiederholbaren, über Milliarden Jahre andauernden Entwicklungsprozeß herausgearbeitet und präzisiert hat, in einem Prozeß, zu dessen Ergebnis unter anderem auch wir Spätkömmlinge gehören. Es sollte für dieses nervöse Wesen Mensch, das mit der unendlichen Flüssigkeit seiner Vorstellungen so unendlich viel Wirkliches und Unwirkliches zusammendenken kann, heilsdienlich sein, sehr genau auf diese Form der Natur im Detail wie im Ganzen zu achten, damit wir nicht von der Evolution überrollt werden, um die große Zahl der ausgestorbenen Arten zu vermehren, wobei wir dann in dieser Gesellschaft wohl zu einer der kurzlebigsten gehören würden. Durch seine Fähigkeit, individuell zu lernen, besitzt der Mensch ein überragendes Vermögen zur aktiven Anpassung, das ihm besser als allen anderen Geschöpfen das Überleben sichern könnte (S. 22, 42). Es wäre schade, wenn er von seinem Lernvermögen nicht den ausreichenden Gebrauch machen würde.

Fassen wir die Kritik der Naturwissenschaft am cartesianischen Weltbild zusammen. Der Versuch, die Natur wie ein Werk der Mechanik zu verstehen, ist an den Erfahrungen gescheitert. Angesichts der Eigenart der Naturphänomene hat sich dieses Modell als viel zu primitiv erwiesen. Statt dessen hat sich die Naturwissenschaft — bescheidener geworden — darauf beschränkt, die gefundenen Regelmäßigkeiten begrifflich zu ordnen und soweit wie möglich mathematisch darzustellen, in dem Bewußtsein, daß damit nur die Rahmenbedingungen des großen Wirkungsgefüges erfaßt werden. Die Fülle der Gegebenheiten, die es dabei in ihrem Zusammenwirken zu ordnen gilt, haben sich in keiner Weise unter dem Oberbegriff der Ausdehnung, des Stoffes, zusammenfassen lassen; es hat sich vielmehr gezeigt, daß für das *Verständnis des Gefüges das Wie, das System der Relationen, daß die Form der Dinge maßgebend ist.*

An der Auffassung der Natur als Form scheitert der cartesianische Dualismus. Das Studium der Formen hat mit dem Fortschritt der Wissenschaft immer deutlicher die Natureingebundenheit des Menschen erkennen lassen. Und aus dem Formbegriff ergeben sich wichtige Analogien zwischen Mensch und Natur: Anders als der Stoff hat die Form — in ihrer heutigen Gestalt ein einmaliges Evolutionsprodukt — ihren eigenen Wert, sie bestimmt nicht nur den augenblicklichen Zustand, sondern auch die potentielle Zukunft jedes Systems. Die Form nicht beachten ist Mißbrauch; es bedeutet, die Dinge unterhalb ihres ihnen innewohnenden Vermögens, unterhalb ihrer Potentialität verwenden. Daß aber auch die Natur ihren Eigenwert und ihr eigenes Verwirklichungsgesetz in sich trägt, rückt sie in die Nähe des Menschen. Die Natur als Form verstehen hebt sie von der Stufe des Materials in den Rang des Partners. Das verlangt nicht nur eine Änderung *der erkenntnistheoretischen, sondern auch der ethischen Haltung der Natur gegenüber:* an die Stelle der Gewalt des ,,Herren und Besitzers'' tritt das Verständnis für ein Gegenüber, von dem wir lernen können, mit dem wir aber auch in einem Boot sitzen. Das ursprüngliche Verhältnis zur Natur ist ein derart sympathetisches. Die mechanische und technizistische Philosophie der Neuzeit hat dieses Verhältnis zerstört. Nicht romantische Schwärmerei, sondern die Naturwissenschaft selbst ist es, die diese simple und krude mechanische Metaphysik der realen Welt überwunden hat. Trotzdem ist dieses stoffliche, mechanische Konzept, das alle Objekte unserer Erkenntnis betrifft, noch zäh im allgemeinen Bewußtsein verankert, und unser Wissenschaftsverständnis bis zu seinen ethischen Konsequenzen hat sich noch wenig von der cartesianischen Prägung befreit. Aber Voraussetzung für die rechte Verwendung der Technik ist, daß wir wieder zu einem differenzierteren Verständnis von Welt und Natur gelangen. Es geht um nichts weniger als um die Wiedergewinnung der Realität in ihrer Eigenheit und Formfülle, – einer Realität, die nicht der Stoff für unser Machen ist, sondern mit deren spezifischer Gegebenheit wir uns auseinanderzusetzen haben.

7.3 Die Wiedergewinnung der Realität

Die philosophischen Grundlagen für den Verlust der Realität hat die deutsche idealistische Philosophie geliefert, ausgehend von Kant über Fichte und Hegel (S. 192 ff.). In ihrem Gefolge versteht auch Marx die Realität nicht mehr als das Gegenüberstehende, Unverfügbare. Er bezeichnet sich zwar als Materialist, übernimmt aber den idealistischen Monismus und schreibt, daß der Mensch es ist, der mit seiner Arbeit sich selbst und die Natur hervorbringt (S. 205). Das unabhängig vom Menschen Vorhandene ist bestenfalls noch nicht aufgearbeiteter Stoff. Neuerdings hat sich aus marxistischer Sicht K. F. Wessel mit dem kritischen Realismus befaßt, den er im übrigen nicht unfreundlich beurteilt: die Beschäftigung mit ihm sei eine Voraussetzung für eine Bündnispolitik mit den bürgerlichen Naturwissenschaftlern im Kampfe für den Frieden (Wessel, S. 21). Wessel führt nun aus, daß die Arbeit nicht nur das Bewußtsein geschaffen habe, sondern danach auch die Vermittlung zwischen Bewußtsein und Außenwirklichkeit aufrechterhalte. Werde das eigene Bewußtsein als Widerspiegelung der objektiven Realität erfaßt und erkannt, so sei keine Kluft mehr vorhanden (Wessel, S. 96). Aber ohne diese Erkenntnis käme man nicht zu der Folgerung, daß die objektive Realität – bis zur Erfassung ihres inneren Wesens – erkennbar sei (Wessel, S. 95, 103). Mangels dieser Einsicht sei der kritische Realismus gezwungen, an prinzipiellen Erkenntnisschranken festzuhalten (Wessel, S. 71). Damit ist der Kern der Differenz bezeichnet: *Gerade die monistische Verschmelzung von Subjekt und Objekt will der kritische Realismus nicht mitvollziehen, da durch diese die Realität ihr charakteristisches Merkmal, ihre Unverfügbarkeit, einbüßt.*

Wir sahen schon, die Verdrängung der Realität geht quer durch die Fronten. Auch der Positivismus läßt nur das als Wirklichkeit gelten, was erkennbar ist. Den Aussagen, die nicht verifizierbar sind, spricht er den Sinn ab. Diese positivistisch-monistisch-idealistische Deutung gibt es auch bei der modernen Physik. Carl Friedrich von Weizsäcker versteht als Materie, „was den Naturgesetzen genügt“ (Weizsäcker, S. 307). Die letzten Objekte des Universums, die Urbestandteile, bezeichnet er als Uralternativen, als Ure, als Ja-Nein-Entscheidungen, also als Elemente menschlichen Wissens. Sein Schüler Klaus Müller schreibt: „Weizsäcker vermeidet gerade die fundamentale Unterscheidung zwischen dem objektiven ‚Sein‘ des Gegenstandes und dem objektiven ‚Wissen‘ des beobachtenden Subjekts, indem er ‚Sein‘ und ‚Wissen‘ zu einer unauflöslichen Einheit zusammenzieht“, und Weizsäcker zitierend fügt er hinzu: „was für niemanden Information ist, ist nichts." (Müller, S. 310, 311) Weizsäcker versteht die Endlichkeit der Welt als die Endlichkeit der Information von ihr, zu der aber jederzeit neue Information hinzukommen könne. „Dieses Wachstum der wißbaren Formmenge interpretiere ich ... als Expansion des Universums. Das Wachstum des Raumes ist in diesem Sinne die Offenheit der Zukunft." (Weizäcker, S. 365)

Bei diesem aus dem Idealismus stammenden Monismus, der versucht, das Ich und das Gegenüber zusammenzuschmelzen, handelt es sich um eine *Grundentscheidung in der Welthaltung, die als solche auch nicht widerlegbar ist. Aber es ist unerläßlich, sich über die Argumente klarzuwerden, die gegen ein derart anthropozentrisches und konstruktivistisches Weltverständnis sprechen, das ja vom Nominalismus her über Descartes, Kant, Hegel und Marx tief in unserer Geschichte verwurzelt ist.* Trotz aller kühnen Spekulation, trotz eines unwahrscheinlichen Ausmaßes an Gedankenarbeit, das für dieses Konzept aufgewandt worden ist und immer wieder aufgewendet wird, zeigt es sich: die Realität läßt sich nicht beseitigen, ist man an einer Stelle mit ihr fertig geworden, taucht sie an einer anderen Stelle unvermutet wieder auf. Der *Mensch heute mag sie nicht, weil er das Unverfügbare nicht wahrhaben will,* und wo er ihm begegnet, spricht er von der Tücke des Objekts, vom Mißgeschick, von unglücklichen Zufällen, von menschlichem Versagen. In Wahrheit ist dieser Ärger die Folge einer falschen Selbsteinschätzung: *Kant war im Irrtum, als er meinte, die Vernunft verstehe, was sie selbst im Entwurf hervorbringe,* auch er hat sich dabei von einem zu primitiven mechanischen Konzept verführen lassen. In Wirklichkeit ist nämlich weder der Entwurf der Erkenntnis noch die technische Konstruktion etwas, was das Subjekt *aus sich bewußt hervorbringt,* sondern es handelt sich vielmehr um die Entdeckung von Zusammenhängen, die der Mensch aufgrund seines Naturverständnisses sinnvoll zu einer Theorie anordnen kann oder mit deren Hilfe er ein Produkt oder ein Werkzeug herstellen kann. Aber der menschliche Verstand ist beschränkt, er sucht, was er braucht, was jeweils in seinen Zusammenhang paßt. Er erfaßt eben nicht die Dinge in ihrem innersten Wesen, die *Realität enthält mehr, als jeweils von ihr begriffen wird.* Wie auch der Abbildungsprozeß, den die marxistische Lehre als Widerspiegelung bezeichnet, beschaffen sein mag, es wäre naiv, die *Beschränktheit des Erkenntnisvermögens, für das es einleuchtende Gründe gibt, auf die Beschränktheit der Realität zu übertragen.* Man bedenke nur, auf welch minimalen und gerade nur für uns lebenswichtigen Realitätsausschnitt bereits unsere Sinnesorgane ausgerichtet sind. Und wenn auch die Technik unser Wahrnehmungsvermögen ungewöhnlich erweitert hat, so kann man doch wohl schlecht annehmen, daß es nun allumfassend geworden sei.

Die Tatsache, daß wir von allen Sachverhalten, auch von denen, die wir selbst bewerkstelligen, immer nur einen Teil begreifen, hat zur Folge, daß die vom Menschen hergestellten Werke, auch wenn sie ideal gemäß unserem Entwurf funktionieren, abgesehen davon noch ganz unvorhergesehene Auswirkungen haben. Immer mehr leben wir in einer selbstgestalteten Wirklichkeit, und immer mehr haben wir gerade mit den Schwierigkeiten zu kämpfen, die wir – ohne daß wir es wollten – uns selbst damit verursacht haben. Ungeduldig sagt man wohl: Da steckt ja der Teufel drin. Aber es ist nicht der Teufel, sondern die Realität, die wir bei unserem Entwurf unvollständig erkannt haben. Und je weiter Wissenschaft und Technik fortschreiten, je kühner und größer die Entwürfe werden, um so größer ist die Gefahr, daß sie in ihrer Einseitigkeit gerade wesentliche Strukturen der Realität verfehlen (S. 121 ff., 126 f.).

Der Verlust der Realität, den wir so weitläufig im Gang der Geistesgeschichte verfolgt haben, ist eng mit der Entfaltung der Technik verbunden. Piaget hatte festgestellt, wie das Kind, dadurch daß es mit seinem Bewegungsimpuls auf die Widerständigkeit der Umwelt stößt, die Unterscheidung von innen und außen lernt, wie sich aus dieser Erfahrung heraus Subjekt und Objekt konstituieren, wie das Kind bei diesem Grunderlebnis der Realität zum Bewußtsein seiner selbst kommt (S. 54 f.). Mit dem Zuwachs an den neuartigen und weitreichenden Organen der Technik verschiebt sich nun die Grenze, wo die menschliche Willensverfügung auf das Gegenüber stößt. *Der Widerstand der Umwelt weicht zurück, die Dinge werden dem Menschen gegenüber nachgiebiger. Diese Expansion technischen Vermögens ist wie ein Sturz nach vorne.* Im Rausch des Machen-Könnens geht nun das Gefühl für das Unverfügbare überhaupt verloren, und das führt gleichzeitig zum Verlust nüchterner Selbsteinschätzung. Der Mensch scheint zurückgeworfen in das Stadium des Kindes, das noch nicht das Bewußtsein seiner selbst erreicht hat, das sich noch nicht, am Widerstand gebildet, als Verursacher und Beherrscher seiner Bewegungen erfahren hat, so daß diese selbständig auf äußere Reize hin ohne zentrale Koordination erfolgen. Ähnlich sind auch wir noch nicht Beherrscher unserer technischen Aktionen; die Projekte, die wir betreiben, sind nicht aufeinander abgestimmt und koordiniert, sondern sie besitzen ihre eigene Dynamik und verführen uns, von jeweiligen Anlässen ausgelöst, zu recht inkohärenten Reaktionen mit unerwarteten Folgen. Da der technische Fortschritt einige hundert Jahre widerstandslos wie in einen leeren Raum vorgestoßen ist, *ist der Sinn für die Grenzen des Möglichen verkümmert. Der Erfolg der Technik ist es, der uns ebenso um die sachgerechte Erkenntnis unserer Realität heute wie um unsere Selbstbesinnung gebracht hat.*

Was ist zu tun?

Einen wichtigen Beitrag zur Philosophie der Technik hat Heidegger geliefert (Sachsse, Was ist Metaphysik? S. 67ff.). Bei den Technikern ist er allerdings auf wenig Verständnis gestoßen, man hat ihm gekünstelte Sprache vorgeworfen, aber andere Autoren verwenden ja auch eigene Termini, und Heidegger leitet seine Wortbildungen wenigstens noch aus dem deutschen Sprachschatz ab. Auch steht er in dem Rufe, die Technik sachfremd und abschätzig beurteilt zu haben. Aber das ist ein Mißverständnis. Von dem griechischen Wort poiesis, dem Hervorbringen, ausgehend versteht er die Technik als eine Weise des Verwirklichens von etwas, was in der Natur — zunächst unbekannt und verborgen — aber doch als reale Möglichkeit, also in Form von Strukturen, Kraftbeziehungen und Wirkungszusammenhängen vorhanden ist. „Die Technik — schreibt er — ist eine Weise des Entbergens." (Heidegger, Technik, S. 12) Dieses Entbergen nennt er auch Wahrmachen. *Heidegger versteht diese Verwirklichung als einen notwendigen und universalen Prozeß, wobei dem Menschen angesichts des Seins eine hervorragende Aufgabe zukommt: mit seinem Denken und Handeln verhilft er dem Sein zur Enthüllung, zum Offenbarwerden. Daher nennt er ihn auch den „Hirten des Seins"* (Heidegger, Humanismus, S. 75). Mit der modernen

Technik tritt ein Merkmal in den Vordergrund, das Heidegger die Herausforderung nennt: Der Mensch tritt immer aktiver und fordernder an die Natur heran, nimmt ihr ihr Eigenes und verwandelt sie in seinen Bestand, in seinen Besitz. Hierin liegt die Gefahr, daß ihm im Umgang mit dem Seienden, mit dem von ihm Hergestellten, das Sein, das der Ursprung und tragende Grund von allem ist, aus dem Blick gerät. So geht er „immerfort am Rande der Möglichkeit, nur das im Bestellen Entborgene zu verfolgen und zu betreiben und von daher alle Maße zu nehmen." (Heidegger, Technik, S. 25) Das ist offenbar der Kernpunkt: *Der Prozeß wird unheilvoll, wenn sich der Mensch an das Herstellen verliert und alle Maßstäbe allein vom Hergestellten übernimmt.* Das ist ein zentraler Gesichtspunkt für die Bewältigung der Technik, eine Warnung vor allen Versuchen zu eindimensionalen Lösungen, und es entspricht im übrigen auch einer Grundregel der Kybernetik: ein System läßt sich nur von einer Position aus steuern, die nicht selbst Bestandteil des Systems ist. Ein System kann nicht auch noch seine eigenen Maßstäbe produzieren. Messen ist immer ein Vergleich mit einer Bezugsgröße, die unabhängig von dem zu Messenden vorhanden ist. Woher aber die Maßstäbe nehmen, wenn nicht, wie bisher, von der Herstellbarkeit? Offenbar haben wir durch unsere aktivistische Wendung nach außen unsere Erfahrungsmöglichkeiten zu sehr eingeengt. Die gesuchte Koordinierung, die Integration des Technik in unser Leben, verlangt eine *höhere Stufe der Informationsverarbeitung, eine Wendung nach innen, eine Umkehr der Antriebsrichtung* (S. 46 ff., 49 f., 52 ff.). Über dem Tun haben wir verlernt zu hören, über der Konzentration auf das Handeln haben wir verlernt, uns zu öffnen.

Diese Rückwendung zu innerer Betrachtung ist nicht zu verstehen als eine Flucht in eine wirklichkeitsfremde Gedankenwelt, im Gegenteil, sie ist gerade die *nüchterne und unerbittliche Auseinandersetzung mit der Wirklichkeit, es geht ihr um die Wiedergewinnung der Realität,* die uns, von der Technik hingerissen, derart aus dem Blick geraten ist, daß wir in allem Gegenüber nur noch den Stoff für unser Handeln zu erkennen vermögen. Ein solches Handeln ist nicht realistisch, sondern wirklichkeitsfremd, ihm ist die Besinnung verloren gegangen. Die Rückwendung zu innerer Erfahrung ist die Voraussetzung für besonnenes Handeln, wie umgekehrt die Tat mit ihren Folgen wieder den Stoff für die Meditation liefert. Goethe hat diesen aufeinander bezogenen Wechsel von Introversion und Extraversion mit dem Ein- und Ausatmen und mit der Systole und Diastole des Herzens verglichen. Man sieht gleich, daß der moderne Mensch dieses Gleichgewicht im Rhythmus verloren hat. In unseren Erziehungsprogrammen kommt die Schulung zur inneren Beobachtung, zur Selbsterfahrung nicht vor. Das ist ein arger Mangel, denn bei den Problemen, vor denen wir stehen, handelt es sich um diffizile Güterabwägungen, damit wir nicht einseitigen Parolen zum Opfer fallen; es geht darum, innere Klarheit zu gewinnen, was bei nüchterner Abschätzung realer Möglichkeiten und deren Folgewirkungen vorzuziehen und was in Kauf zu nehmen ist. Es geht um die innere Ordnung unserer Bestrebungen, um die Erkenntnis, was wir wollen und was wir wollen sollen. Es geht darum, daß wir uns selbst kennen lernen angesichts von Anforderungen, die an uns gestellt werden können. Diese Schulung der Selbsterfahrung fehlt in unserem Erziehungssystem vollständig. Es gibt keine Übungen zum Ertragen von Hunger, Durst und Schmerzen, zur geistigen Konzentration bei Ablenkungen, zur Beherrschung der Emotionalität und Affektivität, zu Triebverzichten ohne Beeinflussung des psychischen Gleichgewichts, obwohl die Erfahrung derartiger eigner Realitäten von großem Wert ist, da sie das Verhältnis von Wollen und Können ins Gleichgewicht bringt und dem, der sie besitzt, größere Sicherheit verleiht. Vor allem ist aber diese Selbsterfahrung die *Voraussetzung für das richtige Verständnis des Mitmenschen*, und dieses Fremdverstehen ist so wichtig geworden, weil mehr als je zuvor in der Geschichte die Existenz eines jeden von den Motiven und dem Handeln anderer Menschen abhängt. Ohne Selbsterfahrung gibt es keine realistische, respektierende Würdigung des Gegenübers.

Wir haben gesehen, wie die monistisch-idealistische Philosophie versucht hat, sich das Gegenüber anzueignen, wie sie sogar aller unwiderlegbaren existentiellen Erfahrung zum Trotz geglaubt hat, Subjekt und Objekt zusammendenken zu können, und wir haben gesehen, wie diese Mißachtung der Realität des Gegenübers in einer langen Entwicklungskette letztlich zu einer Mißhandlung der Objekte und zu einer anmaßenden Überheblichkeit des Subjekts geführt hat. Und das bedeutet, daß die Position eines *kritischen Realismus gegenüber allen monistischen Systemen nicht nur ein erkenntnistheoretisches Gewicht hat, sondern auch ein ethisches!*

Damit kommen wir zu einer Grundvoraussetzung der Ethik überhaupt. Das griechische Wort Ethos bedeutet Brauch, Gewohnheit, Sitte und betrifft immer *das Verhalten einer Umgebung gegenüber, im Rahmen eines Systems, können wir sagen.* Die Ethik mißt das eigene Verhalten am Maßstab dessen, was für das Ganze gut ist, und verbietet daher, das Eigene auf Kosten des Ganzen wahrzunehmen. Gäbe es nicht eine Gemeinschaft, ein Wirkungsgefüge, in das jeder Einzelne eingebettet ist, so wäre auch eine Ethik überflüssig, denn selbst die Pflichten gegen sich selbst stehen ja in engem Zusammenhang mit dem, was der Einzelne aufgrund seiner Gliedhaltigkeit dem Ganzen schuldet. Zugespitzt kann man sagen: *Ethik gibt es, weil es ein Gegenüber gibt, das von unseren Handlungen betroffen wird,* weil es Objekte gibt, eben Objekte bezüglich ethischen Verhaltens[7]! Das gilt unabhängig davon, ob eine Ethik religiös, metaphysisch oder pragmatisch begründet wird.

Die idealistische Philosophie mit ihrer Überbetonung des Subjekts hat *auch die Ethik rein auf das Subjekt bezogen.* Kant schreibt: „Es ist überall nichts in der Welt ... was ohne Einschränkung für gut könnte gehalten werden als der gute Wille." „Der gute Wille ist nicht durch das, was er bewirkt ... sondern allein durch das Wollen, d. i. an sich gut." „Wenn bei seiner größten Bestrebung dennoch nichts von ihm ausgerichtet würde ... so würde er wie ein Juwel doch für sich selbst glänzen als etwas, das seinen vollen Wert in sich selbst hat." (Kant, Metaphysik der Sitten, BA 1, 3) Man kann sich hier die Frage vorlegen: Wieso? Hat nicht auch schon der gute Wille sehr viel Unheil angerichtet? Kant liefert die ideale Formulierung der Gesin-

---

7 Eine Ethik, die insbesondere auf unsere aktuelle Problematik eingeht, die konsequent den anthropozentrischen Standpunkt aufgibt und die Objekte bezüglich ethischen Verhaltens in den Vordergrund stellt, ist in dem Buch von Erich Kadlec: Realistische Ethik, Verhaltenstheorie und Moral der Arterhaltung dargestellt. Wir sind bei unseren Überlegungen dem Autor zu Dank verpflichtet.

nungsethik, das Objekt kommt dabei nicht vor. Aber man muß fragen: Sieht hier das Subjekt noch etwas anderes als sich selbst? *Ist das Seelenheil ein sinnvolles Ziel der Ethik? Ist es nicht pharisäerhaft, es als Ziel zu erstreben, und wird es nicht gerade dem geschenkt, der gut handelt, indem er in bezug auf andere Objekte gut handelt und nicht in bezug auf sich?* Und bedeutet nicht gut, daß es auch darauf ankommt, was das Handeln ausrichtet, und enthält das Gutsein nicht auch die intellektuelle Verpflichtung, nach bester Möglichkeit und gemäß dem Stand gegenwärtiger Sachkenntnis die Folgen zu bedenken und zu verantworten? Und die Natur, dieses umfassende Wirkungsgefüge, in dem und aus dem heraus der Mensch existiert, ist bei dieser subjektbezogenen, anthropozentrischen Ethik anscheinend völlig vergessen worden, *weder Philosophie noch Theologie scheinen auf die Idee gekommen zu sein, daß man sich auch der Natur gegenüber gut oder schlecht verhalten könne.*

Einen guten Ansatz, der sich auf das Objekt des ethischen Verhaltens bezieht, hat Hans-Eduard Hengstenberg in seiner „Grundlegung der Ethik" geliefert. Er bezeichnet das sittlich Gute als *Sachlichkeit* und fährt fort: „Wenn wir von der Sachlichkeit als Grundhaltung reden, dann meinen wir jene Haltung, die sich dem Seienden um des Seienden selbst willen zuwendet, und zwar dergestalt, daß der sachlich Eingestellte mit dem inneren Seins- und Sinnentwurf dieses Seienden ‚konspiriert'. Er betrachtet das Seiende von ihm, dem Seienden selbst her. Konspirieren bedeutet ‚Mitatmen', seinen Atem gleichsam mit dem der Dinge vereinigen . . . Konspirierende Teilnahme wendet sich dem Seienden in einer Hingabe zu". Er nennt dieses Vermögen zur Sachlichkeit, das noch unentzweit ein „intellektives, volitives und emotionales Moment" enthält, „ein menschliches Urphänomen" (Hengstenberg, S. 33). Hengstenberg führt aus, daß wir bei allen Verhaltensweisen, die wir intuitiv als sittlich gut empfinden, durch nachforschende Besinnung diese so charakterisierte Sachlichkeit als Grundelement feststellen können.

Wir halten den Ansatz Hengstenbergs für ebenso zutreffend wie fruchtbar. Der Mensch besitzt in der Tat dank der Beweglichkeit seiner Vorstellungen die Fähigkeit, sich mit dem Anderen als dem Anderen zu identifizieren, sich auf dessen Interessen und Tendenzen auszurichten, sich ihm zu öffnen und an ihm teilzunehmen. Das gilt auch für das Seiende der Natur, das als Produkt eines langen, vormenschlichen Entwicklungsprozesses ebenfalls seine eigene Tendenz und Ausrichtung hat, wie uns die Naturwissenschaft vielfach lehrt. Daß dem Anderen gemäß seiner Eigenart zu helfen als sittlich gut empfunden wird, läßt sich wohl kaum bestreiten, und es läßt sich auch schwer ein Verhalten nennen, das als sittlich gut bezeichnet wird, das aber dieses Element nicht enthält.

Der Ansatz ist aber *nicht nur zutreffend, sondern auch fruchtbar.* Es ist zunächst erkenntnistheoretisch fruchtbar, wenn ich bei der Erkenntnis des Anderen soweit wie möglich von seinem Bezug auf mich absehe, denn eine derartige Ausrichtung würde gleich Scheuklappen die Erkenntnis abblenden und mir verbergen, was außerhalb des gezielten Interesses liegt (S. 120). *Je gezielter man sucht, um so weniger erfährt man;* lernen kann man nur vom Fremden, vom zunächst Unverständlichen, geht doch zumeist den geistigen Durchbrüchen ein Stadium der Ratlosigkeit voraus. Auch versteht man das Andere um so besser, je höher man es einschätzt. Das gilt nicht nur für das Verständnis des anderen Menschen, sondern auch für das Verständnis der Natur. Bertrand Russell, der ein nüchterner und progressiver Mann war, der zu den Begründern der mathematischen Logik gehört und nicht im Verdacht romantischer Schwärmerei steht, nennt die wahre Erkenntnis eine Erkenntnis aus Liebe und vergleicht diese Teilhabe an der Natur mit der unio mystica. Von den Begründern unserer Naturwissenschaft, von den ionischen Naturphilosophen, schreibt er: „Sie waren sich der Schönheit von Sternen und Meer, von Winden und Bergen bewußt. Und weil sie diese liebten, weilten sie in Gedanken bei ihnen; sie wollten sie noch besser verstehen, als es bei rein äußerlicher Betrachtung möglich war . . . Sie fühlten die seltsame Schönheit der Welt fast wie Besessenheit im Blute. Ihr Intellekt war von einer titanischen Leidenschaft, und aus der Intensität ihrer Leidenschaft entsprang die ganze Bewegung unserer modernen Welt." (Russell, S. 230)

Aber eine solche Haltung ist auch ethisch fruchtbar, sie aktiviert die intellektuellen und emotionalen Möglichkeiten des Menschen zur Erfüllung seiner eigentlichen ethischen Aufgabe: seiner aufbauenden Eingliederung in das umfassende Wirkungsgefüge, in das er gestellt ist. Und damit befreit diese Haltung die Ethik von der störenden und unsachlichen Konzentrierung auf das Subjekt, von einem Anthropozentrismus, der infolge seiner Überheblichkeit auf die Dauer nur zu Rückschlägen und Enttäuschungen führen kann.

Daß der Verlust des Realitätskontaktes für den Menschen, der aufgrund seines Einsichtsvermögens in so hohem Maße zur aktiven Anpassung begabt ist, letzten Endes nur tödlich sein kann, ist eine recht triviale Weisheit. Überraschend ist nur, daß bedeutende und intellektuell anspruchsvolle philosophische Systeme mit großem Einfluß auf die allgemeine Bewußtseinsbildung diesen einfachen Sachverhalt verunklären können. Das wird jedoch eher verständlich, wenn man bedenkt, daß die *Realität, das Unverfügbare, oft nicht so ist, wie wir es haben möchten.* Hinter der Verdrängung der Realität stehen die emotionalen Kräfte des Wunschdenkens. Die Wiedergewinnung der Realität ist daher eine nicht leichte intellektuell-ethische Aufgabe, weil sie gleichzeitig den *Abschied von Illusionen* verlangt. — Wir wollen den Versuch machen, die Aufgabe, vor die wir gestellt sind, in einem letzten Abschnitt noch näher zu konkretisieren.

7.4 Komplementäre Gemeinschaft

Die Hinwendung zur Realität — sagten wir — bedeutet Verzicht auf Illusionen. Eine solche Illusion, die in unserem Menschenbild und in unserem Bildungsbegriff tief verwurzelt ist, *ist das Ideal von der universalen und schöpferischen Persönlichkeit.* Die Idee, daß der Mensch als Mikrokosmos das Abbild des Universums, des Makrokosmos sei, stammt aus der Antike. Die deutsche Klassik hat dann dem Ideal universaler Bildung eine lebendige Darstellung gegeben. Im Sinne solcher Allseitigkeit werden zumeist Suleikas Worte aus Goethes West-Östlichem Diwan verstanden: „Höchstes Glück der Erdenkinder / Sei nur die Persönlichkeit." Dieser universalen anthropologischen Idee folgt auch Karl Marx, wenn er schreibt: „Der Mensch eignet sich sein allseitiges Wesen auf eine allseitige Art an, also als ein totaler Mensch." Der Mensch verhält sich zu seiner Gattung „indem er sich zu sich selbst als einem universellen und darum freien Wesen verhält." (MEW, Ergänzungsband, S. 539, 515) Es ist vom Menschen die Rede, „in dessen Kopf das akkumulierte Wissen der Gesellschaft existiert" (S. 204).

Aber *die Idee vom universalen Menschen ist eine Idee der Agrarkulturen.* Marx greift ja auch, um die Befreiung von der Arbeitsteilung zu schildern, offenbar ohne darauf zu achten, auf Beispiele aus der vorindustriellen Epoche zurück. Indem die kommunistische Gesellschaft die allgemeine Produktion regele, mache sie es mit möglich, „morgens zu jagen, nachmittags zu fischen, abends Viehzucht zu treiben" (MEW, Bd. 3, S. 33) Mit der heutigen Zeit verglichen war das Leben und der Informationsstand zur Zeit der Agrarkulturen leicht durchschaubar. Die Tüchtigkeit des Handwerkers läßt sich an seinem Werkstück ablesen, der Grundherr übersieht, wie sein Pächter arbeitet, der Heerführer hat die Leistung seiner Truppe vor Augen. Das hatte zur Folge, daß die Geschichte in dieser Epoche von den Wenigen gemacht werden konnte, die aufgrund von Zufall, Herkommen, Intelligenz und Entschlußkraft den besten Überblick besaßen und zu nutzen wußten. Die Geschichte der Agrarkulturen ist nicht ohne Grund so weitgehend eine Geschichte der sogenannten großen Persönlichkeiten, und im Zuge der Popularisierung ist dieser Begriff der großen Persönlichkeit dann zu einem Leitbild für jedermann geworden. Schließlich hat die Aufklärung mit der Lehre *von der Autonomie eines jeden Menschen den Anspruch eines jeden auf allseitige Bildung, auf vollständige Information,* wie wir heute sagen, angemeldet, da das Wissen die Voraussetzung sowohl für das eigene Urteil, für die Mündigkeit, als auch für die Emanzipation, für die Befreiung von fremdem materiellen wie intellektuellen Zwang ist. So wird es zum Ziel eines jeden, alles zu wissen und alles zu können.

Ein solches Persönlichkeitsideal, das ohne Zweifel für die Vergangenheit von hohem Wert war, *ist für die heutige Zeit überholt*[8]. Im Zug der technischen Entwicklung hat die Spezialisierung und der Komplexionsgrad dieses Supersystems, in dem wir existieren, derart zugenommen, daß es eine trügerische Hoffnung ist, ein einzelner Mensch könne es bis zu den ausschlaggebenden Details überschauen. Das gilt nicht nur für die Positionen an der Basis des Systems, sondern auch für die steuernde Spitze. *Der moderne Manager hängt von seinen Mitarbeitern ab, wie seine Mitarbeiter von ihm.* Er ist angewiesen auf die schon vorverarbeitete Information, auf die Auswahl, die ihm zugeleitet wird (S. 149 f.), sowie auf die Erfahrung und das Fachurteil seiner ihm zugeordneten Stellen, auf deren Arbeit er sich verlassen muß, da er sie nicht mehr im Detail kontrollieren kann. Anders als der souveräne Fürst, der die gesamte Potenz

8 In seiner Schrift „Das Ende der Neuzeit" hat Romano Guardini bereits im Jahre 1951 das Kind beim Namen genannt und ausgeführt, daß der Begriff der Persönlichkeit heute weitgehend seinen Anwendungsbereich verloren hat. Guardini stellt ihm den Begriff der Person gegenüber, der durch die Unverlierbarkeit der Würde und die Unvertretbarkeit der Verantwortung gekennzeichnet ist (Guardini, Neuzeit, S. 71ff.). Seine Schrift hat seinerzeit eine lebhafte Diskussion ausgelöst, zu der er noch in einer weiteren Arbeit über „Die Macht" Stellung genommen hat.

seiner Untertanen in sich repräsentiert sah und sich daher in der Tat als universelle Persönlichkeit verstehen konnte, steht der moderne Politiker oder Manager mit seiner Spezialaufgabe der optimalen Entscheidungsfindung, die jeweils diesem Gesamtgefüge gerecht wird, in einem Netz von Abhängigkeiten. Auch er ist ein Spezialist geworden. – Unzählige Male ist dieser Sachverhalt analysiert und dargestellt worden. Dabei wird zumeist über das Spezialistentum arg geklagt, eben mit der trauervollen Rückerinnerung an die Zeit der universalen Bildung. Aber wir müssen uns bemühen, Folgerungen aus den Analysen zu ziehen; dem Vergangenen nachzutrauern bringt nichts. *Was bedeutet eigentlich Spezialisierung?*

Die Aufteilung der Arbeit einer Gruppe auf die einzelnen Teilnehmer gemäß den Fertigkeiten jedes Einzelnen macht die Leistungsfähigkeit der menschlichen Technik aus, die auf diesem Wege die Grundlage für die Entwicklung des Menschen geschaffen hat. Der Mensch verdankt seine Überlegenheit in der Natur, die Tatsache, daß es ihm gelungen ist, die Spitzenstelle der Evolution zu erreichen, dieser Form der Zusammenarbeit, die gerade nicht die Zusammenarbeit von Gleichen ist, sondern von Verschiedenen, die daher nicht einen additiven Effekt erzielt, wie ein Schwarm von Heuschrecken oder ein Rudel von Wölfen, sondern einen potenzierten, dessen Potenzierungsgrad gerade mit dem Ausmaß der Spezialisierung ungeheuer zugenommen hat. Der Mensch verdankt seine Leistung in der Natur seiner *Soziabilität, seiner besonderen Form der Vergemeinschaftung, die in einer Gemeinschaft mit verteilten Aufgaben besteht.* Aufgrund dieser Gemeinschaftsform haben die Wildbeuter ihre tierischen Ahnen überholt, und sie ist es, die bei jeder Menschheitsepoche eine gewaltige Steigerung erfahren hat. Aristoteles hat den Menschen das zoon politikon, wörtlich das städtische Lebewesen genannt. Man vergleiche die Städte der Menschen mit den großen Wohngemeinschaften der Tiere: Welch ungeheure Spezialisierung und Zusammenarbeit ist erforderlich, um ein derart vielgestaltiges Gebilde wie eine Stadt zustandezubringen (S. 72, 136).

Aber der *Spezialisierung verdankt die Gemeinschaft nicht nur die Leistungsfähigkeit, sondern auch den Zusammenhalt.* Spezialisierung und Soziabilität bedingen sich gegenseitig. Der Spezialist ist ohne die Gemeinschaft lebensunfähig, und die Gemeinschaft ist auf den Spezialisten angewiesen. Gerade die Technik ist es, die durch ihre Spezialisierung das soziale Band stiftet. (S. 131) Wir wollen diese Gemeinschaft, die auf Zusammenarbeit durch Ergänzung beruht, eine *komplementäre Gemeinschaft* nennen.

Wesentlich für diese Ergänzungsgemeinschaften ist, daß der eine eine Fertigkeit beherrscht, *über die der andere gerade nicht verfügt.* Wenn der eine nur etwas tut, was der andere im Prinzip auch tun könnte, so handelt es sich nicht um eine echte Ergänzung, und solche Gemeinschaften würden nicht von der Vielzahl menschlicher Veranlagungsstrukturen und Lernmöglichkeiten Gebrauch machen. Um Ergänzung handelt es sich erst dann, wenn der eine gerade das kann, was der andere nicht versteht. Die Ablehnung solcher Arbeitsteilung beruht auf einem vorindustriellen Verständnis von Persönlichkeit und Gemeinschaft. Genaugenommen ist das *Ideal der allseitigen Persönlichkeit unsozial, da dieses autonome Individuum über alles verfügt und daher auf den anderen gar nicht angewiesen ist.*

Die gesamte Entwicklung in der Natur beruht auf dem Prinzip von Spezialisierung und Ergänzung (S. 14). Aber in der Natur handelt es sich fast ausschließlich um die Ergänzung von Veranlagungen, die nach dem mühsamen Prozeß von Mutation und Selektion über den Tod unzähliger Individuen erworben werden müssen. Der Mensch kann sich aufgrund seines individuellen Lernvermögens mit Hilfe der Sprache, die sich ihrerseits infolge der Überlegenheit der Arbeitsteilung im Anschluß an das individuelle Lernvermögen entwickelt hat (S. 38 ff.), zu einer neuen, situationsangepaßten, sehr viel umfassenderen und differenzierteren Form der Gemeinschaft zusammenschließen, er hat die Fähigkeit, dieses überindividuelle System aufzubauen, das das Vermögen jedes einzelnen Individuums weit hinter sich läßt. Die Technik, die schon an der Wiege der Menschheit gestanden hat, bildet das Gerüst und die Verstrebung dieses Systems. Sie ist es, die mit ihrem Fortschritt ein immer engeres Netz von Ergänzungsbeziehungen schafft, die diese neue, überindividuelle Form der Gemeinschaft gründen und tragen. Damit *hebt die Technik die Menschheit, den homo socialis, auf eine neue, auf die eigentliche Stufe seiner sozialen Verwirklichung,* wobei — mit Heidegger zu sprechen — eine neue Stufe des Seins entborgen wird und in Erscheinung tritt (S. 254).

Aufgrund dieser Überlegungen erscheint die Arbeitsteilung in einem neuen Licht. Sie beseitigen zu wollen, ist kein sinnvolles Ziel, da sie ein Strukturprinzip jeder Entwicklung überhaupt ist, und da der Mensch ihr seine Existenz und alle Güter dieser Erde verdankt. Wir müssen vielmehr aus den durch Wissenschaft und Technik so angewachsenen und schwer durchschaubaren *gegenseitigen Abhängigkeitsbeziehungen die Konsequenzen für die Gestaltung der zwischenmenschlichen Beziehungen suchen.* Der Aufbau der komplementären Gemeinschaft ist keine triviale Aufgabe: handelt es sich doch gerade um den Zusammenschluß von Menschen, die durch die Verschiedenheit ihres Denkens, Könnens und Wollens gekennzeichnet sind. Was soll bei solchen Gegensätzen übrig bleiben für das verbindende Band? Die Antwort lautet: *Eben die Verschiedenheit, und zwar als Möglichkeit der Ergänzung.* Wir mühen uns ja vielfach im Leben, Gleichgesinnte zu finden, aber es gibt auch eine naturhafte Tendenz im Menschen, nicht das zu suchen, was er ist, sondern das, was er nicht ist. Gegensätze, sagt man, ziehen sich an. Von der Natur angelegt spielt diese Tendenz bei der geschlechtlichen Partnerwahl eine wichtige Rolle. Aber auch im Berufsleben gibt es ähnliche Fälle, es kommt vor, daß sich der systematisch planende Organisator einen phantasievollen Mitarbeiter aussucht, um eine einseitige Starrheit der Entwürfe zu vermeiden. Der *Mensch als Ganzes ist umfassender, komplexer, er ist breiter angelegt, als die Verhaltensweisen, die er beherrscht und verbalisieren kann.* Er hat — allerdings nur bei nüchtern-realistischer Selbstbesinnung! — ein Gefühl dafür, was er nicht kann, was ihm fehlt. Bereits Thomas von Aquin sagt, daß der Wille weiter reicht als der Verstand, weil man etwas wollen kann, was man nicht kennt (Thomas, Summa, 1. q. 82, a 3). Anthropologisch ist das nicht rätselhaft. Allein schon wenn wir die Vielfalt der physiologischen Antriebsstruktur, das System der Hormone — wörtlich der Antreiber — betrachten, wird uns klar, daß ein ganzes Bündel von Intentionen in uns wirksam ist, von denen nur ein Bruchteil zur inneren Erfahrung kommt, und von den so bewußten ist es wieder nur ein Bruchteil, der als begrifflich und logisch kohärentes System mitteilbar ist. Um das Verständnis des Anderen, des Fremden zu fördern, um das die Gegensätze überspannende Band zu finden, ist es daher erforderlich, auf präverbale, prälogische Intentionen zu achten, wir müssen wieder lernen, in uns hineinzuhorchen, um die schwache Stimme der Intuition zu vernehmen, um etwas *zu finden, was die Basis für das Fremdverständnis liefern kann, weil es auch in uns, wenn auch nur keimhaft, vorhanden ist, das uns aber in seiner Entfaltung und Verwirklichung abgeht.* Hier wird deutlich, wie der Weg zum Fremdverständnis über die Selbsterfahrung führt.

Das natürliche Bindeglied zum anderen Menschen, der das besitzt, was uns fehlt, ist das Vertrauen, und in der Tat spielt das Gefühl des Vertrauens für die zwischenmenschliche Orientierung seit alters auch eine entscheidende Rolle. Ständig vertrauen wir uns Menschen an, von denen wir glauben, daß sie etwas können, was wir nicht können. Wir vertrauen, wenn wir einen Arzt, einen Rechtsbeistand oder einen Helfer in Steuersachen wählen, und bei allen unseren Einkäufen wählen wir aufgrund unseres Vertrauens. Bei wirtschaftlichen Entscheidungen spielt das Vertrauen, das die Partner zueinander haben, die ausschlaggebende Rolle, Kredit gewähren heißt dem anderen glauben. Und auch bei der politischen Wahl ist der Bürger völlig auf sein Gefühl des Vertrauens angewiesen, und er wählt unter Umständen auch eine Partei, an der er sehr viel auszusetzen hat, auch dann noch, wenn er ihr ein bißchen mehr vertraut als der entgegengesetzten.

Aber es ist heute üblich geworden, vor dem Vertrauen zu warnen. Man betrachtet das Vertrauen als eine zwischenmenschliche Beziehung, die in der Vergangenheit wichtig war, *während es heute darauf ankomme, ein so unsicheres Gefühl durch das gesicherte wissenschaftliche Urteil zu ersetzen. Aber genau das Gegenteil ist der Fall:* eben durch den Fortschritt der Wissenschaft ist jeder sehr viel mehr darauf angewiesen, sich auf das Urteil des andern zu verlassen, weil er es selbst nicht prüfen kann. Was der Pfarrer im Mittelalter gepredigt hat, konnte der Bauer aufgrund seiner Lebenserfahrung beurteilen, die Predigt wendete sich an die normale Einsicht, an das Urteilsvermögen des Durchschnittsmenschen und war darauf angelegt, ihn zu überzeugen. Demgegenüber beanspruchen die wissenschaftlichen Aussagen heute in der Tat eine geistige Unterwerfung. Die klassische Formulierung, was wissenschaftlich sei, könne jeder nachprüfen und müsse es daher einräumen, sofern er nicht schwachsinnig oder böswillig sei, gaukelt uns ein Märchen vor. Um naturwissenschaftliche Aussagen nachzuprüfen, muß man noch einmal geboren werden, muß ein anderes Studium ergreifen und muß dann Inventar und Personal zur Verfügung haben von der Größenordnung eines mittleren oder größeren Industriebetriebes. Die überwiegende Mehrzahl der Fachleute kommt auch gar nicht auf die Idee einer Nachprüfung, sondern muß sich auf den unkontrollierbaren Disput weniger Sachbearbeiter verlassen. Man pflichtet dann dem bei, zu dem man das größere Zutrauen hat. „Das ist ein guter Mann", lautet die gängige Redeweise, „das ist ein angesehenes Institut". Und was soll gar der Laie dazu sagen, wenn ihm aufgrund der wissenschaftlichen Erkenntnis von Butter abgeraten wird, weil sie Cholesterin enthält, und zugeraten wird, weil sie wichtige Vitamine enthält. Die Richter, die zur Sicherung ihres Urteils das Gutachten von Wissenschaftlern anfordern, geraten in große Verlegenheit. Die verschiedenen Gutachten sind zwar subtil begründet, aber sie widersprechen sich untereinander. Am Ende muß der Richter doch entscheiden, zu wem er das größere Zutrauen hat. Und käme es nicht wirklich auf das gefühlsmäßige Vertrauen an, so wäre der Richter überhaupt überflüssig, und man könnte die ganze Urteilsfindung dem Computer übertragen. Die juristische Sprache selbst enthält Begriffe, die beweisen, daß es kein wissenschaftlich gesichertes Verfahren zur Urteilsfindung gibt. Da ist die Rede vom „Ermessen unter gerechter und billiger Abwägung öffentlichen Interesses", von der „Verhältnismäßigkeit der Mittel" (Creifelds, S. 332, 1118), vom „ordentlichen Kaufmann", gekennzeichnet dadurch, wie ein „ordentlicher und gewissenhafter Kaufmann im gleichen Fall gehandelt hätte" (Gabler, S. 1273, §§ 86 III, 347 I, HGB). Verträge sind auszulegen, wie es „Treu und Glauben mit Rücksicht auf die Verkehrssitte erfordern" (§ 157, BGB). Rechtsgeschäfte, die gegen die guten Sitten verstoßen, sind wegen Sittenwidrigkeit nichtig (§ 138 I, BGB). „Die guten Sitten sind verletzt – heißt es – , wenn das Rechtsgeschäft nach seinem Inhalt, Beweggrund oder Zweck gegen das Anstandsgefühl aller billig und gerecht Denkenden verstößt." (Creifelds, S. 933). Kommentare und höchstrichterliche Entscheidungen sind zwar ständig bemüht, den Ermessensspielraum, den das Gesetz freigibt, möglichst einzugrenzen, aber das gelingt niemals vollständig, und insgesamt nimmt mit der Komplizierung der Verhältnisse das Gewicht der Generalklauseln, die solchen Spielraum eröffnen, zu. Ob Juristerei oder Naturwissenschaft, bei allen etwas differenzierteren Entscheidungen läßt uns die Wissenschaft im Stich. *Der wissenschaftliche Fortschritt macht das Vertrauen nicht überflüssig, sondern lehrt uns im Gegenteil, daß jeder aufgrund dieses Fortschritts auf den anderen angewiesen ist.*

In seltsamen Gegensatz hierzu steht die heute weitverbreitete allgemeine Tendenz zur Destruktion des Vertrauens. Unser Erziehungsprogramm verfolgt als Lernziel noch die Idee vom totalen Menschen, der kritisch, mündig, emanzipiert aufgrund seines eignen, wissenschaftlich fundierten Urteilsvermögens alles selbst entscheiden kann. Die Stoffe werden „angeboten". „Glaube niemanden – heißt es – hinterfrage alles, prüfe alles selbst." Die hessischen Rahmenrichtlinien für den Biologieunterricht auf der Sekundarstufe I verlangen, daß der Unterricht den Schüler befähigen solle, „biologisch relevante Entscheidungen in unserer Gesellschaft zu treffen." (RR, SI-B, S. 8) Und ebenfalls als Lernziel für die Sekundarstufe I: „fragen lernen nach dem Zusammenhang zwischen dem Erziehungsstil der Eltern und deren Arbeitsplatzsituation." (RR, SI-Gl, S. 98)

Die Verunsicherung als Erschütterung des Vertrauens beschränkt sich nicht nur auf die Schule, sie *ist auch zum literarischen Programm geworden.* Den Romanen wie den historischen und biographischen Darstellungen geht es um die Entlarvung, das ist die Aufdeckung der Unglaubwürdigkeit. Das früher nur in abfälligem Sinne verwendete Wort denunzieren hat heute einen lobenden Beiklang erhalten im Sinne von ans Licht bringen, richtig stellen. Die Darstellung des Primitiven, des Häßlichen, des Niedrigen und des Abstoßenden wird als die Enthüllung der Wahrheit ausgegeben, und es wird als realistisch und als besonders intelligent bezeichnet, weil es Hintergründe zu durchschauen vorgibt. Hand in Hand geht solcher Abbau des Vertrauens mit der revolutionären Tendenz, das Bestehende überhaupt zu beseitigen.

Man muß sich vergegenwärtigen, daß solche Zerstörung des Vertrauens nur verheerende Folgen haben kann. Der Einzelne ist mit dieser Forderung nach Mündigkeit des eigenen Urteils, so schmeichelhaft das zunächst auch klingen mag, völlig überfordert. Es wird ihm mehr versprochen und anschließend auch mehr von ihm verlangt, als er je in diesem komplizierten technisch-ökonomischen Wirkungsgefüge wird erfüllen können. Das *Ergebnis kann nur Resignation, Frustration oder vom Halbwissen getragenen Aggression sein.* Die Zunahme der neurotischen Erkrankungen und Studentenselbstmorde sind ein alarmierendes Zeichen. In der Tat, wer niemanden vertrauen kann, dem wird die Existenzgrundlage entzogen.

Die Erziehung zum Mißtrauen zerstört aber nicht nur die Existenz des Einzelnen, sondern auch die der Gesellschaft. Das Mißtrauen, immer auf der Jagd nach dem Hintersinn von allem Gesprochenen, verschließt sich der unmittelbaren Teilnahme. Es nimmt das Gehörte nicht schlicht, wie es gesprochen ist, sondern geht von der Voraussetzung aus, daß der Mensch anders ist, als er sich zeigt, und zwar schlechter. Nun schwebt ja jeder Mensch zwischen Gut und Böse, und bei seinen Handlungen wie bei seinen Worten sind gewiß Motive verschiedenartiger Qualität wirksam. Man spricht nicht ohne Grund von einem Motivbündel, das nicht selten überindividuelle wie eigennützige Motive gleichzeitig enthält. Die Erziehung zum Mißtrauen hält es nun für klug und angebracht, den Menschen immer von unten her zu interpretieren, das heißt: immer die niedrigsten Motive als die ausschlaggebenden zu betrachten. Doch das ist zunächst einmal anthropologisch falsch gesehen: bei aller nicht zu bezweifelnden Unvollkommenheit des Menschen gibt es doch überindividuelle Motive großer Dynamik, und selbst im Tierreich stoßen wir auf die Grundlagen überindividuellen Verhaltens, das man heute meist als moralanalog bezeichnet. *Gäbe es solche Motivation nicht von Natur aus, so wäre es erst gar nicht zur menschlichen Gruppen- und Gemeinschaftsbildung gekommen.* Auch findet man, wenn man unvoreingenommen ist, mehr Anständigkeit und spontane Hilfsbereitschaft vor, als man gemäß der Lehre vom Mißtrauen erwarten sollte. Bisweilen hat dieses natürliche Gutsein auch eine Hemmung sich zu zeigen, da es nicht gerne für einfältig gehalten werden möchte. Die mißtrauische Haltung steht bereits unter konformistischem Zwang. Aber die Lehre vom grundsätzlichen Mißtrauen ist nicht nur falsch, sondern auch zerstörerisch: *sie betrachtet den Menschen nicht nur als schlechter, als er an sich schon ist, sondern sie bewirkt auch, daß er noch schlechter wird.* Die Kybernetik hat uns gelehrt, die Rückwirkungen unseres Verhaltens besser zu beachten. Gemäß der Tendenz zur aktiven Anpassung stellt sich der Mensch bereits unbewußt auf das ein, was von ihm erwartet wird. Das Vertrauen hebt einen jeden, so daß er sich bemüht, den Glauben, der auf ihn gesetzt ist, zu rechtfertigen. Das Mißtrauen setzt ihn herab.

Damit kommen wir zum Kern. Die Entfremdung ist kein intellektuelles Problem. Der Versuch, sie intellektuell durch den „allseitigen Menschen" zu überwinden, geht von der Fehlvorstellung des Alles-Könners und Alles-Wissers aus. Vor 200 Jahren, zur Zeit der absolutistischen Herrscher vor der französischen Revolution, zur Zeit der französischen Enzyklopädie der Wissenschaften und Künste, war das Ziel des mündigen, emanzipierten Menschen gewiß gut am Platze. Heute kann der Mensch aufgrund des Fortschritts und der Verzweigung der Wissenschaften dieser Forderung immer weniger genügen. Und da er immer nachdrücklich daran scheitern muß, wird durch diese Forderung, sich nicht auf den anderen zu verlassen, sondern alles selbst zu verstehen und zu entscheiden, *die Entfremdung geradezu herausgezüchtet. Das Mißtrauen schafft die Entfremdung.* Wenn einem gesagt wird, daß man von Egoisten, Betrügern und Heuchlern umgeben ist, kann man sich schlecht zu Hause fühlen.

Die Entfremdung ist kein intellektuelles, sondern ein ethisches Problem. Sie kann nur durch die Wiederherstellung des Vertrauens behoben werden. Es ist ein intellektualistisches Vorurteil zu glauben, daß etwas notwendig fremd sein muß, wenn wir es intellektuell nicht durchschauen. Wir können uns in einem Milieu, in einer Landschaft, in einem Kreis von Menschen, in einem Team wissenschaftlicher Zusammenarbeit durchaus heimisch und gar nicht fremd fühlen, ohne doch den Zusammenhang, der uns verbindet, zu durchschauen. Schließlich beruht jede tiefere menschliche Partnerschaftsbeziehung auf einem Vertrauen, das in der Lage ist, sich dem anderen zu überlassen.

Diese ursprüngliche, vorwissenschaftliche, zwischenmenschliche Beziehung des Vertrauens, die seit der Frühzeit des Menschen die Gemeinschaft geschaffen und getragen hat, steht in Gefahr, von der allgemeinen Tendenz zur Verwissenschaftlichung verdrängt, blockiert oder gar ausgeschaltet zu werden. Die Aufgabe heute ist die Wiederherstellung des Vertrauens. Eine Gesellschaft, der diese Restitution des Vertrauens nicht gelingt, wird mit dem wissenschaftlich-technischen Fortschritt nicht fertig werden, sondern daran zugrunde gehen.

Wie soll das möglich sein, wird man fragen; sind wir nicht viel zu oft getäuscht worden? Gewiß, man darf nicht leichtsinnig sein, es bedarf einer *Schulung des Vertrauens, so daß das besonnene, geordnete Vertrauen an die Stelle des blinden, unüberlegten oder gar erschlichenen tritt.* Die Erfahrung mit dem Führerprinzip des Nationalsozialismus steckt uns noch in den Knochen. Immerhin, daß Hitler im Jahre 1938 vom In- und Ausland soviel Vertrauen geschenkt wurde, wie im Münchener Abkommen zwischen Deutschland, Frankreich, England und Italien zum Ausdruck gekommen ist, zeigt, daß es sich hier nicht um besonnenes Vertrauen gehandelt hat, denn Hitler hatte schon frühzeitig mit erstaunlicher Offenheit gesagt und gezeigt, was er vorhatte.

Wie läßt sich rechtes Vertrauen lernen? Es ist eine *Frage der Menschenkenntnis, der Lebenserfahrung.* Aber man sammelt diese Erfahrung nur, wenn man sie auch sucht. Hier geht es darum, den anderen zu verstehen, um ahnen zu können, wozu er im Stande sein wird, und das hängt wieder davon ab, daß wir uns selbst verstehen und ahnen, wozu wir im Stande sein werden. Es geht darum, die Schicksale der anderen Menschen mitzuerleben, das Verwandte daran in Gegenwart und Vergangenheit zu erkennen und sich der persönlichen Eigenart dabei bewußt zu werden.

Reiches Erfahrungsmaterial liefern die Geisteswissenschaften, und daher hat die *geisteswissenschaftliche Bildung auch eine wichtige Funktion bei der Entscheidung technischer Probleme,* denn auch hier kann der Außenstehende sich nur dann ein Urteil bilden, wenn er einen entsprechenden Eindruck von den Vorstellungen, von den Motiven, von der Glaubwürdigkeit der diskutierenden Parteien gewinnt. Die

sinnvolle Stellungnahme zu den großen technischen Zukunftsproblemen der Gesell-
schaft ist für den Bürger weitgehend eine Aufgabe geschulter Menschenbeurteilung.
Aber zum rechten Verständnis des anderen, zum rechten Vertrauen gelangt man
nur, wenn man sich dem anderen öffnet in jener realistisch-ethischen Haltung, die
Hengstenberg so nüchtern als Sachlichkeit bezeichnet, und die es vertrauensvoll
akzeptiert, daß das Gegenüber nicht begrifflich voll erfaßbar ist (S. 257). Es bedarf
einer *zweiten Aufklärung, die das Irrationale nicht verdrängt, sondern es beachtet,*
ihm seinen angemessenen Ort anweist und es respektiert.

Die Restitution des Vertrauens ist in der Tat der Angelpunkt der ethischen Bewältigung der Technik. Wir haben gesehen, wie die Technik seit alters vom Menschen
zwiespältig beurteilt worden ist (S. 2 f.), und zwar, weil die Leistungsfähigkeit ihrer
Methoden immer auch eine Versuchung zur Übervorteilung desjenigen darstellt, der
jeweils die Taktik dieses Vorgehens nicht durchschaut. Nicht umsonst hat das
griechische Wort technâo, künstlich verfertigen, auch den Sinn von sich verstellen,
von heucheln angenommen (S. 3). Und die Versuchung, mit Hilfe der Technik den
anderen zu übervorteilen, wird offenbar um so stärker, je höher entwickelt, je schwerer durchschaubar die technischen Methoden sind. Immer war das Rezept gegen
solche Übervorteilung, selbst tüchtiger zu sein, um den Anderen doch zu durchschauen. Aber diese Möglichkeit ist heute wirklich erschöpft. *Erst heute merken*
wir daher unzweideutig, daß wir zur Handhabung unseres Lebens auf Vertrauen
angewiesen sind. Und wir können das unverarbeitete und ambivalente Verhältnis
zur Technik erst überwinden, wenn wir uns gleichzeitig klarmachen, daß unsere
Technik heute mit der ihr *eigenen Struktur der Spezialisierung und Integration das*
soziale Band, das soziale Netz ist, das uns hält und trägt, das uns eine engere Form
gegenseitiger Abhängigkeit und Gemeinschaft auferlegt, als es zuvor in der Ge-
schichte gegeben hat.

Welche Eigenschaften benötigen wir, um vertrauen zu können? Vertrauen verlangt
Bescheidenheit, Einsicht in eigene Mängel und Lücken, das Akzeptieren, daß ein
anderer etwas besser versteht, es verlangt Respekt, geistige Einordnung und Dankbar-
keit für Belehrung und Hilfe, Zurückhaltung beim Urteil in Fachfragen bei mangeln-
dem Fachwissen. Das ist eine von der realistischen Ethik geforderte Umbesinnung,
die allerdings in argem Gegensatz zu der dünkelhaften Selbstüberheblichkeit steht,
die heute vielfach durch Erziehung und Werbung schon den Kindern beigebracht
wird. Vertrauen verlangt weiterhin *Mut.* Vertrauen kann getäuscht werden. Wer vertraut, spricht „ungeschützt", wie man sagt, er gibt eine Vorleistung, die aber ihrerseits dem Vertrauen des anderen den Weg bahnt und ihn gleichzeitig auf eine höhere
Stufe der Argumentation hebt. Dieser Mut, der *ein Mut zur Hingabe ist, ist die Vor-*
aussetzung für menschliche Bindung. Das Mißtrauen, das Kind der Angst, zerstört
jede menschliche Bindung. Wer nicht den Mut und die Kraft zum Vertrauen aufbringt, der ist nicht bindungsfähig, der ist unsozial! Es scheint, daß die Menschheit
über ihre eigenen technischen Machtmittel so tief erschrocken ist, daß sie nicht mehr
den Mut zum Vertrauen aufbringt und daher immer unfähiger wird, dieses phantasti-
sche System ergänzender Zusammenarbeit zu handhaben. Nur in kleinen Gruppen
von Wissenschaftlern und Technikern, die am gleichen Vorhaben engagiert sind,

kann man diese von der Sache her bestimmte echte menschliche Verbundenheit noch finden. Man kann sich fragen: entdeckt da nun die Technik Instrumente, denen unsere vitale, optimistische Bereitschaft zu menschlicher Bindung nicht mehr gewachsen ist?

Das Prinzip ergänzenden Vertrauens verlangt ferner, daß man *die Verschiedenheit der Menschen anerkennt,* ja sie als Wert einschätzt, denn gerade die Verschiedenheit ist ja die Voraussetzung für die Ergänzung. Daraus ergibt sich auch ein vertieftes Verständnis der Toleranz: es geht nicht darum, die Andersartigkeit zu dulden, sondern darum, sie wertzuschätzen. Nun lehrt das Christentum, daß vor Gott alle Menschen gleich sind. Doch das bedeutet nur, daß sie alle Gott gleich nahe stehen, daß sie alle berufen sind, gut zu sein. Aber gut kann jeder auf seine Weise sein, und es gibt viele Weisen, gut zu sein. Die Gleichheit vor Gott bedeutet nicht, daß auch die Anlagen, die Schicksale und die Fertigkeiten gleich sind oder nur gleich sein sollten. Jeder unvoreingenommene Blick auf menschliche Kulturen zeigt unmittelbar, daß diese ihr Niveau — wie es auch immer beschaffen sei — gerade der Verschiedenartigkeit der Menschen verdanken, gerade auf die Verschiedenheit gründet sich ja die Gesellschaft.

Man muß sich fragen: worauf beruht eigentlich diese Tendenz zur Einebnung der Unterschiede, die vielfach als Verwirklichung der Gerechtigkeit verstanden wird, die aller gegenteiligen Erfahrung zum Trotz wie ein Zwang auf unserem Denken lastet und sich bis zur Angleichung von Haartracht, Kleidung und Lebensperspektive der Geschlechter bemerkbar macht? Ist es ein logischer Zwang, der dahinter steht, weil die Natur kein Argument mitliefert, warum sie einmal einen Buben und das andere Mal ein Mädchen hervorbringt, warum sie dem einen die Einfalt und dem anderen die Intelligenz mitgibt, oder ist es der Neid, der dem anderen nicht gönnt, was er selbst nicht besitzt, oder ist es der Machtinstinkt, da Gleiches leichter erfaßbar, kontrollierbar und beherrschbar ist als Andersartiges, oder stehen hinter der Tendenz zum Gleichmachen gar demagogische Interessen, da sich eine homogene Masse leichter steuern läßt als eine strukturierte Gesellschaft: Hier geht es in der Tat um eine ethische Grundentscheidung, von der die Verwirklichung einer echten sozialen Gemeinschaft, auf die der Mensch hin angelegt ist, abhängt: ob der Mensch bereit ist, sich dem Andersartigen als solchem frei, neidlos und anerkennend zu öffnen.

Vertrauen beruht schließlich auf *Gegenseitigkeit. Es kommt nicht nur darauf an, Vertrauen zu schenken, sondern auch Vertrauen zu erwerben.* Schon bei der technischen Arbeit in kleinen Gruppen bekommt der Leiter eines Teams seine Hilflosigkeit zu spüren, wenn er nicht das Vertrauen seiner Mitarbeiter hat. Sehr viel mehr sind die Leiter größerer Systeme, die Manager und Politiker auf Vertrauen angewiesen, wenn sie ihre Funktion nicht der Gewalt verdanken. Dabei zeigt sich bei näherem Zusehen, daß die unmittelbare Gewalt eine geringere Rolle spielt, als gemeinhin angenommen wird. Auch die Diktatoren bemühen sich heute, ihre Untertanen zu überzeugen. Vertraut wird dem, den man für verläßlich, fähig und wohlmeinend hält. Die vielfach praktizierten Methoden der Demagogie, die mit dem *kurzen Gedächtnis und dem mangelnden Urteilsvermögen derer rechnen, die vertrauen sollen, beruhen auf der Tatsache, daß das Vertrauen noch zu unbesonnen, zu unüberlegt, man kann sagen: zu unbewußt verschenkt wird.*

Angesichts dieser Überlegung erhält der Begriff der Selbstverwirklichung eine andere Bedeutung. Es geht nicht mehr um die Entfaltung des einzelnen zur universellen Persönlichkeit, sondern vielmehr um die Selbstverwirklichung menschlicher Gemeinschaft, in der *jeder einzelne seine unverwechselbare, aber eingegrenzte und spezielle Gliedfunktion hat.* Der moderne Mensch ist durch die Leistungen der Technik derart verwöhnt worden, daß er keine Grenzen für seine individuelle Selbstverwirklichung mehr anerkennen mag, und die Politiker wie die Geschäftsleute, die um seine Stimme werben, bestärken ihn noch in diesem Glauben. Das kommt z. B. in der veränderten Auffassung von der Geschlechtlichkeit zum Ausdruck. Von Haus aus ist die Sexualität ein im weitesten Sinne tragendes Verbindungsglied menschlicher Gemeinschaft überhaupt. Aber inzwischen ist das Ziel der individuellen Lust immer mehr in den Vordergrund gerückt. Jugendzeitschriften mit bedeutenden Auflagen preisen das Petting als eine Art Selbstbefriedigung zu zweit, Treue wird hier als Einschränkung der Erfahrung und Hingabe als eine Art romantischer Kitsch verstanden. An die Stelle der Großfamilie ist längst die Kleinfamilie getreten, und bei den allgemeinen Auffassungen von der geschlechtlichen Partnerschaft mit und ohne Trauschein, die auch in den gesetzlichen Regelungen ihren Niederschlag finden, spielt der Gedanke an das Wohl der Kinder eine immer geringere Rolle. Diese Auffassung von der Geschlechtlichkeit, die häufig noch mit den Argumenten der Selbstbestimmung und Freiheit vertreten wird, sei hier nur als Beispiel für eine heute *verbreitete Form individueller Selbstverwirklichung genannt, die in ihrer subjektiven Vereinzelung die soziale Struktur der komplementären Gemeinschaft verkennt und sich daher selbst sterilisiert.* Die durch die technische Leistung bewirkte Selbstüberschätzung und das autistische Sich-wichtig-Nehmen des Menschen finden im modernen Hedonismus, der nicht auf die Geschlechtlichkeit beschränkt ist, ihre eindrucksvoll unfruchtbare Ausprägung. Die Selbstverwirklichung kann unter den heutigen Lebensbedingungen nicht mehr einseitig subjektiv-individuell verstanden werden, im Grunde ist solche Selbstverwirklichung unsozial, weil sie eine *Flucht vor der Bindung ist.* Es geht nicht mehr, mit Guardini zu sprechen, um die Persönlichkeit im alten Sinne, sondern um die Person, die in dem großen Beziehungsgefüge ihren je besonderen Platz einnimmt und ausfüllt (S. 259). Dazu bedarf es des Fachwissens auf dem eigenen Gebiet und des Verständnisses für die Gebiete, in denen man selbst nicht urteilen kann, damit man weiß, wessen Hilfe man hier in Anspruch nehmen muß. Die Absage an das Ideal der universellen Persönlichkeit bedeutet keineswegs eine Verengung des Gesichtskreises, sondern gerade eine Öffnung für das Fremde, *eine Öffnung aber nicht um zu urteilen und zu handeln, sondern um zu empfangen und um sich zu bereichern.* Das ist eine Erweiterung des Verständnisses, die auch dem Urteil auf dem eigenen Fachgebiet zugute kommt.

Den Bedingungen der komplementären Gemeinschaft Rechung tragen *bedeutet, sich mit der Realität auseinandersetzen,* mit dem Jetzt und Hier der gegenwärtigen Menschheitssituation. Demgegenüber erscheinen die Vorstellungen von einem „neuen Menschen", von einer „neuen Gesellschaft" als eine Flucht vor dem Jetzt und dem Hier. Nicht zu Unrecht hat man die Marxsche Idee von der klassenlosen Gesellschaft als eine säkularisierte Eschatologie bezeichnet. Marx hat das große Verdienst, daß er sensibel die Problematik der modernen Technik thematisiert hat, aber betrachtet man seine Vorstellung von der technischen Selbsterlösung des Menschen durch die Aufhebung der Arbeitsteilung, so führt das zu dem paradoxen Ergebnis, daß er weder die Technik noch den Sozialismus recht verstanden hat. Noch handgreiflicher wird der Realitätsverlust bei der Weiterführung der Marxschen Vorstellungen von Mandel und Marcuse (S. 209 ff.). An Marcuses Freud-Marxismus ist darüber hinaus noch die ich-bezogene, bindungsscheue Sexualität bemerkenswert.

Demgegenüber ist die realistische Haltung den Gegebenheiten verpflichtet, sie ist bemüht, dieselben aufzufinden, zu erkennen, sie nimmt sie wichtig und ernst und versucht, sich ihnen anzupassen. Aber diese Anpassung ist nicht als *konservativ im Sinne von nur erhaltend zu verstehen.* Es ist vielmehr die aktive Anpassung, die den Weg der Evolution von den ersten anorganischen Anfängen bis zu allen Werken der Menschen geleitet hat, der Weg des inneren und äußeren Aufbaus gemäß den realen Bedingungen der Existenz. Auf diesem Wege gibt es nur für die Sackgassen eine Grenze des Wachstums, bei der dann auch in der Tat die Art ausstirbt. Die Eindimensionalität einer ausschließlich technizistischen Daseinsbewältigung führt in eine solche Sackgasse[9]. Die soziale Gemeinschaft, getragen von der vielfältigen, sich ergänzenden technischen Verwirklichung und Ausgestaltung, verlangt das Gleichgewicht von innen und außen. Dieses Gleichgewicht ist zerstört, weil wir uns – um mit Heidegger zu sprechen – an das Hergestellte verloren haben. Aber die dadurch erreichte Entlastung von Daseinsnot gewährt jetzt Zeit und Energie für eine Wendung nach innen. Noch sind wir nicht ausreichend angepaßt an die technische Realität heute. *Aktive Anpassung aber bedeutet immer die innere Entwicklung und Gestaltung in bezug auf die äußeren Gegebenheiten* (S. 22, 42). So gesehen ist die Freizeit kein Problem, sondern sie gibt die Chance zur Bildung der Person für die Aufgabe heute.

Als Einwand gegen diese Überlegungen des letzten Kapitels zur Überwindung des Technizismus ließe sich vorbringen, daß es zwar erbaulich und schön sei zu beschreiben, wie die Menschen besser sein sollten, aber es sei zu bedenken, daß die Menschen so eben nicht sind, auch vor ethischen Utopien müsse man sich hüten. In der Tat wird in dem hier Ausgeführten auf ein grundsätzliches Umdenken hingewiesen, und es wäre wohl eine Illusion zu glauben, daß hier kurzfristig ein großer Umschwung stattfinden könne. Aber es ging in diesem Buche weniger um ethische Appelle als um die nüchterne Vergegenwärtigung von kaum zu leugnenden Sachverhalten, an denen sich die Chancen und Gefahren unserer Existenz ablesen lassen. Die Realität, die hier beachtet sein will, ist kein ausschließlich freundlicher Partner, sie gewährt vieles, aber sie verlangt auch Verzichte. Ein gutes Teil der ethischen Erkenntnis besteht darin, daß sie beizeiten auf die Notwendigkeit solcher Verzichte aufmerksam macht. Trotz-

---

9 Den Begriff der Eindimensionalität hat Herbert Marcuse eingeführt und in seinem Buch „Der eindimensionale Mensch" überzeugend dargestellt. Es ist überraschend, wie es diesem feinsinnigen Kritiker selbst doch nicht gelingt, diese Eindimensionalität zu durchbrechen, erwartet er doch die Erlösung wieder von der Perfektion der Technik (S. 210)! Aber welch andere Wahl hat er als Marxist? Ist die Eindimensionalität nicht ein Systemzwang jedes Monismus?

dem hört der Mensch, der auch heute noch, alter Wildbeutermoral gemäß, zuviel in den Tag hinein lebt, nicht gern auf die vorausschauende, mahnende, zur Vorsicht fordernde Stimme. Aber am Ende verschafft sich die Realität doch ihre Geltung, durch die „ungestüme Presserin, die Not".

Wir möchten bezüglich eines Wandels ethischer Verhaltensweisen die Hoffnung nicht aufgeben, wenn eine solche Hoffnung auch zumeist als naiv bezeichnet wird. Aber der Mensch hat nun einmal die Tendenz zur aktiven Anpassung, die ihn treibt, sich innerlich derart einzustellen und zu entwickeln, daß er mit den äußeren Gegebenheiten zurecht kommt. Um nur ein Beispiel ganz am Rande zu nennen: Die Amerikaner, die anders als wir mit dem Auto aufgewachsen sind, haben ein entspannteres Verhältnis zum Auto. Sie benutzen es im wesentlichen als Verkehrsmittel und üben im Autoverkehr die Umgangsformen, die auch unter Fußgängern üblich sind, während bei uns das Autofahren doch noch vielfach mit Demonstrationen von Kraft und Geschicklichkeit verbunden ist. Es ist nicht ausgeschlossen, daß der Mensch im Umgang mit der Technik, der wir noch zu unreif gegenüberstehen, passende Verhaltensweisen lernen wird. Wir wollen daher den Glauben nicht aufgeben, daß es doch zu einer wirklichen komplementären Gesellschaft, zu einem von den ethischen und intellektuellen Möglichkeiten getragenem überindividuellen System, *zu einem echten, die Technik integrierenden Sozialismus kommen wird.* Durch welche Täler der Not wir aber noch werden schreiten müssen, bis das Notwendige einsichtig geworden ist, und welchen Menschengruppen und Völkern die Umbesinnung gelingen wird, und welche daran scheitern werden, das kann nur die Zukunft lehren.

270

Literaturverzeichnis

Apel/Mittag: Planmäßige Wirtschaftsführung und ökonomische Hebel, Berlin, 1964.

Aristoteles: Die Lehrschriften, P. Gohlke (Hrsg.), Schöningh, Paderborn.

Ashby, W. Ross: Design for a Brain, Chapman and Hall, London, 1960.

Bacon, Francis: Neu Atlantis, in: Der utopische Staat, Heinisch (Hrsg.), Rowohlt, Hamburg, 1960.
—: Das neue Organon, Akademie-Verlag, Berlin, 1962.

Bates, Marston: Die überfüllte Erde, München, 1929.

Bender, Hans (Hrsg.): Parapsychologie, Entwicklung, Ergebnisse, Probleme, Wiss. Buchgesellschaft, Darmstadt, 1966.

Benz, Carl: Lebensfahrt eines deutschen Erfinders, Koehler und Amelang, Leipzig, 1925.

Binder, Paul: Die Wirtschaft — die materielle Grundlage unserer Zeit, Stuttgart, 1972.

Böhm-Bawerk: Positive Theorie des Kapitals, Bd. 1, Jena, 1921.

Brou S. J., Alexander: Gebetsschule des heiligen Ignatius, übersetzt von Otto Pies, S. J., Butzon und Bercker, Kevelaer, 1952.

Büchel, Wolfgang: Gesellschaftliche Bedingungen der Naturwissenschaft, Beck, München, 1975.

Buddhas Reden, Karl Eugen Neumann (Hrsg.): Piper, München, 1922.

Campanella: Sonnenstaat, in: der Utopische Staat, Rowohlt, Hamburg, 1962.

Caro, Heinrich: Gesammelte Reden und Vorträge, Spanner, Leipzig, 1913.

Cassel, Gustav: Theoretische Nationalökonomie, Deichertsche Verlagsbuchhandlung, Erlangen-Leipzig, 1923.

Chruschtschows historische Rede, Ostprobleme, Bonn, Nr. 25—26, Juni 1956, S. 869.

Comte, August: Rede über den Geist des Positivismus, Meiner, Hamburg, 1956.

Conze, Edward: Der Buddhismus, Kohlhammer, Stuttgart, 1953.

Creifelds, Carl: Rechtswörterbuch, Beck, München, 1968.

Darwin, Charles: Die Entstehung der Arten durch natürliche Zuchtwahl, Reclam, Stuttgart, 1963.

DDR, Philosophie-Kongreß 1965: „Die marxistisch-leninistische Philosophie und die technische Revolution", Deutsche Zeitschrift für Philosophie, Sonderheft, 1965.

Descartes, René: Meditationen, Meiner, Hamburg, 1954.
—: Die Prinzipien der Philosophie, Meiner, Hamburg, 1955.
—: Von der Methode des richtigen Vernunftgebrauchs, Meiner, Hamburg, 1960.

Dessauer, Friedrich: Philosophie der Technik, Cohen, Bonn, 1927.
—: Streit um die Technik, Knecht, Frankfurt, 1958.

Diesel, Rudolf: Solidarismus, Natürliche, wirtschaftliche Erlösung der Menschen, Oldenbourg, München-Berlin, 1903.

Dijksterhuis, E. J.: Die Mechanisierung des Weltbildes, Springer, Berlin-Göttingen-Heidelberg, 1956.

Driesch, Hans: Philosophie des Organischen, Engelmann, Leipzig, 1909.

Dobrow, Gennadij: Wissenschaft: ihre Analyse und Prognose, Deutsche Verlagsanstalt, Stuttgart, 1974.

Dose, K.; Rauchfuss, H.: Chemische Evolution und Ursprung lebender Systeme, Wiss. Verlagsanstalt, Stuttgart, 1975.

Du Bois-Reymond, Emil: Über die Grenzen des Naturerkennens, Wiss. Buchgesellschaft, Darmstadt, 1961.

Eibl-Eibesfeld, Irenäus: Grundriß der vergleichenden Verhaltensforschung, Piper, München, 1967.

Eigen, Manfred: Der Zeitmaßstab der Natur, Jahrbuch 1966 der Max-Planck-Gesellschaft, S. 40 ff.

—: Selforganisation of Matter and the Evolution of Biological Makromolecules, Naturwissenschaften 58, S. 465–523, 1971.

Eigen, Manfred; Winkler, Ruthild: Ludus vitalis, mannheimer forum, Boehringer, Mannheim, 1973/74.

—: Das Spiel, Naturgesetze steuern den Zufall, Piper, München, 1975.

Engels, Friedrich: Marx-Engels, Ausgewählte Schriften, Dietz Verlag, Berlin, 1966; Marx-Engels-Werke, Dietz Verlag, Berlin, 1974, siehe auch Marx.

Enzensberger, Hans Magnus (Hrsg.): Der Sozialismus als Staatsmacht, Kursbuch 30, Wagenbach, Berlin, 1972.

Erdmann, Johann Eduard: Der Deutsche Idealismus, Geschichte der Philosophie VI, Rowohlt, Hamburg, 1971.

Ergang, Karl: Friedrich der Große und seine Stellung zum Maschinenproblem. In: Beiträge zur Geschichte der Technik und Industrie, Bd. 2, Springer, Berlin, 1910.

Eucken, Walter: Kapitaltheoretische Untersuchungen, Tübingen, 1954.

Eyring, H.; Polanyi, M.: Über einfache Gasreaktionen, Z. f. phys. Chem., 12, S. 279, 1931.

Faure, Edgar (Hrsg.): Wie wir leben lernen, Unesco-Bericht über Ziele und Zukunft unserer Erziehungsprogramme, rororo, Hamburg, 1973.

Feuerbach, Ludwig: Werke in sechs Bänden, Suhrkamp, Frankfurt, 1975.

—: Das Wesen der Religion, Kröner, Leipzig, Taschenausgabe, Bd. 27.

Fichte, Johann Gottlieb: Grundlage der gesamten Wissenschaftslehre, Meiner, Hamburg, 1956.

Ford, Henry: Philosophie der Arbeit, Paul Aretz, Dresden.

Forrester, Jay W.: World Dynamics, Cambridge, Mass., 1971.

Frank, Helmar G.: Kybernetik und Philosophie, Duncker und Humblot, Berlin, 1966.

Frankfurter Schule im Lichte des Marxismus, Heiseler, Steigerwald, Schleifstein (Hrsg.): Marxistische Blätter GmbH, Frankfurt, 1970.

Freud, Sigmund: Totem und Tabu, Fischer, Frankfurt, 1956.

Friedländer, Ludwig: Darstellungen aus der Sittengeschichte Roms, Hirzel, Leipzig, 1919.

Fröhlich, Paul; Rosa Luxemburg: Gedanke und Tat, Oetinger, Hamburg, 1949.

Fromm, Erich: Revolution der Hoffnung, Klett, Stuttgart, 1971.

Fuortes, M. G. F. (Hrsg.): Physiology of Photoreceptor Organs, Springer, Berlin-Heidelberg-New York, 1972.

Fürstenberg, Friedrich: Japanische Unternehmensführung, Verlag moderne Industrie, Zürich, 1972.

Gabler, Wirtschaftslexikon, Gabler, Wiesbaden, 1976.

Galilei, Galileo: Unterredungen und mathematische Demonstrationen über zwei neue Wissenszweige, die Mechanik und die Fallgesetze betreffend. Wiss. Buchgesellschaft, Darmstadt, 1964.

Gehlen, Arnold: Der Mensch, seine Natur und seine Stellung in der Welt, Athenäum, Bonn, 1950.

—: Urmensch und Spätkultur, Philosophische Ergebnisse und Aussagen, Athenäum, Bonn, 1956.

—: Die Seele im technischen Zeitalter, Rowohlt, Hamburg, 1957.

Geib und Harteck: Die Einwirkung von atomarem auf molekularen Wasserstoff, Z. f. phys. Chem., S. 849, 1931.

Gille, Bertrand: Ingenieure der Renaissance, Econ, Düsseldorf, 1968.

Glasenapp, Helmut von: Die fünf großen Religionen, Diederichs, Düsseldorf-Köln, 1951.

Goethe, Johann Wolfgang: Gedenkausgabe der Werke, Briefe und Gespräche, Artemis, Zürich, 1949.

Gogarten, Friedrich: Verhängnis und Hoffnung der Neuheit, Vorwerk, Stuttgart, 1958.

Gogol, Nikolaus: Sämtliche Werke, Proppyläen, Berlin.

de Groot, S. R.: Thermodynamik irreversibler Prozesse, Bibl. Institut, Mannheim, 1960.

Guardini, Romano: Das Ende der Neuzeit, ein Versuch zur Orientierung, Werkbund, Würzburg, 1951.

—: Die Macht, Versuch einer Wegweisung, Werkbund, Würzburg, 1951.

Haas, Heinz (Hrsg.): Technikfolgen — Abschätzung, Oldenbourg, München-Wien, 1975.

Habermas, Jürgen: Theorie und Praxis, Neuwied-Berlin, 1969.

—: Zur Rekonstruktion des Historischen Materialismus, Suhrkamp, Frankfurt, 1976.

Heberer, Schwidetzky, Walter (Hrsg.): Anthropologie, Fischer-Lexikon, Frankfurt-Hamburg, 1970.

Hegel, Georg Wilhelm Friedrich: Jubiläumsausgabe, Frommann, Stuttgart, 1951.

Heinkel, Ernst: Stürmisches Leben, Mundus-Verlag, Stuttgart, 1953.

Heidegger, Martin: Platons Lehre von der Wahrheit mit einem Brief über den Humanismus, Francke, Bern, 1954.

—: Die Technik und die Kehre, Neske, Pfullingen, 1962.

Heisenberg, Werner: Schritte über Grenzen, Piper, München, 1971.

—: Tradition in der Wissenschaft, Piper, München, 1977.

—: Wandlungen in den Grundlagen der Naturwissenschaften, Hirzel, Stuttgart, 1947.

Hengstenberg, Hans-Eduard: Grundlegung der Ethik, Kohlhammer, Stuttgart-Berlin-Köln-Mainz, 1969.

Hensel, K. Paul: Grundformen der Wirtschaftsordnung, Marktwirtschaft — Zentralverwaltungs-wirtschaft, Beck, München, 1972.

Herriegel, Eugen: Zen in der Kunst des Bogenschießens, Barth, München-Planegg, 1953.

Hirschberger, Johannes: Geschichte der Philosophie, Bd. 1 und 2, Herder, Freiburg, 1963.

Hofner, Altner: Die Sonderstellung des Menschen, Fischer, Stuttgart, 1972.

Höpp, Gerhard: Evolution der Sprache und Vernunft, Springer, Berlin-Heidelberg-New York, 1970.

Hortleder, Gerd: Das Gesellschaftsbild des Ingenieurs. Zum politischen Verhalten der Technischen Intelligenz in Deutschland, Suhrkamp, Frankfurt, 1960.

Hübner, Kurt: Von der Intentionalität der modernen Technik, in: Sprache im technischen Zeitalter, **25**, 1968.

Hume, David: Eine Untersuchung über den menschlichen Verstand, Meiner, Hamburg, 1961.

Husserl, Edmund: Cartesianische Meditationen und Pariser Vorträge, Nijhoff, Den Haag, 1950.

Huygens, Christian: Oeuvres Complètes de Christian Huygens, publiées par la Société Hollandaise des Sciences, 22 vol., La Haye, 1888—1950.

Kadlec, Erich: Realistische Ethik, Verhaltenstheorie und Moral der Arterhaltung, Duncker und Humblot, Berlin, 1976.

Kant, Immanuel: Werke in sechs Bänden, Weischedel (Hrsg.): Wiss. Buchgesellschaft, Darmstadt, 1975.

Kapp, Ernst: Grundlinien einer Philosophie der Technik, Westermann, Braunschweig, 1877.

Keiter, Friedrich: Verhaltensbiologie des Menschen auf kulturanthropologischer Grundlage, Reinhardt, München-Basel, 1966.

Kiechle, Franz: Sklavenarbeit und technischer Fortschritt im römischen Reich, Steiner, Wiesbaden, 1969.

Klages, Helmut: Technischer Humanismus, Philosophie und Soziologie der Arbeit bei Karl Marx, Enke, Stuttgart, 1964.

Klaus, Georg: Kybernetik in philosophischer Sicht, Dietz Verlag, Berlin, 1965.
—: Kybernetik und Gesellschaft, VEB Deutscher Verlag der Wissenschaften, Berlin, 1965.

Klemm, Friedrich: Technik, eine Geschichte ihrer Probleme, Alber, Freiburg-München, 1954.

Kuhn, Thomas S.: Die Struktur wissenschaftlicher Revolutionen, Suhrkamp, Frankfurt, 1967.

Kühn, Herbert: Die Felsbilder Europas, Kohlhammer, Stuttgart, 1971.

Künzli, Arnold: Karl Marx, Eine Psychographie, Europa Verlag, Wien-Frankfurt-Zürich, 1966.

Lakatos, Imre; Musgrave, A. (Hrsg.): Kritik und Erkenntnisfortschritt, Vieweg, Braunschweig, 1974.

Landau, Erika: Psychologie der Kreativität, Reinhardt, München, 1971.

Laotse, Tao Te King: Vom Sinn des Lebens, Diederichs, Düsseldorf-Köln, 1921.

Leibniz, Gottfried Wilhelm: Kleine Schriften zur Metaphysik, Darmstadt, 1965.
—: Vernunftprinzipien der Natur und der Gnade, Monadologie, Meiner, Hamburg, 1956.
—: Metaphysische Abhandlung, Meiner, Hamburg, 1958.

Lenin, W. J.: Werke, Dietz Verlag, Berlin, 40 Bände, Deutsche Übersetzung der vierten russischen Ausgabe der Werke W. J. Lenins.

Leonhard, Wolfgang: Die Revolution entläßt ihre Kinder, Köln, 1955.
—: Sowjetideologie heute – politische Lehren, Frankfurt, 1962.
—: Die Dreispaltung des Marxismus, Düsseldorf, 1970.

Lips, Julius E.: Vom Ursprung der Dinge, Eine Kulturgeschichte des Menschen, Progress, Darmstadt, 1961.

Löbsack, Theo: Versuch und Irrtum. Der Mensch: ein Fehlschlag der Natur, Bertelsmann, München-Gütersloh-Wien, 1974.

Lorenz, Konrad: Psychologie und Stammesgeschichte, in: Die Evolution der Organismen, G. Heberer (Hrsg.), Fischer, Stuttgart, 1959.
—: Gesammelte Abhandlungen, Bd. 1 und 2, Piper, München, 1966.
—: Das sogenannte Böse, Wien, 1963.
—: Die acht Todsünden der zivilisierten Menschheit, Piper, München, 1973.
—: Die Rückseite des Spiegels, Piper, München, 1973.

Lukács, Georg: Geschichte und Klassenbewußtsein, Luchterhand, Neuwied-Berlin, 1970.
—: Ontologie der Arbeit, Luchterhand, Neuwied-Berlin, 1973.

Man and his Futur, Wolstenholme (Hrsg.): Churchill Ltd., London, 1963.

Mandel, Ernest: Marxistische Wirtschaftstheorie, Suhrkamp, Frankfurt, 1970.

Man, Science, Technology, A marxist analysis of the scientific and technical revolution, Academia Prague, Moscow-Prague, 1973.

Mao, Worte des Vorsitzenden Mao Tse-tung, Verlag für fremdsprachige Literatur, Peking, 1967.

Marcuse, Herbert: Die Gesellschaftslehre des sowjetischen Marxismus, Luchterhand, Neuwied-Berlin, 1964.

—: Der eindimensionale Mensch, Luchterhand, Neuwied-Berlin, 1967.

—: Triebstruktur und Gesellschaft, Suhrkamp, Frankfurt, 1967.

Marx, Karl, MEW, Marx-Engels-Werke, Institut für Marxismus-Leninismus beim ZK der SED, Dietz Verlag, Berlin; siehe auch Engels.

Marx-Engels Briefwechsel, 4 Bände, Berlin 1949.

Marx, Eleanor, in: Karl Marx, Eine Sammlung von Erinnerungen und Aufsätzen, Zürich, 1934.

Masaryk: Zur russischen Geschichte und Religionsphilosophie, Bd. I, Jena, 1914.

Mason, Stephen F.: Geschichte der Naturwissenschaft in der Entwicklung ihrer Denkweisen, Kröner, Stuttgart, 1961.

May, Eduard: Kleiner Grundriß der Naturphilosophie, Anton Hain, Meisenheim am Glan, 1949.

Meadows, Dennis: Die Grenzen des Wachstums, Deutsche Verlagsanstalt, Stuttgart, 1972.

MEW, siehe Marx.

Mensching, Gustav: Buddhistische Geisteswelt, Holle, Baden-Baden, 1955.

Mesarović, Mihailo; Pestel, Eduard: Menschheit am Wendepunkt, Deutsche Verlagsanstalt, Stuttgart, 1974.

Mitcham, Carl; Mackey, Robert: Philosophy and Technology, Readings in the philosophical problems of technology, Free Press, New York, 1972.

—: Bibliography of the philosophy of technology, in Technology and Cultur, Vol. 14, No. 2, Part II, April 1973.

Mittlere Technologie — auch für Industrieländer?, Bd. 18 der Schriftenreihe der Georg Michael Pfaff-Gedächtnisstiftung, Kaiserslautern, 1976.

Moltmann, Jürgen: Theologie der Hoffnung, Kaiser, München, 1973.

Moore, Walter J., Hummel, Dieter O.: Physikalische Chemie, Walter de Gruyter, Berlin-New York, 1973.

More, Louis Trenchard: Isaac Newton, A Biography, New York-London, 1934.

Müller, A. M. Klaus: Naturgesetz, Wirklichkeit, Zeitlichkeit, in: Offene Systeme I, Ernst von Weizsäcker (Hrsg.), Klett, Stuttgart, 1974.

Müller-Karpe, Hermann: Geschichte der Steinzeit, Beck, München, 1974.

Müller-Merbach: Operations Research, Verlag Vahlen, Berlin, Frankfurt, 1970.

Narr, Karl J.: Urgeschichte der Kultur, Kröner, Stuttgart, 1961.

Newton, Isaac: Mathematische Prinzipien der Naturlehre, Darmstadt, 1963.

Nietzsche, Friedrich: Jenseits von Gut und Böse, Zur Genealogie der Moral, Kröner, Leipzig, 1924.

—: Der Wille zur Macht, Kröner, 1959.

Oppenheimer, Franz: System der Soziologie, Bd. 2, Der Staat, Jena, 1926.

Ortega y Gasset, José: Betrachtungen über die Technik, Deutsche Verlagsanstalt, Stuttgart, 1949.

Otto, Eberhard: Ägypten, Der Weg des Pharaonenreiches, Kohlhammer, Stuttgart, 1953.

Pascal, Blaise: Die Kunst zu überzeugen, Lambert Schneider, Heidelberg, 1950.

Peking, Verlag für fremdsprachige Literatur, Peking 1966, Die große sozialistische Kulturrevolution, Heft 3.

Peyrefitte, Alain: Wenn China sich erhebt, erzittert die Welt, Zsolnay, Wien-Hamburg, 1974.

Piaget, Jean: Psychologie der Intelligenz, Rascher, Zürich, 1947, Kindler, München, 1976.

—: Abriß der genetischen Epistemologie, Walter, Olten-Freiburg, 1974.

Planck, Max: Vorträge und Erinnerungen, Hirzel, Stuttgart, 1949.

Plato: Sämtliche Werke, Lambert Schneider, Heidelberg.

Popper, Karl: Logik der Forschung, Mohr, Tübingen, 1966.

—: Objektive Erkenntnis, ein evolutionärer Entwurf, Hamburg, 1973.

RR, Rahmenrichtlinien, Primarstufe Kunsterziehung, Der Hessische Kultusminister, Pr-K.

Rahmenrichtlinien, Sekundarstufe I Deutsch, Der Hessische Kultusminister, S I-D.

Rahmenrichtlinien, Sekundarstufe I, Biologie, S I-B.

Rahner, Karl; Vorgrimler, Herbert: Kleines Konzilskompendium, Herder-Bücherei, Bd. 270/71/72/73, Freiburg, 1969.

Ravetz, J. R.: Die Krise der Wissenschaft, Probleme der industriellen Forschung, Luchterhand, Neuwied-Berlin, 1973.

Rechenberg, Ingo: Evolutionsstrategie, Optimierung technischer Systeme nach den Prinzipien der biologischen Evolution, frommann-holzboog, Stuttgart-Bad Cannstadt, 1973.

Rein-Schneider: Physiologie des Menschen, Springer, Berlin-Heidelberg-New York, 1966.

Russell, Bertrand: Das naturwissenschaftliche Zeitalter, Humboldt, Stuttgart-Wien, 1953.

Rüstow, Alexander: Ortsbestimmung der Gegenwart, Bd. 1, Erlenbach-Zürich, 1950.

Sachsse, Hans: Verstrickt in eine fremde Welt, Südasiens Kulturen und die Entwicklungshilfe des Westens, Nomos, Baden-Baden, 1965.

—: Einführung in die Naturphilosophie, Bd. I, Naturerkenntnis und Wirklichkeit, Vieweg, Braunschweig, 1967.

—: Einführung in die Naturphilosophie, Bd. II, Die Erkenntnis des Lebendigen, Vieweg, Braunschweig, 1968.

—: Einführung in die Kybernetik, unter besonderer Berücksichtigung von technischen und biologischen Wirkungsgefügen, rororo Vieweg, Hamburg, 1974.

—: Das Problem äquivalenter Theorien in der Naturwissenschaft, in den Berichten des 9. Deutschen Kongresses für Philosophie in Düsseldorf 1969, Hain, Meisenheim am Glan.

—: Technik und Verantwortung, Probleme der Ethik im technischen Zeitalter, Rombach, Freiburg, 1972.

—: (Hrsg.), Technik und Gesellschaft, Bd. 1, Literaturführer, Dokumentation, München, 1974; Bd. 2, Texte: Technik in der Literatur, Organisationsformen technischer Zusammenarbeit, Dokumentation, München, 1976; Bd. 3, Texte: Selbstzeugnisse der Techniker, Philosophie der Technik, Dokumentation, München, 1976.

—: (Hrsg.), Möglichkeiten und Maßstäbe für die Planung der Forschung, Oldenbourg, München, 1974.

—: Was ist Metaphysik? Überlegungen zur Freiburger Antrittsvorlesung von Martin Heidegger und ein Exkurs über seine Frage nach der Technik, Z. f. Philosophische Forschung, 28, S. 67–93, 1974.

276

Sartre, Jean-Paul: Drei Essays, Ullsteinbuch Nr. 304, Frankfurt-Berlin-Wien, 1975.

Siemens, Werner von: Lebenserinnerungen, Prestel, München, 1956.

Skinner, B. F.: Futurum Zwei, Christian Wegner Verlag, Hamburg, 1970.

Solschenizin, Alexander: Der erste Kreis der Hölle, S. Fischer, Frankfurt, 1968.

—: Der Archipel Gulag, Scherz, Bern, 1974.

Sommerfeld, Arnold: Grundlagen der Quantentheorie und des Bohrschen Atommodells, Naturwissenschaften, 1924, S. 1047 ff.

Speer, Albert: Erinnerungen, Propyläen, Berlin, 1969.

Spengler, Oswald: Der Mensch und die Technik, Beitrag zu einer Philosophie des Lebens, Beck, München, 1971.

Stachowiak, Herbert: Allgemeine Modelltheorie, Springer, Wien-New York, 1973.

Stegmüller, Wolfgang: Probleme und Resultate der Wissenschaftstheorie und Analytischen Philosophie, Studienausgabe, Springer, Berlin-Heidelberg-New York, 1969–1973.

Steinbuch, Karl: Automat und Mensch, Kybernetische Tatsachen und Hypothesen, Springer, Berlin-Heidelberg-New York, 1965.

—: Mensch–Technik–Zukunft, Basiswissen für Probleme von morgen, dva, Stuttgart, 1971.

Schaefer, Lothar: Pascal und Descartes als methodologische Antipoden, Philosophisches Jahrbuch, 81 (1974), S. 314 ff.

Schmidt, M. F. (Hrsg.): Grundriß der Seinsphysiologie, Springer, Berlin-Heidelberg-New York, 1973.

Teilhard de Chardin, Pierre: Der Mensch im Kosmos, Beck, München, 1959.

—: Die Entstehung des Menschen, Beck, München, 1963.

—: Die Zukunft des Menschen, Walter, Olten, Freiburg, 1963.

—: Der göttliche Bereich, Walter, Olten, Freiburg, 1964.

—: Lobgesang des Alls, Walter, Olten, Freiburg, 1961.

Thomas von Aquin: Summa Theologiae, Marietti, Taurini, Romae 1952; Summe der Theologie, zusammengefaßt, eingeleitet und erläutert von Joseph Bernhart, Kröner, Leipzig, 1934.

Time-Life III, Die ersten Menschen, IV, Die Neandertaler; Time-Life International (Nederland), B. V., 1975.

Tinbergen, N.: Instinktlehre, Vergleichene Erforschung angeborenen Verhaltens, Parey, Berlin-Hamburg, 1966.

Veit, Otto. Die Tragik des technischen Zeitalters, Mensch und Maschine im 19ten Jahrhundert, S. Fischer, Berlin, 1935.

—: Soziologie der Freiheit, Neubearbeitung von der Flucht vor der Freiheit, Klostermann, Frankfurt, 1957.

—: Reale Theorie des Geldes, Mohr, Tübingen, 1966.

Vorländer, Karl: Philosophie des Mittelalters, Rowohlt, Hamburg, 1964.

Wagner, Fritz: Isaac Newton, im Zwielicht zwischen Mythos und Forschung, Alber, Freiburg-München, 1976.

Weber, Max: Methodologische Schriften, S. Fischer, Frankfurt, 1968.

Weizsäcker, Carl Friedrich von: Die Einheit der Natur, Hanser, München, 1971.

Wells, Herbert George: Der Luftkrieg, Julius Hoffmann, Stuttgart, 1909.

Wessel, K. F.: Kritischer Realismus und dialektischer Materialismus, Zur Kritik einer bürgerlichen Naturphilosophie, VEB, Deutscher Verlag der Wissenschaften, Berlin, 1971.

Wiese, Leopold von: Die Entwicklung der Kriegswaffen und ihr Zusammenhang mit der Sozialordnung, Kölner Universitätsverlag, 1953.

Williams, D. D.: Prozeßtheologie: Eine neue Möglichkeit für die Kirche, in: Evangelische Theologie, **30**, 1970, S. 571 ff.

Wittfogel, Karl A.: Die orientalische Despotie, eine vergleichende Untersuchung totaler Macht, Kiepenheuer und Witsch, Köln-Berlin, 1962.

Zimmerli, Walther Ch. (Hrsg.): Technik, oder: wissen wir was wir tun?, Schwabe, Basel-Stuttgart, 1976.

Zimmermann, L. G.: Geschichte der theoretischen Volkswirtschaftslehre, Köln, 1967.

Bildquellennachweis

Bilder 1 und 2: H. Eyring und M. Polanyi, Über einfache Gasreaktionen; Z. physikal. Chem. **12**, 4 (1931), S. 288, 291.

Bild 3: H. Sachsse, Einführung in die Kybernetik, Vieweg, Braunschweig 1971.

Bilder 6, 8 und 11: H. Müller-Karpe, Geschichte der Steinzeit, C. H. Beck, München 1974.

Bilder 7, 9 und 10: H. Kühn, Die Felsbilder Europas, W. Kohlhammer, Stuttgart 1971.

Bilder 14 und 15: G. Klaus, Kybernetik und Gesellschaft, VEB Deutscher Verlag der Wissenschaft, Berlin 1965.

Begriffserläuterungen

actio in distans: Wirkung aus der Entfernung.

Adiaphora: griech. = die gleichgültigen, belanglosen Dinge.

Ambivalenz: Wörtlich: Doppelwertigkeit. In der Psychologie verwendet z. B. für Haß-Liebe.

Appetenz: Ungerichtet suchende Aktivität von Tieren, die Umwelt wird sozusagen nach Reizauslösern abgetastet.

antagonistische Widersprüche: Im chinesischen Marxismus eine Bezeichnung für Widersprüche, die nur durch Gewalt zu lösen sind, im Gegensatz zu den Widersprüchen im Volke, die durch Diskussion gelöst werden können.

Antinomie: Widerstreit zwischen mehreren Sätzen, deren jedem für sich Gültigkeit zukommt.

atelisch: (von griech. telos = Ziel, Zweck). Nicht zweckgerichtet, zweckneutral.

Basissätze: Bezeichnung von Karl Popper für Beobachtungssätze, die als Basis für Theorien dienen.

Chromosomen: Die anfärbbaren Bestandteile des Zellkerns, die Träger des genetischen Materials.

Code: lat. codex = das Buch, das Verzeichnis. Eine eindeutige Zuordnung von zwei Mengen von Zeichen, die nicht notwendig umkehrbar sein muß.

Confessio Augustana: Das Augsburgische Bekenntnis, die grundlegende Bekenntnisschrift der Lutherischen Kirche vom Reichstag zu Augsburg im Jahre 1530.

Crossing-over: Austausch homologer Stücke bei DNS-Ketten.

Daten: Bezeichnung für Informationen, insbesondere dann, wenn diese unmittelbar aufgenommen, verarbeitet und ausgegeben werden. Für programmierende Informationen ist die Bezeichnung nicht gebräuchlich.

D N S: Abkürzung für Desoxiribonucleinsäure, die als Kettenmolekül Träger der Erbanlage, der genetischen Information ist.

dominant: beherrschend, eine Anlage, die in der Erscheinungsform zur Ausgestaltung kommt und eine andere Anlage unterdrückt.

Entelechie: Ein von Aristoteles gebildetes Kunstwort für das aktive Prinzip der Verwirklichung des Möglichen in bezug auf ein Ziel (das Wort enthält den Stamm telos, griech. das Ende, das Ziel). Bei Aristoteles ist die Entelechie die Form, die sich im Stoffe verwirklicht. (S. 358) Driesch hat das Wort Entelechie von Aristoteles übernommen, versteht es aber in anderem Sinne. Nach Driesch ist die Entelechie ein „elementarer Naturfaktor, der in das Naturgeschehen eingreift, aber nicht aus anderen Naturerscheinungen abgeleitet werden kann". Die Entelechie ist bei Driesch auf den Bereich des Lebendigen beschränkt, sie bestimmt als überphysikalische Kraft im Sinne des Vitalismus die Formbildung der Organismen. Sie ist nur im Sinne des Individuums tätig.

Entropie: (von griech. entrepein = hinwenden). Eine Funktion der physikalischen Zustandsgrößen eines Systems, die die Eigenschaft hat, bei reversiblen Prozessen konstant zu bleiben und bei irreversiblen Prozessen zuzunehmen. L. Boltzmann bestimmt die Entropie als Logarithmus der Wahrscheinlichkeit eines Makrozustandes. Jeder Makrozustand kann durch verschiedene Mikroanordnungen (Mikrozustände: die Positionen der Geschwindigkeiten der einzelnen Moleküle) realisiert werden. Die Wahrscheinlichkeit eines Makrozustandes ist gleich der Anzahl seiner Mikro-Realisierungsmöglichkeiten (Mikrozustände).

Enzyme: (gleichbedeutend wie Fermente). Hochmolekulare, von lebenden Zellen produzierte, spezifische organische Katalysatoren (Bio-Katalysatoren), die die chemischen Prozesse innerhalb und außerhalb der Zelle beschleunigen und durch spezifische Beschleunigung steuern.

Erbkoordination: (Konrad Lorenz) Durch Veranlagung festgelegte Koordination von Bewegungs- und Verhaltensweisen.

Exerzitien: lat. Übungen.

hardware: Das harte Geschirr. Bezeichnung für die materiellen Teile eines Computers im Gegensatz zur software, zur weichen Ware, worunter Programmierungsmethoden und Gebrauchsanleitungen verstanden werden.

Information: Die naturwissenschaftlich definierte Nachricht, ein Klassenmerkmal äquivalenter Signale. Wesentliche Kennzeichen der Information: 1. Abstraktion von der Art der Verwirklichung, vom Signal. 2. Kovarianz mit anderen Variablen. Wenn eine Information vorhanden ist, dann ist auch etwas anderes der Fall, die Information zeigt etwas an. 3. Unterspezifikation im Rahmen des vorhandenen Systems. Sie ist von bekannten Zustandsgrößen des Systems nicht bestimmt und in diesem Sinne für das System neu. Sie könnte auch anders sein. Indem sie ist, wie sie ist, trifft sie eine Auswahl von möglichen Zuständen.

Intension: (von lateinisch intentio = Anspannung, Absicht, Gerichtetsein). Ausrichtung, Tendenz, wie sie z. B. von einem System durch Programm und Sollwerte eingegeben ist oder wie sie als Streben, als Aufmerksamkeitsrichtung oder als Meinen von etwas zum Bewußtsein kommt.

invariant: Sich nicht ändernd, konstant, unabhängig von Transformationen.

iterieren: lat. = wiederholen.

Kameralismus: Eine Lehre von allen Richtungen der öffentlichen Verwaltung des 17. und 18. Jahrhunderts unter besonderer Berücksichtigung des fürstlichen Haushalts.

Katalysatoren: Stoffe, die chemische Reaktionen beschleunigen und durch die Beschleunigung auch lenken, die selbst aber durch die Reaktion keine endgültige Änderung erfahren. Sie greifen in das Reaktionsgeschehen ein, indem sie mit den Reaktionspartnern Zwischenverbindungen bilden, die den Umsatz erleichtern, die im weiteren Reaktionsverlauf aber wieder aufgelöst werden.

Kohärenz: (von lat. cohaerere = zusammenhängen) Zusammenhang.

Konventionalismus: Philosophische Richtung, die die Auffassung vertritt, daß das Akzeptieren von Theorien auf Übereinkunft beruht.

Manipulation: Im ursprünglichen Wortsinn Handhabung von Gegenständen mit Hilfe von technischen Apparaturen. Im erweiterten Wortsinn: Behandlung und Beeinflussung von Menschen, die nicht als Partner, sondern als Objekte verstanden werden.

Negentropie: (negative Entropie). Wird zur Bezeichnung des Informationsgehaltes verwendet, da der Informationsgehalt einer Nachricht über das Eintreten eines Ereignisses gleich dem negativen Logarithmus (Logarithmus des Kehrwertes) der Wahrscheinlichkeit des betreffenden Ereignisses ist. So wie die Entropie eine Maßgröße für die Wahrscheinlichkeit eines Ereignisses oder Sachverhaltes ist, so ist die Information als Negentropie eine Maßgröße für die Unwahrscheinlichkeit.

optische Aktivität: Körper, die beim Durchtritt von polarisiertem Licht dessen Polarisationsebene drehen, werden als optisch aktiv bezeichnet.

Persistenz: Beharrlichkeit, Hartnäckigkeit.

polarisiertes Licht: Die Schwingungen der Lichtwellen erfolgen beim unpolarisierten Licht ungeordnet in allen Richtungen senkrecht zur Fortpflanzungsrichtung des Lichtes (Transversalschwingungen). Beim polarisierten Licht schwingen sie nur in einer Richtung in der Polarisationsebene.

primärer Sektor: Der wirtschaftliche Bereich der Landwirtschaft.

Programm: (Vorschrift) Die einem System eingespeicherten Befehle, die sein Verhalten bei der Regelung bestimmen. Das Programm stellt jeweils eine bestimmte Wirkungsverknüpfung dar, durch die das Verhalten des Systems im zeitlichen Ablauf bestimmt wird. Das Programm gehört zu den den Prozeß determinierenden Anfangsbedingungen.

Proposition: lat. Urteil, Satz, Behauptung.

quaestio facti: Eine Frage, bei der es nicht um Auffassungen geht, sondern um Tatsachen.

Restriktion: Einschränkung.

reversibel: umkehrbar.

rezessiv: lat. = zurückweichend, eine Anlage, die in der Entscheidungsform von einer dominanten Anlage unterdrückt wird.

sekundärer Sektor: Der wirtschaftliche Bereich der industriellen Güterproduktion.

Signal: Zeichenträger, physikalischer Tatbestand zur Übertragung von Informationen.

Simulation: Darstellung von Verhaltensweisen von Systemen aller Art – technischen, biologischen und soziologischen – an technischen Modellen.

Subvention: Beistand, Unterstützung.

Symbiose: Lebensgemeinschaft.

sympathetisch: mitfühlend, miterlebend, miterleidend.

stochastisch: Eine Folge von Ereignissen, bei denen man aus der Kenntnis der vergangenen Ereignisse nicht auf die zukünftigen schließen kann. Zufallsfolge.

Struktur: Die Menge der Relationen, die die Elemente eines Systems miteinander verbinden. Das Beziehungsgefüge eines Systems.

tabula rasa: Abgeschabte, leere Schreibtafel. In diesem Zustand soll sich nach Locke die Seele vor aller Sinneserfahrung befinden.

tertiärer Sektor: Der wirtschaftliche Bereich der Dienstleistungsbetriebe.

transzendental. Kant nennt transzendental diejenige Erkenntnis, die sich nicht sowohl mit Gegenständen, sondern mit unserer Erkenntnisart von Gegenständen, sofern diese a priori möglich sein soll, beschäftigt.

Zirbeldrüse: Epiphyse. endokrine Drüse an der Gehirnbasis, 0,2 g Gewicht. Über die physiologischen Funktionen ist wenig bekannt. Sie scheint einen dämpfenden Einfluß auf die Entwicklung und Tätigkeit der Geschlechtsorgane auszuüben. Descartes vermutete, daß die Zirbeldrüse die Stelle sei, an der die Seele auf den Körper einwirke und Nachricht vom Zustand des Körpers erhalte.

Personenregister

Sachregister